高等教育质量工程信息技

U0581093

计算机组成原理教程

张基温　主编　　（第9版）

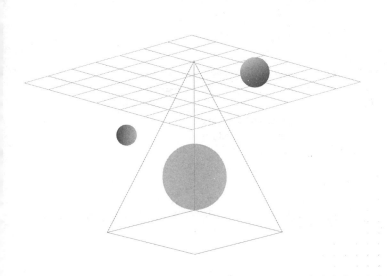

清华大学出版社
北京

内 容 简 介

本书是一本面向应用的计算机组成原理教程。全书共 8 章：第 1 章趣味并深刻地引导读者建立计算机系统的整体框架；第 2 章介绍计算机的存储系统；第 3 章介绍计算机输入输出设备；第 4 章介绍 I/O 接口与 I/O 过程控制；第 5 章介绍总线与主板；第 6 章介绍计算机核心部件——控制器的工作原理和基本设计方法；第 7 章在架构层面介绍处理器中的并行技术；第 8 章从体系结构和元器件两方面介绍计算机的发展趋势。

本书结构清晰、概念严谨、取材新颖、深入浅出，从知识构建、启发思维和适合教学的角度组织学习内容，同时不过多依赖先修课程。经过 8 次修订，更加适合教学，可供应用型本科计算机科学与技术专业、软件工程专业、信息安全专业、网络工程专业、信息管理和信息系统专业和其他相关专业使用，也可供有关工程技术人员和自学者参考。

图书在版编目（CIP）数据

计算机组成原理教程 / 张基温主编. —9 版. —北京：清华大学出版社，2021.6（2022.8重印）
高等教育质量工程信息技术系列教材
ISBN 978-7-302-57863-5

Ⅰ. ①计…　Ⅱ. ①张…　Ⅲ. ①计算机组成原理– 高等学校– 教材　Ⅳ. ①TP301

中国版本图书馆 CIP 数据核字（2021）第 057371 号

责任编辑：白立军　杨　帆
封面设计：杨玉兰
责任校对：徐俊伟
责任印制：刘海龙

出版发行：清华大学出版社
　　　　网　　　　址：http://www.tup.com.cn，http://www.wqbook.com
　　　　地　　　　址：北京清华大学学研大厦 A 座　　　邮　　编：100084
　　　　社　总　机：010-83470000　　　　　　　　邮　　购：010-83470235
　　　　投稿与读者服务：010-62776969，c-service@tup.tsinghua.edu.cn
　　　　质　量　反　馈：010-62772015，zhiliang@tup.tsinghua.edu.cn
　　　　课　件　下　载：http://www.tup.com.cn，010-83470236
印 装 者：三河市国英印务有限公司
经　　销：全国新华书店
开　　本：185mm×260mm　　印　　张：22.25　　字　　数：528 千字
版　　次：1998 年 1 月第 1 版　2021 年 7 月第 9 版　印　　次：2022 年 8 月第 3 次印刷
定　　价：69.00 元

产品编号：089450-01

前　言

计算机技术是人们倾注并还在投入更大心血的一个领域，因而使它成为竞争最为激烈的领域之一，呈现出日异月殊的领域特征。所以，作为该领域的一本教材，不应当胶柱鼓瑟，而必须与时俱进，及时反映该领域的最新面貌。这也是作者在每版修订时注意到的一个重要方面。从第4版开始增加了未来计算机展望一章；在第6版的第2章中增加了SDRAM内部操作与性能参数一节；在第7版的第1章中增加了计算机性能评测和天梯图，并对第7章内容进行了部分更新等；第8版中把原来的I/O控制一章分为I/O接口与I/O过程控制、计算机输入输出设备两章；第9版对第1章的内容进行了调整，使其更容易梳理。

计算机作为人类历史上一种伟大的工具，是全世界智慧的结晶，其中包含了对中华民族历史和现代的巨大贡献。让读者了解这些事实，不仅是为了还原真实的历史，还在于这些事实折射出来的逻辑思维精华，有启迪思维、激励创新、增强自信的效能。这是编写本书一直坚持的一种思路。

计算机俗称电脑，顾名思义，就是一种模拟人大脑的机器。模拟可以从两方面进行：结构模拟和功能模拟。现在要用计算机从结构模拟的角度模拟人脑还有许多问题没有解决，只能从功能模拟的角度进行，即由一些功能部件来模拟人脑的功能。所以，"计算机组成原理"作为计算机科学与技术及其相关专业的一门必修核心课程，对于它的学习应当从建立计算机的组成部件与人的大脑功能之间的联系开始，然后再对它们的工作过程加以区别。这是作者提供给初学者的一点心得。

作为一本教材，不仅限于知识的传授，更关注对于读者的思想启迪，引导他们从本质上多角度思考和理解，这是本书写作中的一个基本指导思想。同时，还鼓励读者在学习中不断扩大视野。为此，利用现代媒体技术制作了十多个二维码链接。

在这次修订中，参考了其他一些著作和网络作品。尽管作者尽力将它们对本书的贡献在参考文献中一一列出，但由于有些资料（特别是网站资料）出处不明或是佚名作者，因而疏漏之处在所难免。在此，谨向为本书提供了帮助的各位作者深表谢意，并向在参考文献中没有列出的文献作者表示歉意。同时，还要感谢在这次修订中参加了部分写作工作的张秋菊、史林娟、张展赫、戴璐、张友明。

本书的修订仍不会画上句号。本人诚恳地希望阅读过本书的专家、老师和学生能无保留地提出宝贵意见，使本书修订得更好。

张基温

2021年2月

目　　录

第1章 计算机系统概述

人类生存在资源环境中。人类社会的发展是一个不断提高资源开发能力的过程。虽然物质、能源和信息都是人类生活不可或缺的三大资源，但是在不同的时代，人们对它们需求的迫切性不同，也囿于认识水平、科学技术水平、生产力水平和制造能力的限制，人类对于工具的需求和开发重点有所不同。从原始时代到工业时代的漫长岁月中，人们迫于生存的压力、争夺的需要，工具主要用于延伸与扩张人的体力，用于提高物资资源开发的能力。随着物质资源开发能力的提高和欲望的扩展，并随着知识的增长和技术的进步，资源开发开始向能源资源开发方面探索。而作为能动的信息与智力资源开发，虽然自始就与其他工具的进步相伴，但在到了人类知识和技术发展到相当高级的阶段，才开始加速。

1.1 计算工具开发轨迹

计算工具是人类进入文明时代就不可或缺的重要工具。图 1.1 为世界计算工具进步里程。它按时间顺序排列了有记载的一些重要计算工具踪迹。其中历史悠久，又被广泛使用的有两种：一种是中国的算盘，根据 1976 年 3 月在陕西省岐山县发掘出的西周陶丸推测，远在周代（公元前 10 世纪）中国就已经在使用算珠进行计算了，并且一直普遍使用到了 20 世纪 70 年代，前后约 3000 年；另一种是欧洲于 1620—1630 年发明的计算尺，也一直使用到 20 世纪 70 年代，前后近 300 年。

链 1.1 欧美国家
计算工具发展历程

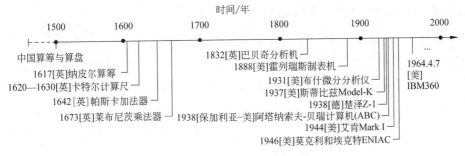

图 1.1 世界计算工具进步里程

算盘与计算尺二者各有特点：算盘善做加、减、乘、除计算，还可做开方，适合账目会计计算；计算尺可求积、商、平方根、幂、对数和三角函数，适合工程技术人员快速计算一个复杂运算的值，但不能做加、减计算，有加减的计算要在纸上笔算。除此之外，其他多数计算工具昙花一现或只成为了博物馆的占位品。不过中外这些计算工具中所蕴藏的思想和技术对于生活在现代电子计算机世界的人们，还深有启迪。

1.1.1 算盘和口诀——程序控制的起源

1. 从石子记事到算盘

人类计算工具的开发是从记数开始的。在原始社会中，为了开发大脑的记忆能力，人们采用了结绳记事、石子记事、刻木记事等方法。最初，人类对于"数"的概念只有"一、二、多"。后来随着生产力的发展，剩余物资开始增多。简单的结绳记事、石子记事、刻木记事已经无法把数的概念表示清楚，于是开始赋予不同的位置以不同的计量权值。进位记数制由此而生。如图1.2所示，石子记事进步到了石子记数。结绳记事和刻木记事也同样进步到了结绳记数和刻木记数，都成为了最原始的计算工具。由于最自然又容易想到度量数的工具是人的手指，所以就形成了以一个人的十个手指为基本权的个、十、百……的十进制记数体系。后来为便于搬移，代表不同权值的石子分别放置，导致了图1.3所示的游珠算板的产生。游珠算板所采用的五升十进制，就是对人两只手、十个手指的模拟和放大。后来为了便于携带，人们把珠子穿起来，并进一步改进，形成了图1.4所示采用上二下五结构的算盘。

图1.2　古代的石子记数

图1.3　游珠算板

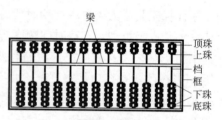
图1.4　算盘

2. 口诀——最早的计算语言和程序

算盘不仅历史悠久，还被广泛应用于家庭和社会的各个角落，推广到欧亚多国。一个重要原因就是其结构简单、极易制作、成本低廉，又能进行多种计算。迄今发现的关于珠算的最早记载则出现在东汉徐岳所著的《数术记遗》一书，书中收集了我国汉代以前的14种计算形式：积算、太一、两仪、三才、五行、八卦、九宫、运筹、了知、成数、把头、龟算、珠算、针算。不仅可以进行十进制计算，还能进行十六进制计算，因为20世纪50年代前，中国的秤是16两为一斤。

用简单的物理工具进行复杂计算的奥妙来自珠算口诀。如用算盘计算42+39的口诀：

三下五去二（十位上要加3，应在上档下来一个珠——5，再去掉2）

九去一进一（个位上要加9，应先去掉一个1，再向前位进1）

用今天的术语，口诀就是程序。而具体的计算口诀来自口诀歌（歌诀）。例如，朱世杰《算学启蒙》（1299年）卷上的"归除歌诀"："一归如一进，见一进成十。二一添作五，逢二进成十。三一三十一，三二六十二，逢三进成十。四一二十二，四二添作五，四三七十二，逢四进成十。五归添一倍，逢五进成十。六一下加四，六二三十二……九归随身下，逢九进成十。"图 1.5 为一本民国时期的珠算口诀书。旧时学习珠算首先要熟背珠算歌诀，然后联系手指动作。熟练的珠算人员遇到计算题目，一边看题一边拨珠，很快就给出答案了。在 20 世纪 70 年代，曾经进行过多场打算盘与按计算器的比赛，一直是打算盘者领先。

链 1.2　珠算口诀与术语

图 1.5　一本民国时期的珠算口诀书

算盘不仅历史悠久、应用广泛，创造了大量社会财富，更重要的是，它是人类历史上第一种用软件（口诀）扩展和放大硬件（算盘）的工具。而它的软件就是程序。可以说，这是最早的计算机体系结构模型。

3．算筹

中国古代长期使用的另一种用来模拟和放大手指运算的工具称为算筹。中国古代数学家祖冲之（429—500，字文远，南北朝时期著名数学家、天文学家，见图 1.6）就是使用这种计算工具将圆周率计算到了小数点后 7 位。早期的算筹是用树枝或竹节等制成的，后来被细加工成为专用的计算工具（见图 1.7）。算筹也采用五升十进制，用 5 根算筹就可以表示 0～9 中的任何一个数，若大于 9 则向左面进一位。如表 1.1 所示，表示数据分为纵式和横式两种方式。《夏侯阳算经》中说："一纵十横，百立千僵，千十相望，万百相当。满六以上，五在上方，六不积算，五不单张。"意思是，纵式表示个、百、万位，横式表示十、千、十万位……空位表示零。这样，就可以用算筹表示出任意大的自然数了。

图 1.6　祖冲之

图 1.7　算筹

表 1.1　算筹表示数据的两种方式

形式	数字								
	1	2	3	4	5	6	7	8	9
纵式	丨	丨丨	丨丨丨	丨丨丨丨	丨丨丨丨丨	丅	丅丨	丅丨丨	丅丨丨丨
横式	一	二	三	亖	亖	𠃊	𠃊	𠃊	𠃊

图 1.8（a）为算筹 3 个记数实例。这种记数工具被称为算筹或算子，因为它不仅可以表示任何自然数，还能够进行加、减、乘、除、乘方、开方等复杂的计算问题。图 1.8（b）为用算筹进行计算的实例。

5 4 2 8   3 2 5 9 1   6 0 8 3 7   9 2 4

(a) 算筹记数实例

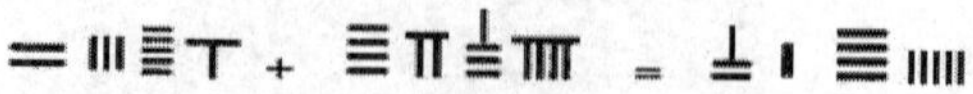

2 3 5 6 + 4 7 8 9 = 7 1 4 5

(b) 算筹计算实例

图 1.8　算筹记数与计算实例

在中国古代，算筹和算盘长期共存在不同的地域或人群中。它们互相影响，互相借鉴。早期算筹流行较广。到了明代，算盘成为了主流计算工具。

1.1.2　从提花机到巴贝奇分析机——内程序计算机模型的确立

1. 中国古代的提花机——人类历史上最早的内程序控制尝试

提花机是在织物上织出图案花纹的机器。在我国出土的战国时代墓葬物品中，就有许多绸布是用丝线编织的漂亮花纹。绸布都是用经线（纵向线）和纬线（横向线）编织而成的。在不同的位置提起一部分经线，放下一部分经线，使某些纬线在经线下面，另一些纬线在经线上面，就可以织出花纹来。但是要按预先设计好的图案确定在哪个位置提起哪条经线，是一件极为费心、烦琐的工作。如何让机器自己知道该在何处提线，而不需要人去死记呢？传说最先解决这个难题的是西汉年间钜鹿县纺织工匠陈宝光的妻子。据记载，她发明了一种称为"花本"的装置，用来控制提花机经线起落。图 1.9 是初刊于 1637 年（明崇祯十年）宋应星所著的《天工开物》中所画的一幅提花机的示意图。但从考古资料看，中国的提花机在商朝时期已经出现。

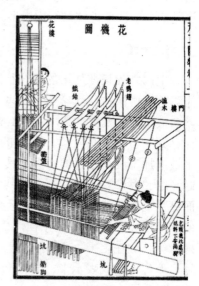

图 1.9　《天工开物》中的提花机

图 1.9 中高耸于织机上部的部分称为花楼，其核心部件是由丝线结成的花本。织造时，由两人配合操作，一人（古时称为挽花工）坐在花楼之上，口唱手拉，按提花纹样逐一提综开口；另一人（古时称为织花工）脚踏地综，投梭打纬。花本实际上是进行提花操作的程序，其作用是存储控制提花机操作的程序，但是与算盘的程序控制有如下不同。

（1）算盘的程序保存在人脑中，而提花机的程序保存在花本中，即程序成为机器的一部分。简单地说，算盘是外程序，而提花机是内程序。

（2）算盘的程序是现编现执行，而花本中的程序是预先编好，存储在花本中。

（3）算盘与提花机都是程序控制机器工作。但是，对算盘的控制是由操作者自己按照程序的解释进行的；对提花机的程序控制不是由织花工识别与控制的，而是由挽花工人工识别并控制织花工的。如果把挽花工及花本都看作是"内部"的，则提花机就实现了内程序控制。

提花机把原来由一人承担的程序编制、程序存储、程序控制和程序执行，分为程序编制人、花板、挽花工和织花工4部分。这种分工是社会发展的需要，也是技术进步的动力。据史书记载，西汉年间的纺织工匠已能熟练掌握提花机技术，在配置了120根经线的情况下，平均60天即可织成一匹花布，大大提高了工作效率。

2. 布乔的设想和杰卡德提花机

提花机是中国人的伟大发明，在11—12世纪沿着丝绸之路传到欧洲。1725年法国纺织机械师布乔（B. Bouchon）想出用打孔纸带代替花本的主意，设计了一种新式提花机。他设想根据图案在纸带上打出一排排小孔（见图1.10中的①），并把它压在编织针上（见图1.10中的②）。启动机器后，正对着小孔的编织针能穿过去钩起一根经线，于是编织针就能自动按照预先设计的图案去挑选经线，织出花纹。这一思想大约在1801年，由另一位法国机械师杰卡德（J. Jacquard，1752—1834）实现，完成了"自动提花编织机"的设计制作。这种提花机也被称为杰卡德提花机。杰卡德提花机实际上就是把织图案的程序存储在了穿孔金属卡片上（见图1.11），然后用这张纸带控制经线，织出图案。杰卡德的一大杰作就是用黑白丝线织成的自画像，为此使用了大约1万张卡片。

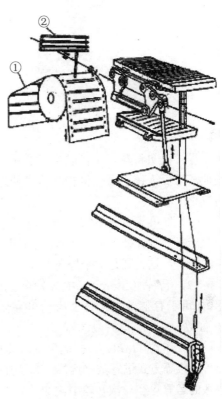

图1.10　布乔打孔纸带提花机的原理

3. 巴贝奇分析机——内程序计算机模型的创立

1812年，英国学者巴贝奇（Charles Babbage，1792—1871，见图1.12）正在踌躇满志地思考如何用机器计算代替耗费了大量人力、财力还错误百出的"数学用表"时，杰卡德提花机使其大受启发。巴贝奇从杰卡德提花机中得到了灵感，开始制作一台差分机，差分是把函数表的复杂算式转化为差分运算，用简单的加法代替平方运算。为此他耗费了整整10年光阴，于1822年完成了第一台差分机。

图1.11　杰卡德提花机的局部

差分机已经闪烁出了程序控制的灵光——它能够按照设计者的旨意，自动处理不同函数的计算过程。此后，巴贝奇接着投入一台更大差分机的制作。1834 年，巴贝奇又构想了一种新型的分析机（Analytical Engine，见图 1.13）。可惜的是，由于制作技术条件的限制，这个项目进行了 20 年，花费了 3 万英镑（政府 1.7 万英镑，其余是自己的家族遗产）巨款后，才完成了预计 25 000 个部件中的不到一半，这足以使具有顽强追求理想奋不顾身的巴贝奇精疲力竭，不得不中止当时的研制。

图 1.12 巴贝奇

图 1.13 巴贝奇分析机复制品

尽管巴贝奇花费了自己半生的精力和巨大的费用，这台分析机还是没有完全成功。但是他却为后人留下了一份极其珍贵的遗产——一种自动计算机的模型。它已经包含了如下内容。

（1）穿孔卡片及其阅读器。穿孔卡片作为数据和程序的输入，也作为只读存储器和外部存储器（简称外存）。此外还用穿孔卡片特别位置上的有孔和无孔实现判断，以选择下一步的操作。这无疑是一个控制机构。

（2）仓库（Store）。由齿轮阵列组成，相当于现在计算机的内部存储器（简称内存），用于存储数据：每个齿轮可存储 10 个数，齿轮组成的阵列总共能够储存 1000 个 50 位数。

（3）作坊（Mill）——运算室。其基本原理与帕斯卡的转轮相似，用齿轮间的啮合、旋转、平移等方式进行数字运算。为了加快运算速度，他改进了进位装置，使得 50 位数加 50 位数的运算可在一次转轮中完成。

（4）印刷厂。印刷厂用于将计算结果印刷出来。

（5）在仓库和作坊之间有一种不断往返运输数据的部件，相当于今日的总线。

（6）整个系统采用蒸汽机带动、运转。

此外，巴贝奇还聘请了英国著名诗人拜伦的独生女阿达·奥古斯塔（Ada Augusta，见图 1.14）做他的程序员。显然，巴贝奇分析机已经奠定了现代计算机的基本结构及工作原理，已经考虑到内动力的驱动，有内程序控制，还有现代计算机的运作机制。因此，国际计算机界公认巴贝奇为当之无愧的计算机之父。

图 1.15 为巴贝奇差分机草图，图 1.16 为早期的卡片穿孔机及用穿孔卡片进行程序输入。

图 1.14　巴贝奇的程序员——阿达·奥古斯塔

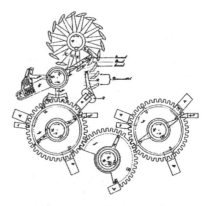

图 1.15　巴贝奇差分机草图

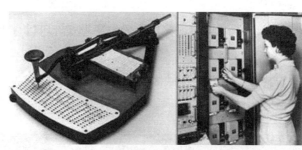

图 1.16　卡片穿孔机及用穿孔卡片进行程序输入

1.1.3　电气时代——计算工具发展迈上快车道

观察图 1.1 可以看出，计算工具的发展历程中有两段很长时间的空白区：第一段是从公元前 5 世纪左右已经在使用的算盘与算筹到 17 世纪初期的近 2000 年。这一段时间欧洲在计算工具方面基本没有动静。到了 18 世纪前期，有了一些动静，那也是文艺复兴造就的数学发展的延续，那几样创造发明都是数学家们灵感驱使。第二段空白区则是从 17 世纪后期到 19 世纪后期的近 200 年。这一段时期反而是欧洲的工业革命蓬勃发展时期。其中的巴贝奇分析机是个例外，也是个证据。原因在于：计算尺的计算已经非常方便，而用其他的计算工具，要进一步发展，实现自动化就需要与之匹配的动力。

算盘计算靠算珠运动进行，尽管它靠口诀扩大了计算能力，但老离不开人。因为程序在人脑中，而且算珠靠人拨动，"算盘珠子，不拨不动"。提花机有了花本，实现了程序与人脑的分离——把人脑中的程序转存到了花本，但还需要挽花工和织花工进行操作。帕斯卡虽然设想用钟表发条带动它的加法器中的齿轮，但发条不能存储计算程序。欧洲的提花机虽然实现了蒸汽机驱动，但提花机的动作要比巴贝奇分析机中的动作简单许多。所以，尽管巴贝奇的设计十分完美，他还想象可以用蒸汽机为其提供动力，但将蒸汽机的运动连接在这个小小的分析机上，让它与分析机中的部件协同运动，按照当时的制造工艺水平，其难度可能要比设计这套机器本身还要成倍增加，甚至不太可能。这一难题到了电气时代，才由美国统计学家霍列瑞斯（Herman Hollerith）在制作制表机时开创了将电引入计算工具的先河，从此计算工具的研制踏上了快车道。

在电气时代，计算工具发生了如下一些革命性变化。

1. 计算工具走向内动力驱动

人类创造工具的基本目的是让它们放大或延伸自身的能力，而更高的追求是在放大或延伸自己能力的基础上解放自己——让它能够自动运行。而自动运行的基本条件是它自己能够方便地动作——自动。这就需要有内动力，内动力并非不需要外部动力，而是这种动力能够与它的组成器件有机结合。

可以想象，如果算盘有了内动力，它的算珠就会自动上下移动；如果巴贝奇分析机有了合适的内动力，它的内程序控制的计算机就会所向披靡。

2. 模拟计算与数字计算

计算工具按照计算元器件的性质和计算结果的表现形式，可以分为两大类：模拟计算和数字计算。

简单地说，模拟计算的特点是数据表示的精度依赖于观测的水平，不完全由计算工具自己决定。例如，计算尺（见图 1.17）就是一种模拟计算工具，数据的精度是人肉眼在刻度上观测出来的，含有一定的人为因素。

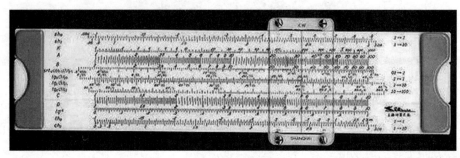

图 1.17　计算尺

数字计算的特点是计算的数据范围和精度，由挡位的多少决定，在一定的范围内，计算结果可以是精确的。例如，算盘用的计算元件是算珠，所能精确表示的数据与挡位多少有关。帕斯卡加法器（见图 1.18）、莱布尼茨乘法器（见图 1.19）和巴贝奇分析机等都是用齿轮作为计算元件，所能精确表示的数据与齿轮多少有关。

图 1.18　帕斯卡加法器

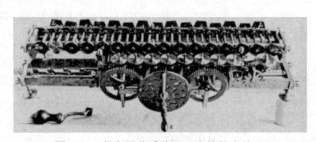

图 1.19　莱布尼茨乘法器（去掉外壳的）

计算机进入电气时代以后，本来最方便的技术是通过电流、电压和电动机旋转角度方便地进行模拟计算。1931 年，第一台用电作为内动力的布什微分分析仪就是一台电动机械式模拟计算机。但是，模拟计算机要采用模拟电路，电路结构比较复杂，并且会由于不可避免的热干扰造成信号失真，影响准确性和精度，特别是模拟信号很难保存，而且计算的精度难于控制。由于这些因素，斯蒂比兹（George Stibitz）和楚泽

链 1.3 史端乔式
自动电话交换机

（Konrad Zuse）都不想再重蹈布什微分分析仪的覆辙，在霍列瑞斯制表机和 1898 年史端乔发明自动电话交换机的成功经验的启发下，不约而同地转向了电气数字计算机的开发，采用继电器作为计算元件，按照二进制计算体系用有无脉冲分别表示 0、1 信号获得成功。

采用电气元件的数字计算系统，比之前的机械式和手工式数字计算增添了新的优势。这些优势如下。

（1）数字系统线路简单，不需要放大等环节，所以运算速度快。

（2）数据的表示精度由位数的多少控制，而不是靠运动及测量的精度控制，也不受系统失真的影响。

（3）数字值可以记忆（如有无孔、磁化方向、有无电荷、开关分合等）、存储，而模拟值难以记忆和存储。

（4）用数字信号可以将逻辑判断与数据统一表示。

除了人为因素，具有客观性。特别是，计算机进入大规模集成电路时代以后，按照摩尔定律：芯片的集成度每 18 个月翻一番，而成本降低一半。所以现代计算工具主要在数字计算的方面发展，并且人们特把"电子计算机"默认指"电子数字计算机"。

3．二值计算体系

电气时代的计算机采用电气元件或电子元件作为计算元件。这些元件的基本特点是二值性，即开关的合与分、点位的高与低、电荷的有与无、纸带的有孔和无孔等。它们可以用来描述代表宇宙万物中的阴和阳、命题的假和真等，促进了 19 世纪末英国数学家乔治·布尔（George Boole）在思维规律的研究中发现的布尔代数有了用武之地。

1.2 数字计算机的计算逻辑基础

1.2.1 从八卦图到二进制计算

1．八卦图中的哲学思想

在自然界和社会领域，普遍存在着天地、寒热、男女、生死、清浊、有无等事物的二态变化。远在几千年之前，中国的思想家们就对这些现象进行了深刻的剖析和总结，建立了以阴阳二者的辩证统一为基础的中国古代哲学体系，并用一套符号进行推导演绎。这就

是带有神秘色彩的八卦图。

图 1.20（a）为一张基本八卦图，八卦就是古人用乾（qián）、坤（kūn）、震（zhèn）、巽（xùn）、坎（kǎn）、离（lí）、艮（gèn）、兑（duì）八种卦象征天、地、雷、风、水、火、山、泽八种自然现象，以描述自然和社会的变化。分析八卦，可以看到它们都是由阳爻（yao，**—**）和阴爻（**- -**）两种符号组成的。这两种符号表示了作为中国古代哲学根基的事物辩证统一的两个基本元素。有了这两个基本元素，就能按照图 1.20（b）所示的无极生有极，有极生太极，太极（中间的阴阳鱼）生两仪（即阴阳），两仪生四象（即少阳、太阳、少阴、太阴），四象演八卦，八卦演万物，进行无穷的演变。

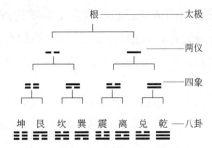

(a) 基本八卦图　　　　　　　　　(b) 八卦演变规律

图 1.20　八卦图

北宋哲学家邵雍说："一变而二，二变而四，三变而八，四变而十有六，五变而三十有二，六变而六十有四"，即

使用 1 个符号，有 2 种组合（**—**和**- -**），为两仪；

使用 2 个符号，有 4 种组合（**⚏**、**⚎**、**⚍**、**⚌**），为四象；

使用 3 个符号，有 8 种组合，为八卦；

使用 4 个符号，有 16 种组合；

使用 5 个符号，有 32 种组合；

使用 6 个符号，有 64 种组合。

使用的符号越多，可以有的组合就越多。如此组合，没有不可以代表的事物。

中国的八卦图大约在 1658 年以前就传到了欧洲。在卫匡国（Martin Martini，1614—1661，对中西文化交流有重大贡献）于 1658 年在慕尼黑出版的《中国上古史》（*Sinic Histori Decas Prima*）的第一卷中，不仅定义了阴、阳，还详细介绍了太极八卦的演化过程，即太极生两仪、两仪生四象、四象生八卦。

著名数学家莱布尼茨认真研究了这些符号，将之称为"古代哲学帝王的符号"，认为它们就是"数目字"。1679 年 3 月 15 日，莱布尼茨发表了题为《二进位算术》的论文，对二进位制进行了充分的讨论，并与十进位制进行了比较，不仅完整地解决了二进制的表示问题，而且给出了正确的二进位制加法与乘法规则，他的乘法器研究也从中得到不少启迪。图 1.21 是莱布尼茨研究二进制时的手稿。

遗憾的是，莱布尼茨虽然将八卦图称为"古代哲学帝王的符号"，但他仅仅研究了其中的数字意义，八卦图中所包含的深奥哲学被他忽略了。

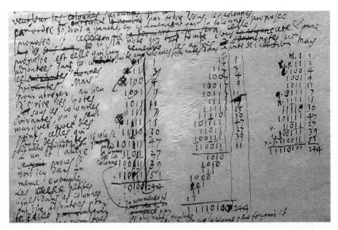

图 1.21　莱布尼茨研究二进制时的手稿

2．二进制数的特点

表 1.2 为二进制数与十进制数特征的比较。

表 1.2　二进制数与十进制数特征的比较

特征项	十进制	二进制
表示数的符号	0、1、2、3、4、5、6、7、8、9	0、1
位权	……10^7、10^6、10^5、10^4、10^3、10^2、10^1、10^0、10^{-1}、10^{-2}……	……2^5、2^4、2^3、2^2、2^1、2^0、2^{-1}、2^{-2}……
进位规则	逢十进一	逢二进一

表 1.3 为几个十进制数与二进制数之间的对应关系。

表 1.3　几个十进制数与二进制数之间的对应关系

十进制数	0	1	2	3	4	5	6	7	8	9	10	16	32
二进制数	0	1	10	11	100	101	110	111	1000	1001	1010	10000	100000

除此之外，二进制数的运算规则比十进制数的运算规则要简单得多。

如表 1.4 所示，在数字系统中，还定义了一系列以 2^{10}（1024）递进的量级单位。

表 1.4　数字系统中的重要数字量级

名　　称	K	M	G	T	P	E	Z	Y
英文称谓	kilo	mega	giga	tera	peta	exa	zeta	yotta
中文称谓	千	兆	吉	太	拍	艾	泽	尧
量级数值	2^{10}	2^{20}	2^{30}	2^{40}	2^{50}	2^{60}	2^{70}	2^{80}

3．二进制数运算规则

1）二进制数加法

规则：逢二进一，即　$0+0=0$　　$1+0=1$　　$0+1=1$　　$1+1=10$

例 1.1　101.01+110.11=?

解：   101.01
       +110.11
     1100.00

所以，101.01+110.11=1100.00。

2）二进制数减法

规则：借一当二，即 $0-0=0$ $1-0=1$ $1-1=0$ $10-1=1$

例 1.2   1100.00–110.11=?

解：   1100.00
     − 110.11
       101.01

所以，1100.00–110.11=101.01。

3）二进制数乘法与除法

规则：$0 \times 0 = 0$ $1 \times 0 = 0$ $0 \times 1 = 0$ $1 \times 1 = 1$

显然，二进制数乘法比十进制数乘法简单多了。

例 1.3   10.101×101=?

解：

         10.101   ………… 被乘数
     ×   101   ………… 乘数
         10.101
        000.00   }……… 部分积
   +   1010.1
      1101.001   ………积

所以，10.101×101=1101.001。

在二进制数运算过程中，由于乘数的每位只有两种可能情况，要么是 0，要么是 1。因此，部分积也只有两种情况，要么是被乘数本身，要么是 0。根据这一特点，可以把二进制数的乘法归结为移位和加法运算，即通过测试乘数的每位是 0 还是 1，来决定部分积是加被乘数还是加 0。

除法是乘法的逆运算，可以归结为与乘法相反方向的移位和减法运算。因此，在计算机中，只要具有移位功能的加法/减法运算器，便可以完成四则运算。

1.2.2   数据的二进制与十进制相互转换

1. 二-十（B→D）进制转换

规则：各位对应的十进制数之和；各位对应的十进制数为系数与其位权之积。

例 1.4   101.11101B=?D。

解：

位　　权：	2^2	2^1	2^0	2^{-1}	2^{-2}	2^{-3}	2^{-4}	2^{-5}
二进制数：	1	0	1	.1	1	1	0	1

计　　算：$4\ \ +0\ \ +1+0.5+0.25+0.125+0+0.03125=5.90625$D

所以，101.11101B = 5.90625D。

2．十-二进制转换

十-二进制转换的规则如下。

（1）整数部分连续（向左）除 2 取余，直到 0。

（2）小数部分连续（向右）乘 2 取整，直到 0。

这两条规则，也可以采用另一种简单的方法实现：首先估计十进制数所在的二进制位权区间$[2^n,2^{n-1})$，这样就可以得到一个从大到小的二进制数位权序列。然后用这个十进制数，减去二进制位权序列中的最大的数，够减记为 1，不够减记为 0；再用余数减下一个二进制位权数，够减记为 1，不够减记为 0……一直减到 0 或满足精度要求为止。

下面分别举例说明十进制整数和小数向二进制数转换的方法。

1）整数十-二进制转换

规则：连续（向左）除 2 取余，直到 0。

例 1.5　29D=?B。

解：

$$\overset{\text{连续(向左)除 2 取余}}{\xleftarrow{\hspace{4cm}}}$$

0| 1 | 3 | 7 |14 |29

　　1　1　1　0　1 ←十进制余数序列即对应的二进制数

所以，29D=11101B。

2）小数十-二进制转换

规则：连续（向右）乘 2 取整，直到 0。

例 1.6　0.375D=?B。

解：

$$\overset{\text{小数部分连续（向右）乘 2 取整}}{\xrightarrow{\hspace{4cm}}}$$

0.375| 0.75 |1.50 |1.00

0.　　 0　　 1　　 1　　 ← 结束

所以，0.375D=0.011B。

注意：第一个 0 与小数点要照写。

有时，小数十-二进制转换会出现转换不完的情况。这时可按一定的舍入规则，取到所需的位数。

例 1.7　0.24D=?B。

解：

连乘:	0.24	0.48	0.96	1.92	1.84	1.68	1.36	0.72	1.44
取整:	0.	0	0	1	1	1	1	0	1
结果:	0.	0	0	1	1	1	1	1	舍入

3）整数、小数混合十-二进制转换

规则：从小数点向左、右，分别按整数、小数规则进行。

所以，0.24D≈0.0011111B。

例 1.8 29.375D=?B。

解：

整数部分连续（向左）除2取余 ← | → 小数部分连续（向右）乘 2 取整

0 | 1 | 3 | 7 | 14 | 29   0.375 | 0.75 | 1.50 | 1.00
  1   1   1   0   1   0   1   1

所以，29.375D=11101.011B。

3. 八进制（Octal）和十六进制（Hexadecimal）

二进制数书写太长，难认、难记。为了给程序员提供速记形式，常用八进制或十六进制作为二进制的助记符。

八进制记数符为 0、1、2、3、4、5、6、7。

十六进制记数符为 0、1、2、3、4、5、6、7、8、9、A(a)、B(b)、C(c)、D(d)、E(e)、F(f)。

将二进制数由小数点起，向两侧分别以每 3 位划为一组（最高位与最低位不足 3 位以 0 补），每组便为一个八进制数；同理以 4 位为一组，每组便为一个十六进制数。

例 1.9 10110 1110.1111B=?H。

解：

000 1　0110　1110 . 1111

补 0　1　6　E . F

所以，1 0110 1110.1111B＝16E.FH。

4. 二-十进制码

从根本上来说，计算机内部进行的运算实际上是二进制运算。但是，把十进制数转换为二进制数，再将二进制数计算的结果转换为十进制数，在许多小型计算机中所花费的时间是很长的。在计算的工作量不大时，数制转换所用时间会远远超过计算所需的时间。在这种情况下，常常采用二-十进制数。

二-十进制（BCD）码也称为二进制编码形式的十进制数，即用 4 位二进制数来表示 1 位十进制数，这种编码形式可以有多种，其中最自然、最简单的一种方式为 8421 码，也称压缩的 BCD 码，即这 4 位二进制数的权，从左往右分别为 8、4、2、1。

例 1.10 3579 D=? BCD。

解：

$$
\begin{array}{cccc}
3 & 5 & 7 & 9 \\
\downarrow & \downarrow & \downarrow & \downarrow \\
0011 & 0101 & 0111 & 1001
\end{array}
$$

所以，3579D=0011 0101 0111 1001 BCD。

4 位二进制数可以表示 16 种状态，而 1 位十进数只可能有 10 种状态。所以用 4 位二进制数表示 1 位十进制数时有 6 种状态是多余的，称为非法码。在使用 BCD 码的运算过程中，要用状态寄存器中的有关位表示产生的进位或借位（称为半进位），通过对半进位的测试，决定是否需要对运算结果加以调整。

相对于压缩的 BCD 码，把用 8 位二进制数表示的 1 位十进制数的编码称为非压缩的 BCD 码，这时高 4 位无意义，低 4 位是一个 BCD 码。

1.2.3 浮点数与定点数

浮点数与定点数是计算机内存数值的两种格式。

1. 浮点数

一个十进制数可以表示为小数点在不同位置的几种形式，例如：
$$N_1=3.14159=0.314159\times10^1=0.0314159\times10^2$$

同样，一个二进制数可以这样表示，例如：
$$N_2=0.011B=0.110B\times2^{-1}=0.0011B\times2^1$$

一般地说，一个任意二进制数 N 可以表示为
$$N=2^E\times F$$

式中，E 为数 N 的阶码；F 为数 N 的有效数字，称为尾数。

当 E 变化时，数 N 的尾数 F 中的小数点位置也随之向左或向右浮动。这种表示法称为数的浮点表示法。对于这样一个式子，在计算机中用约定的 4 部分表示，如图 1.22 所示，E_f、S 分别称为阶码 E 和尾数 F 的符号位。

E_f	E	S	F

图 1.22　浮点数的机内表示

为了提高数据的可移植性，1987 年，IEEE 推出了与底数无关的二进制浮点运算标准 IEEE 754。在这个标准中，按照精度将浮点数分为如下具有不同存储宽度的 4 种类型：

（1）单精度浮点格式（32 位）。

（2）双精度浮点格式（64 位）。

（3）扩展单精度浮点格式（≥43 位，不常用）。

（4）扩展双精度浮点格式（≥79 位，一般情况下，Intel x86 结构的计算机采用的是 80 位，而 SPARC 结构的计算机采用的是 128 位）。

统一从逻辑上用图 1.23 所示的三元组 $\{S, E, M\}$ 来表示每个浮点数 V，即
$$V=(-1)\,S\times M\times2^E$$

S(符号位)	E(指数位)	M(有效数字位)

图 1.23　IEEE 754 浮点数的基本格式

表 1.5 给出了 IEEE 754 的 4 种常用浮点数格式的基本参数值。其中，只有 32 位单精度浮点数是强制要求的，其他都是可选部分。

表 1.5　IEEE 754 的 4 种常用浮点数格式的基本参数

浮点格式	基本参数			
	存储宽度/b	符号位 S	指数位 E	有效数字位 M
单精度	32	1	8	23
双精度	64	1	11	52
扩展双精度（Intel x86）	80	1	15	63
扩展双精度(SPARC)	128	1	15	112

其中，有效数字位（Significand）M 是二进制小数，它的取值为 $1\sim 2^{-\varepsilon}$ 或者 $0\sim 1^{-\varepsilon}$。M 也被称为尾数位（Mantissa）、系数位（Coefficient），甚至还被称作"小数"。它的取值为 $1\sim 2^{-\varepsilon}$ 的好处是可以充分用有限的位数表示数的有效位数。即通过改变 E，将有效数字表示成 $1.\times\times\times\times\times$ 的形式，并默认每个有效数段的小数点前都是 1，从而可以用 M 位表示 $M+1$ 位有效数字。

2. 定点数

如果让机器中所有的数都采用同样的阶码 a^j，就有可能将此固定的 a^j 设置为默认，而不表示出来。这种不带有指数部分的表示数的方式称为数的定点表示法。其中所略去的 a^j 称为定点数的比例因子，这样一个定点数便简化为由符号 S_f 与有效值 S 两部分来表示。

从理论上讲，比例因子的选择是任意的，即尾数中的小数点位置可以是任意的。但是为了方便，一般都将尾数表示成纯整数的形式。另外，对比例因子的选择还有一些技术要求。

（1）比例因子不能选择得太大。比例因子选择太大，将会使某些数丢掉过多的有效数字，影响运算精度。例如，$N=0.11$，机器字长 4 位，则：

① 当比例因子为 2 时，$S=0.011$。

② 当比例因子为 2^2 时，$S=0.001$。

③ 当比例因子为 2^3 时，$S=0.000$。

（2）比例因子也不能选择得太小。太小了就有可能使数超过了机器允许的表示范围，即尾数部分的运算所产生的进位影响了符号位的正确性。例如 $0111+0101=1100$，正数相加的结果变成了负数。

当字长一定时，浮点表示法能表示的数的范围比定点数大，而且阶码部分占的位数越多，能表示的数的范围就越大。但是，由于浮点数的阶码部分占用了一些位数，使尾数部分的有效位数减少，数的精度降低。为了提高浮点数的精度，就要采用多字节形式。

1.2.4 原码、反码、补码和移码

1. 机器数、真值与原码

一个数在机器内的表示形式称为机器数。它把一个数连同它的符号在机器中用 0 和 1 进行编码，这个数本身的值称为该机器数的真值。

一般用数的最高有效位（Most Significant Bit，MSB）（最左边一位）表示数的正负，即

MSB=0　　表示正数，如+1011 表示为 01011。

MSB=1　　表示负数，如−1011 表示为 11011。

这里的 01011 和 11011 就是两个机器数，它们的真值分别为+1011 和−1011。

当然，在不需要考虑数的正、负时，就不需要用 1 位来表示符号。这种没有符号位的数，称为无符号数。由于符号位要占用 1 位，所以用同样字长，无符号数的最大值比有符号数要大 1 倍。如字长为 4 位时，能表示的无符号数的最大值为 1111，即 15，而表示的有符号数的最大值为 111，即 7。

直接用 1 位 0、1 码表示正、负，在运算时带来一些新的问题。下面分 3 种情况讨论。

（1）两个正数相加时，符号位可以同时相加：0 + 0=0，即其和仍然为正数，没有影响运算的正确性。

（2）一个正数与一个负数相加或两个正数相减，结果的符号位由两个数的大小决定。而两符号位直接运算的值为 0 + 1=1，显然符号位直接参加运算有可能影响运算的正确性。

（3）两个负数相加时，结果还是负数，但 1 + 1=10，这时两符号位直接运算的结果显然是错误的。

显然，用这样一种直接的形式进行加运算，负数的符号位不能与其数值部分一道参加运算，而必须利用单独的线路确定计算结果的符号位。看起来问题简单，但电路实现起来还比较复杂。这样使计算机的结构变得复杂化了。为了解决机器内负数的符号位参加运算的问题，引入了反码、补码和移码 3 种机器数形式，而把前边的直接形式称为原码。

2. 反码

对正数来说，其反码和原码的形式是相同的，即

$$[X]_原=[X]_反$$

对负数来说，反码要将其原码数值部分的各位变反。

$$
\begin{array}{cccc}
& X & [X]_原 & [X]_反 \\
正数 & +1101 & 01101 & 01101 \\
负数 & -1101 & 11101 & 10010 \\
\end{array}
$$

数值部分取反

反码运算要注意 3 个问题。

（1）反码运算时，其符号位与数值一起参加运算。

（2）反码的符号位相加后，如果有进位出现，则要把它送回到最低位去相加。这称为循环进位。

（3）反码运算具有如右等式的性质：$[X]_反 + [Y]_反 = [X+Y]_反$。

例 1.11 已知 $X=0.1101$，$Y=-0.0001$，求 $X+Y$。

解：

$$
\begin{array}{r}
[X]_反 = 0.1101 \quad （正数的反原码相同）\\
+[Y]_反 = 1.1110 \\
\hline
10.1011 \\
+\ 循环进位 \quad \nwarrow 1 \\
\hline
[X+Y]_反 = 0.1100
\end{array}
$$

所以，$X+Y=0.1100$。

例 1.12 已知 $X=-0.1101$，$Y=-0.0001$，求 $X+Y$。

解：

$$
\begin{array}{r}
[X]_反 = 1.0010 \\
+[Y]_反 = 1.1110 \\
\hline
11.0000 \\
+\ 循环进位 \quad \nwarrow 1 \\
\hline
[X+Y]_反 = 1.0001
\end{array}
$$

所以，$X+Y=-0.1110$。

3. 补码

对正数来说，其补码和原码的形式是相同的，即 $[X]_原=[X]_补$。

对负数来说，补码为其反码（数值部分各位变反）的末位补加 1，例如：

$$
\begin{array}{cccc}
X & [X]_原 & [X]_反 & [X]_补 \\
+1101 \rightarrow & 01101 \rightarrow & 01101 \rightarrow & 01101 \\
-1101 \rightarrow & 1\boxed{1101} \rightarrow & 1\boxed{0010} \rightarrow & 10011 \\
& & 取反 & 补加1
\end{array}
$$

这种求负数的补码方法，在逻辑电路中实现起来是很容易的。因为它不需要在符号有进位时的循环进位。

不论对正数，还是对负数，反码与补码具有下列相似的性质。

$$[[X]_反]_反=[X]_原$$

$$[[X]_补]_补=[X]_原$$

例 1.13 原码、补码的性质举例。

$$
\begin{array}{lcccccc}
正数： & +1101 \rightarrow & 01101 \rightarrow & 01101 \rightarrow & 01101 \rightarrow & 01101 \rightarrow & 01101 \\
& X & [X]_原 & [X]_反 & [X]_补 & [[X]_补]_反 & [[X]_补]_补=[[X]_反]_反 \\
负数： & -1101 \rightarrow & 11101 \rightarrow & 10010 \rightarrow & 10011 \rightarrow & 11100 \rightarrow & 11101
\end{array}
$$

数值部分取反 ｜ 末位补1 ｜ 数值部分取反 ｜ 末位补1

反码求反

采用补码运算也要注意 3 个问题。

（1）补码运算时，其符号位要与数值部分一样参加运算。

（2）符号运算后如有进位出现，则把这个进位舍去不要。

（3）补码运算具有如右等式所示的性质：$[X]_{补} + [Y]_{补} = [X + Y]_{补}$。

例 1.14 已知 $X = 0.1101$，$Y = -0.0001$，求 $X + Y$。

解：

$$
\begin{array}{r}
[X]_{补} = \quad 0.1101 \\
+ \quad [Y]_{补} = \quad 1.1111 \\
\hline
[X + Y]_{补} = \boxed{1}\,0.1100
\end{array}
$$

↓
舍去不要

所以，$X + Y = 0.1100$。

例 1.15 已知 $X = -0.1101$，$Y = -0.0001$，求 $X + Y$。

解：

$$
\begin{array}{r}
[X]_{补} = \quad 1.0011 \\
+ \quad [Y]_{补} = \quad 1.1111 \\
\hline
[X + Y]_{补} = \boxed{1}\,1.0010
\end{array}
$$
取补 $\longrightarrow -0.1110$

↓
舍去不要

所以，$X + Y = -0.1110$。

采用反码和补码，基本上解决了负数在机器内部数值连同符号位一起参加运算的问题。

4. 移码

移码是在补码的最高位加 1，故又称增码。

例 1.16 几个数的 4 位二进制补码和移码。

真值	补码	移码
+3	0011	1011
0	0000	1000
−3	1011	0011

显然，补码和移码的数值部分相同，而符号位相反。

5. 原码、反码、补码和移码的比较

原码、反码、补码和移码表示数的形式和范围略有差别。表 1.6 在同为 8 位字长时对几个典型数的形式和范围进行了比较。从中可以得以下结论。

（1）反码有 +0 与 −0 之分，其他码没有。

（2）这几个数从 +127 到 −128 是从大到小排列的，只有移码能直接反映出这一大小关系。因而移码能像无符号数一样直接进行大小比较。

（3）字长为 8 位时，原码、反码的表示数的范围为 −127～+127，而补码和移码的表示数的范围为 −128～+127。

（4）同样的数值，移码与补码只有符号位的差别，尾数部分完全相同。

表 1.6　几个典型数据的机器码表示

真值	原　码	反　码	补　码	移　码
+127	0111 1111	0111 1111	0111 1111	1111 1111
+1	0000 0001	0000 0001	0000 0001	1000 0001
+0	0000 0000	0000 0000	0000 0000	1000 0000
−0	1000 0000	1111 1111	0000 0000	1000 0000
−1	1000 0001	1111 1110	1111 1111	0111 1111
−127	1111 1111	1000 0000	1000 0001	0000 0001
−128	不能表示	不能表示	1000 0000	0000 0000

1.2.5　数字逻辑——布尔代数

在电子数字计算机中，一切计算都是以二值逻辑运算为基础的。这个逻辑运算的基本理论是由英国数学家乔治·布尔（George Boole，1815—1864，见图 1.24）在思维规律的研究过程中发现，并于 1847—1854 年发表的。他成功地将形式逻辑归结为一种代数运算，这就是布尔代数。

布尔代数与普通的代数不一样，布尔代数中的量只有两个值：1 和 0。1 表示命题为真，0 表示命题为假。这个结果很自然地与"接通"和"断开"联系在一起，为百年后出现的数字计算机的开关电路设计提供了重要的数学方法和理论基础。

1938 年，美国数学家、信息论创始人克劳德·艾尔伍德·香农（Claude Elwood Shannon，1916—2001，见图 1.25）发表了著名论文《继电器和开关电路的符号分析》，用布尔代数对开关电路进行了相关的分析，并证明了可以通过继电器电路来实现布尔代数的逻辑运算，同时明确地给出了实现加、减、乘、除等运算的电子电路的设计方法。联想到 1938—1941年斯蒂比兹和楚泽的实践，说明 20 世纪 30 年代后期到 40 年代初，正是布尔代数走向实用的活跃时期。

图 1.24　乔治·布尔

图 1.25　克劳德·艾尔伍德·香农

1. 逻辑运算基础

传统的逻辑学是二值逻辑学，它研究命题在真、假两个值中取值的规律。0、1 码只有两个码，特别适合用作逻辑的表达符号。通常用 1 表示真，用 0 表示假。

逻辑代数是表达语言和思维逻辑性的符号系统。其最基本的运算是"与""或""非"。

1）"与"运算和"与门"

从图1.26（a）所示的电路可以看出，只有开关A与B都闭合时，X才是高电位。这种逻辑关系称为逻辑"与"，可以表达为

$$X = A \text{ and } B \qquad \text{或} \qquad X = A \wedge B$$

实现逻辑"与"功能的电路单元称为"与门"，在电路中用图1.26（b）所示的符号表示，其真值表如图1.26（c）所示。

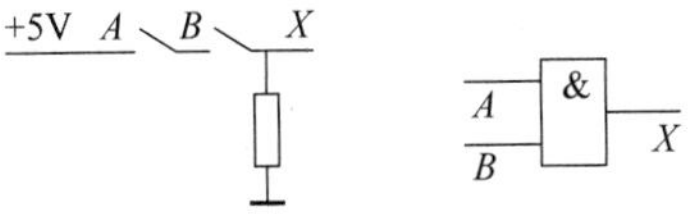

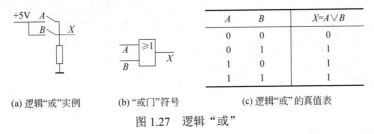

| | | (a) 逻辑"与"实例 | | | (b) "与门"符号 | | (c) 逻辑"与"的真值表 |

图1.26　逻辑"与"

真值表是由自变量的各种取值与函数值之间对应关系构成的表格。例如，逻辑"与"的真值表反映了逻辑"与"的如下一些特点。

$$1 \wedge 1 = 1 \qquad 1 \wedge 0 = 0 \qquad 0 \wedge 1 = 0 \qquad 0 \wedge 0 = 0$$

它与"乘"相似，所以逻辑"与"也称"逻辑乘"，相应的记法为

$$X = A \cdot B = A \times B$$

2）"或"运算和"或门"

从图1.27（a）所示的电路可以看出，只要开关A或B闭合，X便是高电位。这种逻辑关系称为逻辑"或"，可以表示为

$$X = A \text{ or } B \qquad \text{或} \qquad X = A \vee B$$

能实现逻辑"或"功能的电路单元称为"或门"，在电路中用图1.27（b）所示的符号表示，其真值表如图1.27（c）所示。

A	B	$X = A \vee B$
0	0	0
0	1	1
1	0	1
1	1	1

(a) 逻辑"或"实例　　(b) "或门"符号　　　　(c) 逻辑"或"的真值表

图1.27　逻辑"或"

由逻辑"或"的真值表可以看出，逻辑"或"有如下一些特点。

$$1 \vee 1 = 1 \qquad 1 \vee 0 = 1 \qquad 0 \vee 1 = 1 \qquad 0 \vee 0 = 0$$

这与"加"相似，所以逻辑"或"也称"逻辑加"，相应的记法为

$$X = A + B$$

3）"非"运算和"非门"

从图1.28（a）所示的电路可以看出，只有当开关 A 打开时，灯泡 X 才亮，这种逻辑关系称为逻辑"非"，可以表示为

$$X = \text{not } A$$

能实现逻辑"非"功能的电路单元称为"非门"，在电路中用图 1.28（b）所示的符号表示，其真值表如图1.28（c）所示。

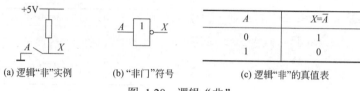

A	$X=\overline{A}$
0	1
1	0

(a) 逻辑"非"实例 　　(b) "非门"符号 　　(c) 逻辑"非"的真值表

图 1.28 逻辑"非"

逻辑"非"的特点：not 1=0 和 not 0=1。
所以逻辑"非"也称"逻辑反"，相应的记法为

$$X=\overline{A}$$

2. 逻辑代数的基本定律

根据"与""或""非"3 种基本逻辑运算法则，可推导出表 1.7 所示的 9 条逻辑代数基本定律。

表 1.7　逻辑代数基本定律

名　　称	公　　式	
0-1 律	$A+0 = A$ $A+1 = 1$	$A \cdot 0 = 0$ $A \cdot 1 = A$
互补律	$\overline{A}+A = 1$	$\overline{A} \cdot A = 0$
重叠律	$A+A = A$	$A \cdot A = A$
交换律	$A+B = B+A$	$A \cdot B = B \cdot A$
分配律	$A(B+C) = A \cdot B + A \cdot C$	$A+B \cdot C = (A+B) \cdot (A+C)$
结合律	$(A+B)+C = A+(B+C)$	$(A \cdot B) \cdot C = A \cdot (B \cdot C)$
吸收律	$A+A \cdot B = A$	$A \cdot (A+B) = A$
反演律	$\overline{A \cdot B \cdot C} = \overline{A}+\overline{B}+\overline{C}+\cdots$	$\overline{A+B+C+\cdots}=\overline{A} \cdot \overline{B} \cdot \overline{C} \cdot \cdots$
还原律	$\overline{\overline{A}}=A$	

3. 组合逻辑电路单元

链 1.4　国内外常用二进制逻辑元件图形符号对照图

正如复杂问题的解法可以通过相应的算法规则最终化为四则运算等初等数学方法进行运算一样，任何复杂的逻辑关系最终可用"与""或""非"这 3 种基本逻辑运算的组合加以描述。常用的组合逻辑电路单元有"与非门""或非门""异或门""同或门"等，它们都是计算机中广泛应用的基本组合逻辑电路单元。表 1.8 给出了几种组合逻

辑电路单元的名称、符号、逻辑表达式及其真值表等。其中，"与非门""或非门"都是先"与""或"再"非"；"异或门"是输入相同则为 0，输入不同则为 1；"同或门"是输入相同则为 1，输入不同则为 0。

表 1.8　几种基本组合逻辑电路单元

名　称	符　号	逻辑表达式	真值表			助记语
			A	B	X	
缓冲门	A 1 X	$X = A$	0 1		0 1	直通
与非门	A & X B	$X = \overline{A \cdot B} \ (= \overline{A} + \overline{B})$	0 0 1 1	0 1 0 1	1 1 1 0	有 0 则 1
或非门	A ≥1 X B	$X = \overline{A + B} \ (= \overline{A} \cdot \overline{B})$	0 0 1 1	0 1 0 1	1 0 0 0	有 1 则 0
异或门	A =1 X B	$X = A \oplus B \ (= \overline{A} \cdot B + A \cdot \overline{B})$	0 0 1 1	0 1 0 1	0 1 1 0	异则 1
同或门	A =1 X B	$X = A \odot B = (\overline{A} \cdot \overline{B} + A \cdot B)$	0 0 1 1	0 1 0 1	1 0 0 1	同则 1

1.2.6　加法器逻辑

在算术运算中，加法是最基本的运算。因为减法就是两个补码相加，乘法可以看成加法的连续进行，而除法是乘法的逆运算。本节介绍加法器的电路结构，从中可以进一步理解逻辑运算在计算机运算中的重要意义。

1. 一位加法电路——全加器

运算器是计算机中直接执行各种操作的装置，其核心部件是加法电路。图 1.29（a）为算式（0.111 + 0.011）的加法过程，其中第 i 位的加法过程如图 1.29（b）所示。

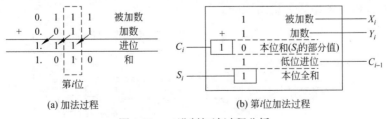

(a) 加法过程　　　　　　　(b) 第 i 位加法过程

图 1.29　二进制加法过程分析

可以看出，加法运算时某一位相加需要有下列 5 个变量。

输入：被加数 X_i、加数 Y_i、低位进位 C_{i-1}。

输出：本位进位 C_i、本位全和 S_i。

因此一个全加器应有 5 个端口：3 个输入端，2 个输出端。它的真值表如表 1.9 所示。

表 1.9　全加器的真值表

端口	真			值				
X_i	0	0	0	0	1	1	1	1
Y_i	0	0	1	1	0	0	1	1
C_{i-1}	0	1	0	1	0	1	0	1
C_i	0	0	0	1	0	1	1	1
S_i	0	1	1	0	1	0	0	1

在真值表中，将函数值（C_i 或 S_i）为 1 的各参数（X_i，Y_i，C_{i-1}）的"与"项相"或"，就组成了该函数的逻辑表达式。如果全加器的本位和有 4 项，全加器的本位进位也有 4 项，即有

$$S_i = \overline{X_i} \cdot \overline{Y_i} \cdot C_{i-1} + \overline{X_i} \cdot Y_i \cdot \overline{C_{i-1}} + X_i \cdot \overline{Y_i} \cdot \overline{C_{i-1}} + X_i \cdot Y_i \cdot C_{i-1} = X_i \oplus Y_i \oplus C_{i-1}$$

$$C_i = \overline{X_i} \cdot Y_i \cdot C_{i-1} + X_i \cdot \overline{Y_i} \cdot C_{i-1} + X_i \cdot Y_i \cdot \overline{C_{i-1}} + X_i \cdot Y_i \cdot C_{i-1} = X_i \cdot Y_i + (X_i \oplus Y_i) \cdot C_{i-1}$$

由这两个表达式很容易得到相应的组合逻辑电路，如图 1.30（a）所示，并且可以用图 1.30（b）所示的逻辑符号表示。

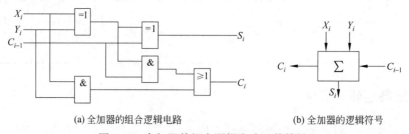

(a) 全加器的组合逻辑电路　　　　　　　　(b) 全加器的逻辑符号

图 1.30　全加器的组合逻辑电路及其符号

实质上，全加器是完成 3 个一位数相加、具有两个输出端的逻辑电路。对应于输入端的不同值，将在两个输出端上输出相应的值。

2. 串行加法电路

串行运算加法器如图 1.31 所示。它是由两个 n 位的移位寄存器、一个全加器和一个进位触发器（由 D 触发器组成）所组成的。

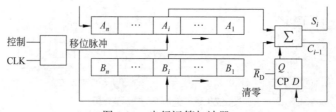

图 1.31　串行运算加法器

移位寄存器 A、B 每接收一次移位脉冲，被加数和加数同时各右移一位，使得进位触发器中的前位进位和 A 及 B 中的当前位在 Σ 中相加。每次相加之后得 S_i 计入 A 寄存器最左端，本位进位送给进位触发器的输入端 D。下一次移位脉冲到来时，进位触发器送给 Σ 一个进位。这样经过 n 次移位脉冲后，就完成了两个 n 位二进制数相加，结果存放在寄存器 A 中。

3. 并行加法电路

两个 n 位二进制数各位同时相加称为并行加法。图 1.32 为 n 位并行加法器。它由 n 个全加器组成。运算时由两个寄存器送来的 n 位数据，分别在 n 个全加器中按位对应相加；每个全加器得出的进位依次向高一位传送，从而得出每位的全加和。最后一个进位 C_n 为计算机工作进行判断提供了一个测试标态，在某些情况下（如多字节运算）还可以作为运算的一个数据。

图 1.32　n 位并行加法器

4. 加/减法电路

在并行加法器前加一级"异或门"就可以组成"加 / 减法运算器"，如图 1.33 所示。

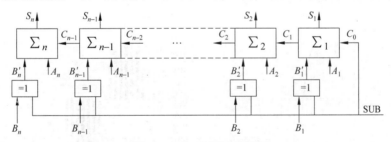

图 1.33　加 / 减法运算器

这样，若 A 和 B 是运算器中用于临时保存数据的寄存器。当 SUB = 0 时，
$$B_i' = B_i \oplus SUB = \overline{B_i} \cdot SUB + B_i \cdot \overline{SUB} = \overline{B_i} \cdot 0 + B_i \cdot 1 = B_i$$
进行的是 $A + B$。而当 SUB=1 时，进行的是 A - B，即
$$B_i' = B_i \oplus SUB = \overline{B_i} \cdot SUB + B_i \cdot \overline{SUB} = \overline{B_i} \cdot 1 + B_i \cdot 0 = \overline{B_i}$$

1.3　非数值数据的 0、1 编码

电子数字计算机不仅可以进行逻辑运算和数值计算，还能对一切非数值的数据，如声音、图形、图像、文字、指令等进行处理。本节介绍如何把它们表示成 0、1 编码。这也就是人们常说的数字化的含义。

在进行 0、1 编码时，经常会碰到如下 3 个术语。

位（bit，b）：一位 0、1 码，是二值数字系统中信息的最小单位。

字节（byte，B）：为了便于理解和使用，常把长长的 0、1 编码串进行一节一节地划分，就像在十进制阿拉伯数字被按照每 3 位划分成一节一样。不过在 0、1 编码系统中，是按照每 8 位划分成 1 字节，即 1byte = 8bit 或简写为 1B = 8b。

字（word）：在数字系统中，字有两个用途。一个用途是定义机器一次所能处理的 0、1 码位数。这个位数称为字长，表明了机器处理数据的单位。例如，8 位计算机，一次所处理 0、1 码只有 8 位；32 位计算机，一次所处理 0、1 码可以有 32 位；64 位计算机，一次所处理的 0、1 码可以有 64 位。字的另一个用途是用来表示一个具有逻辑独立意义的信息。例如，一个数据字、一个指令字等。在这两个用途中，具体是指哪个，要根据上下文环境考虑。

1.3.1　声音的 0、1 编码

1. 声音数据的编码过程

声音是一种连续的波，是模拟信号。要把模拟信号用 0、1 进行编码，须经过采样、量化两步完成。

（1）采样。采样就是每隔一定的时间，测取连续波上的一个振幅值。

（2）量化。量化就是用一个二进制尺子计量采样得到的每个脉冲。

图 1.34（a）为一个声波例图，图 1.34（b）为对其周期地采样的脉冲样本，图 1.34（c）为对每个样本进行量化得到的一串 0、1 码。

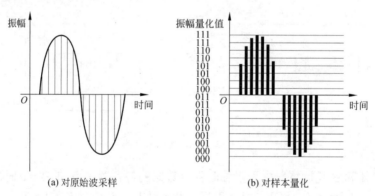

(a) 对原始波采样　　　　　　　　(b) 对样本量化

1011 1101 1110 1111 1111 1110 1110 1011 0100 0001 0000 0000 0001 0010 0100

(c) 量化得到的0、1码序列

图 1.34　声波的 0、1 编码过程

2. 采样频率和量化精度

将模拟信号转化为数字信号的过程称为模数（Analog-to-Digital，A/D）转换。在 A/D 转换过程中，有两个基本参数：采样频率和量化精度。

1）采样频率

采样频率即一秒内的采样次数，它反映了采样点之间的间隔大小。间隔越小，丢失的信息越少，采样后的图形越细腻和逼真。

1928 年，美国电信工程师奈奎斯特（Harry Nyquist，1889—1976，见图 1.35）提出：只要采样频率高于信号最高频率的 2 倍，就可以从采样准确地重现通过信道的原始信号的波形。因此，要从抽样信号中无失真地恢复原信号，采样频率应大于信号最高频率的 2 倍。一般电话中的语音信号频率约为 3.4kHz，选用 8kHz 的采样频率就够了。

2）量化精度

图 1.35 奈奎斯特

量化精度是样本在垂直方向的精度，是样本的量化等级，它通过对波形垂直方向的等分而实现。由于数字化最终是要用二进制数表示，常用二进制数的位数——字长表示样本的量化等级。若每个样本用 8 位二进制数字长表示，则共有 2^8=256 个量级；若每个样本用 16 位二进制数字长表示，则共有 2^{16}=65 536 个量级。字长越长，量级越多，精度越高。

1.3.2 图形/图像的 0、1 编码

1. 图形与图像

图形（Graphic）与图像（Image）是两个具有联系又不相同的概念：图形指用计算机绘图命令生成表示和存储的图（如直线、矩形、椭圆、曲线、平面、曲面、立体及相应的阴影等），也称主观图像。图像指由摄像机、照相机或扫描仪等输入设备获得的图，也称客观图像。随着计算机技术的发展以及图形和图像技术的成熟，图形、图像的内涵日益接近并相互融合。

2. 矢量图与位图

在计算机中处理图有两种方法。

（1）矢量图（Vectorgraph）法：用一些基本的几何元素（直线、弧线、圆、矩形等）以及填充色块等描述图像，并用一组指令表述。这种图像一般称为图形或合成图像。

（2）位图（Bitmap）法：用点阵描述图像，并用一组 0、1 码数据描述。

本书仅介绍位图方法。位图图像通过离散化、采样和量化得到。

3. 像素与分辨率

一幅图像原图本来是线条和颜色都是连续的，为了用位图表述，要把它看成由一些块组成，这个过程称为离散化。离散化的目的就是把一幅图像看成由一个个单色、单亮度小方块组成的点阵，以便用一个数字描述。每个小方块称为 1 像素（pixel）。所以，离散化就是数字化，即划分采样点。图 1.36 为对一幅图片离散化为 $M \times N$ 像素点阵的示例。

图 1.36　对一幅图片离散化为 *M×N* 像素点阵的示例

离散化了的图像中像素点的密度称为图像分辨率（Image Resolution）。图像分辨率可以用如下 3 种单位度量。

（1）每英寸像点数（dots per inch，dpi，1 英寸=2.54 厘米）。例如，某图像的分辨率为300dpi，表示每英寸的像点数为 300。

（2）一幅图像的像素多少，如 30 万像素、80 万像素等。

（3）一幅图像水平与垂直两个方向的像素密度，如一幅图像的分辨率是 500 × 200dpi，也就是说这幅图像在屏幕上按 1:1 放大时，水平方向有 500 个像素点（色块），垂直方向有200 个像素点（色块）。显然，图像分辨率越高，图像就越细腻；图像分辨率低，就将造成马赛克现象。

与图像分辨率关系密切的是屏幕分辨率。屏幕分辨率给出的是显示图像的屏幕上最大的像素密度。若图像分辨率与屏幕分辨率一致，按 1:1 比例显示时，图像将充满屏幕；若图像分辨率低于屏幕分辨率，按 1:1 比例显示时，图像将只占屏幕的一部分；若图像分辨率大于屏幕分辨率，按 1:1 比例显示时，在屏幕上只能显示图像的一部分。

4．像素深度

一个图像是否真实、细腻，除了与分辨率的高低有关外，还与一个像素点的像素深度（Image Depth，也称颜色深度，即每像素用于存储颜色的位数）有关，它是决定一个像素点可以显示多少种颜色的参数。显然，一个像素点用于存储颜色的位数越大，即像素深度越深，其能够显示的颜色就越丰富、越逼真。下面是 4 种常用的像素深度等级。

（1）黑白图（Black & White）。颜色深度为 1 位，只有黑白两色。

（2）灰度图（Ggay& Scale）。颜色深度为 8 位，256 个灰度等级。

（3）索引 256 色图（Indexed 256-Color）。颜色深度为 8 位，总的颜色深度用调色板可提供 256 种颜色。

链 1.5　计算机领域
常用视频显示标准

（4）真彩色图（RGB True Color）。颜色深度为 24 位（每个 RGB 通道的颜色深度为 8 位，总颜色深度为 24 位），可以提供 16 777 216 种颜色显示。

5. 位图图像的存储

一幅数字图像，常用一个文件存储，存储空间为

$$文件字节数=(位图宽度×位图高度×图像深度) / 8$$

注意，这里说的图像深度是指存储一个像素点需要的比特位多少。它与像素深度相关，但不是一个概念。因为一个像素的图像深度主要用于像素深度，但不完全用于像素深度。不过通常把像素深度当作图像深度使用。

例 1.17 计算一幅分辨为 640 x 480dpi 的图像按照下列颜色深度存储时的存储空间。

（1）灰度图。

（2）真彩色图。

解：

（1）灰度图的存储空间大小：(640×480×8b) /8/1024=300KB。

（2）真彩色图的存储空间大小：(640×480×24b) /8/1024=900KB。

表 1.10 列出了在不同分辨率下显示不同颜色所需的最小视频随机存储器（Video Random Access Memory，VRAM）容量。

表 1.10　不同分辨率下显示不同颜色所需的最小 VRAM 容量

颜色种类	分辨率/像素				
	640×480	800×600	1024×768	1280×1024	1600×1200
16	150KB	234KB	384KB	640KB	937KB
256	300KB	469KB	768KB	1.3MB	1.9MB
65 535	600KB	938KB	1.5MB	2.6MB	3.8MB
16 777 216	900KB	1.4MB	2.3MB	3.8MB	5.6MB

1.3.3　文字的 0、1 编码

计算机不仅能够对数值数据进行处理，还能够对文字数据进行处理。下面以汉字为例，介绍文字编码过程中的有关技术。

图 1.37 画了一台计算机上从汉字的输入到输出（显示）的过程。

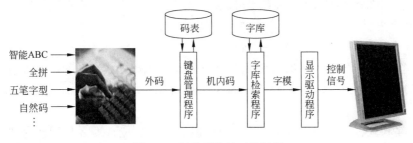

图 1.37　汉字系统的工作过程

（1）用一种输入方法（外码）从键盘输入汉字。

（2）键盘管理程序按照码表将外码变换成机内码。

（3）机内码经字库检索程序查对应的点阵信息在字模库的地址，从字库取出字模。

（4）字模送显示驱动程序，产生控制信号。

（5）显示器按照字模点阵将汉字字形在屏幕上显示出来。

显然，对于文字的处理要涉及如下 3 种编码。

（1）外码，即在键盘上如何输入这个字。

（2）机内码，即在计算机内部如何表示这个字。

（3）字模，即这个字是个什么形状——字体。

1．外码

现在使用的计算机键盘来自英文打字机键盘，要用其输入别种文字，就需要用英文字母对该种文字进行编码。以汉字为例，由于汉字形状复杂，没有确切的读音规则，且一字多音、一音多字，要像输入西文字符那样在现有键盘上利用机内码进行输入非常困难。为此，不得不设计专门用来进行输入的汉字编码——汉字外码。常见的输入法有以下几类。

（1）按排列顺序形成的汉字编码（流水码）：如区位码。

（2）按读音形成的汉字编码（音码）：如全拼、简拼、双拼等。

（3）按字形形成的汉字编码（形码）：如五笔字型、郑码等。

（4）按音、形结合形成的汉字编码（音形码）：如自然码、智能 ABC。

简单地说，外码就是用键盘上的符号对文字进行的编码。除汉字外，像日文、阿拉伯文字等都存在这种问题。对于直接采用英文字母的文字，就不会存在这种问题。

2．机内码

机内码是计算机中进行文字存储和处理的形式——实际的文字编码。这个编码与一种语言的文字符号的数量有关。

1）ASCII 码和 EBCDIC 码

如表 1.11 所示，ASCII 码用 1 字节来对基本字符集进行编码。

实际基本字符集包含了下列 87 个字符。

（1）26 个小写字母和 26 个大写字母。

（2）10 个数字：0、1、2、3、4、5、6、7、8、9。

（3）25 个特殊字符，如[、+、−、@、# 等。

这 87 个字符只需用 7 位 0、1 进行编码。常用的编码形式有两种：美国信息交换标准代码（American Standard Code for Information Interchange，ASCII）和扩展二-十进制交换码（EBCDIC）。

但是，字长是以字节为单位拼接的。所以最少要用 8 位。第 8 位用作奇偶检验位，通过对奇偶检验位设置 1 或 0 状态，保持 8 位中的 1 的个数总是奇数（称为奇检验）或偶数（称为偶检验），用以检测字符在传送（写入或读出）过程中是否出错（丢失 1）。

表 1.11　ASCII 码（7 位码）字符表

$b_3b_2b_1b_0$		$b_6b_5b_4$							
		0	1	2	3	4	5	6	7
		000	001	010	011	100	101	110	111
0	0000	控		SP	0	@	P	`	p
1	0001			!	1	A	Q	a	q
2	0010	制		"	2	B	R	b	r
3	0011			#	3	C	S	c	s
4	0100	字		$	4	D	T	d	t
5	0101			%	5	E	U	e	u
6	0110			&	6	F	V	f	v
7	0111	符		'	7	G	W	g	w
8	1000			(	8	H	X	h	x
9	1001			)	9	I	Y	i	y
A	1010			*	:	J	Z	j	z
B	1011			+	;	K	[	k	{
C	1100			,	<	L	\	l	|
D	1101			-	=	M	]	m	}
E	1110			.	>	N	^	n	~
F	1111			/	?	O	_	o	DEL

在码表中查找一个字符所对应的 ASCII 码的方法：向上找 $b_6b_5b_4$、向左找 $b_3b_2b_1b_0$。例如，字母 J 的 ASCII 码中的 $b_6b_5b_4$ 为 100（4H），$b_3b_2b_1b_0$ 为 1010（AH）。因此，J 的 ASCII 码为 1001010（4AH）。

除了 ASCII 码，还有其他字符编码。这些字符编码一般都有两种用途：一是表示字符；二是表示小整数，即把字符的 0、1 编码看成小整数。这样，字符就可以比较了：比较实际上就是比较其代表的小整数的大小。

2）汉字编码方案

汉字是世界上符号最多的文字，历史上流传下来的汉字总数有七八万之多。为了解决汉字的编码问题，有关部门推出了多种汉字编码规范。下面介绍常用的几种。

（1）GB 2312—1980 和 GB 2312—1990，共收录 6763 个简体汉字、682 个符号，其中汉字分为两级：一级汉字 3755 个，以拼音排序；二级汉字 3008 个，以偏旁排序。

（2）BIG5 编码，是目前中国台湾、中国香港地区普遍使用的一种繁体汉字的编码标准，包括 440 个符号，一级汉字 5401 个、二级汉字 7652 个，共计 13 053 个汉字。

（3）GBK 编码——《汉字内码扩展规范》（俗称大字符集），兼容 GB 2312，共收录汉字 21 003 个、符号 883 个，并提供 1894 个造字码位，简、繁体字融于一库。

（4）GB 18030—2005《信息技术中文编码字符集》，是我国于 2005 年发布的以汉字为主，并包含多种我国少数民族文字的超大型中文编码字符集强制性标准。其中收录汉字 70 000 余个，可应用于中文处理的软件类产品，如操作系统、数据库、中间件、办公软件、财务软件、CAD 软件、表处理软件、教育软件、字型字库等；还可应用于具有处理汉字功能的硬件产品，如打印机、移动电话、PDA 等。

3）Unicode 码

Unicode（Universal Multiple Octet Coded Character Set，统一码、万国码、单一码）是由世界各地主要的计算机制造商、软件开发商、数据库开发商、政府部门、研究机构、国际机构、各用户组织及个人组成的统一码联盟制定的可以容纳世界上所有文字和符号的字符编码方案。它通常用 2 字节表示一个字符，所有字符分为 17 组编排，0x0000～0x10FFFF。每组称为一个平面（Plane），每个平面拥有 65 536 个码位，共 1 114 112 个码位，目前只用了少数平面。在 Unicode 5.0.0 版本中，已定义的码位只有 238 605 个，分布在平面 0、平面 1、平面 2、平面 14、平面 15 和平面 16。

3. 字模

显然，机内码仅仅用于存储和处理文字符号，不能直接得到文字符号的形状。因为，文字形状有非常重要的特征——字体，即文字的字形，如汉字有宋、楷、隶、草、行、篆、黑等，英文字母也有多种字体。

目前形成的字形技术有 3 种：点阵字形、矢量字形和曲线轮廓字形。不管是字母，还是汉字都可以采用这些技术。图 1.38 为采用这 3 种技术的"汉"字。

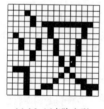  

(a) 16×16点阵字形　　　　　(b) 矢量字形　　　　　(c) 曲线轮廓字形

图 1.38　"汉"字的 3 种字形技术

点阵字形是在一个栅格中把一个字分割成方块组成的点阵，以此作为字模。显然，字模的点阵数越多，字形就越细腻，但占用的存储空间越大。例如一个英语字母，用 8×8 点阵字模，占用的存储空间为 8 字节；而用一个 16×16 点阵字模，占用的存储空间为 32 字节。一般的点阵类型有 16×16、24×24、32×32、48×48 等。把一个点阵字形放大到一定倍数，就会显示出明显的锯齿。针式打印机适合使用这种字模。矢量字形是用矢量指令生成一些直线条来作为字形的轮廓。这种字形可以任意放大而不会出现锯齿，特别适合支持矢量命令的输出设备（如笔式绘图仪、刻字机等）。曲线轮廓字形用一组直线和曲线勾画字的轮廓。

一种字体的所有字符的字模，构成一个字模库。要进行输出某种字体的一个字符，须驱动该字模库中需要调用的字模的存储地址（或者干脆把某字符对应的 ASCII 码值当成字库的地址），然后控制打印机的针头或显示器的像素（发光点），打印或显示出要求字体的要求字符。所以，一个字模的地址要由两部分组成：一部分用于选择字模库；另一部分用于在一个字模库中选择一个字模。对于一个确定的字，它在所有字模库中的地址是相同的，仅是库地址不同。

1.3.4 指令的 0、1 编码

1. 指令格式与指令编码

程序是由指令组成的。指令是计算机能够识别并执行的操作命令。指令也用 0、1 进行编码。描述一条指令的 0、1 编码序列称为一个指令字。

每条指令都明确地规定了计算机必须完成的一套操作以及对哪组操作数进行操作。所以指令可以分为两部分：操作码和操作数。操作码用来指出要求中央处理器（CPU）执行什么操作，如传送（MOV）、加（ADD）、减（SUB）、输出（OUT）、停机（HALT）、转移（JP）等。操作数部分用来指出要对哪些数据进行操作。由于计算机中存储器是按照地址寻址的，所以操作数部分通常要描述 3 个地址：对两个地址中的数据进行操作，把运算结果放到第 3 个地址所指的存储空间中。图 1.39 为指令的格式。

操作码	操作数地址1	操作数地址2	结果数据地址

图 1.39　指令的格式

操作码的长度由一个 CPU 所规定的指令的总条数决定，每个地址码的长度由 CPU 所能使用的存储器的大小决定。

除了 3 地址指令外，指令还可以有如下形式。

（1）2 地址指令：将计算结果放在一个操作数地址中，可以节省一个结果数据地址存储空间。

（2）1 地址指令：在 2 地址指令的基础上，一个操作数来自 CPU 中一个特定的寄存器（累加器），结果又放回该寄存器，只需从存储器取一个操作数。

（3）0 地址指令：在普通计算机中，这种指令不需要访问存储器，如停机。在堆栈计算机中进行算术逻辑运算，隐含着从堆栈顶部弹出两个操作数，并将计算结果压栈，可以不指定地址。

2. 指令系统与程序

一个 CPU 所能执行的所有指令的集合称为该 CPU 的指令系统。程序员编程，就是从该指令系统中选择合适的指令组成解题的程序。所以，程序就是完成某项任务的指令序列。也可以说，一个 CPU 的指令系统规定了程序员与该 CPU 交互时可以使用的符号集合，所以也是该 CPU 的机器语言。

指令系统中的指令丰富，程序员编程就比较容易。但是，直接用 0、1 码 CPU 的指令系统，难记、难认、难理解。例如下面是某 CPU 指令系统中的两条指令：

```
1 0 0 0 0 0 0 0   （进行一次加法运算）
1 0 0 1 0 0 0 0   （进行一次减法运算）
```

并且，不同类型 CPU 的指令系统是有区别的。这就更增加了程序设计的难度，程序的

效率很低，质量难以保证。

1.3.5 数据传输中的抗干扰码

电子线路工作时，由于冲击噪声、串音、传输质量等影响，有可能在数据的形成、存取、传输中造成错误。为减少和避免这些错误，一方面要提高硬件的质量；另一方面可以采用抗干扰码。后者的基本思想是，按一定的规律在有用数据的基础上附加上一些冗余信息，使编码在简单线路的配合下能发现错误、确定错误位置甚至自动纠正错误。通常，一个 k 位的信息码组应加上 r 位的检验码组，组成 n 位抗干扰码字（在通信系统中称为一帧）。抗干扰码的编码原则是在不增加硬件开销的情况下，用最小的检验码组，发现、纠正更多的错误。一般检验码组越长，其发现、纠正错误的能力就越强。

抗干扰码可分为检错码和纠错码。检错码只发现编码有差错，但不能发现错在什么地方，无法据此纠正错误；纠错码不仅能发现有差错，还能知道错在什么地方，可据此自动纠正差错。

1. 奇偶检验码

通常奇偶检验以字节为单位进行分组。例如传送 ASCII 码时，每传送 7 位的信息码组，都要传送一位附加的冗余检验位，该检验位可以作为码字的最高位，也可以作为码字的最低位，使得整个字符码组（共 8 位）中 1 或 0 的数目为奇数或偶数。对于奇检验，1（或 0）的数目为奇数是合法码，为偶数便是非法码；对于偶检验，1（或 0）的数目为偶数是合法码，为奇数便是非法码。由此，可以设计出检验逻辑：

$$P' = C_7 \oplus C_6 \oplus C_5 \oplus C_4 \oplus C_3 \oplus C_2 \oplus C_1 \oplus C_0 \oplus P \quad （P 为检验位值）$$

$P'=0$，无错；$P'=1$，有错。

这种检验方法能检测出传输中任意奇数个错误，但不能检测出偶数个错误。

2. 码距与汉明码

码距就是一种编码系统中两个任意合法码之间的最少二进制位数差。例如，一个 ASCII 码出现一位错时，就变成了另一个合法的 ASCII 码，故称 ASCII 码的码距为 1。纠错理论证明：码距越大，检错和纠错能力越强，其关系如下：

$$L-1 = D+C$$

式中，L 为码距；D 为可以检出的错误位数；C 为可以纠正的错误位数，并且有 $D \geqslant C$。显然，如果能在数据码中增加几个检验位，将数据码的码距均匀地拉大，并且把数据的每个二进制位分配在几个奇偶检验组中。当某位出错后，会引起几个检验位的值发生变化。这样，不但能够检测出错误，而且能够为进一步纠错提供依据。汉明码就是根据这一理论，由汉明（Richad Hamming）于 1950 年提出的一种很有效的检验方法。

假设检验码组为 r 位，则它共有 2^r 个状态，用其中一个状态指出"有无错"，其余的 2^r-1 个状态便可用于错误定位。设有效信息码组为 k 位，并考虑错误也可能发生在检验位，则须定位状态共有 $k+r$ 个。也就是说，要能充分地进行错误定位，应有如下关系：

$$2^r-1 \geqslant k+r$$

由此，可以计算出表 1.12 中的值。

表 1.12　有效信息码组长度与检验码组长度之间的关系

k	r（最小）	k	r（最小）	k	r（最小）
1	2	5～11	4	27～57	6
2～4	3	12～26	5	58～120	7

若编成的汉明码为 $H_m H_{m-1} \cdots H_2 H_1$，则汉明码的编码规律如下。

1）检验位分布

在 m 位的汉明码中，各检验位分布在位号为 2^{i-1} 的位置，即检验位的位置分别为 1、2、4、8……其余为数据位。数据位按原来的顺序关系排列。例如，有效信息码为 $\cdots D_5 D_4 D_3 D_2 D_1$，则编成的汉明码为 $\cdots D_5 P_4 D_4 D_3 D_2 P_3 D_1 P_2 P_1$，其中 P_i 为第 i 个检验位。

2）检验关系

汉明码的每位 H_i 要由多个检验位检验。检验关系是被检验位的位号为检验位的位号之和。例如，D_1（位号为 3）要由 P_2 与 P_1 两个检验位检验，D_2（位号为 5）要由 P_3（位号为 4）与 P_1 两个检验位检验，D_3（位号为 6）要由 P_2 与 P_3 两个检验位检验，D_4（位号为 7）要由 P_1、P_2、P_3 三个检验位检验……

3. 循环冗余检验码

循环冗余检验（Cyclic Redudancy Check，CRC）码简称循环码，是一种能力相当强的检错、纠错码，并且实现编码和检码的电路比较简单，常用于串行传送（二进制位串沿一条信号线逐位传送）的辅助存储器与主机的数据通信和计算机网络中。循环是指通过某种数学运算实现有效信息与检验位之间的循环检验（而汉明码是一种多重检验）。

1）编码步骤

（1）将待编码的 n 位信息码组 $C_{n-1} C_{n-2} \cdots C_i \cdots C_2 C_1 C_0$ 表达为一个 $n-1$ 阶的多项式 $M(x)$：

$$M(x) = C_{n-1} x^{n-1} + C_{n-2} x^{n-2} + \cdots + C_i x^i + \cdots + C_1 x^1 + C_0 x^0$$

（2）将信息码组左移 k 位，成 $M(x) \cdot x^k$，即成为 $n+k$ 位的信息码组：

$$C_{n-1+k} C_{n-2+k} \cdots C_{i+k} \cdots C_{2+k} C_{1+k} C_k 00 \cdots 00$$

（3）用 $k+1$ 位的生成多项式 $G(x)$ 对 $M(x) \cdot x^k$ 作模 2 除法，得到一个商 $Q(x)$ 和一个余数 $R(x)$。显然，会有关系：

$$M(x) \cdot x^k = Q(x) \cdot G(x) + R(x)$$

生成多项式 $G(x)$ 是预先选定的。

模 2 运算就是基于二进制的运算，运算时不考虑进位和借位。模 2 加法和减法的规则：两数相同为 0，两数相异为 1。

模 2 除法是求用 2 整除所得到的余数。每求一位商应使部分余数减少一位。上商的原则：当部分余数为 1 时，商取 1；当部分余数为 0 时，商取 0。例如：

$$
101 \overline{\smash{\big)}\ 10000} \quad \text{······商 } 101
$$

```
              1 0 1 ·············· 商
      ┌─────────────
101 │ 1 0 0 0 0 ·············· 部分余数为 1
      1 0 1
      ─────────
        0 1 0 ·············· 部分余数为 0
        0 0 0
        ─────────
          1 0 0 ·············· 部分余数为 1
          1 0 1
          ─────────
            0 1 ·············· 余数
```

（4）再将左移 k 位的待编码有效信息与余数 $R(x)$ 进行模 2 加法，即形成循环冗余检验码。

例 1.18　对 4 位有效信息 1100 求循环冗余检验码，选择生成多项式 $G(x)$ 为 1011（$k=3$）。

（1）$M(x)=x^3+x^2=1100$。

（2）$M(x) \cdot x^k=x^6+x^5=1100000$（$k=3$，即加了 3 个 0）。

（3）模 2 除法，$M(x) \cdot x^k/G(x)=1100000/1011=1110+010/1011$，即 $R(x)=010$。

（4）模 2 加法，得到循环冗余检验码为 $M(x) \cdot x^k=Q(x) \cdot G(x)+R(x)=1100000+010=1100010$。

2）纠错原理

由于 $M(x) \cdot x^k=Q(x) \cdot G(x)+R(x)$，根据模 2 加法的规则：

$$M(x) \cdot x^k+R(x)=M(x) \cdot x^k - R(x)=Q(x) \cdot G(x)$$

所以合法的循环冗余检验码应当能被生成多项式整除。如果循环冗余检验码不能被生成多项式整除，就说明出现了信息差错。并且，有信息差错时，循环冗余检验码被生成多项式整除所得到的余数与出错位有对应关系，因而能确定出错位置。表 1.13 为例 1.18 所得到的循环冗余检验码的出错模式。

表 1.13　循环冗余检验码的出错模式

结　果	D_7 D_6 D_5 D_4 D_3 D_2 D_1	余　数	出　错　位
正确	1　1　0　0　0　1　0	0 0 0	—
错误	1　1　0　0　0　1　1	0 0 1	1
	1　1　0　0　0　0　0	0 1 0	2
	1　1　0　0　1　1　0	1 0 0	3
	1　1　0　1　0　1　0	0 1 1	4
	1　1　1　0　0　1　0	1 1 0	5
	1　0　0　0　0　1　0	1 1 1	6
	0　1　0　0　0　1　0	1 0 1	7

进一步分析还会发现，循环冗余检验码当有 1 位出错时，用生成多项式进行模 2 除法将得到一个不为 0 的余数，将余数补 0 继续进行模 2 除法又得到一个不为 0 的余数，再补 0 再进行模 2 除法……于是余数形成循环。对例 1.18，形成 001，010，100，011，110，111，101；001，010，100，011，110，111，101…的余数循环。这也是"循环码"的来历。

3）生成多项式

并不是任何一个多项式都可以作为生成多项式。从检错和纠错的要求出发，生成多项式应能满足下列要求。

（1）任何一位发生错误都应使余数不为 0。

（2）不同位发生错误应使余数不同。

（3）对余数继续进行模 2 运算，应使余数循环。

生成多项式的选择主要靠经验。下面 3 种多项式已经成为标准，具有极高的检错率：

$$CRC-12=x^{12}+x^{11}+x^3+x^2+x+1$$
$$CRC-16=x^{16}+x^{15}+x^2+1$$
$$CRC-CCITT= x^{16}+x^{12}+x^5+1$$

1.4 冯·诺依曼计算机模型及其组成

1.4.1 电子数字计算机的冯·诺依曼模型

冯·诺依曼（John von Neumann，1903—1957，见图 1.40），布达佩斯大学数学博士，曾执教于柏林大学和汉堡大学；1930 年移居美国，历任普林斯顿大学教授、普林斯顿高等研究院教授，入选美国原子能委员会会员、美国国家科学院院士；20 世纪重要的数学家、计算机科学家、物理学家，在现代计算机、博弈论、核武器等领域内都有建树。第二次世界大战期间，冯·诺依曼曾参与曼哈顿计划，为第一颗原子弹的研制作出了贡献。他对计算机的关注就始于他参与研制原子弹的那段时期。

1943 年 4 月，正处于第二次世界大战的关键时刻，激战正酣，当时各国的武器装备还很差，占主要地位的战略武器就是飞机和大炮，因此研制和开发新型大炮和导弹就显得十分必要和迫切。为此，美国陆军军械部在马里兰州的阿伯丁设立了"弹道研究实验室"。其中，为解决高速、准确地计算弹道轨迹问题，便委托宾夕法尼亚大学摩尔电工学院开始试制一台电子数学积分计算机（Electronic Numerical Integrator and Computer，ENIAC）。

而当时（1944 年）任弹道研究实验室顾问、正在参加美国第一颗原子弹研制工作的数学家冯·诺依曼也在原子弹研制过程中遇到大量计算问题。为此冯·诺依曼十分关注 ENIAC 的研制，并一起进行了一些问题的讨论。

1946 年，ENIAC 研制成功。但是，还存在两个问题：没有存储器且它用布线接板进行控制，甚至要搭接几天，计算速度也就被这一工作抵消了。于是，冯·诺依曼开始构思一台可以自动进行计算的机器。1945 年 3 月，他在共同讨论的基础上提出了一个全新的存储程序通用电子计算机——电子离散变量自动计算机（Electronic Discrete Variable Automatic Computer，EDVAC，见图 1.41）。1952 年 1 月，EDVAC 问世。1954 年 6 月，冯·诺依曼回到普林斯顿高等研究院工作。在那里，他进一步总结了 EDVAC 的设计思想，归纳了前人关于计算机的有关理论，发表了《电子计算装置逻辑结构初探》的报告。在报告中提出如下思想。

图 1.40 冯·诺依曼

图 1.41 冯·诺依曼和他的 EDVAC

（1）计算机系统要由运算器、控制器、存储器、输入设备和输出设备 5 部分组成，以运算器为核心，由控制器对系统进行集中控制。

（2）采用二进制表示数据和指令。十进制不但电路复杂，而且要制造具有 10 个不同稳定状态的物理器件不那么容易。而电子元器件都容易做到两个稳定状态。

（3）存储器单元用于存放数据和指令，并线性编址，按地址访问单元。

（4）指令由操作码和地址码两部分组成，操作码给出操作的性质和类型，地址码给出要操作数据的地址。

（5）指令在存储器内按照执行顺序存放。计算机工作时，就可以依次取出指令执行，直到程序结束。

冯·诺依曼的这些思想，成为以后设计自动电子数字计算机的基本理论根据。人们通常将这种计算机体系称为冯·诺依曼计算机模型（见图 1.42）。不过人们也认为这个模型的基础还是巴贝奇（Charles Babbage）奠定的，冯·诺依曼只是从理论上进行了解释和提升。

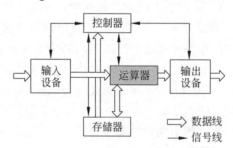

图 1.42 冯·诺依曼计算机模型

1.4.2 计算机存储器

存储器是计算机中用于存储数据和程序的部件。

1. 计算机存储器分类

1）按介质的物理性质分类

广义地讲，在一定条件下，物质性质的改变就是对过程条件的记忆。如果这些物理性质可检测并且与其相应过程条件之间有确定的一一对应关系，则可用作记忆元件。基于二进制逻辑的冯·诺依曼电子计算机所要求的记忆元件应当有两个明确定义的物理状态，以分别表示两个基本逻辑值，且这两个状态可以被检测并转换成电信号。信息的存取速度取决于测量与改变元件的记忆状态所需的时间。能满足这一要求的物质如下。

（1）机械存储器，如有孔无孔、有坑无坑，可以用光电管或激光检测并转换成电信号。

（2）电子存储器，如开关的开闭、电容器极板之间有无电容以及电压的正负，可以用电信号检测。

（3）磁存储器，如磁化的方向，可以用电磁感应检测。

（4）光存储器，利用光斑的有无存储数据。

（5）还有化学存储器和生物存储器等。

目前，计算机中使用的记忆元件是电子存储器和磁性存储器。这些存储元件有一个重要的特性，就像磁带一样，存进（写入）之后，无论怎样使用（读），都不会消失；但只要存进（写入）新的内容，旧的内容就不复存在。这个特性称为"取之不尽，新来旧去"。

2）按记忆性能分类

（1）非永久记忆的存储器，也称有源存储器。断电后数据即消失的存储器，许多半导体存储器只能在有电环境才能保存其中的数据。

（2）永久记忆性存储器，也称无源存储器。断电后仍能保存数据的存储器，如磁盘、光盘、闪存等。

3）按访问单元间的位置关系分类

（1）顺序访问存储器。只能按某种顺序来存取，存取时间和存储单元的物理位置有关。例如磁带这样的存储设备，只能顺序地进行读写。

（2）随机访问存储器。这里的"随机"指任何存储单元的内容都能被直接存取，且存取时间和存储单元的物理位置无关。例如磁盘这样的存储设备，可以读写任何磁道中任何一个扇区的数据。

4）按读写限制分类

（1）只读存储器。存储的内容是固定不变的，只能在线读出，不能在线写入的存储器，写入只能在特殊环境中进行。例如光盘等。

（2）随机存储器。这里的"随机"指既可以在线写（存）又可以在线读（取），既能读出又能写入的存储器。例如半导体存储器、磁盘、闪存等。

5）按存储器在计算机系统中所起的作用分类

（1）主存储器（简称主存），也称内存。存放计算机运行期间的大量程序和数据。主存储器的主要要求是存取速度较快。

（2）高速缓冲存储器（Cache，简称高速缓存）。可与CPU直接匹配的高速存储器。

（3）辅助存储器（简称辅存），也称外存。作为主存储器的外援存放系统程序和大型数据文件及数据库。辅助存储器的存储容量大，成本低。

2. 存储单元与主存储器的结构

计算机的主存储器由存储单元组成，通常每个存储单元存储 1 字节的数据。众多的存储单元就像中药铺中的药盒，密密麻麻地排在一起，为了辨别就要预先对它们编号，按照号码进行数据或指令的存储。这些号码就称为存储单元的地址。要访问存储器，首先要把地址码送到地址译码器，由地址译码器产生地址对应单元的驱动信号，来对该单元进行读写。地址译码可采用一维结构（见图 1.43），也可采用二维结构（见图 1.44）。

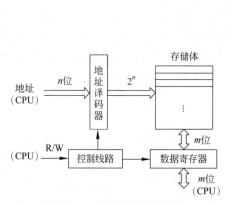

图 1.43　一维地址译码结构

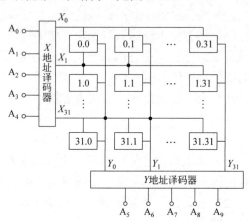

图 1.44　二维地址译码结构

一维地址译码结构也称单译码或线选法。对于一个 n 位的地址码，可以寻址的范围是 2^n 个单元，即一种 2^n 中选 1 的逻辑电路。这种地址译码器一般用于小容量的存储器。在大容量的存储器中，通常采用二维地址译码结构（也称双译码或重合法）。二维地址译码器的译码结构使用两个地址译码器，分别在 X（行）和 Y（列）两个方向进行地址译码。这样可以节省驱动电路和地址线。例如，地址宽度为 10，采用一维地址译码结构时字线数为 $2^{10}=1024$ 条，需要 1024 个驱动电路；采用二维地址译码结构时，字线总数变为 $2×2^5=64$ 条，需要 64 个驱动电路。

如图 1.45 所示，主存储器主要由存储体、地址译码器、驱动电路、读写电路和时序控制电路等组成。

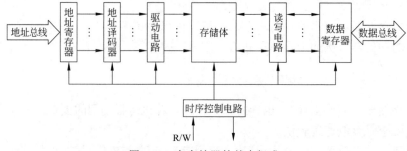

图 1.45　主存储器的基本组成

还需要说明的是，主存储器的编址方式有两种：面向字节和面向字。前者每字节有一个地址，后者每个字有一个地址。

3. 存储器的基本性能要求

存储器的性能通常可以从以下4方面描述。

（1）每位成本。每位成本即折合到每位的存储器造价，是存储器的主要经济指标。

（2）容量。计算机存储器的容量是计算机存储信息的能力。一个存储器的容量常用有多少个存储单元、每个单元有多少位表示。如存储容量为4M×8b，则表示能存储4×1024×1024个 8 位字长的二进制数码。另外也可以用能存储多少字节（每字节为 8 位二进制代码）表示，故前例也可称容量为4MB。除了 MB，存储容量常用的单位还有 GB、TB、PB 等。如表 1.4 所示，这些单位之间以 2^{10}（1024）递进。目前，微型计算机的 L1 Cache 的容量在兆字节级，L2 Cache 的容量一般在几十兆字节级，主存储器的容量在吉字节级，辅助存储器的容量在几百吉字节到几太字节级。大型计算机的容量要大得多。

（3）存取速度。计算机存储器的存取速度通常用 3 个指标衡量：存取时间、存取周期和存储器带宽。

存取时间又称访问时间或读写时间，是指从启动一次存储器操作到完成该操作所经历的时间。例如，读出时间是指从 CPU 向存储器发出有效地址和读命令开始，直到将被选单元的内容读出送上数据总线为止所用的时间；写入时间是指从 CPU 向存储器发出有效地址和写命令开始，直到信息写入被选中单元为止所用的时间。内存的存取时间通常用纳秒（ns）表示。在一般情况下，超高速存储器的存取时间在 20ns 级，高速存储器的存取时间在几十纳秒级，中速存储器的存取时间为 100～250ns，低速存储器的存取时间约为 300ns。

存取周期是指连续对存储器进行存取时，完成一次存取所需要的时间。通常存取周期会大于存取时间，因为一次存取操作后，需要一定的稳定时间，才能进行下一次存取操作。

存储器带宽是指存储器在单位时间内读/写的字节数。若存储周期为 t_m，每次读写 n 字节，则其带宽 $B_m = n/t_m$。

（4）信息的可靠保存性、非易失性和可更换性。存储器存储信息的物理过程是有一定条件的。例如，双极性半导体存储器只在有电的条件下存储信息，称为有源存储器。磁盘、磁带、光盘以及可擦可编程只读存储器（EPROM）中的信息保存不需电源，称为无源存储器，但它会因磁、热、机械力等磁场作用受到破坏。理想的存储器是既能方便读写又具有非易失性的存储器。

4. 分级存储

存储器的主要指标是成本、速度和容量。当然希望在一台计算机中配置很大（单元多）、很快的存储器。但是，速度快的存储器价格高，对经济实力的要求也高。所以，计算机的存储器实行分级存储的方式：把要反复使用的内容放在速度最高、容量较小的存储器中，把现在不用但不久就要使用的内容放在速度次高、容量次大的存储器中……把最不常用的内容放在容量极大但速度不高的存储器中。合理地在不同级别的存储器之间进行存储内容的调换，就解决了速度、容量和成本之间的矛盾。就像学生在书包中装的是马上上课要用的书籍，家里书架上放的是一个阶段要用的书籍，还要用书店或图书馆的书籍作为后盾一样。

目前的计算机存储器一般分为 3 级：辅助存储器（如光盘、磁盘、U 盘等）、主存储器和 Cache。它们之间的关系如图 1.46 所示。

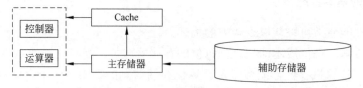

图 1.46　辅助存储器、主存储器和 Cache 及其之间的关系

辅助存储器作为主存储器的后援；主存储器可以与运算器和控制器（合起来称为CPU）通信，也可以作为 Cache 的后援；Cache 存储 CPU 最常使用的信息。一个程序执行前，程序和它要执行的数据都存放在辅助存储器中。程序开始执行，程序会被调入主存储器，对于大型程序要一段一段地调入主存储器执行。程序在执行过程中，数据按照程序的需要被调入主存储器。为提高程序执行的速度，还要不断地把 CPU 即将使用的程序段和数据调入高速缓存备用。

1.4.3　计算机控制器

1. 控制器的功能

控制器是计算机的中枢神经，可以对整台计算机的工作过程进行控制。其控制功能主要表现在定序、定时和发送操作控制信号 3 方面。

（1）定序。组成程序的指令必须按照一定的顺序被执行。就像做菜、开会一样，必须按照一定顺序进行；否则做的菜就无法吃，会议开不好。

（2）定时。电子计算机是一种复杂的机器，由众多的元件、部件组成，不同的信号经过的路径也不同。为了让这些元件、部件能协调工作，系统必须有一个统一的时间标准——时钟和节拍，就像乐队的每位演奏者都必须按照指挥节拍演奏一样。计算机中的时钟和节拍是由振荡器提供的。振荡器的工作频率称为时钟频率。显然，时钟频率越高，计算机的工作节拍越快。

定序与定时合起来称为定时序。

（3）发送操作控制信号。控制器应能按指令规定的内容，在规定的节拍向有关部件发送操作控制信号。

2. 控制器的组成

控制器由指令部件（指令寄存器、地址处理部件、指令译码部件、指令计数器）、时序部件和操作控制部件（操作控制逻辑）组成。控制器的工作原理如图 1.47 所示。

3. 控制器的工作过程

控制器执行一条指令的过程是"取指令—分析指令—执行指令"。

（1）取指令。控制器的指令计数器（Program Counter，PC）存放即将执行指令的地址（如 n）。取指令就是把该地址送到存储器的地址驱动器（图 1.47 中没有画出），触发该地

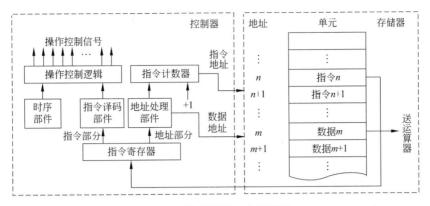

图 1.47　控制器的工作原理图

址，取出所存指令，送到指令寄存器（Instruction Register，IR）中。同时，PC 自动加 1，准备取下一条指令。

（2）分析指令。一条指令由两部分组成：操作码（Operation Code，OP，指出该指令的操作种类）和地址码（指出要对存放在哪个地址中的数据进行操作，如 m）。在分析指令阶段，要将地址码送到存储器中取出需要的操作数到运算器，同时把操作码送到指令译码部件，翻译成要对哪些部件进行哪些操作的信号，再通过操作控制逻辑，将指定的信号（和时序信号）送到指定的部件。

（3）发送操作控制信号。将有关操作控制信号，按照时序安排发送到相关部件，使有关部件在规定的节拍中完成规定的操作。

4. 一条程序的执行过程示例

下面介绍一个求 $x+|y|$ 程序的执行过程。

1）为程序分配存储单元

根据存储器的使用情况，给程序和数据分配合适的存储单元。本例假定程序从 2000 单元开始存储，数据存于 2010 单元、2011 单元，结果存于 2012 单元，具体安排如表 1.14 所示。其中，A 和 B 是运算器中的两个数据寄存器，用于临时保存数据。

表 1.14　本例假想的内存存储情形

单元地址	单元内容	注　　释
2000	MOV　A，(2010)	；取 2010 单元中的数据到寄存器 A
2001	MOV　B，(2011)	；取 2011 单元中的数据到寄存器 B
2002	JP　(B)＜0，2005	；若(B)＜0，转 2005 单元，否则执行下一条
2003	ADD　A，B	；将 A 与 B 中内容相加后送 A
2004	JP＋2	；跳两个单元，即转 2006
2005	SUB　A，B	；将 A 与 B 中内容相减后送 A
2006	MOV　(2012)，A	；存 A 中内容到 2012 单元
2007	OUT　(2012)	；输出 2012 单元内容

单元地址	单元内容	注　释
2008	HALT	；停机
2010	x	
2011	y	

2）程序执行过程

（1）启动程序，即向 PC 中送入程序首地址 2000。

（2）按照 PC 指示的 2000，从存储器的 2000 单元取出第一条指令"MOV　A，(2010)"，送至 IR，同时 PC+1（得 2001），准备取下一条指令。

指令"MOV　A，(2010)"要求把 2010 单元中的数据（x）送到寄存器 A（CPU 内部暂存数据的元件）。

（3）按照 PC 指示的 2001，从存储器的 2001 单元取出指令"MOV　B，(2011)"，送至 IR，同时 PC+1（得 2002），准备取下一条指令。

指令"MOV　B，(2011)"要求把 2011 单元中的数据（y）送到寄存器 B（CPU 内部的另一个暂存数据的元件）。

（4）按照 PC 指示的 2002，从存储器的 2002 单元取出指令"JP　(B)<0，2005"，送至 IR，同时 PC+1（得 2003），准备取下一条指令。

指令"JP　(B)<0，2005"首先进行判断 B 中的数据是否小于 0：若是，就跳到 2005，即将存储地址 2005 送往 PC。

执行 2005 单元中的指令"SUB　A，B"，把 B 中数据的负值（实际为 y 的绝对值）加到 A 中，执行 x+（−y）的操作，并把结果存在 A 中。同时 PC+1（得 2006），准备取下一条指令。

（5）若 B 中的值为正，就不跳转，执行 2003 单元中的"ADD　A，B"，即把 A 和 B 中的数据相加，得 x+y，送入 A 中。同时 PC+1（得到 2004），准备取下一条指令。

接着执行 2004 单元中的指令 JP + 2，要求跳过两个单元，即把 PC+2，得到 2006，准备取出 2006 单元中的指令。

执行上述运算后，A 中存放的是 A 与 B 的绝对值的和 x+|y|，并且 PC 内容为 2006。

（6）执行 2006 单元中的指令"MOV　(2012)，A"，把 A 中的内容（x+|y|）送到 2012 单元。同时 PC+1（得 2007），准备取下一条指令。

（7）执行 2007 单元中的指令"OUT　(2012)"，把 2012 单元中保存着的数据 x+y 输出。同时 PC 加 1（得 2008），准备取下条指令。

（8）执行 2008 单元中的指令 HALT，该程序执行结束。

1.4.4　计算机中的时序控制

1. 时序

计算机是一个高速的复杂系统，为了能让相关部件有条不紊地协调工作，必须对相关操作之间的顺序依赖关系给予严格规定。对于某个具体的操作，必须定好它在哪个时间点开始，在哪个时间点完成；或者规定好哪个操作之后开始，在哪个操作之前完成。这种顺序和时间点的安排，就称为时序。

2. 同步控制与异步控制

按照时间点的安排，要求相关部件之间有一个统一的时间参照，这就是时钟。在数字系统中，时钟定时地发射脉冲信号。每两个相邻脉冲信号之间的时间称为一个时钟周期。在单位时间（一般为秒）内时钟发出的脉冲数称为时钟频率。时钟频率越高，时钟周期越短，部件的工作速度就越快。用统一的时钟控制有关部件协调工作，称为同步控制。

相关部件之间没有共同时钟的情况下，采用异步控制方式，即靠相互间的信号联系协调（称为握手方式或应答方式）工作，用前一个部件的结束信号启动下一个部件开始工作。

3. 指令执行的时序控制

控制器执行指令的过程需要一套时序信号进行微操作时序的控制。这套时序信号由图 1.48 所示的时钟周期（节拍）、CPU 周期和指令周期组成。

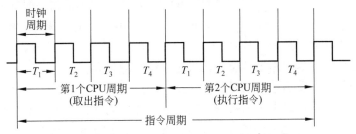

图 1.48　时钟周期、CPU 周期和指令周期

时钟周期（也称振荡周期）是 CPU 工作的最小时间单位。时钟周期是时钟频率的倒数，其高低决定了工作的快慢，时钟频率越高，计算机工作的速度就越快。

指令周期也称指令的取出-执行周期（Fetch-and-Execute Cycle），指 CPU 从主存储器中读取一条指令到指令执行结束的时间，或者说，指令周期是可以细化为由"送指令地址—PC+1—指令译码—取操作数—执行操作"等微操作组成的比较详细的过程。因每种指令的复杂程度不同，其包含的微操作内容不同，所需指令周期长短也不同。

一条指令所包含的微操作之间具有顺序依赖关系。为了正确地执行指令，还需要对指令周期进一步划分为一些子周期——CPU 工作周期（也称工作周期、CPU 周期、机器周期），把一条指令包含的微操作分配在不同的 CPU 周期中。所以，CPU 周期就是 CPU 执行一个微操作所花费的时间。图 1.49 描述了一条普通指令的 CPU 周期划分情况，它包含 3 个 CPU 周期。

第一个 CPU 周期为取指周期，要完成 3 件事。

（1）送 PC 内容（当前指令地址）到存储器的地址缓存，从内存中取出指令。

（2）PC+1，为取下一条指令做准备。

（3）对指令操作码进行译码或测试，以确定执行哪些微操作。

第二个 CPU 周期将操作数地址送往地址寄存器并完成地址译码。

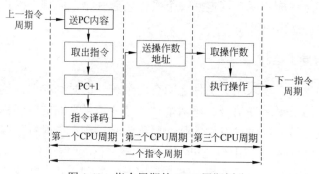

图 1.49　指令周期的 CPU 周期划分

第三个 CPU 周期取出操作数并进行运算。

不同的指令所包含的 CPU 周期是不同的。有关内容 6.2 节再进一步讨论。

4. 存储器读写的时序控制

存储器进行一次"读"或"写"操作所需的时间称为存储器的访问时间（或读写时间），而连续启动两次独立的"读"或"写"操作（如连续的两次"读"操作）所需的最短时间，称为存取周期（或存储周期）。粗略地说，读写过程要包含了下列信号。

（1）在地址总线上送出地址信息，已确定要读写的单元。

（2）在控制总线上发出读写信号。

（3）写时，在数据总线上读出数据；读时，把读出的数据送到数据总线上。

在这个过程中，信号之间的顺序关系很重要。为了保证读写过程可靠地进行，要求前一个信号稳定后，才能发出后一个信号。这些严格的时序关系，在第 2 章将详细介绍。

1.4.5　总线

计算机由许多部件组成。早期的计算机设计还没有站在全局的角度统一考虑部件之间的连接问题。随着计算机的发展，部件不断增加，部件之间连接的复杂性日益凸现。为了减少部件连接的复杂性，在发展接口技术的同时开始考虑建立多个部件间的公用数据通道——总线（Bus）。在总线控制器的控制下，通过总线可以在不同部件间分时地传输数据。

总线也是电子部件。随着计算机元器件的进步和计算机体系结构的发展，推动了总线技术的发展，使其逐渐成为计算机技术中的一个重要分支。按照传输的数据内容，总线分为 3 种类型，如图 1.50 所示。

（1）数据总线（Data Bus，DB）：传输数据。

（2）地址总线（Address Bus，AB）：传输内存存储单元地址。

（3）控制总线（Control Bus，CB）：传输控制信号。

如图 1.51 所示，在物理上，总线由直接印刷在电路板上的导线和安装在电路板上的各种插槽组成，总线、插槽和其他部件以插件板的形式插装在插槽上。

总线是多部件共享、分时供不同部件传输信号的通道。为了供多个部件共享，总线也建立了一套共享与竞争规则。这些竞争规则也与时序控制有关，可以分为同步控制与异步控制两种。有关内容详见第 5 章。

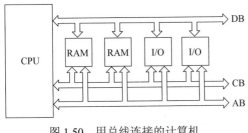

图 1.50　用总线连接的计算机

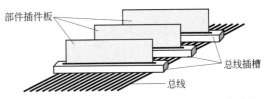

图 1.51　总线、总线插槽和部件插件板之间的连接

1.5　冯·诺依曼计算机体系改进与扩展

1.5.1　冯·诺依曼体系的瓶颈

自 20 世纪 40 年代以来，基于程序存储控制原理和二值逻辑的冯·诺依曼体系的计算机在信息处理领域获得了巨大成功。依靠芯片集成度的不断提高，以简单的逻辑运算为基础开发出了处理复杂运算的高精度、高速度计算机。随着信息时代的到来，计算机日益成为人类社会各个领域越来越离不开的工具。但是并非说冯·诺依曼体系的计算机是完美的、适合于一切计算的。早在 20 世纪 70 年代，人们就发现了冯·诺依曼体系的计算机的一些致命弱点。

冯·诺依曼体系的基本特征是集中控制、顺序执行、数据和指令共享存储单元。这些特征为冯·诺依曼体系的计算机创造了辉煌，然而也正是这些特征成为了制约计算机技术进一步发展的瓶颈——人们将其称为冯·诺依曼瓶颈。归纳起来，这个瓶颈主要有两点：一维的计算结构和一维的存储结构。

冯·诺依曼体系的计算机是控制（指令）流驱动，即 CPU 和主存储器之间只有一条每次只能交换一个字的数据通路。同时，计算机内部的信息流动是由指令驱动的，而指令执行的顺序由指令计数器决定。这就形成一维的计算结构。一维存储结构指冯·诺依曼体系的计算机的存储器是一维的线性排列单元，并要按顺序排列的地址访问。

两个一维性使得不论 CPU 和主存储器的吞吐率有多高，不论主存储器的容量有多大，只能顺序处理和交换数据。并且，由于指令和数据是离散地存储在存储器上的，造成内存访问 50%以上的微操作都是空操作，只进行地址变化，而没有进行实际的存取操作。这些都浪费了大量的处理器时间。

另一方面，一维的存储结构决定了冯·诺依曼体系的计算机主要适合数值计算——将高级语言的变量编译成一维的存储结构比较方便，也可以不考虑访问方法。但是随着计算机应用的不断扩展，计算机技术深入数据处理、图形/图像处理以及人工智能等领域，数据结构日趋复杂，多维数组、树、图等大量应用。要将它们转换成一维的线性存储模型，就需要设计复杂的算法来进行映射，形成高级语言表示与机器语言描述之间的差距加大。这种差距也称冯·诺依曼语义差距，如图 1.52 所示。

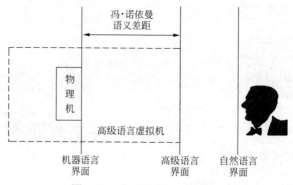

图 1.52 冯·诺依曼语义差距

这些语义差距间的变换工作绝大部分要由编译程序来承担，从而给编译程序增加了很多工作量。而随着软件系统的复杂性和开发成本的不断提高，软件的可靠性、可维护性和整个系统的性能都明显下降，大量的系统资源消耗在必不可少的软件开销上。如何消除如此不断拉大的语义间隔，成了计算机面临的一大难题和发展障碍。

几十年来为了突破传统冯·诺依曼体系的局限做了很多努力，主要表现在以下两方面。

（1）对冯·诺依曼体系的计算机的改进。

（2）跳出冯·诺依曼体系，另辟蹊径。

1.5.2　冯·诺依曼体系的改进

人类制造了计算机，就要使它的每个部件都能充分而均衡地发挥潜力。于是"并行"与"共享"就成了计算机体系结构发展中的一个永恒话题。

1. 从以运算器为中心到以存储器为中心

早期的冯·诺依曼体系的计算机是以运算器为中心的。如图 1.42 所示，以运算器为中心的计算机结构有如下特点。

（1）输入的数据要经过运算器送到存储器。

（2）在程序执行过程中，运算器要不断与存储器交换数据。

（3）出现中间结果和得到最终结果，要由运算器将它们送到输出设备。

所以运算器是最忙碌的部件，而其他部件都可以轮番处于空闲状态。由于不管高速部件，还是低速部件，都要直接与运算器一起工作，使得运算器（也就是 CPU）这样的宝贵资源无法把好钢用在刀刃上，而其他部件也不能得到充分利用。随着计算机应用的深入和外部设备的发展，内存与外存等外部设备之间的信息交换日益频繁，使得矛盾日益突出。为了改变这种状况，现在的计算机都采用了以存储器为中心的结构。如图 1.53 所示，在以存储器为中心的计算机结构中，CPU 与输入输出设备并行工作，并共享存储器，运算器可以"集中精力"进行运算，使其效率大大提高。

运算器和存储器都是计算机的高速设备，不管是以哪个为中心，都是高速部件为低速部件所共享。但是，从以运算器为中心到以存储器为中心，实现的是以忙设备为中心到以较闲设备为中心，从总体上均衡了不同部件的负荷，有利于进一步挖掘高速设备的利用率。

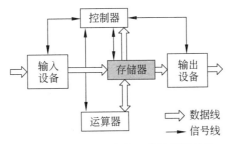

图 1.53　以存储器为中心的计算机结构

在实现以存储为中心的结构的过程中，形成分时操作系统、中断控制技术、DAM 控制技术和各种总线技术等。

2. 哈佛结构

冯·诺依曼结构也称普林斯顿结构，是一种将程序指令存储器和数据存储器合并在一起的存储器结构。程序指令存储地址和数据存储地址指向同一个存储器的不同物理位置，因此程序指令和数据的宽度相同。哈佛结构是针对冯·诺依曼结构提出的一种计算机体系结构，其基本特点是将指令和数据分开存储，即指令存储器和数据存储器是两个独立的存储器，每个存储器独立编址、独立访问。图 1.54 给出了两种结构的比较。

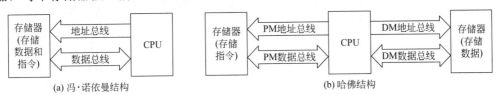

图 1.54　冯·诺依曼结构和哈佛结构

3. 指令执行从串行到并行与共享

如图 1.55 所示，早期的计算机在同一时间段内处理器只能进行一条指令的作业；一条指令的作业完成后，才能开始另一条指令的作业，即指令只能一条一条地串行执行。

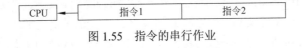

图 1.55　指令的串行作业

串行作业方式的优点是控制简单，由于下一条指令的地址在前一条指令解释过程的末尾形成，因此不论是由指令指针加 1 的方式，还是由转移指令把地址送到指令指针形成下一条指令地址的方式，由当前指令转入下一条指令的时序关系都是相同的。串行作业方式的缺点是速度慢，因为当前操作完成前，下一步操作不能开始。另外机器各部件的利用率也不高，如取指周期内运算器和指令执行部件空闲。

后来，把 CPU 分成两个相对独立的子部件：指令部件（IU）和执行部件（EU）分别负责指令的解释和执行，如图 1.56 所示，在一条指令执行过程的同时，指令部件可以取下一条指令并进行解释，这样两个部件就可以同时操作，指令之间呈现重叠执行形式。

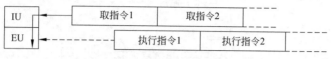

图 1.56　指令的一次重叠

指令的一次重叠犹如一条铁道线上同时跑两趟列车，只要中间有一站点，就不会发生事故。如果在一条铁道线上，要同时跑 n 趟列车，就需要中间有 $n-1$ 个真实站点或逻辑站点，将该铁道线分隔成 n 个区间。为了在 CPU 中同时跑多条指令，就要把 CPU 分成多个相对独立的部件，即把一条指令解释为多个子过程，不同的部件将分别对微指令流中不同的子过程进行操作，于是就形成流水作业方式。流水线是 CPU 实现高速作业的关键性技术。它如同将一条生产流水线分成多个工序，各工序可以同时工作，但加工的是不同的零件。显然，工序分得越多，同时加工的零件就越多。图 1.57 为将 CPU 分为地址部件（AU）、执行部件（EU）、指令部件（IU）和总线部件（BU）4 个独立部分时指令的流水作业情况。

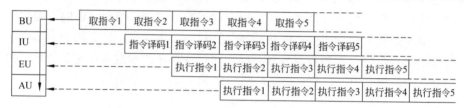

图 1.57　指令的流水作业

采用指令流水作业，一方面能使各操作部件同时对不同的指令进行加工，提高了机器的工作效率；另一方面，当处理器可以分解为 m 个部件时，便可以每隔 $1/m$ 个指令周期解释一条指令，加快了程序的执行速度。注意，这里说的是"加快了程序的执行速度"，而不是"加快了指令的解释速度"，因为就一条指令而言，其解释速度并没有加快。

4. 处理器级并行与共享

指令级的并行性开发是从处理器内部的结构入手，但其效果一般在 5～10 倍。要想成十倍、成百倍地提高处理速度，就要使用处理器级的并行性技术。处理器级的并行性开发是指在一台机器中使用多个 CPU 并行地进行计算。处理器的并行性和指令级的并行性开发的主要目的是在硬件条件（集成度、速度等）的限制下，从结构上加以改进，提高系统的运行速度。

1）SMP

SMP（Symmetric Multi-Processing，对称多处理）结构是在一台计算机上汇集了一组处理器（多 CPU）。如图 1.58 所示，这种计算机的各 CPU 之间共享内存子系统以及总线结构。在这种技术的支持下，一个服务器系统可以同时运行多个处理器，并共享内存和其他的主机资源。

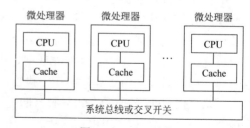

图 1.58　SMP 结构

2）CMP

CMP（Chip Multi-Processors，单芯片多处理器，简称多核 CPU）是将大规模并行处理器中的 SMP 集成到同一芯片内，各个处理器并行执行不同进程。

与 CMP 结构比较，SMP 结构的灵活性比较突出，但 CMP 结构已经被划分成多个处理器核来设计，每个核都比较简单，有利于优化设计与制造。

3）MPP

MPP（Massively Parallel Processing，大规模并行处理）是由大量同构的简单处理单元（Processing Element，PE）构成的系统。PE 之间采用高性能的交换网络进行连接，MPP 系统中 PE 的并行程度较高，每个 PE 都有自己私有的资源，如总线、内存、硬盘等。减少了共享存储所带来的系统开销，适合大规模的系统扩展。

1.5.3 操作系统——冯·诺依曼体系的扩展

1. 问题的提出

人们一开始认为，建立了冯·诺依曼体系以后，计算机只要有了匹配的内动力，把程序输入，就可以自动工作了。但是，问题并没有这么简单。随着计算机技术的发展，要处理的问题规模不断增大，计算机结构也越来越复杂，计算机的管理问题逐渐成为一个瓶颈。

（1）要为程序中的指令和数据分配存储单元。如果程序很小，分配存储单元的工作量不算大。如果程序比较大，有几百、几千、几万、几十万行代码，还有大量数据，地址分配的工作量就非常大了。

（2）在计算机运行过程中，要在 Cache、内存和外存之间交换信息，把这些工作都写到每个应用程序中，不仅使程序设计变得复杂还增大了存储的冗余。

（3）程序中要输出最终结果或中间结果，还要输入一些数据。当一台计算机配备有不同设备时，必须考虑担任输入输出的是哪台设备。当不同设备的操作方式不同时，还要考虑如何根据不同的设备，设计不同的程序。把这些都放到应用程序中，会使应用程序极为复杂。

（4）为充分利用计算机的资源，提高计算机的利用率，需要一台计算机同时执行多个任务，如同时进行多个 Word 文件的操作，或在听歌曲的同时写一个 Word 文件等。在这种情形下，如何对不同的任务（程序）进行调度呢？同时在只有一个 CPU、一套存储系统等系统资源的情况下，应该如何进行这些资源的管理和分配，是计算机系统管理的重要问题。

（5）计算机是给人使用的，人们如何才能方便地给计算机发布命令让计算机工作呢？而计算机在工作过程中，会出现一些意想不到的情形，这时如何向使用者提供呢？

诸如此类的问题，都称为计算机的管理问题。显然，用人工进行管理是非常麻烦的，效率非常低。于是，人们设计了一些用来管理计算机的程序。这些程序称为操作系统（Operating System，OS）。有了操作系统，计算机才能方便、高效地进行工作，进一步自动化。

2. 操作系统的功能结构

操作系统已经成为现代计算机的重要组成部分，它建立在硬件的基础上，一方面管理、分配和回收系统资源，进行有关资源的协调、组织，扩充硬件功能；另一方面提供用户通常使用的功能，为系统功能提供用户友好的界面。具体地说，操作系统在以下方面发挥硬件难以替代的作用。

1）作业管理

作业（Job）就是用户请求计算机系统完成的一个计算任务，它由用户程序、数据和控制命令（作业控制说明书或作业控制块）组成。一般情况下每个作业可以分成若干顺序处理和加工的子过程——作业步。在操作系统中，承担所有作业从提交到完成期间的组织、管理和调度的程序称为作业管理（Job Manager）程序。它负责为用户建立作业，组织调用系统资源执行，并在任务完成后撤销它。作业管理的具体任务如下。

（1）按类型组织、控制作业的运行，解决作业的输入输出问题。

（2）了解并申请系统资源。

（3）跟踪、监控、调试并记录系统的工作状态。

（4）为用户或程序员提供程序运行中的服务和帮助。

2）提供并管理用户界面

操作系统是用户与计算机硬件之间的接口，它与作业管理密切相关。用户界面就是为用户创建一个工作环境。早期的计算机给予人的是有孔、无孔的纸带或卡片工作环境，后来发展到字符-命令工作环境，再后来是图形界面和多媒体工作环境，将来是虚拟现实工作环境。它与设备管理密切相关。它的发展是越来越简便易用，使人喜爱。

3）硬件功能扩展，形成应用程序的支撑平台

通过操作系统中的有关程序，使有关部件功能扩展。

（1）从系统整体上看，操作系统就是硬件资源的扩充、功能的增强，使小的硬件资源可以完成与大的硬件资源同样的工作。现代计算机体系结构的研究表明，在最小的物理条件下，硬件与软件具有同样的功能，它们可以互相替代。

（2）系统调用就是机器指令系统的扩充，也是 CPU 功能的扩充。这些扩充大大减轻了应用程序的工作量，形成应用程序的支撑平台。

（3）计算机的内存是有限的，但是若在外存的支持下，通过存储管理软件的调度，内存与外存之间不断交换信息，小的内存就可以当成大的内存使用。

（4）通过假脱机（Spool）技术，用共享设备来模拟独占设备的操作。

（5）在多任务操作系统中，可以运行一个程序的多个副本（打开一个程序的多个窗口），将一个程序当成多个同样的程序使用。

4）资源管理

现代计算机都配备有许多硬件设备和软件设备，它们和保存在计算机内部的数据统称

计算机系统的资源。按照功能，可以将这些资源划分为处理机、存储器、外部设备和信息（程序和数据）。操作系统的作用是有效地发挥这些资源的效能，解决用户间因竞争资源而产生的冲突，防止死锁发生。

3. 计算机从裸机走向虚拟机

图 1.59 为添加了操作系统之后的计算机系统结构。可以看出，每个部件功能的实现，都要辅以一个相应的管理程序。这些管理程序扩大了相应模块的功能。若把它们也作为一个功能模块的一部分，就可以看成是这个功能模块的非物理部分，称为软件，而相应的物理部分称为硬件。软件的添加，可以在不增加计算机硬件的基础上，增加计算机的功能。例如，通过操作系统的管理和调度，可以将外存当成内存使用，甚至可以把一台计算机当成多台计算机使用，这就称为功能模块的虚拟化。对于一个计算机系统而言，也是如此。图 1.60 为添加了操作系统之后形成的虚拟计算机的示意图。

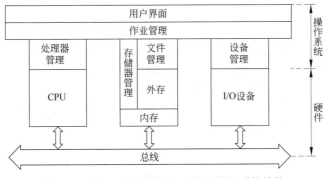

图 1.59 添加了操作系统之后的计算机系统结构

图 1.60 虚拟计算机

4. 现代计算机系统的模块结构

图 1.61 为组成一个完整计算机系统的软硬件模块列表。可以看出，计算机系统由硬件和软件两大部分组成，计算机系统的软件对于计算机的功能有了很大扩充。这是计算机技术发展的结果。

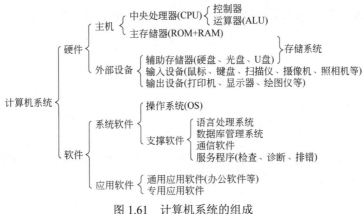

图 1.61 计算机系统的组成

5. 现代计算机系统的层次结构

开发复杂系统的有效办法是按照层次结构进行研究和构建。图1.62为现代计算机系统的一般层次结构。其中，矩形框表示该层向上一层提供的功能支持。两个功能界面之间的箭头表示对上一层支持需要实施的工作。

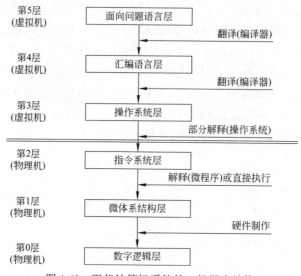

图 1.62　现代计算机系统的一般层次结构

最底层称为数字逻辑层。该层的功能实现了计算机有关部件所需要的基本逻辑操作。它们需要电子线路实现。这些电子线路提供的基本逻辑操作应当可以组成计算机工作所需要的全部微操作，形成微体系结构层。这些微操作在时序部件的控制下，可以通过在不同的指令周期中执行不同的微操作以形成各种 CPU 指令；或者把每条指令当成一个微程序，通过执行一个一个的微程序，来形成 CPU 的指令。这样，就形成了一个 CPU 的指令系统层。指令系统就是 CPU 的外特性，形成一台完整的物理机。计算机的全部功能都建立在此物理机之上，计算机的操作系统也建立在指令系统层上。

在指令系统层之上，通过操作系统的支持和汇编程序的支持，可以使用汇编语言编写程序，也可以进一步在编译器、链接器的支持下用面向问题语言（高级语言）编写应用程序。

1.6　计算机性能评测

1.6.1　计算机的主要性能指标

全面衡量一台计算机的性能要考虑多种指标，并且对不同的用途，所侧重的方面不同。下面从普遍应用的角度，介绍几种主要的性能指标。

1. 机器字长

计算机的字长影响计算的精度，也影响运算的速度。例如，一台 64 位的计算机所能表示的数据的范围和精度要比一台 16 位的计算机高得多。对于用 64 位表示的数据值在 64 位的计算机中处理只需要一次，而用 8 位的计算机进行处理可能要 8 次甚至更多。

不同的计算机对于字长的规定是不同的，可以分为固定字长和可变字长两大类。与可变字长相比，固定字长计算机的结构比较简单，处理速度也比较快。在固定字长的计算机中，字长一般取 8 的整数倍，如 8 位、16 位、32 位、64 位等。

2. 存储容量

存储系统用于存放程序和数据（包括数值型数据、字符型数据、图像数据及声音数据等）。计算机的性能与高速缓存、主存储器和辅助存储器的大小都有关，当然它们的存储容量越大，计算机的处理能力就越强。例如，我国的"天河二号"的存储总容量达 12.4PB（拍字节），内存容量达 1.4PB。

3. 运算速度

运算速度是衡量计算机性能的一项重要指标，也是评价计算机性能的一项综合性指标。由于影响计算机运算速度的因素很多，所以在不同的时期及在不同的情况下，人们提出了 4 种不同的衡量计算机运算速度的指标。

1）时钟频率与核数

主频也称时钟频率，单位是兆赫兹（MHz）或吉赫兹（GHz），它是表示 CPU 工作节拍快慢的基本数据。CPU 的时钟频率越高，工作节奏就越快，运算速度也自然越快。所以在单核时代，人们往往用 CPU 的主频来判断计算机的运算速度。

在多核时代，CPU 主频的增长也放慢了脚步，而且各家的主频基本上水平不相上下，人们把注意力转向核数上。显然，核数多的处理器运算速度要快。

2）指令执行速度

一般时钟频率与核数也不能完全代表运算速度，因为还有一些其他因素会对运算速度产生很大影响，如体系结构等。于是，人们就想找出非机器因素的计算机运算速度度量方法。由于计算机是通过执行指令来进行运算的，所以指令的执行速度就成为一种比较客观的运算速度衡量标准。

（1）CPI 和 IPC。CPI（Cycles Per Instruction）即平均执行一条指令需要的时钟周期数。如前所述，一条指令往往需要多个时钟周期。但是，这是指早期的计算机。那时，CPU 执行完一条指令，才能取下一条指令分析执行。现代计算机多采用重叠与流水工作方式，一个时钟周期内可以执行多条指令，CPI 改用 IPC（Instructions Per Cycle，每个时钟周期执行

的指令数）描述。显然

$$IPC = 1 / CPI$$

（2）MIPS。CPI 或 IPC 没有考虑主机的时钟频率。以此为基础再加上主机频率等因素，人们考虑用 MIPS（Million Instructions Per Second，每秒百万次指令）作为计算机运算速度的衡量标准。MIPS 定义为

$$MIPS = \frac{I_N}{T_{CPU} \times 10^6} = \frac{f_C}{CPI \times 10^6}$$

式中，I_N 为程序中的指令条数；T_{CPU} 为程序的执行时间；f_C 表示时钟频率；CPI 为每条指令执行所需的时钟周期数。

例 1.19 已知某处理器的 CPI=0.5，f_C=450 MHz，计算该处理器的运算速度。

解：

$$MIPS_{XCPU} = \frac{f_C}{CPI \times 10^6} = \frac{450 \times 10^6}{0.5 \times 10^6} = 900$$

即该处理器的运算速度为 900MIPS。

显然，主频越高，运算速度就越快。所以，微型计算机一般采用主频来描述运算速度。

3）吉布森值

实际上，不同的指令所需要的执行时间是不同的。在用指令执行速度来衡量计算机的运行速度采用哪些指令作为标准是一个需要解决的问题。一种简单的方法是把指令系统中每种指令的执行时间加在一起求平均值。但是，不同的指令在程序中出现的频率是不同的。例如，有的指令虽然执行时间长，出现的频率却极低，对于运算的影响并不大。因此，一种更有效的方法是考虑不同指令的出现频率，对指令执行时间进行加权平均，这就是吉布森值。吉布森值用下面的公式描述一个指令集的总执行时间，即

$$T_M = \sum_{i=1}^{n} f_i t_i$$

式中，f_i 为第 i 种指令的出现频率；t_i 为第 i 种指令的执行时间。

4）计算能力——基准测试

用指令的执行时间来衡量计算机的运算速度，对于多处理器系统来说，有一定不足。因为在多处理器系统中，多个 CPU 可以并行地执行指令。考虑计算机主要用于执行计算，人们开始用一种标准计算的执行速度来评价计算机的运算速度。这种标准的计算程序称为基准测试（Benchmark Test，BMT）程序。基准测试分为整数计算能力基准测试和浮点计算能力基准测试。

（1）整数计算能力基准测试。整数计算能力基准测试适合于标量机性能的测试，最早使用的是 Reinhold P. Weicker 在 1984 年开发的测试程序 Dhrystone，它以当时一款经典计算机 VAX 11/780 作为基准来评价 CPU 的性能，计量单位采用 DMIPS（Dhrystone Million

Instructions executed Per Second）/MHz，计算方法是 1DMIPS /MHz= 1757 ×实际指令执行速度/MHz。因为当时 VAX 11/780 的指令执行速度是 1757 条/秒。例如某机器的 DMIPS 为 1.25，则当它的时钟频率为 50MHz 时，实际的指令执行速度为 1.25×1757×50 MIPS = 109 812.5MIPS。但是，Dhrystone 反映的是系统整体的性能，与操作系统以及存储器的配置关系很大，作为评价 CPU 的指标不尽合理。于是嵌入式微处理器基准协会（Embedded Microprocessor Benchmark Consortium，EEMBC）于 2009 年另行开发了一个 CoreMark 的程序来测试 CPU 核心性能，其计量单位为 CoreMark/MHz。

（2）浮点计算能力基准测试。浮点计算能力测试比较适用于向量机性能的测试，采用的基准测试程序是 Whetstone，测试计量单位为 MFLOPS（Million Floating Point Operations Per Second，每秒百万次浮点运算）。例如，主频为 2.5～3.5GHz 的 CPU，对应的浮点运算速度为 250～350MFLOPS。

现在超级计算机的计算速度已经达到千万亿次（P）级，计量单位升级为 TFLOPS。2016 年 6 月 20 日，在法兰克福世界超算大会上，国际 TOP500 组织发布的榜单显示，中国的"神威•太湖之光"超级计算机系统（见图 1.63）登顶榜单之首，不仅速度比第二名"天河二号"快出近两倍，其效率也提高 3 倍。其 3 项主要技术指标都是世界第一，即峰值性能达 125 435.9TFLOPS，持续性能达 93 014.6TFLOPS，性能功耗比达 6051MFLOPS /W。

图 1.63 "神威•太湖之光"超级计算机系统

表 1.15 为 2016 年 6 月公布的 TOP500 名单中的前 5 名。

表 1.15 2016 年 6 月公布的 TOP 500 名单中的前 5 名

排名	名 称	国家	安装场所	安装年份	开发者	处理器核数	R_{max}/ TFLOPS	R_{peak}/ TFLOPS	功率/ kW
1	神威•太湖之光	中国	国家超级计算无锡中心	2016	国家并行计算机工程技术研究中心	10 649 600	93 014.6	125 435.9	15 371
2	天河二号	中国	国家超级计算广州中心	2013	国防科技大学	3 120 000	33 862.70	54 902.40	17 808.0
3	泰坦	美国	橡树岭国家实验室	2012	克雷公司	560 640	17 590.00	27 112.50	8209.00
4	红杉	美国	劳伦斯利福摩尔国家实验室	2011	国际商业机器公司	1 572 864	17 173.20	20 132.70	7890.0
5	京	日本	理化学研究所	2011	富士通公司	705 024	10 510.00	11 280.40	12 660.0

4. 带宽均衡性

计算机的工作过程就是信息流（数据流和指令流）在有关部件中流通的过程。因此，计算机最重要的性能指标——运算速度，也常用带宽衡量数据流的最大速度和指令的最大吞吐量。按照"木桶"原理，整体的性能取决于最差环节的性能。在组成计算机的众多部件中，每种部件都有可能成为影响带宽的环节，例如：

（1）存储器的存取周期。

（2）处理器的指令吞吐量。

（3）外部设备的处理速度。

（4）接口（计算机与外部设备的通信口）的转接速度。

（5）总线的带宽。

为了提高系统的整体性能，不仅要考虑元器件的性能，更要注意系统体系结构所造成的吞吐量和"瓶颈"环节对性能的影响。

5. 可靠性、可用性和 RASIS 特性

可靠性和可用性用下面的指标评价。

平均故障间隔时间（Mean Time Between Failure，MTBF）指可维修产品的相邻两次故障之间的平均工作时间，单位为小时。它反映了产品的时间质量，是体现产品在规定时间内保持功能的一种能力。MTBF 越长表示可靠性越高、正确工作能力越强。计算机产品的 MTBF 一般不低于 4000 小时，磁盘阵列产品的 MTBF 一般不低于 50 000 小时。

平均恢复时间（Mean Time To Restoration，MTTR）指从出现故障到系统恢复所需的时间。它包括确认失效发生所必需的时间和维护所需要的时间，也包含获得配件的时间、维修团队的响应时间、记录所有任务的时间，以及将设备重新投入使用的时间。MTTR 越短表示易恢复性越好，系统的可用性越高。

平均无故障时间（Mean Time To Failure，MTTF）也称平均失效前时间，即系统平均正常运行的时间。系统的可靠性越高，平均无故障时间越长。显然有

$$MTBF = MTTF + MTTR$$

由于 MTTR << MTTF，所以 MTBF 近似等于 MTTF。

可靠性（Reliability）和可用性（Availability），加上可维护性（Serviceability）、完整性（Integrality）和安全性（Security）统称为 RASIS。它们是衡量计算机系统的五大性能指标。

6. 性能价格比

性能指的是综合性能，包括硬件和软件的各种性能。价格指整个系统的价格，包括硬件和软件的价格。性能价格比越高越好。

7. 环保性

环保性是指对人或对环境的污染大小，如辐射、噪声、耗电量、废弃物的可处理性等。效能主要指计算机的能源效率，它是环保性的一部分。目前，对于 CPU 的效能已经提出两个指标：每指令耗能（Energy Per Instruction，EPI）和每瓦效能的概念。EPI 越高，CPU 的能源效率就越差。表 1.16 为 Intel 公司的一些 CPU 的 EPI 对比的情况。

表 1.16　Intel 公司的一些 CPU 的 EPI 对比

CPU 名称	相对性能	相对功率	等效 EPI
486	1	1	10
Pentium	2	2.7	14
Pentium Pro	3.6	9	24
Pentium 4（Willanmete）	6	23	38
Pentium 4（Cedamill）	7.9	38	48
Pentium M（Dothan）	5.4	7	15
Core Duo（Yonah）	7.7	8	11

注：表中的等效 EPI 为折算为 65nm 工艺、电压为 1.33V 的数据。

8. 效能和用户友好性

效能与计算机系统的配置有关，包括计算机系统的汉字处理能力、网络功能、外部设备的配置、系统的可扩充能力、系统软件的配置情况等。

用户友好性指计算机可以提供适合人体工程学原理、使用起来舒适的界面。例如，显示器的分辨率、色彩的真实性、画面的大小、键盘的角度、键的位置、鼠标的形状，以及界面是字符界面、图形界面还是多媒体界面，计算机使用过程的交互性、简便性等，都是影响友好性的重要指标。

1.6.2　计算机性能测试工具

随着计算机技术的不断发展和广泛应用，计算机的性能被广为关注。为此对于计算机各种性能的测试工具也应运而生。这些测试工具不仅涉及全面，而且种类繁多，还在不断推陈出新。其中最常用的有六大类：超频稳定性测试、综合性能测试、内存性能测试、磁盘效能测试、3D 加速和 SLI 效能测试、系统信息获取测试。需要说明的是，由于技术的发展，新的工具会不断推出，所以下面不再介绍具体的测试软件。

1. 超频稳定性测试

计算机中的部件，特别是 CPU 是在一定的频率范围工作的。一般来说，工作频率越高，计算机的工作速度就越快。但是，工作频率越高，计算机的部件（CPU、显卡等）发热越厉害。过高的工作频率，会使其工作不稳定。超频稳定性测试的目的是测试计算机可以承受的最高频率，这也是了解计算机性能的一方面。为此，人们会用硬件或软件方法通过人为的方式将 CPU、显卡等硬件的工作频率提高，让它们在高于额定频率的状态下工作。

2. 综合性能测试

综合性能测试主要进行如下测试。

（1）处理器测试。基于数据加密、解密、压缩、解压缩、图形处理、音频和视频转码、文本编辑、网页渲染、邮件功能、处理器人工智能游戏测试、联系人创建与搜索。

（2）图形测试。基于高清视频播放、显卡图形处理、游戏测试。

（3）硬盘测试。

3. 内存性能测试

关于内存的有关性能将在第 2 章介绍。

4. 磁盘效能测试

磁盘效能主要测试硬盘传输率、健康状态、温度及磁盘表面等，以及得到硬盘的固件版本、序列号、容量、高速缓存大小和当前的 Ultra DMA 模式等。

5. 3D 加速和 SLI 效能测试

SLI（Scalable Link Interface，可升级连接界面）就是通过串接两张 PCI Express 界面显卡，然后通过两张显卡的协同工作来提升整个系统的显示效能。

6. 系统信息获取测试

系统信息获取测试可以检测 CPU、主板、内存、系统等各种硬件设备的信息，如 CPU 实际的前端总线（FSB）频率和倍频，对于超频使用的 CPU 可以非常准确地进行判断。

1.6.3 天梯图

简单地说，天梯图就是一种性能排行榜，按性能从高到低进行排列。天梯图形形色色，有简有繁，画法有所不同，级别的划分也不相同。有的列出每代的产品中有代表性的经典工艺的年份，有的列出当时的价格，还有的对功耗等进行了比较。

图 1.64 是一张 2020 年 4 月《极速空间笔记本》给出的 CPU 天梯图，排在最上面的是性能最高的 CPU；列出了 Intel 和 AMD 两个系列，分为高端、中端和低端三大层。

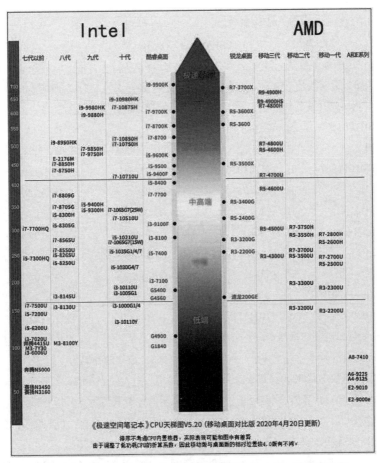

图 1.64　2020 年 4 月《极速空间笔记本》给出的 CPU 天梯图

习　　题

1.1　在电气时代之前，有可能制造成功自动工作的计算机吗？

1.2　按照冯·诺依曼原理，计算机应具备哪些功能？

1.3　把下列十进制数转换成 8 位二进制数：

17，35，63，75，84，114，127，0.375，0.6875，0.75，0.8

1.4　用二进制数表示一个 4 位的十进制数最少需要几位（不考虑符号位）？

1.5　将下列各式用二进制进行运算。

（1）93.5 − 42.75

（2）$84\dfrac{9}{32} - 48\dfrac{3}{10}$

（3）127 − 63

（4）49.5 × 51.75

（5）7.75 × 2.4

1.6 将下列十六进制数转换为十进制数。

（1）$(BCDE)_{16}$　（2）$(7E8F)_{16}$　（3）$(EF)_{16}$　（4）$(8C)_{16}$

1.7 下列第一组中最小数是 __(1)__ ，第二组中最大数是 __(2)__ 。将十进制数 215 转换成二进制数是 __(3)__ ，转换成八进制数是 __(4)__ ，转换成十六进制数是 __(5)__ 。将二进制数 01100100 转换成十进制数是 __(6)__ ，转换成八进制数是 __(7)__ ，转换成十六进制数是 __(8)__ 。

（1）A. $(11011001)_2$　　　B. $(75)_{10}$　　　C. $(37)_8$　　　D. $(2A7)_{16}$

（2）A. $(227)_8$　　　B. $(1FF)_{16}$　　　C. $(10100001)_2$　　　D. $(1789)_{10}$

（3）A. $(11101011)_2$　　　B. $(11101010)_2$　　　C. $(11010111)_2$　　　D. $(11010110)_2$

（4）A. $(327)_8$　　　B. $(268.75)_8$　　　C. $(352)_8$　　　D. $(326)_8$

（5）A. $(137)_{16}$　　　B. $(C6)_{16}$　　　C. $(D7)_{16}$　　　D. $(EA)_{16}$

（6）A. $(011)_{10}$　　　B. $(100)_{10}$　　　C. $(010)_{10}$　　　D. $(99)_{10}$

（7）A. $(123)_8$　　　B. $(144)_8$　　　C. $(80)_8$　　　D. $(800)_8$

（8）A. $(64)_{16}$　　　B. $(63)_{16}$　　　C. $(100)_{16}$　　　D. $(0AD)_{16}$

1.8 已知$[X]_补=11101011$，$[Y]_补=01001010$，则$[X-Y]_补=$_____。

　　A. 10100001　　　B. 11011111　　　C. 10100000　　　D. 溢出

1.9 在一个 8 位二进制的机器中，补码表示的整数范围是从_____（小）到_____（大）。这两个数在机器中的补码表示为_____（小）到_____（大）。数 0 的补码为_____。

1.10 对于二进制数 10000000，若其值为 0，则它是用_____表示的；若其值为 -128，则它是用_____表示的；若其值为-127，则它是用_____表示的；若其值为 -0，则它是用_____表示的。

　　A. 原码　　　B. 反码　　　C. 补码　　　D. 阶码

1.11 把下列各数转换成 8 位二进制数补码：

+1，- 1，+2，- 2，+4，- 4，+8，- 8，+19，- 19，+75，- 56，+37，- 48

1.12 某机器字长 16 位，分别给出其用原码、反码、补码所能表示的数的范围。

1.13 十进制数 0.7109375 转换成二进制数是 __(1)__ ，浮点数的阶码可用补码或移码表示，数的表示范围是 __(2)__ ；在浮点表示方法中 __(3)__ 是隐含的，用 8 位补码表示整数 -126 的机器码算术右移一位后的结果是 __(4)__ 。

（1）A. 0.1011001　　B. 0.0100111　　C. 0.1011011　　D. 0.1010011

（2）A. 二者相同　　B. 前者大于后者　　C. 前者小于后者　　D. 前者是后者的 2 倍

（3）A. 位数　　　B. 基数　　　C. 阶码　　　D. 尾数

（4）A. 10000001　　B. 01000001　　C. 11000001　　D. 11000010

1.14 将十进制数 15 / 2 及 - 0.3125 表示成二进制浮点规格化数（阶符占 1 位，阶码占 2 位，数符占 1 位，尾数占 4 位）。

1.15 按 IEEE 754 标准格式表示下列各数：

178.125，123 456 789，12 345，1 234 567 890，12 345 678 901 234 567 890 123 456 789

1.16 从下列叙述中，选出正确的句子。

（1）定点补码运算时，其符号位不参加运算。

（2）浮点运算可由阶码运算和尾数运算两部分联合实现。

（3）阶码部分在乘除运算时只进行加、减操作。

（4）尾数部分只进行乘法和除法运算。

（5）浮点数的正负由阶码的正负符号决定。

（6）在定点小数一位除法中，为避免溢出，被除数的绝对值一定要小于除数的绝对值。

1.17　在定点计算机中，下列说法中错误的是_____。

　　A. 除补码外，原码和反码都不能表示 - 1

　　B. + 0 的原码不等于 - 0 的原码

　　C. + 0 的反码不等于 - 0 的反码

　　D. 对于相同的机器字长，补码比原码和反码能多表示一个负数

1.18　设寄存器内容为 11111111，若它等于+127，则它是一个_____。

　　A. 原码　　　　　　B. 补码　　　　　　C. 反码　　　　　　D. 移码

1.19　在规格化浮点数表示中，保持其他方面不变，将阶码部分的移码表示改为补码表示，将会使数的表示范围_____。

　　A. 增大　　　　　　B. 减少　　　　　　C. 不变　　　　　　D. 以上都不是

1.20　某照相机的分辨率设置成 1280×960 像素，采用 4GB 的存储卡，可以拍摄多少张真彩色的照片？

1.21　用数码照相机拍的照片放到计算机后，有的只能显示照片的局部，有的照片却只占了计算机屏幕上的一个小区间。为什么会这样？什么情况下，用数码照相机拍的照片才能正好在计算机上满屏显示？

1.22　对下面的数据块先按行、再按列进行奇检验，指出出错位。

100110110

001101011

110100000

111000000

010011110

101011111

其中，每行的最后一位为检验位，最后一行为检验行。

1.23　若计算机准备传送的有效信息为 1010110010001111，生成多项式为 CRC-12，为其写出 CRC 码。

1.24　画出下列函数的真值表。

（1）$f(A, B, C)=A \cdot B + B \cdot \overline{C}$

（2）$f(A, B, C)=A + B + \overline{C}$

1.25　试用 3 种基本门组成下列逻辑电路。

（1）异或门　（2）同或门　（3）与非门　（4）或非门

1.26　利用基本性质证明下列等式。

（1）$A \cdot \overline{B} + B \cdot \overline{C} + C \cdot \overline{A} = \overline{A} \cdot B + \overline{B} \cdot C + \overline{C} \cdot A$

（2）$A + B \cdot C = (A + C)(A + B)$

（3）$\overline{(A + B + C)} \cdot A = 0$

（4）$A \cdot \overline{B} + \overline{A} \cdot \overline{C} + B \cdot \overline{C} + C = 1$

1.27　总线传输比直接连线传输有哪些好处？

1.28　时序控制在计算机工作中有哪些作用？时序控制的基本方法有哪些？

1.29　对用户来说，CPU 内部有 3 个最重要的寄存器，它们是_____。

A. IR，A，B　　　　B. IP，A，F　　　　C. IR，IP，F　　　D. IP，ALU，BUS

1.30　已知 CPU 有 32 根数据线和 20 根地址线，存储器的容量为 100MB，分别计算按字节和按字寻址时的寻址范围。

1.31　程序是如何对计算机进行控制的？

1.32　指令系统有哪些作用？

1.33　人们常说，操作系统可以扩大计算机硬件的功能，可以对计算机的资源进行管理，可以方便用户使用。这些特点是如何实现的？

1.34　人们常说，电子计算机是一种速度快、精度高、能进行自动运算的计算机工具。这些特点是如何得到的？

1.35　你认为将来的计算机将会是什么样子？

1.36　在一台时钟频率为 200MHz 的计算机中，各类指令的 CPI：①ALU 指令为 1；②存取指令为 2；③分支指令为 3；现要执行一个程序，程序中这 3 类指令的比例为 45%、30%和 25%。计算下列数值（精确到小数点后 2 位）。

（1）执行该程序的 CPI 和 MIPS。

（2）若有一个优化过程能将程序中 40%的分支指令减掉，重新计算执行该程序的 CPI 和 MIPS。

第 2 章　存 储 系 统

存储系统由赋予计算机记忆能力的部件组成。随着以存储器为中心的系统结构的建立，尤其是共享主存储器的多处理机的出现，存储系统的特性，已经成为影响整个系统最大吞吐量的决定性因素。

2.1　主存储器原理

现代主存储器一般被分为只读存储器（Read Only Memory，ROM）和随机存储器（Random Access Memory，RAM）两部分。如图 2.1 所示，RAM 和 ROM 还可以有不同的类型。

链 2.1　未来记忆元件

主存储器
- 只读存储器
  - 掩膜式只读存储器
  - 可编程只读存储器
  - 可擦可编程只读存储器
    - 紫外线可擦可编程只读存储器
    - 电可擦可编程只读存储器
- 随机存储器
  - 静态随机存储器
  - 动态随机存储器

图 2.1　主存储器的基本分类

2.1.1　只读存储器原理

只读存储器是一种在机器运行过程中只能读出、不能写入信息的无源存储器，由非易失性器件组成，主要用于存储经常要用的一些固定信息，如基本输入输出系统（BIOS）。

1. 掩膜式只读存储器

掩膜式只读存储器（Mask Read Only Memory，MROM）采用由生产商进行编程的 ROM 元件，用户只能将自己的要求提供给生产商进行制作，自己无能为力。其优点是可靠性高、集成度高，可以在生产线上生产，大批量应用价格便宜，少量应用则成本很高。

2. 可编程只读存储器

可编程只读存储器（Programmable Read Only Memory，PROM）在出厂时内部并没有存储任何数据，用户可以用专用编程器将自己的数据写入，但是这种机会只有一次，一旦写入也无法修改，若是出了错误，已写入的芯片只能报废。PROM 元件有多种形式，其中一种是熔丝型的，其原理如图 2.2 所示。它在出厂时各处熔丝都是完好的，用户在使用前可以将要存 0 的位用大电流将熔丝烧断，没有烧断的位就表示 1。这种元件，一

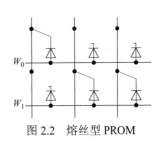

图 2.2　熔丝型 PROM

经写好，存 0 的位便不可再改为 1。读出时，选中 W_0（简单地认为其为高电平），则在位线 $b_0b_1b_2$ 上分别输出 100；选中 W_1，则在位线 $b_0b_1b_2$ 上分别输出 011。

3. 可擦可编程只读存储器

可擦可编程只读存储器（Erasable Programmable Read Only Memory，EPROM）的特点是可以改写。它们在出厂时，全写为 1，用户可以根据自己的需要将某些位改写为 0。当需要变更时，还可以将每位都擦除——恢复全 1，重新写入新内容。按照擦除方式，EPROM 可以分为两种：紫外线可擦可编程只读存储器（UVEPROM）和电可擦可编程只读存储器（EEPROM）。

UVEPROM 的存储单元由金属-氧化物-半导体场效应晶体管（Metel-Oxide-Semiconductor Field Effect，MOSFET）构成。如图 2.3 所示，它在控制栅 G_2 和 N 沟道间有一个称为浮空栅 G_1。浮空栅利用氧化膜使栅极与基板绝缘，可以使存储于此处的电荷不能被轻易释放，以持续保存记忆。通常，浮空栅中未存储电荷，为高电平状态；有存储电荷时，为低电平状态。

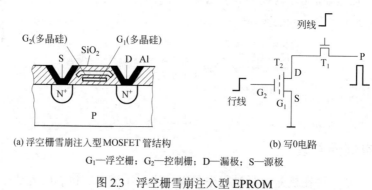

(a) 浮空栅雪崩注入型 MOSFET 管结构　　(b) 写0电路

G_1—浮空栅；G_2—控制栅；D—漏极；S—源极

图 2.3　浮空栅雪崩注入型 EPROM

若需要对芯片内容进行改写，首先要将已存的内容擦除。如图 2.4(a)所示，在 UVEPROM 芯片正面的陶瓷封装上，开有一个玻璃窗口，即石英窗，透过该窗口可以看到其内部的集成电路。如图 2.4（b）所示，当 40W 紫外线透过该孔照射到内部芯片中的 G_1 几分钟，G_1 中的电子即可获得能量，穿过氧化层回到衬底中。G_1 电荷的消失，相当于抹去信息，源级与漏极之间导通，存储器中又都成为存 1 状态。鉴此，UVEPROM 芯片在写入数据后，要以不透光贴纸或胶布把窗口封住，以免受到意外紫外线照射而使数据受损。

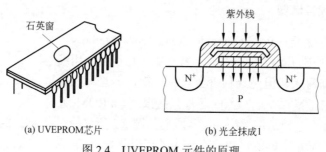

(a) UVEPROM芯片　　　　　(b) 光全抹成I

图 2.4　UVEPROM 元件的原理

UVEPROM 虽然使用很广泛，但也存在两个问题：①紫外线擦除信息需很长时间（与紫外线光的照射强度有关）；②不能把芯片中个别需要改写的存储单元单独擦除和重写。

如图 2.5（a）所示，EEPROM 是在 EPROM 基本单元电路的控制栅 G_1 的上面再生成一个抹去栅 G_2。可给 G_2 引出一个电极，使其接某一电压 VG。G_1 与漏极 D 之间有薄氧化层。如图 2.5（b）所示，若 VG 为正电压，G_1 与 D 之间产生隧道效应，使电子注入控制栅，即编程写入 0。如图 2.5（c）所示，若 VG 为负电压，强使控制栅的电子散失，即擦除——全抹成 1。擦除后可重新写入。

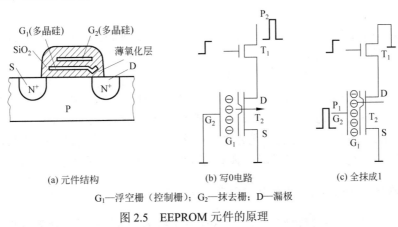

(a) 元件结构　　　　　(b) 写0电路　　　　　(c) 全抹成1

G_1—浮空栅（控制栅）；G_2—抹去栅；D—漏极

图 2.5　EEPROM 元件的原理

2.1.2　随机存储器原理

按照工作原理，随机存储器分为静态随机存储器（Static Random Access Memory，SRAM）和动态随机存储器（Dynamic Random Access Memory，DRAM）。

1. SRAM 原理

1）SRAM 元件

SRAM 记忆元件有双极型和金属-氧化物-半导体（Metal Oxide Semiconductor，MOS）开关两种。下面以 MOS 开关元件为例说明 SRAM 的工作原理。

MOS 开关元件是由金属（M）、氧化物（O）和半导体（S）组成的场效应管。它有三极（源极 S、漏极 D 和栅极 G）、两态（导通与截止）：当栅极电压达到某个阈值（坎压）时，源极与栅极导通；低于这个阈值时源极与栅极截止。图 2.6 为 MOSFET 的简化符号。

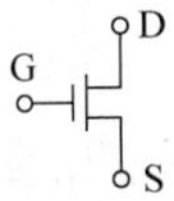

图 2.6　MOSFET 的简化符号

图 2.7 为 6 管静态 MOS 存储单元。其中，T_1 和 T_2 反向耦合组成一个双稳态触发器（当 T_1 导通时，T_2 就会截止；若 T_1 截止时，T_2 就会导通），T_3 和 T_4 作为阻抗，T_5 和 T_6 作为记忆单元的选中开关（读写控制门）。当记忆单元未被选中（字线保持低电平）时，T_5、T_6 截止，触发器与位线隔开，原来保存的状态不改变。当字线加上高电平时，T_5、T_6 导通，该记忆单元被选中，可进行读写操作。

字线 W 是一个存储单元的一字节（面向字节的计算机）或一个字（面向字的计算机）

中的所有位是共有的。选中字线，就是该存储单元中的所有记忆元件都被激活，便可以进行读写操作了。

写过程：选中字线 W，T_5、T_6 导通，即读写控制门打开。写 1 时，位线 b' 上送高电平，使 T_2 导通，位线 b 上送低电平，使 T_1 截止。这种状态不因写脉冲的撤离而改变。因为 T_2、T_1 成反向耦合，只要 V_{CC} 上有 +5 V 的电位，就能保持这一状态。写 0 时，位线 b' 上送低电平，位线 b 上送高电平，使 T_2 截止、T_1 导通。

读过程：选中字线 W，位线 b' 和 b 分别与 A 点和 B 点相通。若记忆单元原存 1，A 点（即位线 b'）为高电平（读 1）；若原存 0，B 点（即位线 b）为高电平（读 0）。

静态 MOS 存储单元具有非破坏性读出的特点，抗干扰能力强，可靠性高。但是存储单元电路所用管子数目较多，占硅片面积大，且功耗大，集成度不高。

双极型一般可分为晶体管-晶体管逻辑（Transistor-Transistor Logic，TTL）和射极耦合逻辑（Emitter Coupled Logic，ECL）两种。它们的电路驱动能力强，存取速度快，一般用作高速缓冲存储器。近年来还出现了新型的双极型存储单元电路，如集成注入逻辑（Integrated Injection Logic）电路，简称 I2L 电路。它的特点是集成度高，工作电压低，功耗小，可靠性高，速度较快。双极型存储单元电路样式繁多，这里不再介绍。

2）一维地址译码 RAM 中的信号及其时序

图 2.8 为字结构、一维译码方式的 RAM 逻辑结构，通常用于小容量的 SRAM。它在读写过程中，要使用如下一些信号。

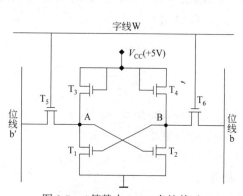

图 2.7　6 管静态 MOS 存储单元

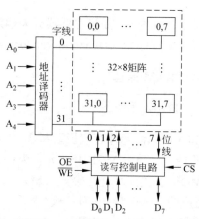

图 2.8　字结构、一维译码方式的 RAM 逻辑结构

（1）数据总线上的地址信号。

（2）片选信号 $\overline{\text{CS}}$。

（3）写控制信号 $\overline{\text{WE}}$。

（4）读出使能信号 $\overline{\text{OE}}$。

（5）数据总线上的数据信号。

图 2.9 所示的读写时序，形象地描画了这类 SRAM 在读写过程中，各种信号之间的时序关系。

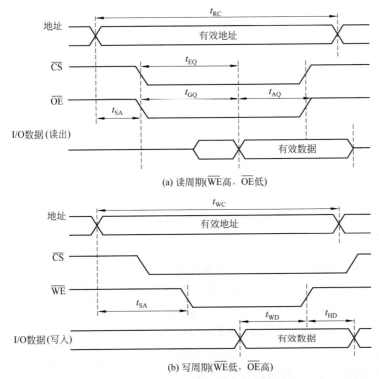

(a) 读周期($\overline{WE}$高，$\overline{OE}$低)

(b) 写周期($\overline{WE}$低，$\overline{OE}$高)

图 2.9 一维地址译码 RAM 的读写时序

如图 2.9 所示，不管是读还是写，都是按照下面的顺序发送有关信号。

① 送地址信号，指定要读写的单元，此信号一直保留到有效读写完成。

② 发送片选信号 $\overline{CS}$，选中一片存储器。

③ 发送读（$\overline{WE}$ 高、$\overline{OE}$ 低——有效）和写（$\overline{WE}$ 低、$\overline{OE}$ 高——有效）信号。

注意：数据线上的信号因读写而异。

（1）读出是从有关单元向数据线上输出数据信号，一般是在 $\overline{CS}$ 信号和 $\overline{OE}$ 信号稳定后即可有数据输出到数据线上。

（2）写入是由数据线向有关单元输入数据信号，一般对于送入数据的时间没有要求，但是 $\overline{WE}$ 信号和地址信号不能撤销太早，以保证有一个写入的稳定时间。

3）SRAM 的有关时间参数

在对于一维地址译码 RAM 进行读写的过程中，为了保证读写质量，要关注如下一些时间参数。

（1）t_{SA}：地址建立时间。从 CPU 发送地址信号到地址信号稳定时的时间，以保证地址正确。

（2）t_{EQ}：片选有效时间。从 CPU 发送 $\overline{CS}$ 到其稳定的有效时间，以保证选片正确。

（3）t_{GQ}：读控制有效时间。从 CPU 发送 $\overline{OE}$ 到其稳定的有效时间，以保证稳定的读操作。

（4）t_{AQ}：有效读出时间，即 $\overline{CS}$ 和 $\overline{OE}$ 稳定到数据线上数据信号稳定的有效时间，在这段时间内 $\overline{CS}$ 和 $\overline{OE}$ 信号不可撤销，以保证读出信号正确。

（5）t_{WD}：有效写入时间，以保证数据信号在 $\overline{WE}$ 信号之前撤销，否则可能造成写入数据错误。

（6）t_{WC}：写入周期。

（7）t_{RC}：读出周期。通常 $t_{WC} = t_{RC}$，通称存取周期。

（8）t_{HD}：可靠写入数据信号需要的维持时间。

需要强调，在不同的技术中，读写的时序可能不同。关键是如何保证可靠的读写。

2. DRAM 原理

1）DRAM 元件

如图 2.10 所示，DRAM 的存储元件靠栅极电容上的电荷保存信息，也称电荷存储型记忆元件。此外，每个 RAM 还有行地址线和列地址线，以支持二维地址译码。CPU 使用行选与列选信号，使电容与外界的传输电路导通，使电容充电（写入）与放电（读出）。

表 2.1 为 SRAM 与 DRAM 的比较。

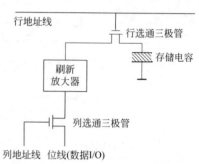

图 2.10　DRAM 的原理示意图

表 2.1　SRAM 与 DRAM 的比较

比较内容	SRAM	DRAM
存储体中的记忆元件	触发器	电容
是否破坏性读出	否	是
是否需要再刷新	否	是
读写周期	短	长
集成度	低	高（约是 SRAM 的 4 倍）
每位成本	高	低（约是 SRAM 的 1/4）
所需功率	大	小（约是 SRAM 的 1/6）
主要应用场合	高速缓冲存储器	主存储器

2）DRAM 的逻辑结构与读写信号

图 2.11 为 1M×4b 的 DRAM 芯片组成的存储阵列的逻辑结构图。

从这个逻辑结构图可以看出，它的地址总数为 20，分为两部分：行地址（$A_0 \cdots A_9$）和列地址（$A_{10} \cdots A_{19}$）。此外，还有一个刷新计数器及其控制线路。这样，它在读写时涉及如下一些信号。

（1）行地址。

（2）行地址选通信号 $\overline{RAS}$。

（3）列地址。

（4）列地址选通信号 $\overline{CAS}$。

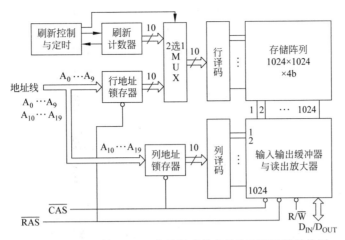

图 2.11　1M×4b 的 DRAM 芯片组成的存储阵列的逻辑结构图

（5）数据总线（D_{IN} 和 D_{OUT}）。

（6）读写控制脉冲 R/$\overline{W}$。

由于 DRAM 中的信息要靠电容上的电荷保存，而存储单元中的电容容量很小，所以一个存储体中要有一个读出放大器（Sense AMPlifier，S-AMP），用来放大/驱动数据信号，以保证可识别性。

此外，由于电容电荷总是会有泄漏的，为了保持数据，DRAM 必须隔一段时间进行一次电荷的补充——刷新（Refresh）。刷新周期视泄漏速度而定，如 2ms、4ms 等。为此 DRAM 中需要一个刷新放大器。不过这个刷新放大器现在已经被并入 S-AMP 中。

3）DRAM 读写操作时的时序

图 2.12 形象地描画了这类 DRAM 在读写过程中各种信号之间的时序关系。可以看出，不管是读还是写，都是按照下面的顺序发送有关信号。

（1）发送行地址和列地址。

（2）行地址稳定后，发送行地址选通信号 $\overline{RAS}$，将行地址选存。

（3）发读写命令 R/$\overline{W}$。读时高电平，并保持到 $\overline{CAS}$ 结束之后；写时低电平，在此期间，数据线上必须送入欲写入的数据并保持到 $\overline{CAS}$ 变为低电平之后。

（4）发送列地址选通信号 $\overline{CAS}$，将列地址选存。在此期间，若 R/$\overline{W}$ = 1，则将数据输出到数据线上；当 R/$\overline{W}$、$\overline{RAS}$ 和 $\overline{CAS}$ 都有效时，数据线上的数据被写入有关单元。

4）DRAM 的工作模式

DRAM 在发展过程中，不断改进，先后形成了一些不同的工作模式。

（1）PM RAM、FPM DRAM 与 EDO DRAM。

早期的 DRAM 称为页模式随机存储器（Page Mode RAM，PM RAM），其特点是每写入一位数据，就必须送出列（页）和行地址各一次，以决定该位的位置，并且每个地址都必须有一段稳定的时间，才能读写有效数据。在地址稳定之前，写入或读取的数据都是无效的。

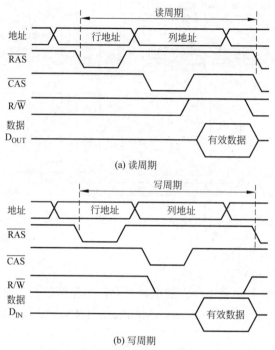

(a) 读周期

(b) 写周期

图 2.12　二维地址译码 DRAM 的读写时序

快速页模式随机存储器（Fast Page Mode RAM，FPM RAM）是一种改良型 PM RAM。其特点是，若需要读写的前后数据在同一列（页）内，则内存控制器不必重复送出列地址，只需指出下一行地址即可，以此来提高读写效率，可以做到每 3 个时钟周期输出一次数据。

扩展数据输出随机存储器（Extended Data Output RAM，EDO RAM）取消了主板与内存两个存储周期之间的时间间隔，即不必等到数据完整地读取或写入，只要一到有效的时间，即可准备送出下一个地址，实现了每隔两个时钟脉冲周期输出一次数据，使存储速度提高 30%。

PM RAM、FPM RAM 与 EDO RAM 都称为异步 RAM，即 RAM 与 CPU 采用不同的时钟频率。

（2）SDRAM。

同步动态随机存储器（Synchronous DRAM，SDRAM）的基本原理是将 CPU 与 RAM 通过一个相同的时钟锁在一起，使得 RAM 与 CPU 共享同一时钟，以相同的速度同步工作，避免了系统总线对异步 DRAM 进行操作时所需的一个时钟周期的额外等待时间，每个时钟脉冲的上升沿便开始传输数据，速度比 EDO 内存提高 50%。

（3）DDR SDRAM。

DDR（Double Data Rate）SDRAM 是 SDRAM 的更新换代产品，允许在时钟脉冲的上升沿和下降沿传输数据，这样不需要提高时钟的频率就能加倍提高 SDRAM 的速度。

现在 DDR SDRAM 已经进一步升级为 DDR2 SDRAM、DDR3 SDRAM、DDR4 SDRAM 等标准系列。

（4）RDRAM。

存储器总线式动态随机存储器（Rambus DRAM，RDRAM）是 RAMBUS 公司开发的新型 DRAM。

RDRAM 的主要特点如下。

① 采用超高频时钟频率：800～1200MHz。

② 采用时钟双沿（上升沿和下降沿）传输数据。每个 RDRAM 晶片的传输峰值可达 6.4GB/s。

③ 采用串行模块结构，各个芯片用一条总线串接起来，前面芯片写满后，后面的芯片才开始读入数据，简化了产品设计。

RDRAM 速度非常快，在 DRAM 的千倍以上。目前大部分使用在游戏机或图形系统中。

2.2　主存储体组织

2.2.1　内存条

主存储器以内存条形式存在。如图 2.13 所示，内存条一般由内存颗粒、SPD 芯片、印制电路板、引脚（俗称金手指）以及一些电阻和电容组成。

1. 内存颗粒

内存 IC 芯片在出厂时都要采用一定的封装技术进行封装。封装是一种将集成电路打包的技术。因为一方面芯片必须与外界隔离，以防止空气中的杂质对芯片电路的腐蚀而造成电学性能下降；另一方面，封装后的芯片也更便于安装和运

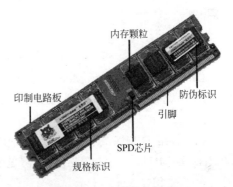

图 2.13　内存条的组成

输。由于封装技术的好坏还直接影响芯片自身性能的发挥和与之连接的印制电路板的设计和制造。

目前业界普遍采用的封装技术有薄型小尺寸封装（Thin Small Outline Package，TSOP）和球栅阵列（Ball-Gird-Array，BGA）封装技术。TSOP 的典型特征是引脚由四周引出，如 SDRAM 的 IC 为两侧有引脚，SGRAM（Synchronous Graphics RAM，同步图形随机存储器）的 IC 四面都有引脚。BGA 封装的引脚是由芯片中心方向引出的，从而有效地缩短了信号的传导距离，可以减少信号的衰减。

经过封装的内存 IC 芯片称为内存颗粒，其上一般都印刷有生产厂家、产品编号，以及颗粒的容量、数据宽度、存取速度、工作电压等重要参数。

2. SPD 芯片

SPD（Serial Presence Detect）是一片小型的 EEPROM 芯片，里面记录了内存条出厂时预先存入的速度、工作频率、容量、工作电压、行/列地址带宽、传输延迟、SPD 版本等基

本参数。当计算机开机工作时的 BIOS 就会自动读取内存 SPD 芯片中的记录信息，来对内存进行设置，使内存运行在规定的工作频率上，工作在最佳状态，实现内存的"超频"。

3. 印制电路板

内存条的印制电路板（Printed-Circuit Board，PCB）采用的是 4 层或 6 层的电路板。采用多层电路板的目的：一是紧凑，减少电磁辐射；二是分层屏蔽电路简单电磁辐射。

4. 引脚

内存条的引脚用于与计算机总线的连接，它也是内存条在主板上进行固定的装置，并连接总线上的有关信号线。按照引脚布局，常用的内存条有如下 3 种。

1）SIMM

SIMM（Single In-line Memory Modules，单列直插式内存组件）是早期 FPM 和 EDD DRAM 内存条，这种内存条两面的引脚传输相同的信号，相当于只有一面有引脚。最初的 SIMM 一次只传输 8b 数据，后来逐渐发展到 16b、32b，形成 30 线、72 线和专用内存条 3 类。

2）DIMM

DIMM（Dual In-line Memory Modules，双列直插式内存组件）的两面都有可独立传输信号的引脚，并且可单条使用。DIMM 又可以分为 3 种：标准 DIMM、DDR-DIMM 和 DIMM 的新产品。

（1）标准 DIMM 每面 84 线，双面共 168 线，故常称为 168 线内存条。工作时钟频率为 60MHz、67MHz、75MHz、83MHz。常见的容量有 8MB、16MB、32MB 等。主要使用 SDRAM 芯片，也称 SDRAM 内存条。

（2）DDR-DIMM 每面 92 线，双面共 184 线，故常称为 184 线内存条。目前主要有以下几种速率：PC1600（200MHz）、PC2100（266MHz）、PC2700（333MHz）、PC3200（400MHz）、PC3500（433MHz）、PC3700（466MHz）、PC400（500MHz）、PC4200（533MHz）和 PC4400（566MHz）。名称中的第一个数字，如 PC2100 意为此内存模块的最大带宽，也就是每秒最大能够提供多少兆字节的数据。后面的×××MHz 是此内存运行时的时钟频率。单条 DDR-DIMM 的容量为 64MB～2GB。

（3）DIMM 的新产品：200 线的双面内存条，其工作时钟频率为 77MHz、83MHz、100MHz，数据宽度为 72b 或 80b，分缓冲型和非缓冲型两种，主要用于工作站和大型计算机。

DDR-DIMM 内存条与 SDRAM 内存条差别不大，它们具有同样的长度和同样的引脚距离。但是 DDR-DIMM 内存条有 184 个引脚，引脚中只有一个缺口；而 SDRAM 内存条有 168 个引脚，引脚中有两个缺口。

DIMM 分为不含缓冲区的 Unbuffered DIMM（地址和控制信号等不经过缓冲器，定位在台式计算机市场）、地址和控制信号经过寄存器的 Registered DIMM（时钟经过锁相环

（Phase-Locked Loop，PLL）统一整合时钟信号，定位在工作站和服务器市场）和 SODIMM（Small Outline DIMM，定位在笔记本计算机市场）3 种。工作电压一般是 3.3V 或 5V。

3）SODIMM

SODIMM（Small Outline Dual In-line Memory Modules，小型双列直插式内存组件）是非常小的存储模块，采用 144 个或 200 个引脚，尺寸却仅为 DIMM 模块的 1/3，已成为笔记本计算机用内存条的标准模式。图 2.14 为三款内存条的实物照片。

(a) 72线SIMM内存条

(b) DIMM 内存条

(c) SODIMM 内存条

图 2.14　三款内存条的实物照片

内存条安装在主板的内存插槽中。安装时要注意方向。

5. 电阻和电容

内存上的电阻有 10Ω 和 22Ω 两种。使用 10Ω 电阻的内存信号很强，对主板的兼容性较好，但其阻抗低，经常因信号过强导致系统死机；使用 22Ω 电阻的内存，优缺点与前者正好相反。内存厂家往往从成本考虑使用 10Ω 电阻。电容用于滤除高频干扰。

2.2.2　基本的存储体扩展方式

主存储体是由一些内存颗粒组成的，或者说，主存储体是由内存颗粒扩展（扩容）而成。从逻辑结构上看，一个主存储体可以看成由一些芯片扩展成的存储体阵列。所采用的芯片的集成方式以及计算机要求的字长不同，扩展方式也不同。本节从逻辑角度介绍几种基本的存储体扩展方式。

1. 字扩展方式

字扩展方式是位数（字长）不变，字数扩展。图 2.15 为用 4 片 16K×8b 的芯片扩展为

64K×8b 的存储器。每个芯片内部都有自己的地址译码电路和数据缓冲电路。

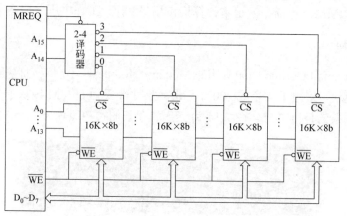

图 2.15　用 4 片 16K×8b 的芯片扩展为 64K×8b 的存储器

具体说明如下。

（1）CPU 地址总线的 A_{14}、A_{15} 连接到片选译码器，A_{14}、A_{15} 为不同值时，在片选译码器的 4 条输出中，只有一条被选中（输出低电位）。由于它们分别连接各芯片的 $\overline{CS}$（片选端），因而只有一片被驱动（选中）。$\overline{CS}$ 上的一短线表示是低电平驱动。

（2）各片的 14 条地址线都连接到 CPU 总线的 $A_0 \sim A_{13}$ 端。当 CPU 的地址总线输出一个 16 位的地址码时，A_{14}、A_{15} 选中某片，而 $A_0 \sim A_{13}$ 选中该片中的某字。14 条地址线的寻址范围为 16K。

（3）$\overline{WE}$ 为读写控制。该端为高电平（$\overline{WE} = 1$）时，被选中的字将被读出；该端为低电平（$\overline{WE} = 0$）时，被选中的字将被写入。

（4）每个芯片的 8 位数据引脚并联在 8 条 CPU 数据总线上。

2. 位扩展方式

位扩展方式是字数不变，位数（字长）扩展。图 2.16 为用 8 片 8K×1b 的芯片扩展成 8K×8b 的存储器。

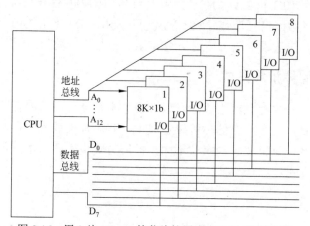

图 2.16　用 8 片 8K×1b 的芯片扩展成 8K×8b 的存储器

注意：

（1）由于每个字的各位分布在所有芯片中，不同各片的片选端 $\overline{CS}$ 都并在一起，连接到 CPU 的相应控制线上。当进行存储器读写时，该端应为低电平。同时，CPU 的 16 条地址线并联到各片的 16 条地址线上，以便同时选中各片中属于同一字的各位。

（2）CPU 中的每条数据线只与一个片中唯一的一条数据线相连。

3. 段扩展方式

段扩展方式是字向和位向都扩展。例如由 4 片 1M×4b 的芯片扩展成 2M×8b 的存储器。

2.2.3 P-Bank 和 L-Bank

P-Bank 和 L-Bank 是从物理和逻辑两方面进行内存芯片设计和组织的两个术语。

1. P-Bank

通常，内存芯片与 CPU 交换数据时，为了保证 CPU 能正常工作，必须每发出一次片选信号，就要有与 CPU 数据总线（以 SDRAM 系统为例，就是 CPU 到 DIMM 槽）的接口位宽相同的存储颗粒并行工作交换数据。这样的一个存储颗粒组称为一个 P-Bank（Physical BANK，物理 BANK）。这样的位宽称为物理层位宽。例如，一个 CPU 的数据总线位宽为 64b，就需要 64 个颗粒组成一个 P-Bank。从理论上说，为这样的 CPU 提供位宽为 64b 的存储芯片最为方便，但是，这在芯片制造上有非常高的要求，会使芯片的成本效用都处于劣势。所以芯片会从自己的成本效用角度来确定自己的位宽。这样，一个 P-Bank 就需要由几个小位宽的存储芯片组合。例如，CPU 与内存之间的接口位宽是 64b，而芯片每个传输周期能提供的数据量是 8b，就需要 8 颗内存颗粒并联。

内存条的带宽为其上各个内存芯片的带宽之和，基本条件是带宽之和等于 64b 或其倍数。假如出现了各个内存芯片位宽之和等于 128b，则分成两个 64b，当读取一个 64b 部分时，另一个 64b 部分就不能读取。

2. L-Bank

从逻辑上看，一个内存就是如图 2.17（a）所示的一个由 Cell 组成的矩阵。显然，只要指定一个行（Row），再指定一个列（Column），就可以准确地定位到某个 Cell。这个阵列称为内存芯片的 L-Bank（Logical Bank，逻辑 Bank，简称 Bank）。这里，Cell 是根据由数据线条数决定的一次能同时读写的位数。

但是，由于技术、成本等原因，不可能只做一个全容量的 L-Bank。最重要的是，由于 SDRAM 的工作原理限制，单一的 L-Bank 将会造成非常严重的寻址冲突，大幅降低内存效率。所以，人们在 SDRAM 内部分割成多个 L-Bank，最多是 4 个；而 DDR-Ⅱ提高到了 8 个，RDRAM 则最多达到了 32 个。

由于主板芯片组本身设计时只允许一个时钟周期内对单个 L-Bank 进行操作，而不是主板芯片组对内存芯片内所有 L-Bank 同时操作。因此，如图 2.17（b）所示，在进行寻址时就要先确定是哪个 L-Bank，然后再在这个选定的 L-Bank 选择相应的行与列进行寻址。这样，单个 L-Bank 就决定了一次存储器寻址可以操作的位的数量。所以，有人将单个 L-Bank 内的 Cell 数量称为数据深度。

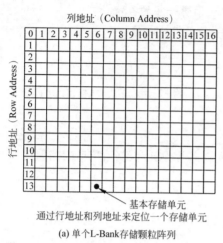

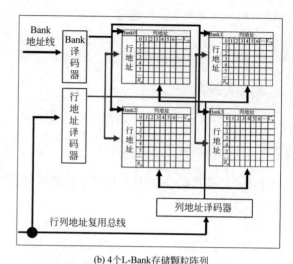

(a) 单个L-Bank存储颗粒阵列   (b) 4个L-Bank存储颗粒阵列

图 2.17   L-Bank 存储颗粒阵列示意图

3. 内存芯片容量的计算

内存芯片的容量可以用 L-Bank 计算，也可以用位宽计算。

（1）用 L-Bank 计算。存储单元数量＝一个 L-Bank 存储单元数量×L-Bank 的数量。其中一个 L-Bank 存储单元数量＝行数×列数。

（2）用位宽计算。在很多内存产品介绍文档中，都会用 $M×W$ 的方式来表示芯片的容量。M 是该芯片中存储单元的总数，单位是 M；W 代表每个存储单元的容量，即 SDRAM 芯片的位宽（Width），单位是 b。计算出来的芯片容量也是以 Mb 为单位，但用户可以采用除以 8 的方法换算为兆字节（MB）。

2.2.4 并行存储器

随着计算机所处理信息量的增加，不断对存储器的速度及容量提出更高的要求；而随着 CPU 功能的增强和 I/O 设备数量的增加，主存储器的存取速度越来越成为计算机系统中的一个瓶颈。为了提高访问存储器的带宽，在致力于寻找高速元件的同时，也加紧从存储体系结构方面对存储器组织结构加以改进，发展并行存储结构。

从结构上拓宽存储器带宽技术主要有双端口（或多端口）存储器、单体多字系统和多体存储系统。

1. 双端口存储器

传统的存储器只有一个读写端口，要么进行写，要么进行读，读写不能同时进行。双端口存储器的基本特点：每个芯片都有两组数据总线、地址总线和控制总线，形成两个访问端口，只要不是同时访问同一个存储单元，就允许两个端口并行地进行独立的读写，而不互相干扰。如果两个端口同时访问同一个存储单元，就由片内仲裁逻辑决定由哪个端口访问。这样，在多处理机系统中，可以让两个 CPU 同时访问主存储器；或者设计成一个端口面向 CPU、一个端口面向 I/O 处理的系统。两个端口可以不受编址的限制，可成倍地提高存取效率。

双端口存储器的常见应用有 Cache-主存储器结构中的主存储器、运算器中的通用寄存器组等。此外，在多机系统中常采用双端口存储器甚至多端口存储器，实现多 CPU 之间的存储共享。

2. 单体多字系统

根据程序访问的局部性（详见 2.7.1 节），要连续使用的信息（数据，尤其是指令）大多是连续存放的。以此为前提，可以用同一套地址系统按同一地址码，在一个读周期内，取出多个字，如同时读出 4 条指令，然后把它们组织成队列，每隔 1/4 主存周期（T_{m}）依次将一条指令送入指令寄存器去执行。

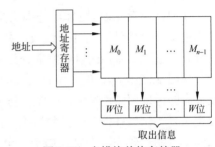

图 2.18　多模块单体存储器

典型的单体多字系统是如图 2.18 所示的多模块单体存储器。它是由字长为 W 位的 n 个容量相同的模块器 M_0，M_1，$\cdots$，M_{n-1} 并行连接起来，构造字长为 $n \times W$ 的存储体。这样，每个存储周期中可以同时读出 n 个字（例如，同时读出 n 条指令），从而使存储器的带宽 BM=W/T_{m} 提高到 n 倍。当然，若要访问的不是 n 个连续的字，如遇到转移指令或随机分布的数据时，会大大降低实际的带宽。

3. 多体存储系统

与单体存储系统不同，多体存储系统的各存储体都有自己的一套地址寄存器和地址译码、驱动、读数、时序电路，各自能以同等方式与 CPU 通信，形成分别独立的编址，又能并行或交叉工作，具有 N 个容量相同的存储体。

1）多体存储器的访问方式

分为 N 个存储体的主存储器称为"模 N"的存储器，这 N 个存储体按统一规则，分别编址。它们的工作方式有两种。

（1）N 个存储体同时启动，完全地并行工作，即同时送进 N 个地址，同时读出 N 个字，在总线上分时传送。

（2）N 个存储体分时启动流水式工作。通常互相错开 $1/m$ 个存储周期（m 为存储体的个数），交叉地工作。图 2.19 为有 4 个存储体的交叉存储器中各存储体启动的时序关系（负脉冲启动）。可以看出，采用 4 个存储体的交叉存储器，每隔 1/4 主存周期（T_{m}）便启动一个存储体工作。这样，在一个存储周期内，就访问了 4 个存储单元，将存储带宽提高到了 4 倍。

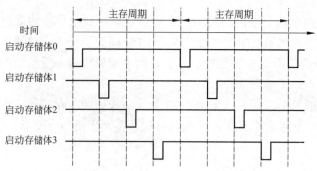

图 2.19 4 个存储体的交叉存储器中各存储体启动的时序关系

2）多体存储器编址

访问多体存储器时，需要分别指定所访问的体号和体内地址，所以每个地址码由体号 + 体内地址（字地址）两部分组成，并需要分别进行地址译码。按照存储地址在各存储体内的分布关系，多体存储器的编址分为顺序（高位交叉）编址和交叉（低位交叉）编址两种。

如图 2.20 所示，顺序编址用高位地址表示体号，低位地址表示体内地址，所以每个存储体内的地址都是连续的。这样有利于存储器的扩充，可以任意增加一个或多个存储体（低位交叉方式只允许按 2 的倍数增加），并且当一个存储体出现故障时，不影响其他存储体的工作，可靠性较高。但是，由于一个存储体在一个访存周期内只能读写一个字单元，而根据程序的局部性原理，多数程序代码是连续存放的，并且所访问的数据也是局部连续的。读写时，先选中一个存储体，再选其体内地址进行读写。这种编址方式一般不能实现多个存储体的并行工作，也不能实现多个存储体的分时启动（除非存储器采用的工作频率为 CPU 工作频率的 m 倍，m 为存储体的个数），只有在 DMA 以及通道控制方式等情形下才有可能实现并行或并发工作。

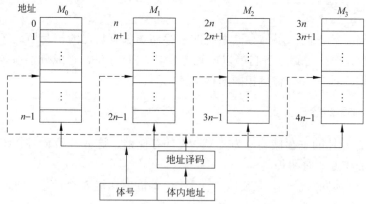

图 2.20　顺序编址的 4 个存储体的存储器的基本结构

如图 2.21 所示，交叉编址用低位地址表示体号，用高位地址表示体内地址，所以存储地址是横向连续的，即连续地址分布在相邻的块内。读写时，先选中 4 个相同的体内地址，然后依次给出体号来选中具体单元，进行读写。这样，非常容易实现各存储体的分时流水以及并行工作，大大提高了存储体的带宽。这是目前多体存储器的主流。

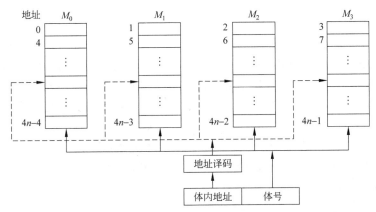

图 2.21　交叉编址的 4 个存储体的存储器的基本结构

由于指令、数据、向量等的存储和执行基本上是顺序的，所以采用交叉编址时，同一主存周期中取出的是要连续执行的指令或数据，因而有利于减少存储冲突。但是可靠性较低，一个存储体故障将会导致所有程序无法执行。采用顺序编址方式时，一个存储体内的地址是连续的，但多个存储体仅扩大了存储容量，对提高吞吐量并没有作用。

2.2.5　并行处理机的主存储器

并行处理机一般是指一台计算机中有一个指令部件（取指令）和多个执行部件。在这种计算机中，处理机与存储器间通过互连网络（Interconnection Network，ICN）交换信息。如图 2.22 所示，其存储结构大体可以分为两大类：共享存储器结构和分布存储器结构。

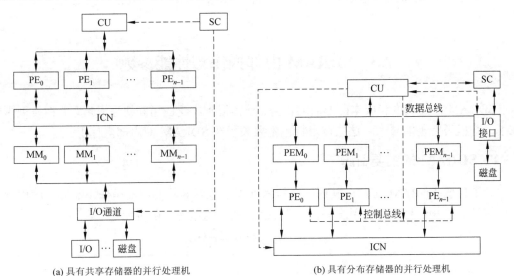

(a) 具有共享存储器的并行处理机　　　　　　　(b) 具有分布存储器的并行处理机

图 2.22　并行处理机系统中处理机与存储器的互连网络

1. 共享存储器结构

在具有共享存储器的并行处理机中，只有一个统一的内存，经 ICN 为全部处理元素（Processing Element，PE）共享。I/O 设备、外存都可以通过 I/O 通道与共享存储器交换信息。

2．分布存储器结构

在具有分布存储器的并行处理机中，存储系统由两部分组成：一部分集中在专做管理的监控机（Supervisory Control，SC）中，为常驻操作系统使用；另一部分称为处理元素存储器或局部存储器（Processing Element Memory，PEM），分布在各处理单元中，用于存放程序和数据。高速磁盘是存储的后援，通过 I/O 接口与 SC 及 PEM 交换信息。为了有效地进行高速处理，要使每个 PE 都可以依靠自己的 PEM 中的数据进行运算，为此要合理分配各处理单元中的数据。各处理单元之间可以通过两条途径相互联系：一条通过 ICN；另一条是通过控制部件（Control Unit，CU），即数据从 PEM 读至 CU，然后通过公共数据总线"播送"到全部 PE 中。

2.2.6　存储器控制器

DRAM 的刷新需要有硬件电路的支持，包括刷新计数器、刷新/访存裁决、刷新控制逻辑等。这些控制线路形成 DRAM 控制器，它将 CPU 的信号变换成适合 DRAM 芯片的信号。

（1）地址多路开关：刷新时不需要提供刷新地址，由多路开关进行选择。

（2）定时发生器：提供行地址选通信号 RAS、列地址选通信号 CAS 和写信号 WE。

（3）刷新定时器：定时电路用来提供刷新请求。

（4）刷新地址计数器：只用 RAS 信号的刷新操作，需要提供刷新地址计数器。

（5）仲裁电路：对同时产生的来自 CPU 的访问存储器的请求和来自刷新定时器的刷新请求的优先权进行裁定。

有些芯片将刷新控制电路集成在芯片内部，具有自动刷新功能；有些芯片需要外加刷新控制电路。

2.3　SDRAM 内部操作与性能参数

SDRAM 在集成度和成本两方面的优势，使其得到广泛应用和快速发展，并在发展中形成了一些极有特色的技术。这些技术特色主要表现在 SDRAM 的内部操作上。

2.3.1　SDRAM 的主要引脚

为了说明 SDRAM 工作时其内部对技术性能有重要影响的内部操作，需要了解内部的重要信号，这些信号主要由引脚提供。表 2.2 为关于这些信号的说明。

表 2.2　SDRAM 的重要引脚

引　　脚	名　　称	描　　述
CLK	时钟	芯片时钟输入
CKE	时钟使能	片内时钟信号控制
$\overline{CS}$	片选	禁止或使能 CLK、CKE 和 DQM 外的所有输入信号
BA_0，BA_1	组地址选择	用于片内 4 个组的选择

引　　脚	名　　称	描　　述
$A_{12} \sim A_0$	地址总线	行地址：$A_{12} \sim A_0$，列地址：$A_8 \sim A_0$，自动预充电标志：A_{10}
$\overline{RAS}$	行地址锁存	
$\overline{CAS}$	列地址锁存	行、列地址锁存和写使能信号引脚
$\overline{WE}$	写使能	
LDQM，UDQM	数据 I/O 屏蔽	在读模式下控制输出缓冲；在写模式下屏蔽输入数据
$DQ_{15} \sim DQ_0$	数据总线	数据输入输出引脚
V_{DD}/V_{SS}	电源/地	内部电路及输入缓冲电源/地
V_{DDQ}/V_{SSQ}	电源/地	输出缓冲电源/地
NC	未连接	未连接

2.3.2　SDRAM 的读写时序

SDRAM 的读写操作是从对一个 L-Bank 中的阵列发出激活（Active）命令开始的，其过程如图 2.23 所示：先是行有效操作，再是列读写。两者之间的时间间隔称为 t_{RCD}（RAS to CAS Delay，RAS 信号到 CAS 信号之间的延迟）。最后才是读写操作。

1. 行有效

1）行有效及其过程

行有效就是确定要读写的行，使之处于激活（Active）——有效状态。一般行有效之前要进行行片选和 L-Bank 定址，但它们与行有效可以同时进行。行有效的时序如图 2.24 所示。操作过程如下。

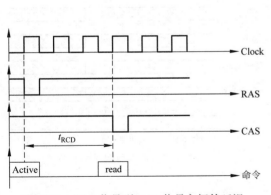

图 2.23　RAS 信号到 CAS 信号之间的延迟

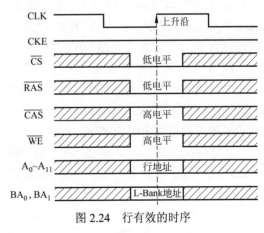

图 2.24　行有效的时序

（1）行地址通过地址总线传输到地址引脚。

（2）$\overline{RAS}$ 引脚被激活，行地址被放入行地址选通电路（Row Address Latch）。

（3）行地址解码器（Row Address Decoder）选择正确的行然后送到传感放大器（S-AMP）。

（4）此时 $\overline{WE}$ 引脚不被激活，所以 DRAM 知道它们不是进行写操作。

2）行有效过程中的时间参数

在行有效过程中，主要涉及 3 个时间关系：t_{RAS}、t_{RC} 和 t_{RP}。它们之间的时序关系如图 2.25 所示。

图 2.25　行有效过程中的 3 个时间关系

（1）t_{RAS}：行地址选通（Row Address Strobe，RAS）信号的有效时间。

（2）t_{RC}：行周期（Row Cycle）时间。在一个 L-Bank 中，两个相邻的 Active 命令之间的时间间隔。而在同一 Rank 不同 L-Bank 中，执行两个连续 Active 命令之间的最短的时间间隔被定义为 t_{RRD}（RAS to RAS Delay，行地址间延迟）。

（3）t_{RP}：行地址选通预充电（RAS Precharge）时间。如前所述，它用来设定在另一行能被激活之前 RAS 需要的充电时间（详见 2.3.6 节）。

2. 列读写

行地址确定之后，就要对列地址进行寻址。在 SDRAM 中，行地址与列地址线在 A_0～A_{11} 中一起发出。CAS（Column Address Strobe，列地址选通）信号则可以区分开行与列寻址的不同。

在发出列寻址信号的同时发出读写命令，并用 $\overline{WE}$ 信号的状态区分是读还是写：低电平（有效）时是写命令，高电平（无效）时是读命令。图 2.26 为列读写的时序。

在发送列读写命令时必须要与行有效命令有一个间隔，这个间隔被定义为 t_{RCD}。广义的 t_{RCD} 以时钟周期为单位，如 $t_{RCD}=2$，代表延迟周期为两个时钟周期。

在选定列地址后，就确定了具体的存储单元，剩下的事情就是将数据通过 I/O 通道输出到内存总线上。不过在 CAS 发出之后，

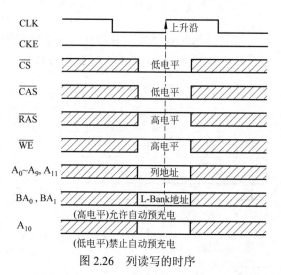

图 2.26　列读写的时序

仍需经过一定的时间才能有数据输出，这段时间被定义为 CAS 潜伏期（CAS Latency，CL）。由于 CL 只在读取时出现，所以 CL 又称读取潜伏期（Read Latency，RL）。

需要注意，延迟（Delay）与潜伏（Latency）是两个不同的概念。延迟指一个信息或一个事件被推迟的时间量，而潜伏指已经发生但还没有到达一定水平。因此，CL 造成了一些输出延迟，但 CL 并不是 CD（CAS Delay）。

另外，CL 数值不能超过芯片的设计规范，否则会导致内存不稳定，甚至开不了机，并且它只能在初始化过程中的 MRS 阶段设置（详见 2.3.6 节），不能在数据读取前临时修改。

3. SDRAM 读周期中的时序细节

图 2.27 为 SDRAM 读周期中的时序细节。

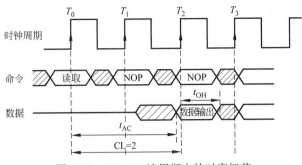

图 2.27 SDRAM 读周期中的时序细节

其中，t_{OH} 为数据逻辑电平保持周期。t_{AC}（Access Time from CLK，时钟触发后的访问时间）则由如下原因引起：S-AMP 的放大驱动要有一个准备时间才能保证信号的发送强度（事前还要进行电压比较以进行逻辑电平的判断）。简单地说，从数据 I/O 总线上有数据输出之前的一个时钟上升沿开始，数据就已传向 S-AMP，经过一定的驱动时间最终传向数据 I/O 总线进行输出，这段时间被定义为 t_{AC}。t_{AC} 的单位是纳秒（ns），必须小于一个时钟周期。

需要注意，每个数据在读取时都有 t_{AC}，包括在连续读取中，只是在进行第一个数据传输的同时就开始了第二个数据的 t_{AC}。

2.3.3 突发传输

突发传输（Burst Trans mission）是指在短时间内进行相对高带宽的数据传输。为此在对一组连续内存单元进行顺序读写时，要采取的与早期的 FPE/EDO 不同的技术策略。相对而言。就此将 FPE/EDO 所采取的技术称为非突发传输技术。

非突发传输技术的基本思想：当要对一组连续内存单元顺序读写操作时，考虑到行地址相同，一开始只送一次行地址，以后每访问一个单元，就只送一个列地址和读写命令。这样就可以把送行地址的时间节省下来。以读操作为例，CAS 发出之后，经过一个 CL 就会在数据总线上有数据流出。由于这几个单元的操作类似，CL 相同，所以在数据总线上的数据是连续的。图 2.28（a）为 CL = 2（个时钟周期）时的非突发传输时序图。这种非突发传输技术，节省了发送行地址的时间，但是它在数据进行连续传输时无法输入新的命令，效率很低（内存就是以这种方式进行连续的数据传输）。为此，人们开发了突发传输技术。

如图 2.28(b)所示，采用突发传输技术，只要指定起始列地址与突发长度（Burst Length，BL，即连续传输所涉及存储单元的数量），内存就会依次地自动对后面相应数量的存储单元进行读写操作而不再需要控制器连续地提供列地址。这样，除了第一笔数据的传输需要若干个周期（主要是之前的延迟，一般是 t_{RCD}+CL）外，其后每个数据只需一个周期即可获得。在很多北桥芯片的介绍中都有类似于 X-1-1-1 的字样，就是指这个意思，其中的 X 就代表第一笔数据所用的周期数。

注意：BL 的数值不可在数据进行传输前临时决定，要在初始化过程中的 MRS 阶段进行设置，可用的选项是 1、2、4、8、全页（Full Page），常见的设定是 4 和 8。

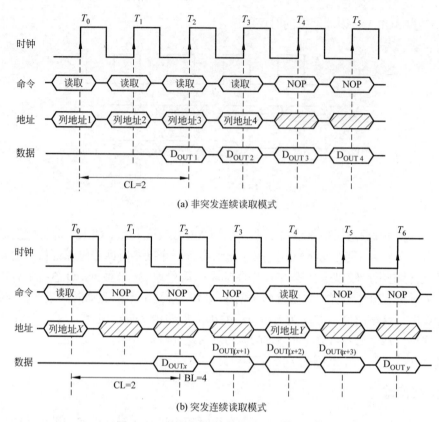

(a) 非突发连续读取模式

(b) 突发连续读取模式

图 2.28　连续内存单元读写的传输时序图

2.3.4　数据掩码

存储器的读写，一般是按系统数据总线的数据位宽进行的。例如，对于 64b 数据总线，只要 WR 信号一出现，就会一次将 64b 数据写到 SDRAM 中，或从 SDRAM 中读出 64b 数据。但是，有时并不需要 64b，如只需要 8b，即所读出的 64b 中，有 56b 是不需要的数据位。若是写入，则把 56b 的数据给破坏了。为了屏蔽不需要的数据，人们开发了数据掩码（Data I/O Mask，DQM）技术，如图 2.29 所示。

通过 DQM，内存可以控制 I/O 端口，取消某些输出输入数据。对于 64b DIMM 要设置 8 个 DQM 信号线（引脚），每个 DQM 信号线对应一字节；对于 4b 位宽芯片，两个芯片共用一个 DQM 信号线；对于 8b 位宽芯片，一个芯片占用一个 DQM 信号线；而对于 16b 位宽芯片，则一个芯片需要占用两个 DQM 信号线。这样就可以精确屏蔽一个 P-Bank 位宽中的每字节。不需要哪字节，就屏蔽掉该字节。这里需要强调的是，在读取时，被屏蔽的数据仍然会从存储体传出，只是在"掩码逻辑单元"处被屏蔽。

SDRAM 官方规定，在写入时，DQM 与写入命令都是立即生效，突发周期的第二笔数据被取消；在读取时，DQM 发出两个时钟周期后生效，突发周期的第二笔数据被取消。

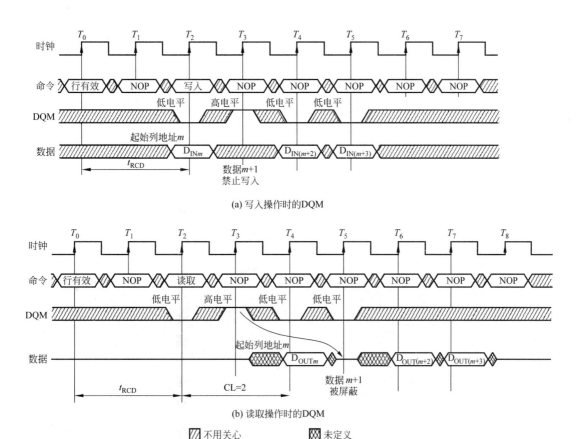

(a) 写入操作时的DQM

(b) 读取操作时的DQM

▨ 不用关心　　　▩ 未定义

图 2.29　DQM 技术

2.3.5　DRAM 刷新

1. DRAM 刷新的特点

（1）DRAM 刷新采用"读出"方式进行。DRAM 需要周期性地进行刷新。为了说明 DRAM 读写与刷新的关系，在图 2.30 中分别形象地说明 DRAM 在读写和刷新操作时各信号之间的关系。

DRAM 操作中有关信号之间的关系如表 2.3 所示。

表 2.3　DRAM 操作中有关信号之间的关系

操　　作	$\overline{RAS}$	$\overline{CAS}$	刷　　新	R/$\overline{W}$	D_{IN}	D_{OUT}
写 1 操作	高	高	低	低	高	—
写 0 操作	高	低	低	低	低	—
读 1 操作	高	高	低	高	—	高
刷新 1 操作	高	高	高	高	—	高

显然在刷新 1 时，除了刷新信号外，其他都与读 1 操作时相同。因为读 1 时是放电，属于破坏性读出，读出后必须恢复原来所保存的 1。这时，输入缓冲器是关闭的，输出缓冲

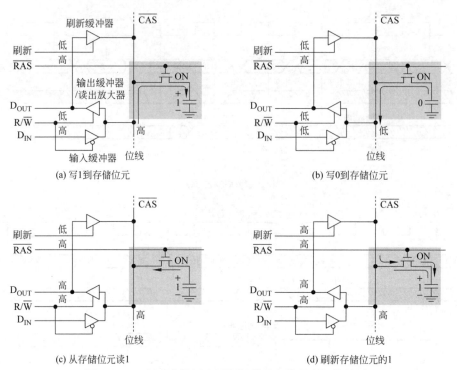

图 2.30　DRAM 在读写和刷新操作时各信号之间的关系

器/读出放大器是打开的，若打开刷新缓冲器，输出端的 $D_{OUT} = 1$，就会经刷新缓冲器送到位线上，再经 MOSFET 写到电容上。所以，刷新操作是采用"读出"方式进行。

（2）刷新通常是一行一行地进行，即每行中各记忆单元同时被刷新，再依次对存储器的每行进行读出，就可以完成对整个 DRAM 的刷新。这样，在刷新过程中只改变行地址，不需要列地址，也不需要片选信号。DRAM 芯片使用一个内部计数器，来选择需要刷新哪些行。所以刷新周期与内存中的行数成正比，如果 DRAM 中的行数加一倍，那么刷新所占的时间也大约提高一倍。现在多数 DRAM 开始支持 Bank 刷新命令，每次可以同时刷新一个 Bank 的多个行，还允许 Bank-level 并行——刷新 Rank 中的一个 Bank 的时候，允许访问这个 Rank 的另外一个 Bank。但总体说，容量越大，刷新时间越长。

（3）刷新和 CPU 访问存储器有时会发生冲突。为此，一般采取刷新优先的策略。

2. 自动刷新与自刷新

SDRAM 刷新操作分为两种：自动刷新（Auto Refresh，AR）与自刷新（Self Refresh，SR）。实际上，它们都是内部的自动操作，都不需要外部提供行地址。

1）AR

SDRAM 内部有一个行地址生成器（也称刷新计数器）用来自动依次生成行地址。由于刷新针对的是一行中的所有存储体，无需列寻址，或者说 $\overline{CAS}$ 在 $\overline{RAS}$ 之前有效。所以，AR 又称列提前于行定位（CAS Before RAS，CBR）式刷新。还由于刷新涉及所有 L-Bank，所以在刷新过程中，所有 L-Bank 都停止工作。而每次刷新所占用的时间为 9 个时钟周期（PC 133 标准），之后方可进入正常工作状态，即在这 9 个时钟期间内，所有工作指令只能等待而无法执行；64ms 之后则再次对同一行进行刷新，如此周而复始地循环刷新。显然，刷新操作肯定会对 SDRAM 的性能造成影响，但这不可避免，也是 SDRAM 相对于 SRAM 取得成本优势的同时所付出的代价。

2）SR

SR 则主要用于休眠模式低功耗状态下的数据保存，这方面最著名的应用就是休眠挂起于内存（Suspend To RAM，STR）。在发出 AR 命令时，将时钟使能 CKE 置于无效状态，就进入 SR 模式，此时不再依靠系统时钟工作，而是根据内部的时钟进行刷新操作。在 SR 期间除了 CKE 之外的所有外部信号都是无效的（不需要外部提供刷新指令），只有重新使 CKE 有效才能退出 SR 模式并进入正常操作状态。

3. 刷新周期与刷新方式

从上一次对整个存储器刷新结束到下一次对整个存储器全部刷新一遍为止，这一段时间间隔称为刷新周期。刷新周期的长短确定以保证所有元件中的信息都不丢失为原则。联合电子器件工程委员会（Joint Electron Device Engineering Council，JEDEC）规定必须在 64ms 内对每一行至少刷新一次。

由于刷新与读写操作不可同时进行，所以一个刷新周期要由两部分时间组成：刷新所占用的时间和读写操作时间。根据二者之间的关系，形成了集中（Burst）、分散（Distributed）和异步（Asynchronous）3 种刷新方式。图 2.31 为对一个排列成 32×32 存储阵列的 1024 个单元的 3 种刷新方式。

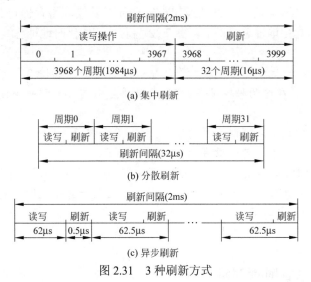

图 2.31　3 种刷新方式

1）集中刷新

集中刷新是根据所有存储元件中的信息不丢失的原则，确定刷新周期。这时，刷新周期是一个确定值，与存储容量无关，如一般定为 2ms、4ms、8ms，甚至更长。在这个周期内，按照刷新优先的原则，先保证所有行刷新的时间，剩余时间供读写操作使用。图 2.31（a）表明，假定刷新周期为 2ms、存取周期为 0.5μs，则总共可以有 4000 个存取周期。其中刷新时间占用了 32 个存取周期，剩余 3968 个存储周期可供读写使用。由于刷新时必须停止读写，所以把集中读写时间称为读写"死区"。显然，存储器容量越大，读写"死区"越长。但是，集中读写期间，读写操作不受刷新影响，所以读写速度比较快。

2）分散刷新

分散刷新是读写与刷新交替进行：每读写一次进行一次刷新。这样，读写"死区"极短，不太影响 CPU 工作。在这种刷新方式下，刷新周期与存储容量成正比。图 2.31（b）表明，对于上述 32×32 的存储阵列，刷新周期为 32μs。这样，刷新过于频繁，不能充分利用允许的最大刷新周期，降低了整机工作效率，很不适合小容量存储器。

3）异步刷新

异步刷新是综合上述两种刷新的利弊提出的刷新方式。它的特点是刷新周期固定，也是读写与刷新交替进行。但是不是读写一次刷新一次，而是读写多次刷新一次。到底读写几次刷新一次，需要根据刷新周期减去总刷新时间后计算得到。图 2.31（c）表明，对于上述 32×32 的存储阵列例，每次刷新可以平均进行大约 12.4 次读写，即占用 62μs。

2.3.6　芯片初始化与预充电

1. 芯片初始化

芯片初始化也称模式寄存器设置（Mode Register Set，MRS），就是在对 SDRAM 进行数据存取之前，由 SDRAM 芯片内部的逻辑控制单元对其模式寄存器（Mode Register，MR）进行设置。设置用信息由地址总线供给。图 2.32 为芯片初始化时地址总线与 MR 之间的关系。

说明：

（1）2.3.3 节介绍的突发传输是在内存块中连续进行读写的情况。实际上，突发传输也可以是隔行进行读写。在这两种情况下，BL 都是决定当前接收到一个读取信号时可以读取的最大列数目。

① 在连续读写模式下，可以设置为 1、2、4、8 或整页。

② 在隔行读写模式下，可以设置为 1、2、4、8。

（2）突发类型（Burst Type，BT）决定读取模式为顺序（连续）还是交错（隔行）。

（3）CL 可以设置为 1、2 或 3 个时钟周期。设置太长会导致所有的行激活延迟过长，设置为 2 可以减少预充电时间，从而更快地激活下一行。然而，想要把 t_{RP} 设为 2 对大多数内存都是个很高的要求，可能会造成行激活之前的数据丢失，内存控制器不能顺利地完成读写操作。

（4）操作模式（Operation Mode）。

① $A_7A_8 = 00$，突发模式。

② $A_9 = 0$，BL 适合读和写；$A_9 = 1$，只能读取一个单元，不支持块操作。

③ $A_{10}A_{11}$，备用。

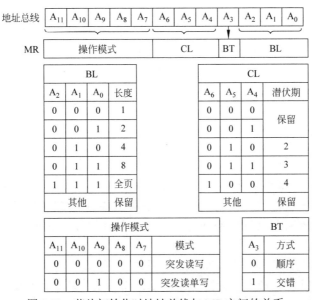

图 2.32　芯片初始化时地址总线与 MR 之间的关系

芯片初始化的时间可以在每次系统启动（包括掉电后重启）时，也可以在每次存取之间进行。其过程如图 2.33 所示。

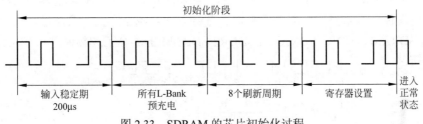

图 2.33　SDRAM 的芯片初始化过程

2. 预充电

SDRAM 的寻址具有独占性，它要求在进行完读写操作后，如果要对同一 L-Bank 的另一行进行寻址，就要将原来有效（工作）的行关闭，重新发送行/列地址。简单地说，L-Bank 关闭现有工作行，准备打开新行的操作就是预充电（Precharge）。实际上，预充电主要是对工作行中所有存储体进行数据写回。而要确定是否写回，需以电容的电量（或者说其产生的电压）作为判断逻辑状态的依据（读取时也需要），为此要设定一个临界值，一般为电容电量的 1/2，超过它为逻辑 1，进行重写；否则为逻辑 0，不进行重写（等于放电）。即使是没有工作过的存储体也会因行选通而使存储电容受到干扰。写回通过 S-AMP 读后重写。

此后，还要进行下列工作。

（1）对行地址进行复位。

（2）释放 S-AMP。

（3）准备新行的读写。

预充电可以通过命令控制，也可以通过辅助设定让芯片在每次读写操作后自动进行预充电。在发出预充电命令后，要经过一段时间才能允许发送 RAS 行有效命令打开新的工作行，这个间隔被称为 t_{RP}。和 t_{RCD}、CL 一样，t_{RP} 的单位也是时钟周期的个数，具体值视时钟频率而定。

2.3.7　DDR SDRAM 芯片性能参数

1. 内存颗粒的工作频率

目前 DRAM 内存颗粒都有两个时钟：核心时钟和缓冲区时钟。形成 3 个工作频率：核心频率、时钟频率和数据传输率。

SDRAM 的主要特点是数据传输率与时钟周期同步，因此其核心频率、时钟频率和数据传输率都一样。如 PC-133 SDRAM 的核心频率、时钟频率、数据传输率分别是 133MHz、133MHz、133Mb/s。

DDR SDRAM 可以在每个时钟周期的上升沿和下降沿传输数据，即一个时钟周期可以传输 2b 数据。所以核心频率和时钟频率相同，而数据传输率是时钟频率的两倍。例如，DDR266 SDRAM 的核心频率、时钟频率、数据传输率分别是 133MHz、133MHz、266Mb/s。

在 DDR2 SDRAM 中，核心频率和时钟频率已经不一样了，由于采用了 4b 预读技术，L-Bank 的宽度成为芯片位宽的 4 倍。这样，时钟频率为核心频率的两倍，数据传输率又为时钟频率的两倍，即数据传输率可以达到核心频率的 4 倍。核心频率的相对降低对内存的稳定性和可靠性非常重要，核心频率越低，意味着功耗越小，发热量越低，内存越稳定。图 2.34 对 SDRAM、DDR1 SDRAM 和 DDR2 SDRAM 的 3 个工作频率进行了比较。

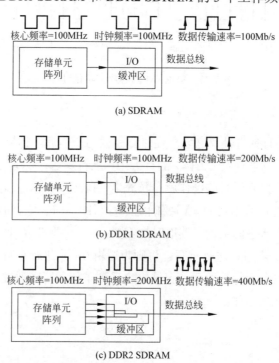

图 2.34　SDRAM、DDR1 SDRAM、DDR2 SDRAM 的 3 个工作频率比较

以后 DDR SDRAM 的预存水平又不断提高。DDR3 SDRAM 有 8b 预存取能力，工作频率可达 1600MHz，但是它的核心频率其实也只有 1600MHz/8=200MHz。时钟频率为 1600MHz/2=800MHz。DDR3 SDRAM 的改进型是 DDR4 SDRAM。在同样工作频率下，DDR4 SDRAM 的传输率是 DDR3 SDRAM 的两倍。它有两种规格：一种是单端信号（Single-ended Signaling），带宽可以达到 1.6~3.2GB/s；另一种是采用基于差分信号的技术，带宽可以达到 6.4GB/s。DDR5 SDRAM 则有了 16b 预存取能力，I/O 带宽 6.4GB/s，总带宽 51.2GB/s，频率达 4800~6400MHz。

2. 存取时间

存取时间（TAC）是 RAM 完成一次数据存取所用的平均时间（以 ns 为单位），数值等于 CPU 发出地址到该读写操作完成为止所用的时间，包括地址设置时间、延迟时间（初始化数据请求的时间和访问准备时间）。例如，一块标有－7J 字样的内存芯片说明该内存条的存取时间是 7ns。存取时间越短，则该内存条的性能越好。例如，两根内存条都工作在 133MHz 下，其中一根的存取时间为 6ns，另一根的存取时间为 7ns，则前者的速度要好于后者。

3. 传输延迟

在内存工作期间，有一些时间直接用于数据传输，还有一些时间用于进行非数据传输。这些非数据传输时间的主要组成部分就是各种延迟与潜伏期。在众多的延迟和潜伏期中，对内存的性能影响至关重要的是 t_{CL}、t_{RCD} 和 t_{RP}。其中，t_{RCD} 决定了行寻址（有效）至列寻址（读写命令）之间的间隔；t_{CL} 决定了列寻址到数据进行真正被读取所花费的时间；t_{RP} 则决定了相同 L-Bank 中不同工作行间转换的速度。所以，每条正规的内存模组都会在标识上注明这 3 个参数值，可见它们对性能的敏感性。

JEDEC 将 DDR400 作为最高的 DDR 内存标准，而针对它以其工作时序参数划分了 3 个等级：

DDR400A 级的 CAS-RCD-RP 工作参数规定为 2.5-3-3；

DDR400B 级的 CAS-RCD-RP 工作参数规定为 3-3-3；

DDR400C 级的 CAS-RCD-RP 工作参数规定为 3-4-4。

从总的延迟时间来看，CL 的大小起到了很关键的作用。不过，并不是说 CL 越低性能就越好，因为下列因素会影响这个数据。

（1）新一代处理器的高速缓存较有效率，这表示处理器比较少地直接从内存读取数据。

（2）列的数据存取频率较高，导致 RAS-to-CAS 的发生概率也大，读取的时间也会增多。

（3）有时会发生同时读取大量数据的情形。在这种情形下，相邻的内存数据会一次被读取出来，CAS 延迟时间只会发生一次。

（4）CL 的单位都是时钟周期，并非实际时间值，实际时间值还受频率的影响，表 2.4 表明不同时钟频率的 DDR3 的 CL 设定与实际延迟时间之间的关系。

选择购买内存时，最好选择同样 CL 设置的内存，因为不同速度的内存混插在系统内，系统会以较慢的速度来运行，也就是当 CL2.5 和 CL2 的内存同时插在主机内，系统会自动让两条内存都工作在 CL2.5 状态，造成资源浪费。

表 2.4　不同时钟频率的 DDR3 的 CL 设定与实际延迟时间之间的关系

参　数	DDR2	DDR2	DDR2	DDR3	DDR3	DDR3
时钟频率/ MHz	533	667	800	1066	1333	1600
CL	4-4-4	5-5-5	6-6-6	7-7-7	8-8-8	9-9-9
内存模块延迟值 / ns	15.0	15.0	15.0	13.12	12.0	11.25

4. 其他参数

（1）工作电压。对于 DRAM，工作电压是刷新用的电压。

（2）功耗。存储器的功耗可分为内部功耗和外部功耗。存储器主要由存储阵列及译码电路组成。内部功耗就是存储器内部电流引起的能量消耗；外部功耗就是存储器与外部电路进行工作时所产生的功耗。存储器阵列包含大量的晶体管。如果设计不当，功耗会很大。所以，在设计 SRAM 单元时，首要目标是将静态功耗降到最低（低功耗设计），将负载电阻加大（可以通过使用无掺杂多晶硅来实现大的电阻）。但是增加负载电阻，会使传播延时也增大，如何进行折中，是一个很重要的技术问题。

（3）差错校验（Error Checking and Correcting，ECC）：为存储器传输提供正确性保障。

（4）封装方式：将存储芯片集成到 PCB 上的方式。它影响内存的稳定性和抗干扰性。

（5）可靠性：指存储器在规定的时间内无故障工作的概率。通常用 MTBF 衡量。

2.4　磁盘存储器

辅助存储器是主存储器的后援存储设备，用于存放当前暂时不用的程序或数据。对辅助存储器的基本要求是容量大、成本低、可以脱机保存信息。目前主要有磁读写（如磁盘）、光读写（如光盘）、电读写（如闪存）3 类。这里先通过硬盘介绍磁表面存储器的基本原理。

2.4.1　磁表面存储原理

磁盘、磁带都是磁表面存储器。磁表面存储器是一种具有存储容量大、位成本低、信息保存时间长、读出时不需要再生等特点的辅助存储器。

1. 磁表面存储元

磁表面存储器中的信息存储于涂覆在载体表面、厚度为 0.025～5μm 的磁层中。磁层是采用 r-Fe_2O_3 粉末制成的磁胶。如图 2.35 所示，未磁化的磁介质中的磁性粒子呈杂乱排列，它们的磁场方向是随机的，对外互相抵消，不呈现磁性。而当具有很窄缝隙的磁头的写线圈中通过电流时，就会在其垂直下方形成一个小的磁场，使磁介质中的一个小区间的磁粒子的磁场都指向一个方向，对外呈现磁性，形成一个局部小磁环，称为存储元。线圈中的电流方向不同，存储元被磁化的磁极性方向就不同。

如图 2.36 所示，当写线圈中通过与某 0、1 信息一致的脉冲电流时，如果速度匹配，就会在磁表面磁头下的条线（称为磁道）上的连续的存储元中，记录下相应的信息。若写线

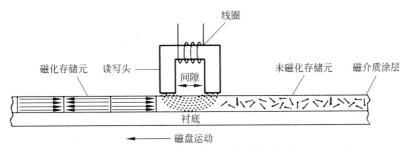

图 2.35　磁表面存储元的存储原理

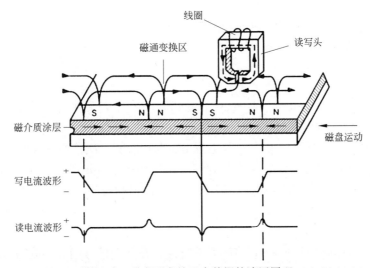

图 2.36　磁表面存储元中数据的读写原理

圈中不通脉冲电流，让载磁体在磁头下运动时，存储元中的剩磁便会在读出线圈中感应出脉冲电动势，经过读出放大器放大鉴别，就可把所存的磁信息转换成脉冲电流读出。

　　磁表面存储器是无源存储器，停电后所存的信息仍可保存。但是应当保护存储元不受力、光或化学的作用改变磁层的物质结构，也可不受磁的作用改变剩磁方向。

2. 数字磁记录格式

　　磁记录格式规定了一连串的二进制数字数据与磁表面存储元的相应磁化翻转形式（即对应的写入电流波形）互相转换的规则。磁记录方式很多，图 2.37 是 4 种基本的磁记录方式。

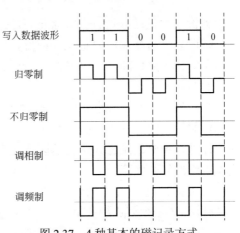

图 2.37　4 种基本的磁记录方式

1）归零制

　　归零制（Return to Zero，RZ）方式是使磁涂层在记录 1 时从无磁性状态转变为向某个方向磁化状态，记录 0 时从未磁化状态转变为另一方向的磁化状态。在两个信号之间，磁头线圈的写电流要回到零，这是归零制的特点。这种方式简单易行，每位记录数据本身包含有时钟脉冲信号，用来作为读出时的同步控制时钟，提供自同步能力。但是，在写入数据前必须先让磁层去磁，存储一位数据要使磁层的状态变化两次（称为磁层翻转），磁层的相邻两个磁化小区间有未被磁化的空白区，因此记录密度低，抗干扰能力差。

2）不归零制

不归零制（Non-Return to Zero，NRZ）在记录信息时，磁头线圈中总是有电流，不是正向电流，就是反向电流，不需要磁化电流回到无电流的状态，所以称为不归零制。这样磁层不是被正向磁化，就是被反向磁化，特点是"变才反转"，即信号有变化，电流才改变方向，因此也称异码翻转不归零制（Non Return to Zero Change，NRZ-C）。这种方式的抗干扰能力较好，但它没有自同步能力。

3）调相制

调相制（Phase Modulation，PM；Phase Encoding，PE）编码又称曼彻斯特编码（Manchester Code）。它的特点是中间有跳变，并且利用电流跳变的方向记录 1 或 0。写每个 1 时，写电流由正向负跳变一次；写每个 0 时，写电流由负向正跳变一次；当记录连续的 0 或 1 时，信号交界处也要翻转一次。写 1 与 0 的存储元磁化翻转方向分别为 0° 和 180°，所以称为调相制。这种方式具有自同步能力，抗干扰能力强，但频带较窄。

4）调频制

调频制（Frequency Modulation，FM）的特点：在两个信号的交界处写电流都要改变方向。利用中间有无跳变记录 1 或 0，如记录 1 时，写电流在数据位周期中央改变一次方向；在记录 0 时，电流方向保持不变。很明显，记录 1 时的写电流频率是记录 0 时的两倍，故又称双频制。这种方式具有自同步能力。实际上，由于相邻两位信息之间嵌入了一位总是为 1 的同步信号，因此记录每位数据磁层至少翻转一次。

3. 数字记录方式的评价与选择

评价一种记录方式的优劣标准主要是编码效率和自同步能力等。

编码效率直接影响磁记录的密度，它是指位密度与磁化翻转密度的比值，可用记录 1 位信息的最大磁化翻转次数来表示。例如，FM、PE 的编码效率为 50%，NRZ 的编码效率为 100%。

自同步能力可用最小磁化翻转间隔和最大磁化翻转间隔的比值 R 来衡量，例如 FM 磁化翻转的最大间隔是 T，最小间隔是 $T/2$，所以 RFM=0.5，而 NRZ 没有自同步能力。

此外，影响记录方式优劣的因素还有读出数据的分辨能力、频带宽度、抗干扰能力、实现电路的复杂性等。

为了提高记录方式的性能，人们不断对记录方式进行改进，出现了改进不归零制（NRZI）、改进调频制（MFM）、二次改进调频制（M2FM）等。例如，单密度软盘采用 FM 记录方式，倍密度软盘采用 MFM 记录方式。

具体选择哪种记录方式，主要看这种记录方式能否达到以下 3 点。

（1）自同步能力。只有读出脉冲序列呈周期性时，才可能从规定的时间间隔——时钟窗口中提取时钟脉冲，提供自同步能力。

（2）记录密度。磁记录密度主要由记录 1 位二进制数据的磁化翻转次数决定，翻转次数多的磁记录密度就低。

（3）记录数据的可靠性。可靠性与实现机构的复杂程度有关，如看其是否能提供同步脉冲，信号频率是否过宽（过宽时，读出数据必须采用直流放大形式）等因素。

2.4.2 硬盘存储器的存储结构

磁盘是一些圆片形的磁表面介质存储器。磁介质的基体可以是聚酯薄膜——这种磁盘较软，称为软盘；磁介质的基体也可以是铝合金——这种磁盘较硬，称为硬盘。目前软盘已经淘汰不用。

如图 2.38（a）所示，磁介质均匀地分布在一些同心圆上，形成一个盘面的磁道。为了方便地查找数据在磁道中的位置，同时还把每个磁盘分成若干扇区。通常每个磁道、每个扇区存放一定的数据块（如 512B）。一个硬盘存储器由一个或多个盘片组成。如图 2.38（b）所示，一个硬盘的多个盘片固定在同一个轴上；每个盘片有两面，都可以存放数据，并且各盘面的磁道数相同；所有盘面中同一半径的磁道形成一个圆柱面，圆柱面总数等于一个盘面的磁道数。硬盘中的数据地址由硬盘的台号、柱面（磁道）号、盘面号、扇区号表示。

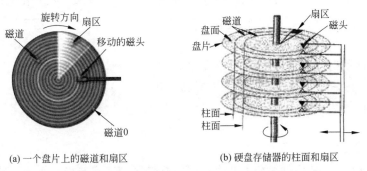

(a) 一个盘片上的磁道和扇区　　　　(b) 硬盘存储器的柱面和扇区

图 2.38　硬磁盘存储器的磁道、柱面和扇区

如图 2.39 所示，一个磁道上的扇区由一个前导区和 4096b 的数据区组成。硬盘存储器在工作时，磁盘由柱轴带动，可以做任意角度的旋转，而读写头由磁头臂沿径向做任意距离的位移。这样，就能很快找到所有盘片上的任何位置。由于在读写过程中，各个盘面的

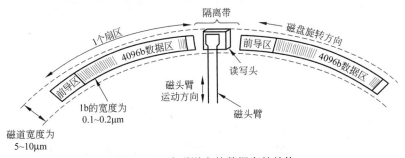

图 2.39　一个磁道上的数据存储结构

磁头总是处于同一圆柱面上。存取信息时，可按圆柱面的顺序进行，从而减少了磁头径向移动次数，有利于提高存取速度。

2.4.3 硬盘格式化

刚生产出的硬盘并不能直接用来存储数据。为了能存储数据，必须经过低级格式化、分区和高级格式化3个处理。

1. 硬盘的低级格式化

低级格式化就是将空白的磁盘划分出柱面和磁道，再将磁道划分为若干个扇区，确定扇区交错因子，并给扇区加上标记，以便驱动器能识别指定的扇区。

交错因子是使扇区呈交错方式编排。如图 2.40 所示，扇区不连续编排的目的是让读写头读写了某扇区之后，在读写下一扇区之前，给主机一段处理刚读入的数据的时间，而无须让驱动器停转或多转一圈。所以，扇区交错因子与主机的处理速度有关。例如，对 80286 采用 3∶1 因子，即读写完一个扇区的数据后，主机的处理时间要占用盘片旋转两个扇区的时间，而 PC/XT 上的硬盘扇区交错因子为 6∶1。80386 的处理速度大大提高，相应的硬盘交错因子为 1∶1。

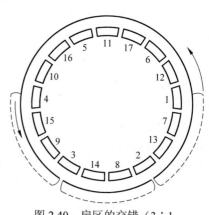

图 2.40 扇区的交错（3∶1 因子）格式化方法

2. 硬盘分区

分区（Partition）是将硬盘分为几个不同的存储区域。安装操作系统和软件之前，首先需要对硬盘进行分区。分区后，硬盘空间分为如图 2.41 所示的两部分：主引导扇区和 1～4 个分区。每个分区可供不同的操作系统使用。通常一个分区的状态包括活动、非活动（即"无"状态）和隐藏 3 种状态，其中活动分区就是指当前系统所在的分区。

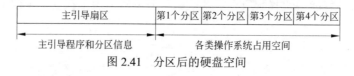

图 2.41 分区后的硬盘空间

1）主引导扇区

主引导扇区也称主引导记录（Main Boot Record，MBR），位于硬盘的 0 磁道 0 柱面第一扇区（即 0 区），它只占一个扇区，具有固定的 512B，包括如图 2.42 所示的 3 部分内容：分区表（Disk Partition Table，DPT）、主引导程序和 2B 的结束标志"55AA"。

DPT 用于记录硬盘各分区的如下信息。

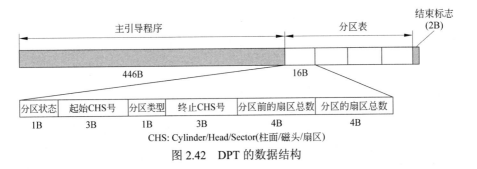

图 2.42　DPT 的数据结构

（1）引导标志，即该分区状态：活动（80H）、非活动（00H）或隐藏。

（2）该分区起始磁头号（第 2 字节）。

（3）该分区起始扇区号（第 3 字节）和起始柱面号（第 4 字节）。

（4）该分区类型（第 5 字节），如 82——Linux Native 分区，83——Linux Swap 分区。

（5）该分区终止磁头号（第 6 字节）、终止扇区号（第 7 字节）和终止柱面号（第 8 字节）。

（6）该分区前的扇区总数（第 9～12 字节）。

（7）该分区的总扇区数（第 13～16 字节）。

主引导程序的主要作用如下。

（1）检查硬盘分区表是否完好。

（2）在分区表中寻找可引导的"活动"分区。

（3）将活动分区的第一逻辑扇区内容装入内存。在 DOS 分区中，此扇区内容称为 DOS 引导记录（DBR）。

（4）执行引导扇区的运行代码。

需要注意的是，MBR 由分区程序（例如，DOS 的 Fdisk.exe）产生，但它的产生并不依赖哪种操作系统，无论是安装 Windows 系统还是 Linux 系统，MBR 的结构都是一样的，一般用汇编语言编写。

最后的 2B 的标志"55 AA"是分区表的结束标志，如果这个标志被修改（有些病毒就会修改这个标志），则系统引导时将报告找不到有效的分区表。

2）主分区、扩展分区与逻辑分区

每个分区的信息需要 16B。DPT 的总长度是 64B，最多只能记录这 4 个主分区信息，即一个硬盘最多可以分为 4 个分区，通常以 C～F 作为盘符。

4 个分区有时不能满足使用需求。为了解决此问题，磁盘分区命令允许用户在 4 个分区中指定一个分区作为扩展分区。在有扩展分区的情况下，还应进行逻辑分区才可以使用。扩展分区可以逻辑分区为一个逻辑分区或多达 23 个逻辑分区，每个逻辑分区都单独分配一个盘符（如 D～Z），可以被计算机作为独立的物理设备使用。扩展分区仅用于存放数据。为了与扩展分区相区别，把能安装操作系统的磁盘分区称为磁盘主分区，也称基本分区或系统分区。

3. 硬盘的高级格式化（逻辑格式化）

硬盘的高级格式化是在分区的基础上，对各个分区进行磁道的格式化，划分逻辑磁道，建立各分区的数据结构。具体内容包括如下。

（1）清除硬盘上的数据。

（2）生成操作系统引导扇区（OS Boot Record，OBR）引导区信息。

（3）为各个逻辑盘生成并初始化文件分配表（File Allocation Table，FAT）。

（4）建立根目录相应的文件目录表（File Directory Table，FDT）及数据区（DATA）。

（5）从各个逻辑盘指定柱面开始，对扇区进行逻辑编号。

（6）标注逻辑坏道等。

1）操作系统引导扇区

OBR 通常位于每个分区（Partition）的第一扇区，是操作系统可直接访问的位置，由高级格式化程序产生。OBR 通常包括一个引导程序和一个被称为 BIOS 参数块（BIOS Parameter Block，BPB）的本分区参数记录表，参数视分区的大小、操作系统的类别而有所不同。

引导程序的主要任务是判断本分区根目录前两个文件是否为操作系统的引导文件（例如，MSDOS 或者起源于 MSDOS 的 Win9x/Me 的 IO.SYS 和 MSDOS.SYS）。如果是，就把第一个文件读入内存，并把控制权交予该文件。BPB 记录着本分区的起始扇区、结束扇区、文件存储格式、硬盘介质描述符、根目录大小、FAT 个数、分配单元（Allocation Unit，以前也称簇）的大小等重要参数。

2）文件分配表

在分区中，FAT 处于 OBR 之后。为了说明 FAT 的概念，需要补充簇（Cluster）的概念。文件占用磁盘空间时，基本单位不是按照字节分配，而是按簇分配。簇的大小是扇区数，与硬盘的总容量大小有关，可能是 4、8、16、32、64 等。

当向磁盘中存入一个文件时，操作系统往往会根据磁盘中的空闲簇，将文件分布在不连续的段空间上，形成链式存储结构，并把段与段之间的连接信息保存在 FAT 中，以便操作系统读取文件时，能够准确地找到各段的位置并正确读出。

为了数据安全起见，FAT 一般做成两个，第二个 FAT 为第一个 FAT 的备份。FAT 区紧接在 OBR 之后，其大小由本分区的大小及文件分配单元的大小决定。

FAT 的格式有很多选择。Microsoft 的 DOS 及 Windows 系统多采用 FAT12、FAT16 和 FAT32 格式。除此以外还有其他格式的 FAT，像 Windows NT、OS/2、UNIX/Linux 等系统都有自己的文件管理方式。

3）目录区

目录（Directory，DIR）是文件组织结构的又一重要组成部分，它紧接在第二个 FAT 之后，用于与 FAT 配合准确定位文件的位置。

DIR 分为两类：根目录和子目录。根目录有一个，子目录可以有多个。子目录下还可以有子目录，从而形成树状的文件目录结构。子目录其实是一种特殊的文件，文件系统为目录项分配 32B。目录项分为 3 类：文件、子目录（其内容是许多目录项）、卷标（只能在根目录，只有一个）。目录项中有文件（或子目录，或卷标）的名字、扩展名、属性、生成或最后修改日期、时间、开始簇号及文件大小。定位文件位置时，操作系统根据 DIR 中的起始单元，结合 FAT 就可以知道文件在磁盘的具体位置及大小。

4）数据区

数据区是分区中具体存放数据的区域。在磁盘上，所有的数据都以文件的形式存放。

2.4.4 硬盘存储器与主机的连接

一个硬盘存储器的核心部件是一组磁盘片。但是，仅有这一组磁盘片是无法工作的，还必须有使盘片转动、磁头移动、控制读写、与主机通信的部分，才能构成一个完整的硬盘存储器。这些功能由 3 个部件实现：硬盘驱动器、硬盘控制器和硬盘存储器的系统级接口。

1. 硬盘驱动器

硬盘驱动器是一组精密度机械电气装置。如图 2.43 所示，它由盘片旋转驱动控制、磁头径向定位驱动和读写控制组成。它们的作用是寻找读写位置（盘面、磁道、扇区），并进行数据的读写。

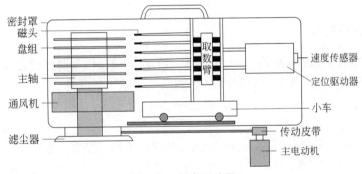

图 2.43　硬盘驱动器

2. 硬盘控制器

硬盘控制器是位于主机与硬盘驱动器之间的电子部件，其主要作用如下。

（1）接收主机送来的命令，并转送给硬盘驱动器。

（2）将硬盘的状态送主机。

（3）在主机与硬盘驱动器之间进行读写数据的交换。

如图 2.44 所示，为实现上述功能，它要由如下 4 部分组成。

（1）数据与命令的接收/发送部分。

（2）数据转换（格式转换与串/并转换）。

（3）数据分离——将数据域时钟信号分离。

（4）数据放大（读放大与写放大）。

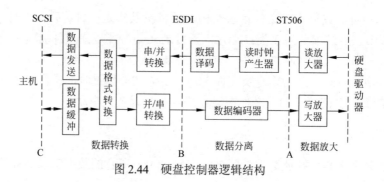

图 2.44 硬盘控制器逻辑结构

由于它的一端要与硬盘驱动器相连接，一端要与主机相连接，所以它还需要两个接口。

（1）系统级接口：用于与主机连接。

（2）设备级接口：用于与硬盘驱动器连接。

但是，由于控制器与驱动器之间没有严格的界限，所以设备级接口的位置可以根据具体情况而定。大致有 3 种方案。

（1）设备级接口设在 A 处，即将读写放大交给驱动器。ST506 硬盘控制器就是如此。

（2）设备级接口设在 B 处，即将数据分离和读写放大交给驱动器。增强型小型设备接口（ESDI）就是这种情况。

（3）设备级接口设在 C 处，即将控制器的全部功能都交给驱动器。此时硬盘控制器与硬盘驱动器合二为一，并只用一个系统级接口与主机连接。

3. 硬盘存储器的系统级接口

自硬盘出现以后，曾出现了一些硬盘存储器的系统级接口（简称硬盘接口），但其中有些已经淘汰。下面仅介绍其中有影响的 3 类接口。

1）ATA 规范

ATA（Advanced Technology Attachment，高级技术附加装置）由 CDC、康柏和西部数据公司于 1986 年共同开发，以当时已经使用的 IDE（Integrated/Intelligent Drive Electronics，集成/智能电子驱动）接口技术为第一个版本 ATA1：采用 40 针引脚、容量为 40MB、传输率为 4.16MB/s。以后相继制定了 ATA2、ATA3、ATA4、ATA5、ATA6、ATA7，传输率不断提高，如表 2.5 所示。

表 2.5 ATA 规范的传输率

ATA 规范	ATA1	ATA2	ATA3	ATA4	ATA5	ATA6	ATA7
传输率/（MB/s）	4.16	16.67	16.67	33.3	66.7	100	133

2）SATA 规范

SATA（Serial ATA，串行 ATA）于 2000 年 11 月由 Intel、APT、Dell、IBM、希捷、迈拓这几大厂商组成的 Serial ATA Working Group 制定。SATA 具有如下优点。

（1）同一时间点内只有 1b 数据传输，可以减少接口的针脚数，使结构简单。

（2）具有嵌入式时钟信号，具有更强的纠错能力，在很大程度上提高了数据传输的可靠性。

（3）只要 0.5V（500mV）的峰对峰值电压（PATA 为 5V）即可操作于更高的速度之上。节省电力，减少发热量，其驱动 IC 的生产成本也较为便宜。

（4）可以使用更高的工作频率来提高传输带宽。

表 2.6 为 3 个版本的 SATA 的性能参数。

表 2.6　3 个版本的 SATA 的性能参数

版　　本	带宽/Gb·s^{-1}	传输率/MB·s^{-1}	数据线最大长度/m
SATA 3.0	6	600	2
SATA 2.0	3	300	1.5
SATA 1.0	1.5	150	1

3）系统通用 I/O 总线

在硬盘接口中使用的系统通用 I/O 总线接口有如下几种。

（1）SCSI（Small Computer System Interface，小型计算机系统接口）。

（2）FC（Fiber Channel，光纤通道）。

（3）SAS（Serial Attached SCSI，串行连接 SCSI）。

这些接口将在 5.4 节介绍。

2.4.5　硬盘存储器的技术参数

1. 记录密度与硬盘容量

记录密度分为道密度和位密度。道密度 D_t 是径向单位长度的磁道数，在数值上等于磁道距 P 的倒数，单位为 t/i（tracks per inch，每英寸磁道数）或 t/mm（tracks per millimeter，每毫米磁道数）。

位密度 D_b 也称线密度，是单位长度磁道所能记录的二进制信息的位数，单位是 b/i（bits per inch，每英寸位数）或 b/mm（bits per millimeter，每毫米位数）。注意，磁盘的位密度是以最内侧磁道进行计算的结果。其外的位密度显然要低，因为同一硬盘存储器中的各扇区的容量相同。

硬盘容量指其所能存储的字节的总量。有了记录密度，再加上其他物理参数，就容易计算出一个硬盘存储器的存储容量。

例 2.1　设有一个硬盘组，共有 4 个记录面，盘面有效记录区域直径为 30cm，内直径为 10cm，记录密度为 250b/mm，磁道密度为 8t/mm，每磁道分 16 个扇区，每扇区 512B。硬盘的非格式化容量和格式化容量各是多少？

解：

每个记录面的道数：8×(300−100) /2t = 8×100t。

总道数：4×8×100t。

每道的非格式化容量（以最内侧磁道进行计算）：250×100×3.14b。

总的非格式化容量：4×8×100×250×100×3.14/8B=30MB。

每道的格式化容量：512×16B。

总的格式化容量：4×8×100×512×16B=25MB。

目前硬盘容量已经从几十吉字节发展到数太字节，更大容量的硬盘还在陆续推出。存储容量分为格式化容量和非格式化容量。非格式化容量就是整个硬盘存储器的容量。格式化实际上就是在硬盘上划分记录区，为此要写入一些标志和地址信息。格式化容量是用户实际可以使用的存储容量，它比非格式化容量要小，一般占非格式化容量的80%左右。

2. 平均存取时间

硬盘存储器的平均存取时间指磁头接到读写指令后，从原来的位置移动到目的位置并完成读写操作的时间。通常，平均存取时间由如下4部分组成。

（1）寻道时间。寻道时间也称定位时间，是磁头找到目的磁道需要的时间。由于磁头原来的位置到目的位置之间的距离是不确定的，因此这个参数只能取平均值。这个值是决定硬盘存储器内部传输率的关键因素之一，一般是由厂家给定的一个参数。目前，平均寻道时间已经低于9ms。

（2）等待时间。等待时间也称寻区时间，是磁头到达目的磁道后等待被访问的扇区旋转到磁头下方的时间。由于每次读写前，磁头不可能正好在目的扇区上方，并且与目的扇区的距离不确定。所以这个参数也只能用平均值表示。这个平均值是磁盘旋转半周的时间。其值主要由硬盘内主轴转速的旋转速度（Rotation Speed）决定。主轴转速快，磁头达到目的扇区的速度就快，硬盘的寻道时间就短。常见的硬盘主轴转速有5400r/m、7200r/m两种，单位为r/m（rotation per minute，转/分）。

例2.2 若主轴转速为每3600r/m，计算该硬盘的平均寻区时间 T_{wa}。

解：

$$T_{wa} = \frac{1}{2} \times 10^3 \times 60/3600\text{ms} = 8.3335\text{ms}$$

（3）磁头读写时间。

（4）其他开销。由于与前两项相比，后两项时间几乎可以忽略不计，所以平均存取时间近似等于平均寻道时间与寻区时间之和。

3. 数据传输率

硬盘存储器的数据传输率指硬盘存储器在单位时间内向主机传送的数据字节数或位数，分为内部数据传输率和外部数据传输率。内部数据传输率指磁头与磁盘高速缓存之间的数据传输率，它是评价一个硬盘存储器性能的整体因素。外部数据传输率指系统总线与磁盘高速缓存之间的数据传输率，它与硬盘接口和高速缓存大小有关。由于在连续传输的情况下，硬盘的内部数据传输与外部数据传输可以重叠进行，所以决定硬盘存储器的数据传输率的是两者中慢的一方——内部数据传输率。

目前硬盘存储器的数据传输率可达每秒几十兆字节。

4. 缓冲存储区大小

为了解决硬盘内部读写与接口之间的数据传输速度不匹配，在它们之间可以设置一个缓冲存储区，以从整体上提高硬盘的数据读写速度。目前，硬盘的缓存已经在百兆字节级上。

5. 误码率

误码率是衡量磁表面存储器出错概率的参数，它等于从辅存读出时，出错信息位数和读出的总信息位数之比。为了减少出错率，要采用校验码。在一般设备中，通常用奇偶校验码来发现一个或奇数个错误。对磁表面存储器，由于介质表面的缺陷、尘埃等影响，可能会出现多个错误，通常采用循环冗余码来发现并纠正错误。

2.4.6　磁盘阵列

1. 概述

20 世纪 80 年代，集成电路技术的飞速发展带来 CPU 和主存储器速度的不断提高，使得辅助存储器容量和速度之间的矛盾不断突出。当时，硬盘存储器正处于应用热潮中，因此人们也就把研制高可用、大容量、高性能辅助存储器的希望寄托在磁盘技术上。1988 年，美国加州大学伯克利分校的戴维·帕特森（David Patterson）等人提出了独立磁盘冗余阵列（Redundant Array of Independent Disks，RAID，简称磁盘阵列）的概念。

RAID 是并行处理技术在磁盘系统中的应用。它对文件进行分条（Stripping）、分块（Declustering），条块可以是一个物理块、扇区或其他存储块。它们被按一定的条件展开存储在多个磁盘上，组织成同步化的阵列，再利用交叉（Interleaving）存取进行存取。这样，不仅扩大了容量、提高了数据传输的带宽，还可以利用冗余技术提高系统的可靠性。简单地说，RAID 是一种把多个独立的硬盘（物理硬盘）按不同方式组合起来形成一个硬盘组（逻辑硬盘），从而提供比单个硬盘更高的存储性能和提供数据冗余的技术。

2. RAID 分类

按照形成机制，RAID 可以分为 3 种类型：外接式 RAID 柜、内接式 RAID 卡和软件仿真 RAID。

（1）外接式 RAID 柜最常被使用在大型服务器上，具可热交换（Hot Swap）的特性，不过这类产品的价格都很贵。

（2）内接式 RAID 卡。内接式 RAID 卡拥有一个专门的处理器，还拥有专门的高速缓存。使用内接式 RAID 卡的服务器可以直接通过阵列卡对磁盘进行操作，能够提供在线扩容、动态修改阵列级别、自动数据恢复、驱动器漫游、超高速缓冲等功能，不需要大量的 CPU 及系统内存资源，不会降低磁盘子系统的性能。性能远远高于常规非阵列硬盘，并且更安全、更稳定，价格便宜。但需要较高的安装技术，适合技术人员使用操作。

（3）软件仿真 RAID，指通过网络操作系统提供的磁盘管理功能将普通 SCSI 卡上的多个硬盘配置成逻辑硬盘，组成阵列。这种 RAID 可以提供数据冗余功能，但是磁盘子系统的性能会有所降低，有的降低幅度达 30%左右。因此会拖累机器的速度，不适合大数据流量的服务器。

3. RAID 等级

不同的 RAID 等级（RAID Levels）可以提供不同的速度、安全性和性价比，也有不同的结构和工作方式。下面介绍几种典型的 RAID 级别。

1）RAID 0

RAID 0 是最早出现的，也是最简单的 RAID 模式。它采用数据分条（Data Striping）技术，把连续的数据交叉分散到多个磁盘，这样，系统有数据请求就可以被多个磁盘并行地执行，每个磁盘执行属于它自己的那部分数据请求。这种数据上的并行操作可以充分利用总线的带宽，显著提高磁盘整体存取性能。如图 2.45 所示为 4 个磁盘组成的 RAID 0 磁盘组，系统发出的 I/O 数据请求在这里会被转化为 4 项操作，其每项操作都对应一块物理硬盘，可以同时执行。

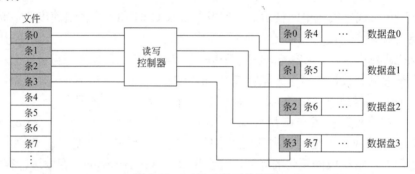

图 2.45　RAID 0 的工作原理

从理论上讲，这 4 个硬盘的并行操作使同一时间内磁盘读写速度提升了 4 倍。但由于总线带宽等多种因素的影响，实际的提升速率肯定会低于理论值。但是，大量数据并行传输与串行传输比较，提速效果显著。不过由于它不提供冗余，当阵列中的一个驱动器出现故障，整个系统也将瘫痪。

2）RAID 1 与 RAID10

RAID 1 又称镜像（Mirror 或 Mirroring），它的宗旨是最大限度地保证用户数据的可用性和可修复性，是一种可靠性第一的技术。如图 2.46 所示，RAID 1 的工作原理为每个工作盘（RAID 0）都建立一个对应的镜像盘（Mirror Disk）。在写数据时必须同时写入工作盘和镜像盘。当读取数据时，系统先从 RAID 0 的源盘读取数据，如果读取数据成功，就不去管备份盘上的数据；如果读取源盘数据失败，则系统自动转而读取备份盘上的数据，不会造成用户工作任务的中断。当然，应当及时地更换损坏的硬盘并利用备份数据重新建立 RAID 1，避免备份盘在发生损坏时，造成不可挽回的数据损失。

由于数据的百分之百备份，RAID 1 成为所有 RAID 级别中，提供最高的数据安全保障的级别。但是，备份数据占了总存储空间的一半，因而，RAID 1 的磁盘空间利用率低，存储成本高。所以 RAID 1 用于存放重要数据，如服务器和数据库存储等领域。

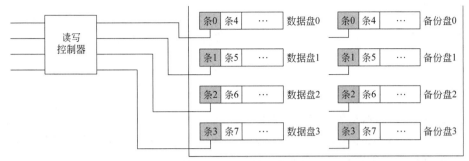

图 2.46　RAID 1 的工作原理

RAID 10 是 RAID 1 与 RAID 0 技术的结合，是可靠性和速度的结合。

3）RAID 2～RAID 5

RAID 2～RAID 5 都有固定的校验盘，它们的区别在于所采用的纠错技术和交叉条的大小不同。

（1）RAID 2：采用位（条块的单位为位或字节）交叉及使用称为"加重平均纠错码"的编码技术来提供错误检查及恢复的磁盘阵列。其一次读写往往要涉及所有的阵列盘。这种编码技术需要多个磁盘存放检查及恢复信息，使得 RAID 2 技术实施更复杂。因此，在商业环境中很少使用。

（2）RAID 3：采用位交叉技术和一个奇偶校验盘的磁盘阵列。这种磁盘阵列对于大量的连续数据可提供很好的传输率，但对于随机数据，奇偶盘会成为写操作的瓶颈。

（3）RAID 4：采用块（条块的单位为块或记录）交叉技术和一个奇偶校验盘的可独立传输的磁盘阵列。所以，大部分数据传输仅针对一个磁盘进行。RAID 4 使用一个磁盘作为奇偶校验盘，每次写操作都需要访问奇偶盘，成为写操作的瓶颈。在商业应用中很少使用。

（4）RAID 5：RAID 5 是 RAID 4 的改进型，是一种存储性能、数据安全和存储成本兼顾的存储解决方案。它采用块交叉技术的可独立传输的磁盘阵列，但不单独设校验盘，而是按某种规则把校验数据分布在组成阵列的磁盘上。这样，一个磁盘上既有数据，又有校验信息，从而解决了多盘争用校验盘的问题。图 2.47 是一种使用了 4 个独立硬盘的 RAID 5 实例。

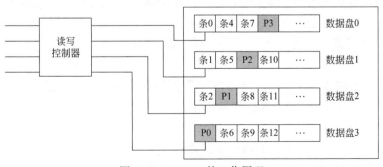

图 2.47　RAID 5 的工作原理

4）RAID 6

RAID 6 是采用双硬盘驱动器容错的块交叉技术磁盘阵列。由于有两个硬盘驱动器用于存放检错码、纠错码，因而获得很高的数据有效性和可靠性。

5）RAID 7

RAID 7 的主要特点是采用多数据通道技术和 Cache 技术，进一步提高了存取速度和可靠性。多数据通道是在每个作为 I/O 的硬盘驱动器与每个主机之间都有独立的控制和数据通道。多数据通道不仅能防止磁盘故障造成的错误，还能防止通道故障造成的错误，并能提高访问速度。

表 2.7 为几种常用磁盘阵列的比较。

表 2.7　几种常用磁盘阵列的比较

RAID 等级	需要硬盘数	最小容错硬盘数	数据可用容量	效能	安全性	目的	应用产业
0	≥2	0	n	最高	一个硬盘异常，全部硬盘即跟着异常	追求最大容量、速度	3D 产业及时宣传、影片剪裁等
1	≥2	总数的一半	总容量的一半	稍有提升	最高	追求最大安全性	个人、企业数据备份
5	≥3	1	n−1	高	高	追求最大容量、最小预算	个人、企业数据备份
6	≥4	2	n−2	比 RAID 5 稍慢	安全性较 RAID 5 高	同 RAID 5，但较安全	个人、企业数据备份
10	≥4	总数的一半	总容量的一半	高	安全性最高	综合 RAID 0/1 优点，理论速度较快	大型数据库

2.5　光盘存储器

2.5.1　光盘的技术特点与类型

1. 光盘存储技术的特点

由于多媒体需要很大的存储空间，硬盘已不能满足，这促使光盘技术的迅速发展。光盘存储器是一种光读写存储器，它有如下技术特点。

（1）记录密度高，存储容量大：每张 CD-RDM 的容量一般都在 650MB 以上，每张 DVD 的容量在十吉字节级以上。

（2）采用非接触方式读写，没有磨损，可靠性高。

（3）可长期（60～100 年）保存信息。

（4）成本低廉，易于大量复制。

（5）存储密度高，体积小，能自由更换盘片。

（6）误码率在 $10^{-17} \sim 10^{-10}$ 以下。

（7）存取时间，即把信息写入光盘或从光盘上读出所需的时间，一般为 100～500ms。

数据存取速率比磁盘略低，基本速率（单倍速）为 150MB/s。

2. 光盘的基本类型

光盘存储器可分为只读型（Compact Disc-ROM，CD-ROM）、只写一次型（Write Once/Read Memory，WORM）和可擦写型（Compact Disc-Read and Write，CD-RW）。它们的读写原理不尽相同。只读型和只写一次型光盘的存储介质有多种，如只写一次型光盘的存储介质是碲（Te）掺加适量硒（Se）、锑（Sb）或碲-碳（Te-C）的金属化合物。写信息时，要先把主机送来的数据在光盘控制器内调制成 MFM 方式的写数据，然后把其中的 1 变成 20mW 左右的并聚焦为 1μm 左右的脉冲激光点，对存储介质微小的区域加热，打出微米级的凹坑以代表 1，无凹坑处代表 0。读出时，功率低（为写入光束功率的 1/10）的激光连续照射在光盘上，有凹坑处的反射光弱，无凹坑处的反射光强，由光检测器就可以把反射光的强弱变为电信号。

只读型和只写一次型的读写原理基本相同，只是前者由厂家写入，后者可以由用户写入。

2.5.2 可擦写型光盘的读写原理

按照工作原理，可擦写型光盘有磁光盘和相变光盘两种。

1. 磁光盘的读写原理

磁光盘的存储介质是由光磁材料（如 GdFe、GdCo、TbFe 和 GdTbFe 等稀土-铁族光磁材料）做成的易于垂直磁化的磁性薄膜。写入信息前，先要使磁膜向（垂直于盘面的）某个方向磁化。要写 1 时，光头产生激光束，使磁膜局部受热，上升到居里点（150℃左右），使磁顽力降至零，用极弱磁场便可以将磁极反转；写入末端，激光束消失，以永磁保持刚才写入的信息。读出时，利用激光与磁化介质相互作用时偏振状态的变化来区别存储的信息是 0 还是 1。

2. 相变光盘的读写原理

相变光盘的存储介质通常由硫族（S、Se、Te）化合物制成，写入前全部是结晶状态。写 1 时，利用短激光脉冲使结晶态的存储介质局部熔化，骤冷后变成非结晶态。擦去时，则用光波较长的、强度较弱的光脉冲使它复原为结晶态。读出时，根据结晶态和非结晶态对激光束反射率的不同，区别存储的是 0 还是 1。

磁光盘比相变光盘访问速度稍慢，但可擦洗次数可达 100 万次以上，相变光盘只有 1000 次左右。

2.5.3 光盘规格

数字光盘诞生以来，出现了多种厂商标准和国际标准。其中主要的标准有以下几种。

1. CD-DA——红皮书规范及格式

最初的 CD 光盘是由索尼（Sony）和飞利浦（Philips）公司合作开发的。它们于 1980 年宣布了一个技术标准，对表示数据的凹坑分布的物理特性进行了描述。该标准出版时采用了红色封面，因而被称为红皮书（Red Book）规范。在红皮书中，音频信号通过 44.1kHz 的抽样转换成数字信号进行录制。这些抽样被转换成二进制代码，并且作为位串按螺旋的方式存于 CD 之上。这就是大家熟悉的激光 CD 唱片标准。引入这个标准的目的是保证任何 CD 唱片都能在 CD-DA（Compact Disc-Digital Audio）唱机上播放，它是关于 CD 格式的第一个规格文件。CD 家族的所有产品都是基于 CD-DA 的。

CD-DA 帧作为存储声音数据的基本单位。立体声有两个通道，每次采样左、右通道分别构成两字节，6 次采样共取得 2×12 字节构成一帧。此外每帧还有 2×4 字节的错误校正码。CD-DA 帧格式如图 2.48 所示。

同步信号 3B	控制信号 1B	声音数据 （左通道） 12B(6个样本)	Q检验码 (4B)	声音数据 （右通道） 12B(6个样本)	P检验码 (4B)

图 2.48　CD-DA 帧格式

应当注意，光盘的光道与磁盘的磁道不同：磁道呈同心圆状，各物理磁道是不连续的；而光道呈螺旋状，各物理光道是连续的。一般说来，一首乐曲或歌曲就是一条光道。显然，一个磁盘上各磁道所含扇区数固定相同，而一张光盘上各光道所含扇区数不固定。

2. CD-ROM——黄皮书规范及格式

1988 年正式公布（1985 年开始制定）的国际标准 ISO9600 全面制定了 CD-ROM（Compact Disc-Read Only Memory，只读微缩光盘）的物理格式和逻辑格式，称为黄皮书（Yellow Book）规范，CD 工业从此进入了第二个阶段。黄皮书在红皮书的基础上增加了两种类型的光道，加上红皮书的 CD-DA 光道之后，CD-ROM 共有 3 种类型的光道。

（1）CD-DA 光道，用于存储声音数据。

（2）CD-ROM Model 1 用于存储计算机数据（格式见图 2.49（a））。

（3）CD-ROM Model 2 用于存储经压缩的声音、静态图像数据和电视图像数据（格式见图 2.49（b））。

同步信号 (12B)	扇区头 (4B)	用户数据 (2048B)	EDC 错误检测 (4B)	留用 (8B)	ECC 错误校正码 (276B)

(a) CD-ROM Model 1光道数据格式

同步信号 (12B)	扇区头 (4B)	用户数据 (2336B)

(b) CD-ROM Model 2光道数据格式

图 2.49　CD-ROM 光道数据格式

黄皮书和红皮书相比，它们的主要差别是红皮书中 2352B 的用户数据进行了重新定义，解决了把 CD 用作计算机存储器中的两个问题：一个是计算机的寻址问题；另一个是误码率的问题。CD-ROM 标准使用了一部分用户数据当作错误校正码，也就是增加了一层错误检测和错误校正，使 CD 盘的误码率下降到 10^{-12} 以下。

CD-ROM 与计算机的接口规格有 IDE 接口、AT 接口和 SCSI。

3. CD-I——绿皮书规范

CD-I（Compact Disc-Interactive）是 1987 年以黄皮书为基础进行扩充而制定的绿皮书规范。它定义了一个完整的硬件和软件系统，包括 CPU、操作系统、内存、显示控制器、音频输出以及一系列特殊视听数据压缩方法，是一种"交互式光盘系统"。其媒体是直径为 12cm 的光盘，将高质量的声音以及文字、计算机程序、图形、动画、静止图像等，都以数字的形式存放在光盘上，用户可通过电视、鼠标、操纵杆等与该系统连接，实现人和光盘的交互操作。CD-I 的最大特点是有一个中央处理器，以形成一个可以同时处理各种不同类型信息的计算机系统。

由于普通的 CD-ROM 驱动器与 CD-I 光盘的物理格式有差异，因而不能读 CD-I 格式的光盘。

4. 可录 CD-R——橙皮书规范和加强型 CD-Audio——蓝皮书规范

可录 CD-R（Compact Disc Recordable）是 1989 年制定的橙皮书（Orange Book）规范，它允许用户把自己创作的影视节目或者多媒体文件分次写到盘上，也称多段式（Multi-Session）写入格式。

加强型 CD-Audio 于 1995 年以蓝皮书（Blue Book）的形式发布，是利用多段式方法音频和数据磁道，常用于计算机游戏光盘。

5. VCD 规范及格式

VCD（Video Compact Disc）是针对影视市场而发展的。一般一张光盘只能存储 5 分钟的高品质数字音像信号，但经过 MPEG 压缩技术，按照 200∶1 的压缩比压缩后，便可将一部电影录像存储在两张 VCD 上了。VCD 可用专门的播放机播放，也可用 CD-I 播放机播放，计算机的 CD-ROM 驱动器在配置一块 MPEG 解压缩卡后也可播放。

VCD 的标准是 1993 年由 JVC 和 Philips 公司宣布的，称为白皮书（White Book）。它定义的光道格式由长均为 2324B 的两种信息包组成。

（1）MPEG-Video 包。用于存储图像信号（格式见图 2.50（a））。

（2）MPEG-Audio 包。用于存储声音信号（格式见图 2.50（b））。

这两种信息包也称为两种扇区，它们是交替地排列在光道上的。

6. DVD 协议及格式

DVD（Digital Video Disc）是在各大公司的共同努力下于 1995 年 12 月达成的一项协议。简单地说，DVD 是一种超级致密高存储容量光盘。现有的一张 VCD 可存储 650MB 数据（最多只能播放 74min 的按 MPEG-1 标准压缩的图像数据），而一张单面单层 DVD 为 4.7GB

信息包起始信号(4B)	SCR(系统参考时钟)(5B)	MUX速率(3B)	信息包数据(2312B)

(a) MPEG-Video包格式

信息包起始信号(4B)	CR(系统参考时钟)(5B)	MUX速率(3B)	信息包数据(2292B)	00(20B)

(b) MPEG-Audio包格式

图 2.50　VCD 信息包格式

（可以保存 133min 按 MPEG-2 标准压缩的电影），双面单层 DVD 为 9.4GB，双面双层 DVD 为 17GB，比同样尺寸的 CD-ROM 高 7～26 倍。它的传输率为 1350KB/s，相当于 9 倍速 CD-ROM，快得足以放送高质量的全屏幕（640×480 像素）电影数字视屏的信号。表 2.8 为 CD 光盘与 DVD 的规格比较。

表 2.8　CD 光盘与 DVD 的规格比较

类型	光盘直径/mm	光盘厚度/mm	激光波长/nm	数值孔径/nm	光道间距/μm	数据层数	存储容量	用户数据传输率
CD	120	1.2	780	0.45	1.6	1	680MB	153.5KB/s 或 176.4KB/s
DVD	120/80	1.2	650/635	0.60	0.74	1 或 2	4.7GB（单层） 8.5GB（双层） 9.4GB（单层双面） 17GB（双层双面） 5.2GB（单层双面）	11.08GB/s

　　DVD 具有高密度、高像质（DVD 的视频图像质量将超过标准的高质量的 VHS 磁带，但它却不会磨损）、高音质、高兼容性（向后兼容性：DVD 机可播放 DVD 和现有的 CD、CD-ROM 和 VCD 等多种光盘）、高可靠性和低成本的特点。其产品由音频到视频、从只读到可重写，全面奠定了作为下一代光盘产品的基础。DVD 光盘包括如下 5 种产品。

　　（1）DVD-ROM（作计算机外部存储器用）。

　　（2）DVD-RAM（即 DVD-RW，可重写型）。

　　（3）DVD-Video（影视娱乐、家电用）。

　　（4）DVD-Audio（高密度激光唱片）。

　　（5）DVD-R（即 DVD-WO，一次写入型）。

7. 蓝光光盘、HD-DVD 和 HVD

　　针对下一代 DVD 标准，有两大阵营分别推出了蓝光光盘（Blue-ray Disc）与 HD-DVD（High Density-Digital Versatile Disc）两种标准。

　　蓝光光盘标准是由索尼、松下等业界巨头组成的蓝光光盘联盟（Blue-ray Disc Assciation）研发的。这种光盘的直径为 12cm，与普通光盘（CD）和数码光盘（DVD）一样，不过其采用了目前最为先进的、激光波长为 405nm 的蓝光激光技术。这样，单面单层的光盘容量可从 4.7GB 提高到 27GB，比 DVD 高出 5 倍，最高传输率是 36Mb/s。

　　HD-DVD 是 DVD 联盟开发出来的下一代 DVD 标准，它得到了全球超过 230 家的消费电子类、信息技术类公司和内容提供商的支持。HD-DVD 的单碟容量为 15GB。

　　就在蓝光光盘和 HD-DVD 争得难解难分之时，伦敦帝国学院的科学家发明了一种光学存储技术，使得光盘存储容量达到了 TB 级，这种全新的技术称为全息通用光盘（Holographic Versatile Disk，HVD），是继蓝光技术或 HD-DVD 格式后的又一个新的技术标准。

2.6　闪速存储器

　　闪速存储器（Flash Memory，Flash，简称内存）是 20 世纪 80 年代中期研制出的一种新型的电可擦除、非易失性记忆器件。它兼有 EPROM 的价格便宜、集成密度高和 EEPROM 的电可擦除、可重写性，而且擦除、重写比一般标准的 EEPROM 要快得多。闪存接口可以采用 RS-232、USB、SCSI、IEEE 1394、E-SATA 等多种，其中采用 USB 接口的闪存盘也被称为 U 盘。

　　与磁盘相比，闪速存储器具有抗震、节能、体积小、容量大（已在冲击百吉字节级）、价格便宜，几乎不会让水或灰尘渗入，也不会被刮伤，主要作为便携式存储设备使用。根据不同的生产厂商和不同的应用，闪存卡大概有 SM（Smart Media）卡、CF（Compact Flash）卡、MMC（Multi-Media Card）卡、SD（Secure Digital）卡、记忆棒（Memory Stick）、XD（XD-picture Card）卡和微硬盘（Micro Drive）。

2.6.1　闪存的原理

　　闪存是 EEPROM 的变种，其基本单元电路与 EEPROM 类似，也是由双层浮空栅 MOSFET 组成，但其第一层栅介质很薄；写入方法与 EEPROM 相同，即在第二级浮空栅加以正电压，使电子进入第一级浮空栅；读出方法与 EPROM 相同。擦除方法是在源极加正电压利用第一级浮空栅与源极之间的隧道效应，把注入至浮空栅的负电荷吸引到源极。由于利用源极加正电压擦除，因此各单元的源极联在一起，这样，快擦存储器不能按字节擦除，而是全片或分块擦除。到后来，随着半导体技术的改进，闪存也实现了单晶体管的设计，主要就是在原有的晶体管上加入了浮空栅和控制栅。

　　图 2.51 为闪存原理示意图。简单地说：

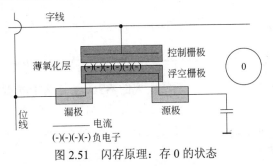

图 2.51　闪存原理：存 0 的状态

（1）控制栅加正电压，浮空栅存储许多负电子，定义为状态0。

（2）控制栅不加正电压，浮空栅存储很少负电子，定义为状态1。

闪存每次不是擦除一字节，而是每次擦除一个块或整个芯片，然后再进行重写，因此它比传统 EEPROM 速度更快。

通常闪存使用两种类型的器件：NOR 型和 NAND 型。NOR 型的价格昂贵，多用于手机内存。大量使用的 SD 卡、固态硬盘都采用 NAND 型。NAND 型闪存分为表 2.9 所示的 3 种类型。

表 2.9　3 种 NAND 型闪存

类　　型	单元状态数	存储密度	写入时电压变化区间	读写速度	读写寿命/次	价　格
SLC（单层单元）	2	低	小	快	10 万	较高
MLC（多层单元）	4	较高	较高	中	3000~10000	中
TLC（三层单元）	8	高	高	低	500~1000	便宜

2.6.2　固态硬盘

固态硬盘（Solid State Disk 或 Solid State Drive，SSD），又称固态驱动器，简称固盘，是一种基于永久性存储器（如闪存）或非永久性存储器（如 SDRAM）的计算机外部存储设备。固态硬盘用来在便携式计算机中代替常规硬盘，虽然在固态硬盘中已经没有可以旋转的盘状结构，但是依照人们的命名习惯，这类存储器仍然被称为硬盘。图 2.52 为固态硬盘与普通机械硬盘的外观对比。

(a) 固态硬盘　　　　　　　　　　(b) 普通机械硬盘

图 2.52　固态硬盘与普通机械硬盘的外观

1．固态硬盘存储介质

目前固态硬盘的存储介质有两种：闪存（Flash 芯片）介质和 DRAM 介质。

1）基于闪存的固态硬盘（IDE Flash DISK、Serial ATA Flash Disk）

采用 Flash 芯片作为存储介质，通常所说的 SSD 就是这种固盘。它的外观可以被制作成多种模样，例如，笔记本硬盘、微硬盘、存储卡、U 盘等样式。这种 SSD 固态硬盘最大的优点就是可以移动，而且数据保护不受电源控制，能适应于各种环境，但是使用年限不高，适合于个人用户使用。

NAND Flash 闪存芯片又分为 SLC（单层单元）和 MLC（多层单元）NAND 闪存。

（1）SLC（Single Level Cell，单层式储存）。这类闪存结构简单，在写入数据时电压变化的区间小，所以寿命较长，传统的 SLC NAND 闪存可以经受 10 万次的读写。而且因为一组电压即可驱动，所以其速度表现更好，目前很多高端固态硬盘都是采用该类型的 Flash 闪存芯片。

（2）MLC（Multi-Levele Cell，多层式储存）。这类闪存采用较高的电压驱动，通过不同级别的电压在一个块中记录两组位信息，目的是将原本 SLC 的记录密度理论提升一倍。所以其容量大、成本低，但是速度慢，写入寿命较短，读写方面的能力也比 SLC 低，官方给出的可擦写次数仅为 1 万次。

2）基于 DRAM 的固态硬盘

采用 DRAM 的固态硬盘，目前应用范围尚窄。它仿效传统硬盘的设计，可被绝大部分操作系统的文件系统工具进行卷设置和管理，并提供工业标准的 PCI 和 FC 接口用于连接主机或者服务器。应用方式可分为 SSD 硬盘和 SSD 硬盘阵列两种。它是一种高性能的存储器，而且使用寿命很长，美中不足的是需要独立电源来保护数据安全。

2. 固态硬盘内部架构

基于闪存的固态硬盘是固态硬盘的主要类别，其内部构造十分简单，固态硬盘内主体其实就是一块 PCB，而这块 PCB 上最基本的配件就是控制芯片、缓存芯片（部分低端硬盘无缓存芯片）和用于存储数据的闪存芯片。

主控芯片是固态硬盘的大脑，其作用一是合理调配数据在各个闪存芯片上的负荷，二则是承担了整个数据中转，连接闪存芯片和外部 SATA 接口。不同的主控之间能力相差非常大，在数据处理能力、算法上，对闪存芯片的读取写入控制上会有非常大的不同，直接会导致固态硬盘产品在性能上产生很大的差距。

固态硬盘和传统硬盘一样需要高速的缓存芯片辅助主控芯片进行数据处理。但是，有一些廉价固态硬盘为节省成本，省去了缓存芯片，这对于固盘的性能会有一定的影响。

除了主控芯片和缓存芯片以外，PCB 上其余的大部分位置都是 NAND Flash 闪存芯片。

3. 固态硬盘的优点

（1）读写速度快。采用闪存作为存储介质，读取速度相对机械硬盘更快。固态硬盘不用磁头，寻道时间几乎为 0。最常见的 7200 转机械硬盘的寻道时间一般为 12～14ms，而固态硬盘可以轻易达到 0.1ms 甚至更低。这个优势在持续写入时更为突出，许多固盘厂商称自家的固态硬盘持续读写速度超过了 500MB/s。基于 DRAM 的固态硬盘写入速度则极快。

（2）物理特性：无噪声、抗震动、低热量、体积小、工作温度范围大。固态硬盘没有机械电动机和风扇，工作时噪声值为 0dB。基于闪存的固态硬盘在工作状态下能耗和发热量较低（但高端或大容量产品能耗会较高）。固态硬盘内部不存在任何机械活动部件，不会发生机械故障，也不怕碰撞、冲击、振动。典型的硬盘驱动器只能在 5～55℃工作。而大多数固态硬盘可在–10～70℃工作。固态硬盘比同容量机械硬盘体积小、重量轻。

4. 固态硬盘的缺点

与传统硬盘相比，固态硬盘有以下缺点。

（1）成本高。每单位容量价格是传统硬盘的 2～3 倍（基于闪存），甚至百倍（基于 DRAM）。

（2）由于不像传统硬盘那样屏蔽于法拉第笼中，固态硬盘更易受到某些外界因素的不良影响，如断电（尤其是基于 DRAM 的固态硬盘）、磁场干扰、静电等。

（3）数据损坏后难以恢复。传统硬盘或者磁带存储方式，如果硬件发生损坏，通过目前的数据恢复技术也许还能挽救一部分数据。但如果固态硬盘发生损坏，几乎不可能通过目前的数据恢复技术在失效（尤其是基于 DRAM 的固态硬盘）、破碎或者被击穿的芯片中找回数据。

（4）大容量的功耗高。低容量的基于闪存的固态硬盘在工作状态下能耗和发热较低，但高端或大容量产品的能耗较高。基于 DRAM 的固态硬盘在任何时候的能耗都高于传统硬盘，尤其是关闭时仍需供电，否则数据丢失。

2.7 存储体系

2.7.1 多级存储体系的建立

1. 多级存储体系的建立是成本、容量和速度折中的结果

计算机应用对存储器的容量和速度的要求几乎是无止境的，理想的存储系统应当具有充足的容量和与 CPU 相匹配的速度。但是实际的存储器都是非理想化的，其制约因素是价格（每位成本）、容量和速度。这 3 个基本指标是矛盾的。由图 2.53（a）可以看出，存取速度越高，每位价格就越高；由图 2.53（b）可以看出，随着所使用存储容量的增大，就得使用速度较低的器件。

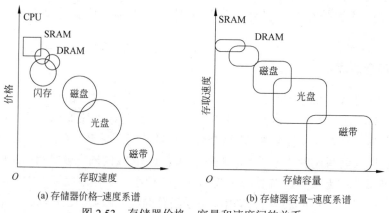

(a) 存储器价格–速度系谱　　　　(b) 存储器容量–速度系谱

图 2.53　存储器价格、容量和速度间的关系

合理地分配容量、速度和价格的有效措施是实现分级存储。这是一种把几种存储技术结合起来，互相补充的折中方案。图 2.54 是典型的存储系统的层次结构。

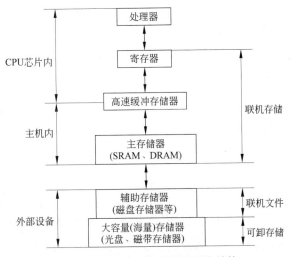

图 2.54 典型的存储系统的层次结构

这个层次结构有如下规律（从上到下）。

（1）价格依次降低。

（2）容量依次增加。

（3）访问时间依次增长。

（4）CPU 访问频度依次减小。

使用这样的存储体系，从 CPU 看，存取速度是接近于最上层的，存储容量及成本却是接近最下层的，大大提高了系统的性能价格比。

2. 程序访问的局部性原理

程序访问的局部性原理（Principle of Locality）是建立多级存储体系的可行性基础。它告诉人们，CPU 访问存储器时，无论是存取指令还是存取数据，所访问的存储单元都趋于聚集在一个局部。这个局部包含了 3 方面的意义。

（1）时间局部性（Temporal Locality）：如果一个信息项正在被访问，那么在近期它很可能还会被再次访问。程序循环、堆栈等是产生时间局部性的原因。

（2）空间局部性（Spatial Locality）：在最近将用到的信息很可能与现在正在使用的信息在空间地址上是临近的。

（3）顺序局部性（Order Locality）：在典型程序中，除转移类指令外，大部分指令是顺序进行的。顺序执行和非顺序执行的比例大致是 5∶1。此外，对大型数组访问也是顺序的。指令的顺序执行、数组的连续存放等是产生顺序局部性的原因。

由于这 3 个局部性的存在，才有可能把计算机频繁访问的信息放在速度较高的存储器中，而将不频繁访问的信息放在速度较慢、价格也较低的存储器中。假设有一个两级的存储系统，第一级容量为 1KB，访问时间为 1μs，第二级容量为 1MB，访问时间为 10μs。CPU 访问存储系统时，先访问第一级，如果信息不在第一级，则由存储系统先把第二级的信息送到第一级，然后再由 CPU 从第一级中读取。如果 100%的信息都可以从第一级中取到，则整个存储系统的平均访问时间就等于第一级存储器的访问时间 1μs。如果在第一级中能得到信息的百分比下降，则平均访问时间就要加长。利用访问的局部性，可以使访问第一级存储器的百分比很高，整个层次存储系统的平均访问时间可以接近第一级的访问时间。

2.7.2 多级存储体系的性能参数

一个多级存储体系的性能，可以用如下 3 个参数来衡量。为简单起见，下面仅考虑一个由 M_1 和 M_2 组成的二级存储体系。

1. 平均单位价格

设 M_1 和 M_2 的容量、单价分别为 C_1、P_1 及 C_2、P_2，则该存储体系的平均单位价格为
$$C = (C_1 \times P_1 + C_2 \times P_2) / (C_1 + C_2)$$
显然，当 $C_1 << C_2$ 时，$C \approx C_2$。

2. 命中率

在层次结构的存储系统中，某级的命中率是指对该级存储器来说，要访问的信息正好在这一级中的概率，用命中的访问次数与总访问次数之比计算。其中，最主要的是指 CPU 产生的逻辑地址能在最高级的存储器中访问到的概率。它同传送信息块的大小、这一级存储器的容量、存储管理策略等因素有关。在基于访问的局部性而实现的存储器层次体系中，如果存储器的容量足够大、系统调度得当，可以获得较高的命中率 H。

设在执行或模拟一段有代表性的程序后，在 M_1 和 M_2 中访问的次数分别为 N_1 和 N_2，则 M_1 的命中率为
$$H = \frac{N_1}{N_1 + N_2}$$
有时，也使用不命中率或失效率 F 作为评价多级存储体系的参数。显然
$$F = 1 - H$$

3. 平均访问周期

平均访问周期 T_A 是与命中率关系密切的最基本的存储体系的评价指标。设 M_1 和 M_2 的访问周期分别为 T_{A1} 和 T_{A2}，则 CPU 对整个存储系统的平均访问周期为
$$T_A = H \times T_{A1} + F \times T_{A2}$$

如果把存储层次中相邻两级的访问周期比值称为 $r = T_{A2}/T_{A1}$，又规定存储层次的访问效率 $e = T_{A1}/T_A$，可以得出
$$e = T_{A1}/T_A = T_{A1}/[HT_{A1} + (1-H)T_{A2}] = 1/[H + (1-H)r] = 1/[r + (1-r)H]$$

层次结构存储系统所追求的目标应是 e 越接近 1 越好，也就是说，系统的平均访问周期越接近较快的一级存储器的访问周期（T_{A1}）越好。e 是 r 和 H 的函数，提高 e 可以从 r 和 H 两方面入手。

（1）提高 H 的值，即扩充最高一级存储器的容量，但是这要付出很高的代价。

（2）降低 r。如图 2.55 所示，当 r=100 时，为使 e>0.9，必须使 H>0.998；而当 r=2 时，要得到同样的 e，只要求 H>0.889。可见在层次结构存储系统中，相邻两级存储器间的速度差异不可太大。通常 Cache-主存层次中 r=5~10 是比较合理的。实际应用的主存—磁盘（辅存）层次中，r 高达 10^4，这是很不理想的。从图 2.53（a）可以看到，在半导体主存和磁盘间有一个很大的空当。从 r 不能太大的角度看，最好有一种速度、容量和价格介于其间的存储器作为中间的层次。这一需求促进了固态硬盘技术的快速发展和产业崛起。

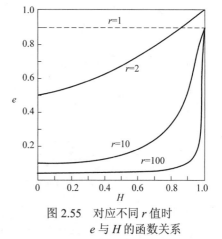

图 2.55　对应不同 r 值时
e 与 H 的函数关系

2.7.3　Cache-主存机制

1. Cache-主存机制及其结构

在计算机的发展过程中，主存器件速度的提高赶不上 CPU 逻辑电路速度的提高，它们的相对差距越拉越大。统计表明，CPU 的速度每 8~24 个月就能提高一倍，而组成主存的 DRAM 芯片的速度每年只能提高几个百分点。1955 年在 IBM 704 中，处理器周期与主存周期相同，而到了 20 世纪 80 年代主存周期已是处理器周期的 10 倍。再如，100MHz 的 Pentium 处理器平均每 10ns 就能执行一条指令，而 DRAM 的典型访问速度是每 60~120ns 才能执行一条指令。显然，这样的主存是 CPU 难以忍受的。为解决主存储器与 CPU 速度不匹配的日益严重的问题，不仅大、中型机器，连小型、微型计算机也开始注意采用 Cache-主存体系结构，即在 CPU 与主存之间再增加一级或多级能与 CPU 速度匹配的高速缓冲存储器（Cache），来提高主存储系统的性能价格比。

Cache 一般由存取速度高的 SRAM 元件组成，其速度与 CPU 相当，但价格较贵。为了保持最佳的性能价格比，Cache 的容量应尽量小，但太小会影响命中率，所以 Cache 的容量是性能价格比和命中率的折中。

图 2.56 为 Cache 的基本结构。可以看出，Cache-主存机制的工作要在如下 4 个部件支持下进行。

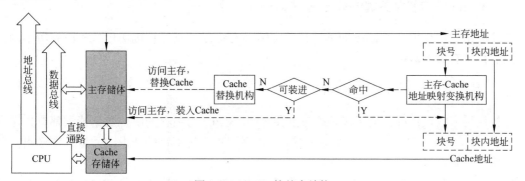

图 2.56　Cache 的基本结构

（1）主存储体。

（2）Cache 存储体。

（3）主存-Cache 地址映射变换机构。

（4）Cache 替换机构。

2. Cache-主存机制的基本原理

CPU 读 Cache-主存时的流程如图 2.57 所示。

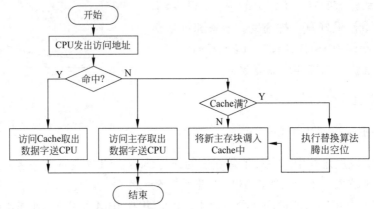

图 2.57　CPU 读 Cache-主存时的流程

（1）CPU 向地址总线发出一个访问地址。

（2）主存-Cache 地址映射变换机构的功能是把 CPU 发来的主存地址转换成 Cache 地址，并判定 Cache 中有无这个地址：若有，称为命中，即从 Cache 中读数据字到 CPU，结束；若未命中，则执行（3）。

（3）访问主存，取出数据字到 CPU。同时判断 Cache 是否已满：若未满，则将该数据字所在块调入 Cache——程序局部性原理，以备后面的操作使用，结束；若已满，则执行（4）。

（4）由 Cache 替换机构按某种原则，将 Cache 中的块放回覆盖主存对应的块，并将要读取数据字所在的块调入 Cache。之后，结束。

注意：CPU 与 Cache 以字为单位交换数据，而 Cache 与主存之间以块为单位交换数据。

3. Cache-主存机制关键技术之一：Cache 读技术

前面粗略地介绍了 Cache 的读过程。实际上 Cache 的读过程因所用技术而有所不同。常用的技术有如下两种。

1）贯穿读出式（Look Through）

按这种方式，Cache 位于 CPU 与主存之间，CPU 对主存的所有数据请求都首先送到 Cache，由 Cache 在自身查找。如果命中，则切断 CPU 对主存的请求，并将数据送出；如果未命中，则将数据请求传给主存。

该方法的优点是降低了 CPU 对主存的请求次数，缺点是延迟了 CPU 对主存的访问时间。

2）旁路读出式（Look Aside）

按这种方式，CPU 发出数据请求，并不单通道地穿过 Cache，而是向 Cache 和主存同时发出请求。如果命中，由于 Cache 速度更快，Cache 在将数据回送给 CPU 的同时，还来得及中断 CPU 对主存的请求；若未命中，则 Cache 不做任何动作，由 CPU 直接访问主存。

该方法的优点是没有时间延迟，缺点是每次 CPU 都要访问主存，这样就占用了部分总线时间。

4. Cache-主存机制关键技术之二：Cache 写技术

Cache 中保存的是主存中的某些信息的副本。写操作时必须保持 Cache 与主存内容一致。解决一致性问题的方法因写操作的过程而异，目前主要采用以下 3 种方法。

1）全写法

全写法又称通过式写（Write-Through）或通过式存（Store-Through），它要求写 Cache 命中时，Cache 与主存同时发生写修改，较好地保证了主存与 Cache 的数据始终一致。但有可能会增加访存次数，因每次向 Cache 写入时，都需向主存写入。

2）写回法

写回法（Write-Back）是每次暂时写入 Cache，不立即写入内存，仅用标志将该块加以注明，等需要将该块从 Cache 替换出来时，才写入主存，故此法又称为标志交换法（Flag-Swap）。其速度快，但因主存中的字块未经随时修改，可能引起失效。

3）只写主存法

这时将 Cache 中的相应块的有效位置 0，使之失效。需要时从主存调入，方可使用。

5. Cache-主存机制关键技术之三：地址映射

地址映射的功能是将 CPU 送来的主存地址转换为 Cache 地址。为便于替换，主存与 Cache 中块的大小相同，块内地址都是相对于块的起始地址的偏移量（低位地址）。所以地址映射主要是主存块号（高位地址）与 Cache 块号间的转换。地址映射是决定命中率的一个重要因素。

地址映射的方法有多种，选择时应考虑的因素较多，下面是主要考虑的因素。

（1）硬件实现的容易性。

（2）速度与价格因素。

（3）主存利用率。

（4）块（页）冲突（一个主存块要进入已被占用的 Cache 槽）概率。

主要的算法有直接映射（固定的映射关系）、全相联映射（灵活性大的映射关系）和组相联映射（上述两种的折中）。图 2.58 为上述 3 种映射技术的示意图。

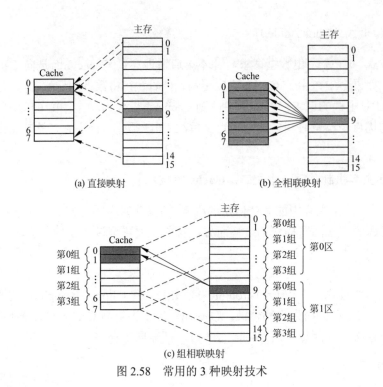

图 2.58　常用的 3 种映射技术

1）直接映射

使用直接映射，要把主存分成若干区，每区与 Cache 大小相同。区内再分块，并使主存每个区中块的大小和 Cache 中块的大小相等，也即主存中每个区包含的块的个数与 Cache 中块的个数相等。所以，主存地址分为区号、块号和块内地址 3 部分；Cache 地址分为块号和块内地址两部分。

通常，Cache 被分为 2^N 块，主存被分为同样大小的 2^M 块，主存与 Cache 中块的对应关系可用如下映射函数表示：

$$j = i \bmod 2^N$$

式中，j 是 Cache 中的块号，i 是主存中的块号。这样，一个主存块只能映射到 Cache 中唯一指定的块中，即相同块号的位置，所以不存在替换算法的问题，地址仅需比较一次。

这是一种最简单的地址映射方式，成本低、地址变换快，但灵活性差，Cache 的块冲突率高、空间利用率低，当主存的组之间做频繁调用时，Cache 控制器必须做多次转换。

2）全相联映射

采用全相联映射，要将主存地址和 Cache 地址都分为块号和块内地址两部分，但是 Cache 块号和主存块号不相同，Cache 块号要根据主存块号从块表中查找。块表中保存着每个 Cache 块的使用情况。当主存中的某块需调入 Cache 时，可根据当时 Cache 的块占用或分配情况，选择一个块给主存块存储，所选的 Cache 块可以是 Cache 中的任意一个块。所以，主存中任何一个块都可以映射装入 Cache 中的任何一个块的位置。

这种 Cache 结构的主要优点是，比较灵活，Cache 的块冲突概率最低、命中率高、空间利用率最高；缺点是每次请求数据同 Cache 中的地址进行比较需要相当的时间，速度较慢，而且成本高，实现起来比较困难。

3）组相联映射

组相联映射是将 Cache 空间分成大小相同的组，每组再分成大小相同的块；主存按照 Cache 的大小分成若干区，每个区内也按 Cache 的组、块进行划分。当主存有一个块要装入 Cache 时，先按照直接映射算法确定装入一个确定的组，再在组内按照全相联映射算法确定装在该组内的哪个块中。所以，这是前两种方式的折中。其优缺点也介于全相联映射和直接映射之间。

6. Cache-主存机制关键技术之四：替换算法

替换算法发生在有冲突发生，即新的主存块需要调入 Cache，而它的可用位置已被占用。这时替换机构应根据某种算法指出应移去的块，再把新块调入。替换机构是根据替换算法设计的。替换算法很多，要选定一个算法主要看访问 Cache 的命中率如何，其次要看是否容易实现。

1）随机法

随机（RAND）法是随机地确定替换的存储块。设置一个随机数产生器，依据所产生的随机数，确定替换块。这种方法简单、易于实现，但命中率比较低。

2）先进先出法

先进先出（FIFO）法是选择最先调入的那个块进行替换。当最先调入并被多次命中的块，很可能被优先替换，因而不符合局部性规律。这种方法的命中率比随机法好些，但还不满足要求。先进先出法易于实现，例如 Solar-16/65 机 Cache 采用组相联映方式，每组 4 块，每块都设定一个两位的计数器，当某块被装入或被替换时该块的计数器清为 0，而同组的其他各块的计数器均加 1，当需要替换时就选择计数值最大的块被替换掉。

3）最近最少使用法

最近最少使用（Least Recently Used，LRU）法是依据各块使用的情况，总是选择那个最近最少使用的块被替换。这种方法比较好地反映了程序局部性规律。

7. 多层次 Cache

加速比、命中率和成本是决定 Cache 性能的 3 项基本因素。为了进一步提高 Cache 的性价比，多数计算机采用了两级甚至三级 Cache。

两级 Cache 把 Cache 分为 L1（内部）和 L2（外部）两级。L1 Cache 比较小，容量在 KB 级，但速度极高，一般包括一个小的指令 Cache 和一个小的数据 Cache，被作为 CPU 的一部分制作。L2 Cache 多采用 SRAM，容量一般在 MB 级，早期被安装在主板上，现在多与 CPU 一起集成在一块芯片上，通过高速通道与 CPU 连接。这样，当 L1 Cache 未命中时，可到 L2 Cache 中搜索。由于 L2 Cache 容量很大，命中率会很高。

三级 Cache 则把 Cache 分为 L1、L2 和 L3 三级。L3 位于主板上。这三级 Cache 中的信息是逐级包含的，即 L3 Cache 一定包含了 L2 Cache 中的全部信息，L2 Cache 一定包含了 L1 Cache 中的全部信息。

2.7.4 虚拟存储器

Cache-主存通过地址映射，使 CPU 能把较低的主存当作速度较高的 Cache 使用。而虚拟存储器（Virtual Memory，VM，也称虚拟内存）则是通过地址映射，将容量大的在线辅存当作速度较高的主存使用。或者说，虚拟存储器也是基于程序访问的局部性，通过某种策略，把辅存中的信息一部分、一部分地调入主存，以给用户提供一个比实际主存容量大得多的地址空间来访问主存。这样，用户程序就可以不受实际主存容量的限制，不必考虑主存是否装得下程序。

通常把能访问虚拟空间的指令地址码称为虚拟地址或逻辑地址，而把实际主存的地址称物理地址或实存地址。物理地址对应的存储容量称为主存容量或实存容量。

程序运行时，CPU 以虚存地址访问主存，由硬件配合操作系统进行虚存地址和实存地址之间的映射，并判断这个虚存地址指示的存储单元是否已经装入内存。如果已经装入内存，则通过地址变换，让 CPU 直接访问主存的实际单元；如果不在主存中，则把包含这个字的块调入内存后再进行访问。因此，虚拟存储器技术的关键是虚存地址与实存地址之间的转换。目前已经形成页式、段式、段页式 3 种不同的虚-实存地址转换方式。

1．页式虚拟存储器

页式虚拟存储器是将存储器分成大小相同的一些块，并称它们为页。如图 2.59 所示，在页式虚拟存储器中，虚存地址和实存地址都由两个字段组成：虚存地址的高位字段为逻辑页号，低位字段为页内地址；实存地址的高位字段为物理页号，低位字段为页内地址。逻辑页号顺序排列。由于实存地址中的页内地址与虚存地址中的页内地址相同，因此虚存地址到实存地址的转换就是从逻辑页号到物理页号的转换。

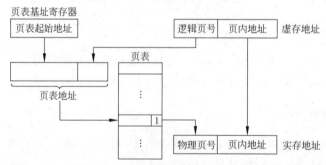

图 2.59　页式虚拟存储器的地址映射

由逻辑页号得到物理页号，主要依靠页表。在页表中，对应每个逻辑页号有一个表项，表项中含有该逻辑页所在的主存页面地址（物理页号），用它作为实存地址的高字段，与虚存地址的页内地址字段相拼接，产生完整的实存地址，据此来访问主存。因此，逻辑页号到物理页号的映射，就成为逻辑页号到页表地址的映射。

页表地址也由两部分组成：高位字段是页表起始地址，低位字段是逻辑页号。页表的首地址存放在页表基址寄存器中。这个地址值与虚存地址中的逻辑页号拼接，就成为页表中每个表项的地址。也就是说，根据逻辑页号就可以从页表中得到对应的物理页号。

页表中的表项除包含逻辑页号对应的物理页号之外，还包括装入位、修改位、替换控制位等控制字段。若装入位为 1，表示该页面已在主存中，将对应的物理页号与虚存地址中的页内地址相拼接就得到了完整的实存地址；若装入位为 0，表示该页面不在主存中，于是要启动 I/O 系统，把该页从辅存中调入主存后再供 CPU 使用。修改位指出主存页面中的内容是否被修改过，替换时是否要写回辅存。替换控制位指出需替换的页，与替换策略有关。

CPU 访存时首先要查页表，为此需要访问一次主存，若不命中，还要进行页面替换和页表修改，则访问主存的次数就更多了。为了将访问页表的时间降到最低限度，许多计算机将页表分为慢表和快表两种。慢表存储所有页表信息，快表作为部分内容的副本存放当前最常用的页表信息。图 2.60 为使用快表与慢表进行地址变换的示意图。

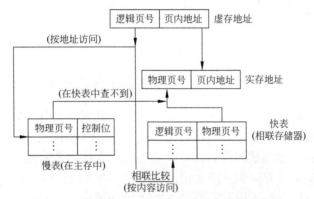

图 2.60　使用快表与慢表进行地址变换的示意图

快表由硬件组成，比页表小得多，查表时，由逻辑页号同时去查快表和慢表。当在快表中有此逻辑页号时，就能很快地找到对应的物理页号送入实存地址寄存器，从而做到虽采用虚拟存储器但访存速度几乎没有下降；如果在快表中查不到，那就要花费一个访存时间去查慢表，从中查到物理页号送入实存地址寄存器，并将此逻辑页号和对应的物理页号送入快表，替换快表中应该移掉的内容，这也要用到替换算法。

页式虚拟存储器由于每页长度固定，页表设置方便，新页的调入也容易实现，程序运行时只要有空页就能进行页调度，操作简单，开销小。其缺点是，由于页的一端固定，程序不可能正好是页面的整数倍，有一些不好利用的碎片，并且会造成程序段跨页的现象，给查页表造成困难，增加查页表的次数，降低效率。

2. 段式虚拟存储器

段式虚拟存储器是与模块化程序相适应的一种虚拟存储器，它将程序的各模块称为段。当计算机执行一个大型程序时，以段为单位装入主存。为此，要在主存中建立该程序的段表。段表中的每行由下列数据组成。

（1）段号——程序分段的代号，也是程序功能名称的代号。

（2）装入位——装入位为 1，表示该段已调入主存；装入位为 0，则表示该段不在主存中。

（3）段起始地址——该段装入主存的起始地址。

（4）段长——由于各段长度不等，所以指出该段长度。

（5）属性——该段的其他属性特征，如可读写、只读、只写等。

图 2.61 为一个程序的段划分及其简化的段表示意图。

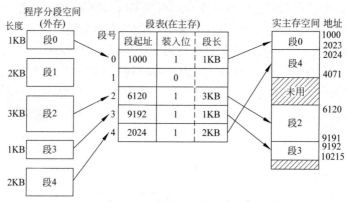

图 2.61　一个程序的段划分及其简化的段表

CPU 通过访问段表，判断该段是否已调入主存，并完成逻辑地址与物理地址之间的转换。段式虚拟存储器的虚-实存地址转换如图 2.62 所示。CPU 根据虚存地址访存时，首先将段号与段起址相拼接，形成访问段表对应行的地址，然后根据段表的装入位判断该段是否已调入主存。若已调入主存，则从段表读出该段在主存中的起始地址，与段内地址（偏移量）相加，得到对应的主存地址。

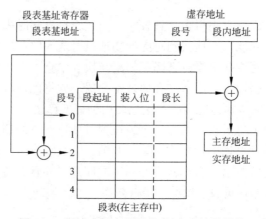

图 2.62　段式虚拟存储器的虚-实存地址转换

在段式虚拟存储器系统中，虚存地址由段号（如 s）和段内地址（如 w）两部分组成。在进行地址转换时，操作系统用段号检索段表，得到该 s 段装入主存时的起始地址（如 b）。该 b 与段内地址 w 相拼，就得到对应的物理地址。

由于段的分界与程序的自然分界相对应，各段之间相对独立，互不干扰；程序按逻辑功能分段，各有段名，易于实现程序的编译、管理、修改和保护，可以提高命中率，也便于多道程序共享。但是，因为段的长度参差不齐，起点和终点不定，给主存空间分配带来麻烦，容易在段间留下不能利用的零碎空间，造成浪费。

3．段页式虚拟存储器

段页式虚拟存储器是对段式、页式虚拟存储器的综合，它先将程序按其逻辑结构分段，再将每段划分为若干大小相等的页，同时将主存空间划分为同样大小的块。

作业将要执行其中的某个语句时，根据其地址计算出段号、页号和页内地址。首先根据段号查找段表，得到该段的页表的起始地址，然后查找页表，得到该页对应的块号，最后根据块的大小和页内地址计算出该语句的主存地址。

因为段页式存储管理对逻辑地址进行了两次划分，第一次将逻辑地址划分为若干段，第二次将每个段划分为若干页。所以每个段都需要一个页表，又要设置一个段表来记录每个段所对应的页表。

段页存储管理方式综合了段式管理和页式管理的优点，但需要经过两级查表才能完成地址转换，消耗时间多。

习　题

2.1　存储器的带宽有何物理意义？某存储器总线位宽为 32b，存取周期为 250ns，这个存储器带宽是多少？

2.2　设计一个用 64K×1b 的芯片构成 256K×16b 的存储器，画出组织结构图。

2.3　若 Intel 2114 是排列成 64×64 阵列的 6 管存储芯片，组成 4K×16b 的存储器共需多少片 Intel 2114？画出逻辑框图。

2.4　在 2.3 题中，如果存储器以字节编址，CPU 用一根控制线指明所寻址的是字还是字节。设计这根控制线的连接方法。

2.5　某机采用 1K×4b 动态 RAM 芯片（片内是 64×64 结构）组成 16K×8b 的存储器。问：

（1）设计该存储器共需几片 RAM 芯片？

（2）画出存储体组成框图。

2.6　下面是关于存储器的描述，选出正确的叙述（正确用 T（True）表示，不正确用 F（False）表示）。

（1）CPU 访问存储器的时间是由存储体的容量决定的，存储容量越大，访问存储器所需的时间就越长。

（2）因为动态存储器是破坏性读出，必须不断地刷新。

（3）随机存储器（RAM）中的任何一个单元都可以随时访问。

（4）只读存储器（ROM）中的任何一个单元不能随机访问。

（5）一般情况下，ROM 和 RAM 在存储体中是统一编址的。

（6）由于半导体存储器加电后才能存储数据，断电后数据就丢失了，因此用 EPROM 作为存储器，加电后必须重写原来的内容。

2.7　某计算机的存储容量是 64KB，若按字节寻址，则寻址的范围为＿＿(1)＿＿，需要地址线为＿＿(2)＿＿根，数据线为＿＿(3)＿＿根；若字长为 32b，按字编址，寻址的范围为＿＿(4)＿＿。

（1）A．64KB　　　　B．32KB　　　　C．16KB　　　　D．8KB

（2）A．64　　　　　B．16　　　　　C．8　　　　　D．6

（3）A．32　　　　　B．16　　　　　C．8　　　　　D．4

（4）A．64KB　　　　B．32KB　　　　C．16KB　　　　D．8KB

2.8　某存储器容量为 4KB，其中，ROM 占 2KB，选用的是 EPROM 2K×8b/片；RAM 占 2KB，选用的是 RAM IK×8b/片；地址线为 A_{15}～A_0。写出全部片选信号的逻辑式。

2.9　画出 8 个存储体的交叉主存系统中的编址方式。

2.10　在 8 个存储体的交叉主存系统中，若每个存储体并行读出两个字，每个字长两字节，主存周期为 T，求该存储器的最大带宽。

2.11　欲将 10011101 写入磁表面存储器中。

（1）分别画出归零制、不归零制、调相制、调频制的写入电流波形。

（2）改进不归零制（NRZI）的记录原则是见 1 就翻，即当记录 1 时写电流要改变方向；记录 0 时不改变方向。画出它的电流波形。

（3）改进调频制（MFM）与调频制（FM）方式的区别在于：FM 在信息元交界处写电流总要改变一次方向；而 MFM 仅当连续记录两个 0 时，信息元交界处翻转一次，其他情况不翻转。画出 MFM 的写电流波形。

2.12　硬盘上的磁道是＿＿(1)＿＿，在硬盘存储器中查找时间是＿＿(2)＿＿，活动头硬盘存储器的平均存取时间是指＿＿(3)＿＿，磁道长短不同，其所存储的数据量＿＿(4)＿＿。

（1）A．记录密度不同的同心圆

　　　B．记录密度相同的同心圆

　　　C．阿基米德螺线

（2）A．磁头移动到要找磁道的时间

　　　B．在磁道上找到扇区的时间

　　　C．在扇区中找到数据块的时间

（3）A．平均寻道时间

　　　B．平均找道时间+平均等待时间

　　　C．平均等待时间

（4）A．相同　　　　B．长的容量大　　　　C．短的容量大

2.13　某硬盘组有 4 个盘片、5 个记录面，每个记录面的内磁道直径为 22cm，外磁道直径为 33cm，最大位密度为 1600b/cm，道密度为 80t/cm，转速为 3600r/min。求：

（1）硬盘组的总存储容量是多少位（非格式化容量）？

（2）最大数据传输率是每秒多少字节？

（3）提供一个表示硬盘信息地址的方案。

2.14　某硬盘存储器的转速为 3000r/min，共 4 个盘面，道密度 5t/mm，每道记录信息为 12 288B，最小磁道直径为 230mm，共有 275 道。求：

（1）该硬盘存储器的容量是多少？

（2）最高位密度和最低位密度是多少？

（3）硬盘的数据传输率是多少？

2.15　选择填空

（1）Cache 的内容应与主存储器的相应单元的内容_____。

    A．保持一致　　　　B．可以不一致　　　　C．无关

（2）Cache 的速度应比从主存储器取数据速度_____。

    A．快　　　　　　B．稍快　　　　　C．相等　　　　　　D．慢

（3）Cache 的内容是由_____调入的。

    A．操作系统　　　B．执行程序时逐步　　C．指令系统设置的专用指令

（4）虚拟存储器的逻辑地址位数比物理地址_____。

    A．多　　　　　　B．相等　　　　　C．少

2.16　能否把 Cache 的容量扩大，然后取代现在的主存？

2.17　存储系统的层次结构可以解决什么问题？实现存储器层次结构的先决条件是什么？用什么度量？

2.18　比较在多级存储系统中，Cache-主存与虚拟存储器之间的异同。

2.19　设主存储器容量为 4MB，虚拟存储器容量为 1GB（2^{30}B），则虚拟地址和物理地址各为多少位？根据寻址方式计算出来的有效地址是虚拟地址还是物理地址？

2.20　假设可供用户程序使用的主存容量为 100KB，而某用户的程序和数据所占的主存容量超过 100KB，但小于逻辑地址所表示的范围，具有虚拟存储器与不具有虚拟存储器对用户有何影响？

2.21　在题 2.21 中，如果页面大小为 4KB，页表长度为多少？

2.22　在虚拟存储器中，术语物理空间和逻辑空间有何联系和区别？

2.23　在页式虚拟存储器中，若页面很小或很大，各会对操作速度产生什么影响？

2.24　从下列有关存储器的描述中，选出正确的答案。

（1）多体交叉存储器主要解决扩充容量问题。

（2）在计算机中，存储器是数据传送的中心，但访问存储器的请求是由 CPU 或 I/O 发出的。

（3）在 CPU 中通常都设置若干个寄存器，这些寄存器与主存统一编址。访问这些寄存器的指令格式与访问存储器是相同的。

（4）Cache 与主存统一编址，即主存空间的某一部分属于 Cache。

（5）机器刚加电时，Cache 中无内容，在程序运行过程中 CPU 初次访问存储器某单元时，信息由存储器向 CPU 传送的同时传送到 Cache；当再次访问该单元时即可从 Cache 中取得信息（假设没有被替换）。

（6）在虚拟存储器中，辅助存储器与主存储器以相同的方式工作，因此允许程序员用比主存空间大得多的辅存空间编程。

（7）Cache 的功能全由硬件实现。

（8）在虚拟存储器中，逻辑地址转换成物理地址是由硬件实现的，仅在页面失效时才由操作系统将被访问页面从辅存调到主存，必要时还要先把被淘汰的页面内容写入辅存。

（9）主存与辅存都能直接向 CPU 提供数据。

第3章 计算机输入输出设备

在计算机系统中，除主机之外，直接或间接与计算机交换数据、改变媒体或载体形式的装置称为计算机外围设备。或者说，外围设备包括输入输出设备和辅助存储器。在第2章已经把辅助存储器作为存储系统的一部分进行了介绍，本章主要介绍计算机输入输出设备。

3.1 计算机输入输出设备概述

3.1.1 计算机人机界面技术的进步

计算机作为扩展与延伸人的大脑的智力工具，主要还是由人直接使用。现在，人们越来越意识到，人机界面是除硬件和软件之外组成计算机系统的第三大要素。迄今为止，计算机人机界面技术已经形成符号界面技术—图形界面技术—多媒体界面技术—虚拟现实界面技术等多层次的系列技术。

1. 符号界面技术

在计算机刚刚出现时，人们只能使用机器语言，利用纸带、卡片穿孔机和光电输入机，实现0、1码数据和程序的输入。它用一列特定位置处的有孔和无孔的组合表示不同的字符，进而再用字符组成命令。不管问题难易，都要先在纸带上穿孔；出现问题便要细细辨认哪个位置上的孔被穿错。这种基于机器端的人机界面的全手工操作方式与计算机处理的先进性极不适应，严重地消耗技术人员的精力。于是人们开始开发直接的符号式人机界面技术。先是汇编语言，接着是高级语言应运而生，同时研制出与之相适应的面向符号处理的人机交互设备——打印机、键盘和显示器。

2. 图形界面技术

对打印和显示来说，符号处理实际上就是简单的图形处理。所以，图形设备几乎与字符设备同步发展。1950年，美国麻省理工学院用一个类似于示波器的阴极射线管（CRT）显示计算机处理的简单图形，是最早的计算机图形设备，也是计算机图形学研究的开始。

由于CAD、CAM、CAI，以及艺术、商业、科研等方面的需要，自20世纪60年代起计算机图形学进入了蓬勃发展的时期，图形外部设备也得到了迅速发展。到20世纪70年代中期，廉价的固体电路随机存储器的出现，基于电视技术的光栅扫描图形显示器出现，计算机图形技术与电视技术衔接，使图形更加形象、逼真。与此同时，先后出现了光笔、图形输入板、操纵杆、跟踪球、鼠标、拇指轮等定位/拾取设备，以及坐标数字化仪、绘图仪、扫描仪等。

3. 多媒体界面技术

图形比语言所含的信息量要大得多。但从信息论的角度，信息是再现的差异，它能消除人在特定方面的不确定性。人通过感觉获得信息，感觉过程是外部对人的感官的刺激过程，刺激的强度取决于信息的强度以及人的感官与信息的连接性，即人与接收的信息的匹配状况。除人的兴趣因素外，不同的感官具有不同的信息接收效率。据统计，人类通过感觉器官收集到的全部信息中，视觉约占 65%，听觉约占 20%，即大部分信息要靠视觉和听觉接收。一般而论，在诸感官中，视觉由于与大脑中枢最靠近，神经最发达，所以接收信息的效率最高，其次是听觉。研究证实，在其他条件相同的情况下，让视觉和另一个感官分别接收不同的信息，当两个信息矛盾时，大部分人实际接收到的是视觉信息；而当人的几个不同的感官，尤其是视觉和听觉协同接收相关信息时，人与该信息的连接性要比单独用一个感官高许多。根据这一原理，进入 20 世纪 80 年代后，人们开始致力于将文本、声音、图形和图像综合处理，建立多种信息媒体的逻辑连接，使其具有人机交互性，并将其称为多媒体计算（Multimedia Computing）技术。

多媒体技术的核心包括以下 4 方面。

（1）开发具有视觉、听觉和说话能力的外部设备，如全屏幕及全运动的视频图像、高清晰全电视信号及高速真彩色图形的显示器和摄像设备，高保真度的音响，以及语音识别器、语音合成器等。

（2）高速、大容量的计算机系统。

（3）视频和音频数据压缩和解压缩技术。多媒体计算机的关键问题是计算机实时地综合处理声、图、文信息，数字化的图像和声音信号的数据量是非常大的。一幅 640×480 像素中等分辨率的彩色图像（24 位/像素）的数据量约为 7.37 兆位/帧；如果是运动图像，要以每秒 30 帧或 25 帧的速率播放，视频信号传输率为 220 Mb/s，将其存储在 600MB 的光盘中，只能播放 20s。对于音频信号，以激光唱盘 CD-DA 声音数据为例，如果采样频率为 45.1kHz，量化为 16b 两通道立体声，600MB 的光盘只能存储 1h 的数据，其传输率为 150KB/s。在一般微型计算机上，没有 200 倍以上的数据压缩比，上述功能是难以实现的。

（4）人工智能和交互式技术。对图像和声音的认识和理解都属于约束不充分（Under Constrained）问题。它们不能提供充分的约束以求得唯一解，还必须有知识导引（涉及人工智能）和人机之间的交互作为补充。

4. 虚拟现实界面技术

虚拟现实（Virtual Reality，VR）又称灵境（或幻境）技术，它是以某些直接感觉为引导，借助人脑的联想，激发其他非直接感觉神经活动而产生的一种幻觉。例如望梅止渴，是通过"视觉"来激发"味觉"，产生一种吃梅子的幻觉。虚拟现实的目标是要人"信"，或者是"出神""着迷""上瘾"，产生一种"情不自禁"的沉浸感。通常作为引导（或导入）感觉的是视觉（如上述的"望梅"）、听觉（如听小说）和触觉等。有关内容将在 3.5 节介绍。

3.1.2　I/O 设备的分类

对外围设备进行严格分类是很困难的。因为现代技术的集成性特点已经形成了"你中有我，我中有你"的局面，使人无法用一种规则就能描述出某种设备与其他设备相区别的明显轮廓。下面是 6 种常用的分类方法。

1. 按器件的物理性质分类

按器件的物理性质，I/O 设备可以分为机电设备、电子机械设备、光电设备、磁电设备等。但实际上又很难完全区分得清楚，因为磁、光、机械都离不开电，现代任何设备又都离不开电子。

2. 按照数据流在设备与主机之间的流动方向分类

按照数据流在设备与主机之间的流动方向，I/O 设备可以分为 3 类。
（1）输入设备。数据从设备流向主机，如键盘等。
（2）输出设备。数据从主机流向设备，如打印机等。
（3）输入输出设备。数据在主机与设备之间双向流动，如触摸屏、网卡等。

3. 按照服务对象分类

按照服务对象，I/O 设备可以分为人机交互设备（如显示器、打印机、数码照相机等）、机机通信设备（如网卡、A/D 转换器与 D/A 转换器等）和计算机信息驻在设备（如磁盘、光盘和闪存等），但是有些设备，如条码阅读器既可以作为人机交互设备，也可以作为机机通信设备。其中，人机交互设备还可以按照媒介性质进一步分类，如图 3.1 所示。

4. 按照处理的对象分类

按照处理的对象，I/O 设备可以分为字符设备、图形/图像设备、声音设备、影视设备、虚拟现实设备等，但不少设备集成有多种功能。

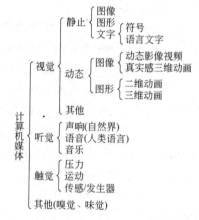

图 3.1　常见 I/O 设备的媒介性质分类

5. 按数据传输率分类

按数据传输率，I/O 设备可分为低速设备、中速设备和高速设备 3 类。
（1）低速设备是指传输率为几字节至几百字节每秒的设备，如键盘、鼠标、语音的输入输出设备等。
（2）中速设备是指传输率为几千字节至几万字节每秒的设备，如激光打印机等。
（3）高速设备是指传输率为几十万字节至几兆字节每秒的设备，如磁带机、磁盘机等。

6. 从资源分配和使用的角度分类

从资源分配和使用的角度，I/O 设备可分为独占设备、共享设备和虚拟设备 3 类。

（1）独占设备是指在一段时间内只能让一个作业独自占用的设备，即多个作业对某一设备的访问应是互斥的，一旦系统将这类设备分配给某个作业，便由该作业独占，直至释放该资源，如输入机、磁带机和打印机等。

（2）共享设备是指在一段时间内可以同时让几个作业使用的设备，当然，在某一时刻，该设备只能为一个作业服务，如磁盘。

（3）虚拟设备是指用独占设备模拟共享设备的工作，即通过虚拟技术将独占设备改造成可共享的设备，以提高独占设备的利用率。

3.1.3　绿色计算机设备

目前，计算机世界正酝酿着另一场革命，即绿色计算机浪潮。绿色是人类生存和健康的象征，绿色计算机是科技与环保相结合的经典之作。对它的具体要求大致有如下 4 方面。

（1）节能。据估计，节能型计算机是普通计算机耗电量的 1/5～1/20。美国政府期望，如果现在的个人计算机有 2/3 符合能源的新要求，则在美国整台计算机的耗电量中可节约 260 亿千瓦·时（约 37%）。

（2）低污染。实现生产过程的绿色化，可用再生的材料代替聚脂类材料，不再使用 CFC 清洗剂等含氟氯碳化物的材料，包装材料也不能含有害的化学物质；打印机的噪声将降到最小限度；绿色计算机的电磁辐射也要符合环保标准。

（3）易回收。这包括系统本身的材料、包装材料、雷射印表机的色匣，以及大量的纸张等。机器的结构设计将非常合理，拆装将十分容易，同时采用可再生材料，使机器的回收或销毁不再令人头痛。

（4）符合人体工程学。绿色计算机与人类将更加友好，主机、显示器、键盘等的造型将设计得更加舒适美观，加上当今多媒体技术，不仅使工作效率大大提高，从中也将得到一种美的享受。

3.2　键盘与鼠标

字符输入设备的实质是将要输入的字符转换成相应的 0、1 码。目前，键盘是最重要的字符输入设备。按照工作的物理性质，键盘一般可分为如下 3 种。

（1）物理键盘，即普通键盘。它又可以分为如下两种。

① 触点式键盘：借助于金属把两个触点接通或断开以输入信号。

② 无触点式键盘：借助于霍尔效应开关（利用磁场变化）和电容开关（利用电流和电压变化）产生输入信号。

（2）软键盘：利用软件在显示器上生成的键盘。

（3）虚拟激光键盘：在任意平面上投影出全尺寸的计算机键盘。

3.2.1 物理键盘及其原理

键盘的基本组成元件是按键开关。如图 3.2 所示，这些开关在线路板上排成行、列矩阵格式，用硬件或软件对行、列分别扫描，就可以确定被按下的键的位置。

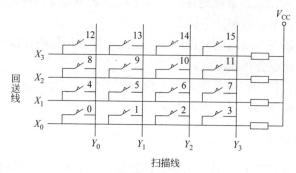

图 3.2 键盘组成的开关矩阵

在对键盘位置进行扫描的过程中所产生的用于确定按键位置的码，称为键盘的扫描码。有了键盘扫描码后，键盘处理器用其与只读存储器（ROM）内的字符映射表进行比对，就可以得到相应的内码。例如，字符映射表会告诉处理器单独按 a 键得到的扫描码对应于小写字母 a，而同时按 Shift+a 键得到的扫描码对应于大写字母 A。

可以使用不同的字符映射表取代键盘中原来使用的映射表。不同的语言输入法有不同的字符映射表。

当按一个键时，键盘内的处理器会对键矩阵进行分析，并将确定的字符保存在自己的缓冲区内，然后才发送这些数据。所以，一个普通键盘要由下列部件组成。

（1）开关矩阵。

（2）键盘处理器。

（3）字符映射表。

（4）键盘缓冲区。

因按键时会使键产生机械抖动，为防止因此造成的错误判断，在键盘控制电路中都含有硬的或软的消除抖动影响的机制。

3.2.2 键盘布局类型

键盘是在打字机（Typewriter）的基础上发展而来的，其按键数曾出现过 83 键、87 键、93 键、96 键、101 键、102 键、104 键、107 键等。104 键的键盘是在 101 键键盘的基础上为 Windows 9x 平台提供增加了 3 个快捷键(有两个是重复的)，所以也称 Windows 9x 键盘。

不管键盘形式如何变化，基本的按键排列还是保持基本不变，可以分为主键盘区、数字辅助（Num）键盘区、键功能（F）键盘区、控制键区，对于多功能键盘还增添了快捷键区。

主键盘区包括字母表的各个字母的文字字符键。按照键的布局有多种排列方式，如 QWERTY、DVORAK、COLEMAK 和 MALT 等。

图 3.3 为 QWERTY 键盘布局图。这种键盘采取了"反人类设计"，即把最常用的键放置在最不习惯使用的手指位置上，如最常用的键都要用左手，以及小拇指、无名指和中指完成。目的是降低打字速度，因为早期的机械打字机打字速度太快就会卡键。

图 3.3　QWERTY 键盘

图 3.4 为 DVORAK 键盘的布局图。它是随着盲打技术出现的，于 1934 年由 DVORAK 发明的一种键盘。DVORAK 键盘布局特点如下。

图 3.4　DVORAK 键盘

（1）高频键都分布在中排，大大降低手指移动的距离。

（2）尽可能使左右手交替按键，均衡负担。

（3）布局优雅，精心设计了右手负责区域的键位，使辅音字母组合（如 th、nt、gh、wh、rn）输入非常顺手。

（4）将常用的标点符号","""";"等移到更舒服的位置，输入更方便。

但是，它的变化太大，许多人不习惯，所以没有推广开。

打字机上的数字键原来是布置在键盘最上方的。计算机键盘最初也是这样一种布局。后来，随着计算机在商务环境中的应用日益增加，为了能快速录入数据并进行简单计算，开始将这些数字键组织成一个相对独立区间或制成一个独立小键盘。现在，数字小键盘上的键数一般为图 3.5 所示的 17 个键，是在 10 个数字键上添加了四则运算符键

图 3.5　数字小键盘

以及 Enter 键、Del 键和 NumLock 键，并采用加法机和计算器上的布置。

1986 年，IBM 公司对基本键盘进行了扩展，增加了功能键和控制键。应用程序和操作系统可以向功能键指定特定的命令，控制键还可以提供光标和屏幕控制。4 个箭头键呈倒 T 形分布在输入键和数字小键盘的中间，可用来在屏幕上小幅移动光标。

常规键盘还具有 CapsLock 键（字母大小写锁定）、NumLock 键（数字小键盘锁定）、ScrollLock（滚动锁定）键，还有 3 个指示灯（部分无线键盘已经省略这 3 个指示灯），标志键盘的当前状态。

其他常用控制键：Home、End、Insert、Del、PgUp、PgDn、Ctrl、Alt、Esc。

3.2.3 软键盘

软键盘（Soft Keyboard）并不是物理的键盘，而是通过软件显示在"屏幕"上的模拟键盘。这种键盘只能单击输入字符。

软键盘盘面有固定和随机两种布局形式。固定布局一般用于便携智能设备，如手机、平板计算机，可以省去携带物理键盘。随机布局软键盘常用于银行的客户端上要求输入账号和密码的地方。如图 3.6 所示，软键盘是随机生成的，每次键盘上数字的顺序都不同，除非使用快速截取屏幕或者监听网络数据包的方法，否则很难记录输入的字符，可以防止木马记录键盘输入的密码。

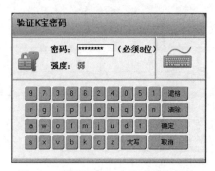

图 3.6　某银行的客户端登录软键盘

3.2.4 虚拟激光键盘

图 3.7（a）是一个正在操作虚拟激光键盘时的情形。虚拟激光键盘（Virtual Laser Keyboard，VLK）也称虚拟投影键盘，简称镭射键盘或虚拟键盘，它是由光投照所形成的影像键盘。几乎能在任意平面上投影出全尺寸的影像键盘，并且在不使用时会完全消失。

如图 3.7（b）所示，虚拟激光键盘主要由 3 部分组成。

（1）投影模块 A：该模块由经过特殊设计的高效全息光学元件照明产生，元件带有红色二极管激光器。

（2）传感器模块 B：内含定制的硬件，能够实时确定反射光的位置。

（3）微照明模块 C：可以产生与界面表面平行的红外线光照平面。光线照在表面上几毫米处，用户是无法看到的。

(a) 正在操作的虚拟激光键盘

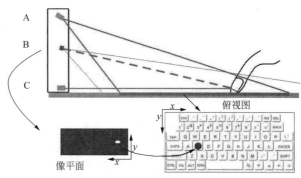

(b) 虚拟激光键盘的工作原理

图 3.7　虚拟激光键盘

虚拟激光键盘的适用性技术对用户手指运动加以研究，对按键动作进行解码和记录。当按键时，按键边上就会对微照明模块 C 所发出的红外线产生反射，传到传感器模块 B 上。传感器芯片可以精确感知手指的动作和所按键的位置。

3.2.5　鼠标

鼠标与跟踪球（也称轨迹球）、操纵杆（也称跟踪点）和触摸板，是用于操作屏幕上光标位置的输入设备。1968 年，恩格巴特（1925—2013，也是多窗口用户界面的发明者）发明了一个木制外壳的"显示系统 *X-Y* 坐标位置指示器"，用两个互相垂直的滚轮来收集两个坐标轴上的运动数据，这就是公认的首款鼠标。以后，各种各样的鼠标相继问世。其中主要有如下 7 种。

（1）轨迹球鼠标。这是 1968 年在德国亮相的首个轨迹球鼠标，鼠标底部拥有一个轨迹球，正面只有一个按钮，它最初是用来画矢量图的。

（2）光电鼠标。机械鼠标的使用有些时候并不可靠，20 世纪 70 年代末期，施乐公司对普通轨迹球鼠标进行了升级，推出了 Alto 光电鼠标。

（3）商用鼠标。1981 年，施乐公司对其 Alto 光电鼠标进行了升级，推出了 8081 系统控制器 Star，它是首个推向商用市场的鼠标，单是一个初级 8081 系统的售价就高达 7.5 万美元。

（4）消费级鼠标。苹果公司在 1983 年推出了首款将图形用户界面和鼠标结合起来的个人计算机 Lisa，售价高达 1 万美元。苹果公司在鼠标中使用了轨迹球技术，该鼠标只有一个按钮，但是底部却设置了一个又大又沉的钢铁轨迹球。

（5）激光鼠标。罗技公司在 2004 年推出了首款激光鼠标 MX1000，到目前为止，光电鼠标还是使用发光二极管进行表面照明并追踪，激光替换发光二极管后可以使得鼠标响应更快，适用于多种物体表面。

（6）3D 鼠标。Axsotic 公司设计的 3D 鼠标可以提供 6 种自由度，它不但可以在三维坐标轴中移动，还可以在 3D 空间中旋转。

（7）意念控制鼠标。鼠标的未来是意念控制的。尽管目前的消费级头戴式意念控制设备仍然不够实用，但总有一天它能够走进每个家庭。

3.3 打 印 设 备

3.3.1 打印设备及其分类

打印机(Printer)是计算机的输出设备之一,用于将计算机处理结果打印在相关介质上,产生永久性记录。打印设备种类繁多,有多种分类方法。衡量打印机好坏的指标有 3 项:打印分辨率、打印速度和打印噪声。

1. 按印字动作分类

(1)击打式。在打印过程中打印头要撞击纸。击打式打印机又分为活字式打印和点阵式打印。

(2)非击打式。采用电、磁、光、喷墨等物理、化学方法印刷字符,打印过程纸不被撞击,如激光印字机(其技术来自复印机)、喷墨印字机等。

2. 按工作方式分类

(1)串式打印机:逐字打印。

(2)行式打印机:一次输出一行。

3. 按输出形式分类

(1)字符打印机。

(2)图形打印机。

4. 按输出的色彩分类

(1)黑白打印机。

(2)彩色打印机。

5. 按所采用的技术分类

按所采用的技术分为圆柱形打印机、球形打印机、喷墨打印机、热敏打印机、激光打印机、静电打印机、磁式打印机、发光二极管式打印机等。

6. 按打印字符结构分类

(1)全形字打印机。

(2)字阵字符打印机。

3.3.2 打印机的基本性能指标

下面讨论打印机所共有的主要性能指标。

1. 打印分辨率

打印分辨率用 dpi（dot per inch，每英寸像点数）计量，是衡量打印机输出质量的重要参考标准，打印分辨率越高，图像输出效果就越逼真。

打印分辨率一般包括纵向和横向两个方向。一般情况下激光打印机在纵向和横向两个方向上的输出分辨率几乎是相同的，如有 600×600dpi、1200×1200dpi 等规格。而喷墨打印机在纵向和横向两个方向上的输出分辨率相差很大，如有 600×1200dpi、2400×1200dpi 等规格。通常所说的喷墨打印机分辨率就是指横向喷墨表现力。

2. 打印幅面

不同用途的打印机所能处理的打印幅面是不相同的。通常，打印机可以处理的打印幅面包括 A4 幅面和 A3 幅面；对于使用频繁或者需要处理大幅面的办公用户或者单位用户，可以考虑选择使用 A3 幅面的打印机，甚至使用更大的幅面。有些专业输出要求的打印用户，例如工程晒图、广告设计等，都需要考虑使用 A2 或者更大幅面的打印机。

3. 打印速度

点阵字符打印机的打印速度用 cps（character per second，每秒字符数）计量，它指每秒打印的字符数，一般每秒 300 个字符左右，记作 300cps。

激光打印机以 ppm（page per minute，每分钟页数）计量，它指用 A4 幅面打印各色碳粉覆盖率为 5%的情况下每分钟打印的页数。由于每页的打印量并不完全一样，因此 ppm 只是一个平均数字打印速度指标。目前激光打印机市场上，普通产品的打印速度可以达到 35ppm，而那些高价格、好品牌的激光打印机的打印速度可以超过 80ppm。不过，激光打印机的最终打印速度还可能受到其他一些因素的影响。例如，激光打印机的数据传输方式、激光打印机的内存大小、激光打印机驱动程序和计算机的 CPU 性能，都可以影响激光打印机的打印速度。

喷墨打印机的 ppm 值通常表示的是该打印机在处理不同打印内容时可以达到的最大处理速度。影响喷墨打印机的打印速度的最主要因素就是喷头配置，特别是喷头上的喷嘴数目，喷头的数量越多，喷墨打印机完成打印任务需要的时间就越短。

应当注意，打印速度有两种不同的含义：一是指打印机可以达到的最高打印速度；二是打印机在持续工作时的平均输出速度。不同款式的打印机在打印说明书上所标明的 ppm 值可能所表示的含义不一样，所以在挑选打印机时，一定要向销售商确认一下，产品说明书上所标明的 ppm 值是什么含义。

4. 打印成本

打印成本主要考虑打印所用的纸张价格、墨盒或者墨水的价格，以及打印机自身的购买价格等。

5. 打印噪声

与激光打印机相比，喷墨打印机"天生"有一种缺陷，那就是打印机在工作时会发出噪声，如果不希望自己在工作时受到喷墨打印机"刺耳"噪声的骚扰，那就必须考虑该指标的大小。该指标的大小通常用分贝来表示。

6. 打印机内存容量

打印机内存容量是表示打印机能存储要打印的数据的存储量，如果打印机内存容量不足，每次传输到打印机的数据就很少。这时，一页一页地打印或分批打印少量文档尚可，若打印文档容量较大，在打印过程中往往会出现正常打印前几页后，就有数据丢失等现象出现。如果想提高打印速度、提升打印质量就需要增加打印机内存。目前主流打印机的内存为 2～32MB，高档打印机的内存可达到 128MB。随着打印产品的发展，打印机的内存也会逐步提高，以适应不同环境的打印需求。

3.3.3 喷墨打印机

喷墨打印机的实质是喷色。所喷之色可以是固体形式，也可以是液体形式。目前大量使用的是液体喷色——液体喷墨。

喷墨打印机在打印图像时，打印机喷头在快速扫过打印纸的过程中，其上面的大量（一般都有 48 个或 48 个以上）喷嘴就会喷出大量小墨滴，组成图像中的像素。由于除了墨滴的大小以外，墨滴的形状、浓度的一致性都会对图像质量产生重大影响，因此墨滴的喷射控制是喷墨打印机的关键技术环节。目前广泛采用的液体喷墨技术有气泡喷墨技术与压电喷墨技术。

1. 气泡喷墨技术

气泡喷墨技术也称热发泡喷墨技术或热喷墨打印技术，其基本原理是通过墨水在短时间内的加热、膨胀、压缩，将墨水喷射到打印纸上形成墨点，增加墨滴色彩的稳定性，实现高速度、高质量打印。图 3.8 表明热喷墨打印技术的工作原理。

（1）气泡喷墨技术利用薄膜电阻器，在墨水喷出区中将小于 5pL（皮升）的墨水瞬间加热至 300℃以上，形成无数微小气泡。

（2）气泡以极快的速度（小于 10ms）聚为大气泡。

（3）气泡扩展，迫使墨滴从喷嘴喷出。

（4）气泡再继续成长数微秒，便消逝回到电阻器上，使喷嘴的墨水缩回。

（5）表面张力产生吸力，拉引新的墨水补充到墨水喷出区准备下一次的循环喷印。

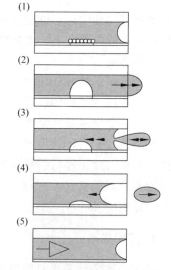

图 3.8　热喷墨打印技术的工作原理

由于接近喷嘴部分的墨水被不断加热冷却，积累的温度不断上升（至 30～50℃），因此需要利用墨盒上部的墨水循环冷却，但在长时间打印中，整个墨盒里的墨水仍然会保持在 40～50℃。由于热气泡喷印是在较高的温度条件下进行，所以其喷墨必须具有低黏度（约小于 1.5mPa·s）高张力（约大于 40mN/m），以保证长时间持续高速打印。

2. 压电喷墨技术

压电喷墨技术也称微压电喷墨技术，属于常温常压打印技术。如图 3.9 所示，微压电技术把喷墨过程中的墨滴控制分为 3 个阶段。

（1）在喷墨操作前，压电元件首先在信号的控制下微微收缩。

（2）元件产生一次较大的延伸，把墨滴推出喷嘴。

（3）在墨滴马上就要飞离喷嘴的瞬间，元件又会进行收缩，干净利索地把墨水液面从喷嘴收缩。

(a) 收缩：产生稳定大小的墨滴　　　　(b) 推：形成喷射　　　　(c) 收缩：停止喷射

图 3.9　微压电打印技术的工作原理

这样，墨滴液面得到了精确控制，每次喷出的墨滴都有完美的形状和正确的飞行方向。在这个过程中，起关键作用的是放置在打印头喷嘴附近的许多微小的压电陶瓷，压电陶瓷在两端电压变化作用下具有弯曲形变的特性，当图像信息电压加到压电陶瓷上时，压电陶瓷的伸缩振动变形将随着图像信息电压的变化而变化，并使墨头中的墨水在常温常压的稳定状态下，均匀准确地喷出。这种技术有着对墨滴控制能力强的特点，容易实现 1440dpi 的高精度打印质量，且微压电喷墨时无须加热，墨水就不会因受热而发生化学变化，大大降低了对墨水的要求。

3. 彩色喷墨打印机

根据三原色原理，只要装上性质比较稳定的青色、品红色、黄色 3 色墨盒，对不同的点按照不同的比例将 3 种颜色相混合，就可以让每个喷头喷出任何颜色。所以，早期的彩色喷墨打印机采用 3 色墨盒。但人们很快就发现只有这 3 种颜色是不够的，它们虽然可以混合出大部分颜色，但其色彩表现能力很差，其色域的宽广度和人眼的要求更是相差甚远。例如，用这 3 种颜色混合出来的黑色实际上只是一种比较深的色彩，并不是纯正的黑色。于是人们又在 3 色墨盒的基础上加入了黑色墨盒，这样一来就成为了 4 色墨盒，现在市场上的四色打印机就是使用这种 4 色墨盒。

但是四色打印机的表现色彩还不够丰富，其色彩还原能力还是无法和冲印的相片相比，达不到人们对彩色相片的要求。于是人们又在 4 色墨盒的基础上增加了淡品红和淡青色的墨盒，使打印机成为六色打印机。

3.3.4 激光打印机

1. 激光打印机的基本结构

从功能结构上看，激光打印机可分为打印控制器和打印引擎两大部分。打印控制器就是打印机的控制电路，负责接收来自计算机终端或网络的打印命令及相关数据，并指挥打印引擎进行相关动作，属于常规性部件。打印引擎则根据来自打印控制器的命令进行实际的图像打印工作，激光打印机的实际性能更多取决于打印引擎。如图3.10所示，打印引擎主要包括感光鼓（Drum，也称硒鼓）、激光发生器、反射棱镜、碳粉盒、走纸机构、加热辊，此外还有两个元件图上没有画出：充电装置和放电装置。

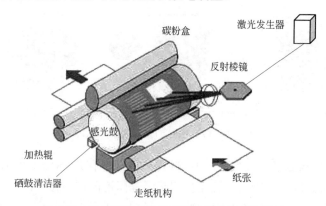

图3.10 激光打印机打印引擎的组成与工作原理

2. 硒鼓的工作过程

在激光打印机的打印引擎中，最核心的部件是硒鼓，它是一个表面涂有硒-碲（Se-Te）无机光敏半导体材料的铝圆筒。下面结合图3.10，用图3.11介绍硒鼓的工作过程。

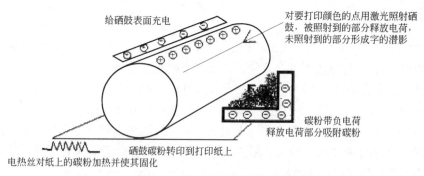

图3.11 激光打印机硒鼓的工作过程

（1）硒鼓开始工作，充电装置形成的电场，使硒鼓表面充有正电荷，碳粉带有负电荷。

（2）打印机的控制器用要打印的图案控制激光信号，有图案处不产生激光，无图案处产生激光。这些带有图案信息的激光束照射在硒鼓上，被照射到的区域的光导层内载流子密度迅速增加，电导率急速上升，形成光导电压，电荷迅速消失；没有照射到的地方保留正电荷，由正电荷形成字的潜影。这个过程称为"曝光"。

（3）带负电荷的碳粉在周围电压作用下，吸附在硒鼓有正电荷的区域。这个过程称为"显影"。

（4）当带负电的碳粉随着硒鼓转到打印纸附近时，纸的后面放置的电极放正电，由于电压高达 500～1000V，静电吸引力便使纸紧贴在光导板上，带负电荷的碳粉即被吸附到纸的表面上。这一过程称为"转印"。

（5）转印之后，需要尽快将纸张与硒鼓相分离。为此，硒鼓同纸的接触部分要很小。为做到这一点，可以采用曲率分离方式。对于较薄的纸张，由于其刚性较差，可能不好分离，因此在转印辊之后又增加了一个"消电装置"（消电极或消电齿，也称分离齿或分离爪）。它的作用是把打印纸和吸附碳粉上的电荷中和，消除极性使其显中性，增加可分离性。

（6）加热辊（或红外线）熔化碳粉，将碳粉固化在纸上。这一过程称为"定影"。

（7）清洁器清理该部分硒鼓上的碳粉，消电器将硒鼓表面已经使用区均匀地充上一层负电荷来消除其表面残留的正电荷，移除和清洁残余潜影，为下一个周期的显影做好准备。

3. 彩色激光打印机的基本原理

彩色激光打印机的基本原理与彩色喷墨打印机相似，如图 3.12 所示，它使用了青（Cyan）、品红（Magenta）、黄（Yellow）、黑（Black）4 种不同颜色的墨粉组成的 CMYK 配色系统，并经过 4 个同样的打印循环将墨粉转印到打印纸上。由于彩色激光打印相当于重复 4 次黑白激光打印的打印过程，它的打印速度理论上只有黑白激光打印的 1/4。

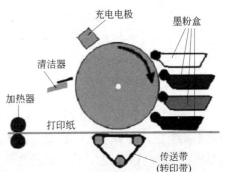

图 3.12 彩色激光打印机结构

3.3.5 3D 打印机

1. 3D 打印与快速成型

3D 打印（3D Printing）实际上属于快速成型（Rapid Prototyping，RP）的一个分支。快速成型技术是一种依靠 CAD 模型数据，在计算机控制与管理下，采用材料精确堆积的方式，即由点堆积成面，由面层叠堆积成三维实体的技术，也称增量制造（Additive Manufacturing，AM）技术。关于它的研究始于 20 世纪 70 年代，但是直到 20 世纪 80 年代末才逐渐出现了成熟的制造设备。

目前国内传媒界不太关注 3D 打印、RP 和 AM 之间的区别，一律称为 3D 打印。这样，便于从喷墨打印机引申出 RP 的层叠堆积概念。

一般 3D 打印需要如下 4 个步骤。

（1）3D 建模。3D 建模有两种方法：一种是用 3D 扫描仪扫描实际物体的外表形状，以采集到的点云数据重建 3D 物体的数字模型；另一种是采用 3D 软件、PRO-E、UG 等，都可以用于建立 3D 模型。

无论使用哪种方法生成的 3D 模型（如 3D 软件生成的 SKP、DAE、3DS 或其他格式）都需要转换成 STL 或 OBJ 这类打印机可以读取的格式。STL（Stereo Lithography Interface Specification）是美国 3D Systems 公司于 1988 年制定的一个接口协议，目前已经被作为 3D 模型的标准文件格式。

（2）对采用 3D 扫描获得的 STL 格式文件进行修正，即对其进行流形错误检查。常见的流形错误包括各表面没有相互连接或是模型上存在空隙等。Netfabb、Meshmixer、Cura 和 Slic3r 都是常见的修正软件。

（3）将 3D 模型转换为一系列薄层切片数据，同时生成数控格式文件，其中包括针对某种 3D 打印机（FDM 打印机）的定制指令。这个过程可以通过一种基于 STL 格式的快速分层软件（如 Skeinforge、Slic3r 和 Cura，不开放源代码的切片程序则有 Simplify3D 和 KISSlicer，3D 打印客户端软件则有 Repetier-Host、ReplicatorG 和 Printrun/Pronterface）自动完成。

（4）3D 打印。3D 打印机读取切片文件中的代码信息，然后通过数控系统指挥打印机逐层打印。打印之后，还需要进行必要的善后处理。有些物体（如悬臂梁之类）在打印的过程中还需要附加打印支撑物，打印输出后必须去除这些支撑物。

2. 快速成型工艺类型

20 世纪 80 年代末 RP 或 3D 打印技术取得突破后，立即进入快速发展中。目前已有十余种不同类型，如分层实体制造（LOM）工艺、光固化成型（SLA 或 AURO）工艺、熔融挤出成型（FDM）工艺、选择性激光烧结（SLS）、三维印刷（3DP）工艺等。其中 SLA 是使用最早和应用最广泛的技术，约占全部快速成型设备的 70%。下面举例介绍其中的几种。RP 实际上是一类机器人技术，所以每种类型往往适合某些材料和工艺。

1）分层实体制造工艺

LOM 工艺适合薄片材料（如纸、塑料薄膜等）的成型。如图 3.13 所示，片材表面事先涂覆上一层热熔胶。加工时，热压辊热压片材，使之与下面已成型的工件黏结；用 CO_2 激光器在刚黏结的新层上切割出零件截面轮廓和工件外框，并在截面轮廓与工件外框之间多余的区域内切割出上下对齐的网格；激光切割完成后，工作台带动已成型的工件下降，与带状片材（料带）分离；供料机构转动收料轴和供料轴，带动料带移动，使新层移到加工区域；工作台上升到加工平面；热压辊热压，工件的层数增加一层，高度增加一个料厚；再在新层上切割截面轮廓。如此反复直至零件的所有截面黏结、切割完，得到分层制造的实体零件。

2）光固化成型工艺

SLA 或 AURO 工艺适合液态光敏树脂的成型。这种液态材料在一定波长（325nm）和强度（30mW）的紫外激光的照射下能迅速发生光聚合反应，分子量急剧增大，材料也就从液态转变成固态。如图 3.14 所示，这种工艺环境是一个盛有液态光敏树脂的容器。加工开始时，升降台与液面平，以后每下降一个层厚，控制激光照射属于产品截面的部分使之固化，直至加工完成。一般层厚在0.1～0.15mm，成型的零件精度较高。多年的研究改进了截面扫描方式和树脂成型性能，使该工艺的加工精度能达到0.1mm，现在最高精度已能达到0.05mm。

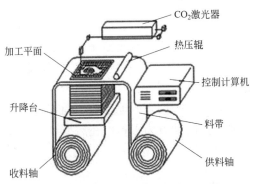

图3.13 分层实体制造工艺的原理图

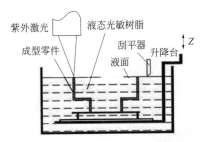

图3.14 光固化成型工艺的原理图

3）熔融挤出成型工艺

FDM工艺适合以丝状供料的热塑性材料（如蜡、ABS、PC、尼龙等）的成型。如图3.15所示，材料在喷头内被加热熔化。喷头沿零件截面轮廓和填充轨迹运动，同时将熔化的材料挤出，材料迅速固化，并与周围的材料黏结。每个层片都是在上一层上堆积而成的，上一层对当前层起到定位和支撑的作用。随着高度的增加，层片轮廓的面积和形状都会发生变化，当形状发生较大的变化时，上层轮廓就不能给当前层提供充分的定位和支撑作用，这就需要设计一些辅助结构——支撑，对后续层提供定位和支撑，以保证成型过程的顺利实现。

4）选择性激光烧结工艺

SLS工艺适合粉末状材料的成型。如图3.16所示，加工时，将材料粉末铺撒在已成型零件的上表面，并刮平；用高强度CO_2激光器在刚铺的新层上扫描出零件截面；材料粉末在高强度的激光照射下被烧结在一起，得到零件的截面，并与下面已成型的部分黏结；当一层截面烧结完后，铺上新的一层材料粉末，选择地烧结下一层截面。

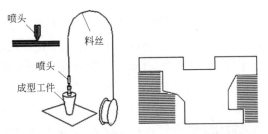

图3.15 熔融挤出成型工艺的原理图

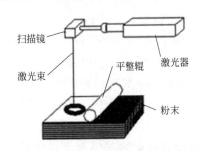

图3.16 选择性激光烧结工艺的原理图

5）三维印刷工艺

3DP 是一种高速多彩的快速成型工艺，与 SLS 工艺类似，适合粉末状材料的成型，如陶瓷粉末、金属粉末。所不同的是材料粉末不是通过烧结黏结起来的，而是通过喷头用黏结剂（如硅胶）将零件的截面"印刷"在材料粉末上面。用黏结剂黏结的零件强度较低，还须后处理。具体工艺过程如图 3.17 所示：上一层黏结完毕后，成型缸下降一段距离（等于层厚：0.013～0.1mm），供粉缸上升一段高度，推出若干粉末，并被铺粉辊推到成型缸，铺平并被压实。喷头在计算机控制下，按下一建造截面的成型数据有选择地喷射黏结剂建造层面。铺粉辊铺粉时多余的粉末被集粉装置收集。如此周而复始地送粉、铺粉和喷射黏结剂，最终完成一个三维粉体的黏结。未被喷射黏结剂的地方为干粉，在成型过程中起支撑作用，且成型结束后，比较容易去除。

链 3.1　4D 打印

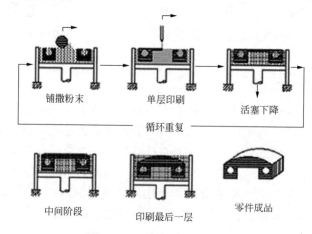

图 3.17　三维印刷原理图

6）三维生物打印机

三维生物打印机（3D Bio-Printer / 3D Biology Printer，3DBP）是 3D 打印在生物工程领域的应用技术。与其他 3D 打印不同之处在于，它不是利用一层层的塑料，而是利用一层层的生物构造块，去制造真正的活体组织。所以 3DBP 有两个打印头：一个放置最多达 8 万个人体细胞，被称为生物墨；另一个可打印生物纸。生物纸其实是主要成分是水的凝胶，可用作细胞生长的支架。

3DBP 可以使用来自患者自己身体的细胞，以免在进行器官"移植"时产生排异反应。目前这一技术尚处于初级阶段，但是其进展异常迅速。据国外媒体 2010 年 6 月 6 日报道，美国 Organovo 公司研制出了一台可以"按需打印"患者所需的人体活器官的机器。媒体 2013 年 8 月 7 日报道了中国杭州电子科技大学等高校的科学家们使用生物医用高分子材料、无机材料、水凝胶材料或活细胞，已在 3DBP 上成功打印出较小比例的人类耳朵软骨组织、肝脏单元等。2015 年 4 月 1 日全球领先的三维生物打印技术公司 Organovo 在波士顿的实验生物学会议上公布了世界上第一个 3DBP 全细胞肾组织的数据。此外，中国清华大学孙伟教授和美国费城德雷塞尔大学的机械工程教授合作，也在可控条件下用 3DBP 来快速制造胚体方面取得突破。

3.4 显 示 器

显示器是将各种电信号变为视觉信号的一种设备，是计算机给人传送信息的有效设备之一。计算机系统中的显示器种类很多。早先显示器主要采用的阴极射线管（Cathode Ray Tube，CRT）显示器。这种显示器用一个电子束密集地对荧光屏进行高速逐行扫描，通过对电子束的扼制，控制荧光屏上的各点的隐或现，在荧光屏上显示字符或图形。CRT 显示器具有清晰度高、实时性好、可进行动态显示等优点；缺点是体积大、笨重、耗电多、需要高压供电，还对人有一定辐射。现在 CRT 显示器已经被等离子显示板（Plasma Display Panel，PDP）、液晶显示器（Liquid Crystal Display，LCD）和发光二极管（Light Emitting Diode，LED）显示器所取代。这些显示器与 CRT 显示器的大块头相比，纵向尺寸大大缩小，外形呈平板，统称平板显示器（严格地说是显示屏对角线的长度与整机厚度之比大于 4∶1 的显示器）。

3.4.1 平板显示器的基本原理

1. LCD 的原理

LCD 的原理与两个概念有关：偏振光和液晶。

1）自然光与偏振光

光是一种电磁波，电磁波是横波，如图 3.18 所示，其电振动矢量 E 和磁振动矢量 H 都与传播方向 v 垂直。简单地说，光波的振动方向（称为光矢量）与传播方向相垂直。

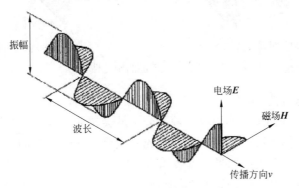

图 3.18　光波的性质

自然光的振动方向是各项统计均匀的，即自然光的光波矢量在其传播方向上做无规则取向。它们的总和与光的传播方向是对称的，即光矢量具有轴对称性、均匀分布、各方向振动的振幅统计相同。相对于自然光，偏振光（Polarized Light）就是振动方向对于传播方向具有不对称性的光。如果光的振动面只限于某一固定方向，则将其称为平面偏振光或线偏振光或完全偏振光，并简称偏振光。

如图 3.19 所示，自然光通过某个光学元件后转换成某种形式的偏振光，这种元件称为起偏振器，简称偏振镜。它们是利用反射与折射、双折射和二向色性（或称为选择吸收）的原理，使可以投影到透射轴上的光波通过，将不能投影到透射轴上的光波吸收。

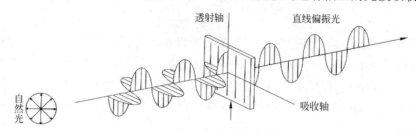

图 3.19　自然光转换为偏振光

显然，一束偏振光，能通过偏振镜的程度决定其光矢量与偏振镜的透射轴的角度。在极端情况下，若其光矢量与偏振镜的透射轴的方向一致，则可以完全通过；若其光矢量与偏振镜的透射轴的方向垂直，则完全不能通过。

2）液晶及其旋光性

如图 3.20 所示，液晶显示器包含了两层透射轴相垂直的偏光板，中间夹着一层厚 5μm的均匀液晶（Liquid Crystal，LC）材料。

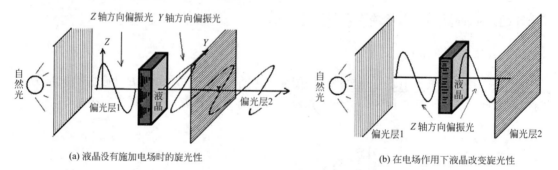

(a) 液晶没有施加电场时的旋光性　　　　　　　　　(b) 在电场作用下液晶改变旋光性

图 3.20　液晶的旋光性

液晶既具有固态特性，也具有液态特性，液晶分子呈细长条，具有旋光性——受电场、磁场、温度、应力等外部条件作用时，液晶分子就会扭曲，改变光的振动方向。这样，在某一像素点上，通过偏光层 1 所得到的偏振光，能通过偏光层 2 的程度，就与该像素点位置的液晶旋光性的改变有关：如果该点液晶的旋光性不被改变，它就将通过偏光层 1 的偏振光旋转 90°，可以完全通过偏光层 2，如图 3.20（a）所示；如果该点液晶的旋光性不被改变 90°，它就会将通过偏光层 1 的偏振光保持不变，使其完全被偏光层 2 吸收，如图 3.20（b）所示。这样，根据图像要求控制每像素点上的液晶的电压，就可以控制通过的光线的强弱。

在彩色 LCD 面板中，每像素都由 3 个液晶单元格构成，每个单元格前面都分别有红色、绿色或蓝色的过滤器。这样，通过不同单元格的光线就可以在屏幕上显示出不同的颜色。

3）液晶类型

液晶显示器中使用的液晶有如下 4 种。

（1）扭曲向列型（Twisted Nematic，TN）。

（2）超扭曲向列型（Super TN，STN）。

（3）双扫描交错型（Dual-Scan Twisted Nematic，DSTN）。

（4）薄膜晶体管（Thin Film Transistor，TFT）。

它们的原理和结构不尽相同，上述仅仅是一个大概。但是，不管是哪一种液晶显示器，它们都是受光型显示器，即液晶不能发光，要利用另外的光源提供自然光——通常是利用日光灯管。

2．PDP

PDP 是一种自发光平面显示器。由两块相距几百微米的玻璃板组成，玻璃板中间密布着多个放电小空间，每个放电小空间称为 cell；每个 cell 都是注入氖氩气体或水银气体的真空玻璃管，加高电压后，使气体产生等离子效应，放出紫外线，激励平板显示器上的红绿蓝（RGB）三原色荧光粉发出红绿蓝三原色当中的一色可见光。密布的 cell 明暗和颜色变化组合，可以产生各种灰度和色彩的图像。密封排列着大量的等离子管。

如图 3.21 所示，按照工作方式，PDP 可以分为 DC-PDP（电极与气体直接接触的直流型）、AC-PDP（电极用覆盖介质与气体相隔离的交流型）两大类。AC-PDP 又可以分为对向放电型和表面放电型。其中，表面放电型 AC-PDP 应用最为广泛。

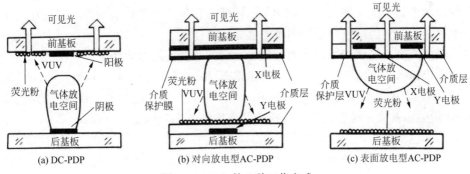

(a) DC-PDP　　　　(b) 对向放电型AC-PDP　　　　(c) 表面放电型AC-PDP

图 3.21　PDP 的 3 种工作方式

3．LED 显示器

LED 显示器（LED Display，LED Screen）又称电子显示器。显然，它也是一种自发光型显示器。如图 3.22 所示，它由 LED 点阵和 LED PC 面板组成，通过红色、蓝色、白色、绿色 LED 灯的亮灭来显示文字、图片、动画、视频。常常采用把几种能产生不同基色的 LED 管芯封装成一体，每像素由若干个各种单色 LED 组成，常见的成品称为像素筒，双色像素筒一般由 2 红 1 绿组成，三色像素筒由 1 红 1 绿 1 蓝组成。

无论用 LED 制作单色、双色还是三色显示屏，欲显示图像就需要构成像素的每个 LED 的发光亮度都必须能调节，其调节的精细程度就是显示屏的灰度等级。灰度等级越高，显

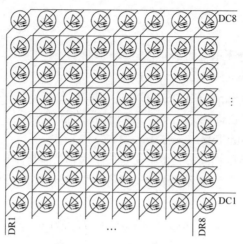

图 3.22　LED 显示器的原理

示的图像就越细腻，色彩也越丰富，相应的显示控制系统也越复杂。一般 256 级灰度的图像，颜色过渡已十分柔和，而 16 级灰度的彩色图像，颜色过渡界线十分明显。所以，彩色 LED 显示屏当前都要求做成 256～4096 级灰度的。

现在，LED 显示器中主要使用有机发光二极管（Organic Light Emitting Diode，OLED）。

3.4.2　图像显示关键技术

1. 图像增强处理

图像显示器除了能存储从计算机输入的图像并在屏幕上进行显示外，还具有灰度变换、窗口技术、真彩色和伪彩色显示等图像增强处理功能。

（1）灰度变换。可使原始图像的对比度增强或改变的技术方法。

（2）窗口技术。在图像存储器中，每像素有 2048 级灰度值（11 位），而人的肉眼一般只能分辨 40 级。但是如果从 2048 级中开一个小窗口，并把这一窗口范围内的灰度取出，变换为 64 级显示灰度，可以使原来被掩盖的灰度细节充分地显示出来。

（3）真彩色和伪彩色显示。真彩色指真实图像色彩显示，是一种色还原技术，电视即属这一类。肉眼对黑白的分辨只有几十级，但可以分辨出上千种颜色。利用伪彩色处理技术可以人为地对黑白图像进行染色，如把水的灰度染为蓝色、把植被的灰度染为绿色，把土地的灰度染为黄色等，使图像增强。

2. 图像几何处理

图像显示器除了具有上述图像增强处理功能外，还具有以下图像几何处理功能。

（1）图像放大。对图像可进行 2、4、8 倍放大。

（2）图像分割或重叠。可在 CRT 显示器的局部范围显示一幅图像的部分或全部，或进行图像重叠。

（3）图像滚动。图像滚动是使图像显示的顺序发生变化，进行水平和垂直两个方向滚动。

3．三维光影处理

（1）渲染。在画国画时，渲染是指用水墨或淡色涂抹以加强艺术效果。在计算机图形学中，渲染就是将三维物体或三维场景的描述转化为一幅二维图像，生成的二维图像能很好地反映三维物体或三维场景，包括顶点（决定3D图形空间位置的点）渲染、像素渲染等。

（2）光栅化。在计算机图形学中，三维图像骨架都被描述成一系列的三角形或多边形。为了进行图形显示，需要把每个矢量图形转换为一系列像素点，这个过程称为光栅化。例如，一条数学表示的斜线段，最终被转化成阶梯状的连续像素点。

（3）光照计算。包括顶点光照计算和逐像素光照计算。

（4）光线追踪（Ray Tracing），又称光迹追踪或光线追迹。它是三维计算机图形学中的特殊渲染算法，跟踪从眼睛发出的光线而不是光源发出的光线，例如经由场景的反射光、透射（折射）光、漫射光等。由于从光源发出的光线有无穷多条，因此直接从光源出发对光线进行跟踪的计算工作量非常大，很难完美表现。

3.4.3 平板显示器的技术指标

1．点距、分辨率和可视面积

显示屏幕上相邻两个像素中心点之间的距离称为显示器的点距（Dot Pitch）。目前市场上显示器的点距（也称像素点的直径）有0.21mm、0.25mm、0.28mm、0.31mm和0.39mm等几种，其中以0.28mm的较多。点距越小图像的清晰度越高。

显示屏幕的像素点数目称为该显示器的空间分辨率。它是与点距和屏幕大小都有关的一项指标，表示了显示器的相对清晰度。同样的屏幕，点距越小，分辨率越高；同样的点距，屏幕越大，分辨率越高。例如，对点距为0.31mm，每英寸（1英寸=2.54厘米）有80个像素点，则12英寸屏幕的空间分辨率为640×480像素，14英寸屏幕的空间分辨率为800×600像素，16英寸屏幕的空间分辨率为1024×768像素。

一个显示屏幕的分辨率可以用软的或硬的方法在一定范围内进行设置。在最高分辨率下，一个发光点对应一像素。如果设置低于最高分辨率则一像素可能覆盖多个发光点。

2．灰度等级

每像素可以有不同的灰度和颜色。灰度和颜色也称显示器的颜色分辨率，要用二进制数控制。灰度也就是色阶或灰阶，是指亮度的明暗程度。对于数字化的显示技术而言，灰度是显示色彩数的决定因素。一般灰度越高，显示的色彩越丰富，画面也越细腻，更易表现丰富的细节。它主要取决于系统的A/D转换位数。灰度虽然是决定色彩数的决定因素，但并不是说无限制越大越好。因为首先人眼的分辨率是有限的，再者系统处理位数的提高会牵涉系统视频处理、存储、传输、扫描等各个环节的变化，成本剧增，性价比反而下降。一般民用或商用级产品可以采用8位系统，广播级产品可以采用10位系统。

为了表达显示器的空间分辨率和颜色分辨率，就要求有一定的显示存储量。如理论上对1024×768像素的空间分辨率，用3位二进制数表示的颜色等级，需要的显示存储器（简称显存）为1024×768×3b≈288KB。

3. 亮度鉴别等级与对比度

亮度是人眼所感觉到的颜色的明暗程度。对 LCD 来说，其亮度指光源通过液晶透射出的光强度，单位是坎（cd/m^2）。一般 LCD 的亮度为 300cd/m^2。

亮度鉴别等级是指人眼能够分辨的图像从最黑到最白之间的亮度等级。前面提到显示屏的灰度等级有的很高，可以达到 256 级甚至 1024 级。但是由于人眼对亮度的敏感性有限，并不能完全识别这些灰度等级。也就是说可能很多相邻等级的灰度人眼看上去是一样的。此外，眼睛分辨能力每人各不相同。对于显示屏，人眼识别的等级自然是越多越好，因为显示的图像毕竟是给人看的。人眼能分辨的亮度等级越多，意味着显示屏的色空间越大，显示丰富色彩的潜力也就越大。亮度鉴别等级可以用专用的软件来测试，一般显示屏能够达 20 级以上就算是比较好的等级了。

对比度是显示屏幕上最亮处与最暗处亮度的比值。人眼可分辨的对比度约为 100∶1，当显示器的对比度超过 120∶1 时，才可以给人以生动、丰富的感觉。目前 LCD 的对比度已经可以超过 80 000∶1。

4. 可视角度

可视角度指人能清晰地看见屏幕图像的最大角度。目前，LCD 的可视角度可以达到 170°，但其又分水平可视角度和垂直可视角度，其水平可视角度左右对称，垂直可视角度则上下不对称。CRT 显示器的可视角度可以达到 180°，其上下、左右对称。

5. 响应时间

响应时间是用来表示 LCD 的像素点对输入信号的反应速度，也就是液晶由暗转亮（上升）到由亮转暗（下降）所需的时间，单位是 ms。响应时间是上升时间和下降时间之和。响应时间超过 40ms，就会出现拖尾现象。现在大多数 LCD 的响应时间为 2～8ms。

6. 坏点与像素失控率

坏点是指显示屏的最小成像单元（像素）工作不正常（失控）。坏点有两种模式：一是盲点——在需要亮的时候它不亮；二是亮点——在需要不亮的时候它反而一直在亮着。一般地，像素的组成有 2R1G1B（2 个红灯、1 个绿灯和 1 个蓝灯，下述同理）、1R1G1B、2R1G、3R6G 等，而失控一般不会是同一像素里的红、绿、蓝灯同时全部失控，但只要其中一个灯失控，即认为此像素失控。在 LCD 中，"红点""蓝点""绿点" 3 个单元都破坏，则称其为"亮点"。依显示器盲点和亮点的数量，可以将显示器分为如下等级。

AA 级：没有坏点。

A 级：盲点在 3 个以下，亮点不超过 1 个且不在屏幕中部。

B 级：盲点在 3 个以下，亮点不超过 2 个且不在屏幕中部。

C 级：盲点在 5 个以下，亮点不超过 3 个且不在屏幕中部。

失控的像素数占全屏像素总数之比，称为整屏像素失控率。为简单起见，可以按显示屏的各基色（即红、绿、蓝）分别进行失控像素的统计和计算，取其中的最大值作为显示屏的像素失控率。

7. 屏幕比例

屏幕比例是其宽度与高度之比。目前标准的屏幕比例是 4∶3（1.33）和 16∶9（1.78），笔记本计算机的屏幕比例多为 15∶9 和 16∶10。

8. 接口标准

接口可以分为模拟接口和数字接口两大类。液晶显示器的数字接口标准有 D-Sub（VGA）、LVDS、TDMS、GVIF、P&D、DVI 和 DFP 等。其中 DVI（Digital Visual Interface）既可以传输数字信号也可以传输模拟信号。

3.4.4　触摸屏

触摸屏是一种能对物体的接触或靠近产生反应的定位设备。根据采用技术的不同，触摸屏分为电阻式、电容式、表面超声波式、扫描红外线式和压感式 5 类。

1. 单点触摸屏技术

单点触摸屏技术是最初的触摸屏技术。如图 3.23 所示，电阻式触摸屏的屏幕部分是一块多层复合薄膜——最内是一层玻璃（或有机玻璃）基层，最外是一层外表面经过硬化处理、防刮、光滑的塑料层；中间是用许多细小（小于 1/1000 英寸）的透明绝缘支点相隔的两层 ITO 导电层（ITO，氧化铟，透明的导电电阻）。当手指或其他物体碰触触摸屏时，两层 ITO 连通，电阻改变，而控制器根据阻值的变化来计算检出点的坐标位置。

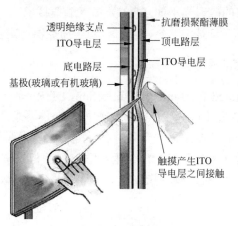

图 3.23　电阻式触摸屏的原理

电容式触摸屏是在显示屏幕上加一个在里面涂有金属层的玻璃罩。当用户触摸表面时，与电场建立了电容耦合，在触摸点产生小的电流到屏幕的 4 个角，根据 4 个电流的大小可计算出触摸点的位置。

表面超声波式触摸屏有一个透明的玻璃罩，在 X 与 Y 轴方向都有一个发射和接收压电转换器及一组反射器条，触摸屏控制器发送 5MHz 触发信号给发射转换器，它转换成表面超声波，超声波在屏幕表面传播。当用手指触摸屏幕时，在特定位置上超声波被吸收，使接收信号变化，经控制分析和数字转换化为 X 和 Y 坐标。

总之，任何一种触摸屏，都是通过一种物理现象测试人手指触及的屏幕上点的位置，进而通知 CPU 对此做出反应。由于物理原理不同，而体现出不同的应用特点和适用环境。例如，电阻式触摸屏能防尘、防潮，并可戴手套触摸，适用于饭店、医院等；电容式触摸屏亮而清晰，也能防尘、防潮，但不可戴手套触摸且易受温度、湿度变化的影响，适用于游戏机、公共信息查询；表面超声波式触摸屏透明、坚固、稳定，不受温度、湿度变化的影响，是一种抗恶劣环境设备。

2. 多点触摸及其分类

多点触摸（Multi-Touch）也称多点触控、多重触控、多点感应、多重感应等，它实现了一个触摸屏（屏幕、桌面、墙壁等）或触控板同时接收来自屏幕上多个点的输入信息，即可以同时在同一显示界面上完成多点或多用户的交互操作，而且响应时间非常短——小于 0.1s。它摒弃了键盘、鼠标的单点操作方式。用户可通过双手进行单点触摸以及单击、双击、平移、按压、滚动以及旋转等不同手势触摸屏幕，实现随心所欲操控。

多点触摸可以通过不同的技术实现。这些技术大体有如下几种。

（1）基于光学的技术。

① 由 Jeff Han 教授开创的受抑内全反射（FTIR）多点触摸技术。

② 微软 Surface 采用的背面散射光（Rear-DI）多点触摸技术。

③ 由 Alex Popovich 提出的激光平面（LLP）多点触摸技术。

④ 由 Nima Motamedi 提出的发光二极管平面（LED-LP）多点触摸技术。

⑤ 由 Tim Roth 提出的散射光平面（DSI）多点触摸技术。

（2）其他技术。包括声波器、电容、电阻、动作捕捉器、定位器、压力感应条等。

3. 受抑内全反射技术的原理

受抑内全反射（Frustrated Total Internal Reflection，FTIR）是一种代表性多点触摸技术。如图 3.24 所示，它由 LED 发出的光束从触摸屏截面照向屏幕表面后，将产生反射。如果屏幕表层是空气，当入射光的角度满足一定条件时，光就会在屏幕表面完全反射。但是如果有个折射率比较高的物质（例如手指）压住丙烯酸材料面板，屏幕表面全反射的条件就会被打破，部分光束透过表面，投射到手指表面。凹凸不平的手指表面导致光束产生散射（漫

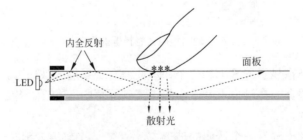

图 3.24　受抑内全反射技术原理

反射），散射光透过触摸屏后到达光电传感器，光电传感器将光信号转变为电信号，系统由此获得相应的触摸信息。

3.5 虚拟现实、增强现实与现实虚拟

3.5.1 虚拟现实

1. 虚拟现实及其特征

虚拟现实（Virtual Reality，VR）也称灵境技术或人工环境，是利用计算机模拟产生一个三度空间的虚拟世界，让人有一种身临其境的感觉。

美国科学家 Burdea G 和 Philippe Coiffet 曾在 1993 年世界电子年会上发表的 *Virtual Reality Systems and Applications* 一文中将虚拟现实技术的基本特征概括为 3I：交互性（Interactivity）、沉浸感（Immersion）和想象力（Imagination）。

（1）Interactivion。即虚拟现实系统要能与人以自然方式进行交互，例如，人可以用声音以及眼球和肢体动作自然地发出请求，而系统可以用人习惯的自然语言、光线、触觉等进行反馈。

（2）Immersion。沉浸感又称临场感，指用户能感受到作为主角存在于虚拟环境中的真实程度。虚拟现实技术根据人类的视觉、听觉的生理或心理特点，由计算机产生逼真的三维立体图像；用户戴上头盔显示器和数据手套等交互设备，便可将自己置身于虚拟环境中，使自己由观察者变为身心参与者，成为虚拟环境中的一员。一般来说，沉浸感来自多感知性（Multi-Sensory）和自主性（Autonomy）。

人在这样的环境中所感知到的不是只有屏幕和音响所发出的视觉和听觉感知，还有力觉感知、触觉感知、运动感知，甚至包括味觉感知、嗅觉感知等。并且这众多的组合是有机的、综合的。这样的虚拟现实应该具有人所具有的多种感知功能。

自主性是指虚拟环境中物体依据物理定律做出动作的程度，它要求作为环境的虚拟物体在独立活动、相互作用或与用户交互作用中，与人的接收器官动态配合，与用户的生活经验一致，以使用户产生身临其境的感觉。

（3）Imagination。想象力指在虚拟环境中，用户可以根据所获取的多种信息和自身在系统中的行为，通过联想、推理和逻辑判断等思维过程，随着系统的运行状态变化对系统运动的未来进行想象，以获取更多的感知，认识复杂系统深层次的运动机理和规律性。

2. 虚拟现实系统的组成

一个计算机 VR 系统，可以分解为 3 个独立的又相互联系的感觉引导子系统：视觉子系统、听觉子系统和触觉/动觉子系统。这 3 个子系统由虚拟环境产生器进行控制、协调，如图 3.25 所示。

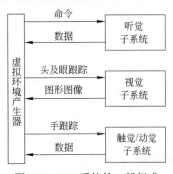

图 3.25 VR 系统的一般组成

1）虚拟环境产生器

虚拟环境产生器实质上是一个包括虚拟世界数据库的高性能计算机系统。该数据库包含了虚拟环境中对象的描述以及对象的运动、行为及碰撞作用等性质的描述。虚拟环境产生器的另一作用是生成图像。这些图像的生成必须在最短的时间延迟内考虑参与者头部的位置和方向。虚拟环境产生器内的任何通信延迟都必将表现为视觉的滞后。如果这种滞后可以感知，在某种条件下会使参与者产生眩晕的感觉。

2）视觉子系统

视觉是人类用于接收信息的主要器官，是一个具有双眼坐标定位功能的自然序列：人的两只眼睛同时看到周围世界的同一个窗口，但由于两眼位置上的差别，在视网膜上各自生成略有差别的两幅图像，这两幅图像通过大脑，被综合成一个含有景物深度的立体图像。

目前，VR 技术中最重要的一项技术是大视场双眼体视显示技术。VR 体视显示技术用以下两种方案解决这一问题：一种是用两套主机分别计算并驱动对应左右眼的两个显示器；另一种是用一套主机分时地为左右眼产生相应的图像。目前，VR 显示装置的主流是头盔式显示器。图 3.26 为一种头盔显示器。

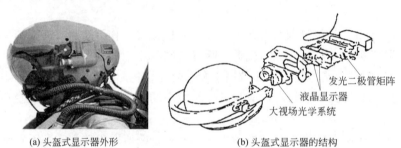

(a) 头盔式显示器外形　　　　　　(b) 头盔式显示器的结构

图 3.26　头盔显示器

对于 VR 显示系统有如下要求。

（1）要能在显示屏上产生清晰、逼真的图像。

（2）要求大视场。Kalawsky 指出，一个 VR 显示系统中，视场角的最小极限是：视场水平角不小于 110°，垂直角不小于 60°，重叠影像的体视角不小于 30°。

（3）要求能进行头及眼跟踪，以根据人的注意力（视线）调整图像。

3）听觉子系统

听觉器官是人除了视觉器官外的另一个重要感觉器官。VR 的听觉子系统主要由声音合成、3D 声音定域和语音识别组成，以给虚拟环境中的用户一个真实的声音环境。通常，听觉子系统也安装在头盔显示器上。

（1）声音合成。声音合成是 VR 系统中十分必要的组成部件，用于发出人的听觉系统能够接收的语言和其他声响。

（2）3D 声音定域。为造成逼真的声音环境，就要使参与者能通过两耳因位置不同，所接收的声波的时差等，分辨出声源与自己的相对位置；即使参与者在头部运动时，也能感觉这种声音保持在原处不变。为了达到这种效果，声音定域系统必须考虑参与者两个"耳廓"的高频滤波特性。参与者头部的方向对于正确地空间化声音信号是很重要的。因此，虚拟环境产生器要为声音定域装置提供头部的位置和方向信号。

（3）语音识别。语音识别子系统包括声纹识别（Voiceprint Recognition，VPR）和内容识别等。声纹识别也称说话人识别（Speaker Recognition），分为两类，即说话人辨认（Speaker Identification）和说话人确认（Speaker Verification）。

4）触觉/动觉子系统

为了增强虚拟环境中身临其境的感觉，必须给参与者提供一些诸如触觉等方面的生理反馈。触觉反馈是指 VR 系统必须提供所能接触到的物体的触觉刺激，如物体表面纹理甚至包括触摸的感觉等。参与者感觉到物体的表面纹理等时，同时也感觉到运动阻力。当然，毫无疑问 VR 系统中的触觉/动觉反馈是很难实现的。一旦实现，将极大地增强虚拟存在的感受。目前触觉/动觉子系统中一个重要的部分是手跟踪和手势跟踪。它的一个已经实用化的设备是数据手套（Data Glove），如图 3.27 所示。

(a) 数据手套外形　　　　　　　　　(b) 数据手套结构

图 3.27　　数据手套

数据手套的机理主要依靠纤细的光纤和光线的直线传播特性。它选用非常适合屈伸的材料制成。对每个手指都有一根光纤从手腕出发，经指尖绕回再到手腕处的光纤；一端装有光信号源（LED），另一端装有测量光通量的光传感器件。在指关节处光纤表面切有微小的豁口，当手指弯曲时豁口裂开有光通量漏掉。当人戴上手套后手指伸直时，由于光线的直线传播几乎能获得 100% 的输出光量，一旦手指弯曲则光量随弯曲程度而衰减。这种光量的变化，在控制器里由模/数（A/D）变换器转换成数字量，向主计算机传送，做计算、解释。

目前，数据手套暂时只能输入手势语言信息，当人情不自禁地去"触摸"或"抓放"一个物体时，数据手套便可以把这些手势信息转入（反馈到）虚拟环境产生器中。当然，为了反映手在"抓摸"时的用力情况，还应有压力反馈，这个问题目前正在解决。

3.5.2　增强现实

增强现实（Augmented Reality，AR）技术就是把原本在现实世界的一定时间、空间范围内很难体验到的实体信息（视觉信息、声音、味道、触觉等），通过计算机等技术模拟仿真后再叠加，将虚拟的信息应用到真实世界，被人类感官所感知，从而达到超越现实的感官体验。也就是说增强现实技术，不仅展现了真实世界的信息，而且将虚拟的信息同时显示出来。如图 3.28 所示，两种信息相互补充、合成、叠加、反应，呈现了在一般情况下、不同于人类可以感知的信息。

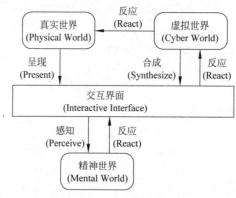

图 3.28　增强现实的概念结构

增强现实的产生得益于 20 世纪 60 年代以来计算机图形学技术的迅速发展，实际上计算机图形学领域的虚拟现实技术就是 AR 技术的前身。AR 技术不再仅仅局限于在视觉上对真实场景进行增强，实际上任何不能被人的感官所察觉但却能被机器（各种传感器）检测到的信息，通过转化，以人可以感觉到的方式（图像、声音、触觉和嗅觉等）叠加到人所处的真实场景中，都能起到对现实的增强作用。

由于增强现实在虚拟现实与真实世界之间的沟壑上架起了一座桥梁。所以，在军事、医学、机械、设计、娱乐等领域有良好的应用前景，正受到越来越广泛的重视。

增强现实系统的核心技术主要有显示技术、注册技术和交互技术。

1. 增强现实的显示技术

视觉通道是人类与外部环境之间最重要的信息接口，人类从外界所获得的信息有近80%是通过眼睛得到的。所以，增强现实系统中的头盔显示技术就十分关键。目前普遍采用的透视式头盔显示器（Head-Mounted Displays，HMD），包括基于光学原理的穿透式（Optical See-through）HMD 和基于视频合成技术的穿透式（Video See-through）HMD。

如图 3.29 所示，视频透视式增强现实系统通过一对安装在用户头部的摄像机，摄取外部真实环境的景象，计算机通过计算处理，将所要添加的信息或图像信号叠加在摄像机的视频信号上。由于使用者看到的周围真实世界的场景是由摄像机摄取的。因此，图像经过计算机的处理，不产生虚拟物体在真实场景中的游移现象，并且图像显示会有迟滞现象，在处理过程中可能会丢失一些细节。

光学透视式增强现实系统实现方案如图 3.30 所示。在这种增强现实系统中，使用者对周围环境的感知是依靠自己的眼睛来获取的，所以所获得的信息比较可靠和全面，然而正是由于人类的视觉系统在细节判别能力方面相当卓越，所以很小的定位注册误差就会被注意到；但它同时也存在着定位精度要求高、延迟匹配难、视野相对较窄和价格高等不足。

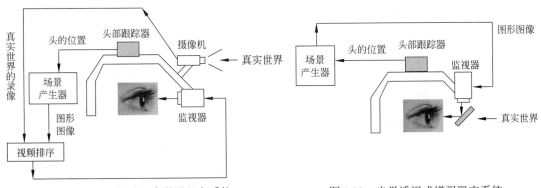

图 3.29　视频透视式增强现实系统　　　　图 3.30　光学透视式增强现实系统

Google 秘密实验室已经开发了一种新型智能型眼镜，该眼镜还有一个前置摄影机，可以监测环境和覆盖信息的位置。眼镜将摄像机收集到的信息数据发送至云端后分享所在位置，便可实时搜索图像，同时还可以用于显示与画面相关的天气、位置、朋友、消费项目等信息。

2. 增强现实的注册技术

为了达到增强现实虚实无缝融合，三维注册起着重要的作用。而三维跟踪注册精度是衡量 AR 系统性能、影响其实用性的关键指标。

注册误差可分成两大类：静态注册误差和动态注册误差。当用户的视点与真实环境中的物体均保持静止时，系统产生的误差称为静态注册误差。只有当用户的视点或环境中的物体发生相对运动时才会出现的误差称为动态注册误差。动态注册误差是造成增强现实系统注册误差的主要来源，也是限制增强现实系统实现广泛应用的主要因素。

目前增强现实的研究中主要采用以下两种三维注册方法。

（1）基于跟踪器（Tracing）的三维注册技术。常用的跟踪设备包括机电式跟踪器、电磁式跟踪器、声学跟踪器、光电跟踪器、惯性跟踪器和全球卫星定位系统等。

（2）基于视觉（Vision）的三维注册技术。基于视觉的三维注册技术是目前占主导地位的跟踪技术。主要通过给定的一幅图像来确定摄像机和真实环境（Real Environment，RE）中目标的相对位置和方向。

3. 增强现实的交互技术

交互技术是增强现实中与显示技术和注册技术密切相关的技术，满足了人们在虚拟和现实世界自然交互的愿望。AR 中虚实物体交互的基本方式有两类：视觉交互与物理交互。视觉交互包括虚实物体相互间的阴影、遮挡、各类反射、折射和颜色渗透等。物理交互包括虚实物体间运动学上的约束、碰撞检测和受外力影响产生的物理响应等。交互本身可以是单向或双向的。

3.5.3 现实虚拟、混合现实与介导现实

1. 现实虚拟

快照是了解现实世界的一种快捷手段。为了帮助人们快速了解客观世界，可以从不同角度获取快照，它们是真实世界的映像。这些由一系列快照组成的、可以与用户互动的虚拟世界称为现实虚拟。一种典型的现实虚拟就是通过 360°全景摄影技术或三维摄影技术，将现实场景原封不动地搬到计算机端或移动端，方便用户查看。图 3.31 为现实虚拟的概念结构。

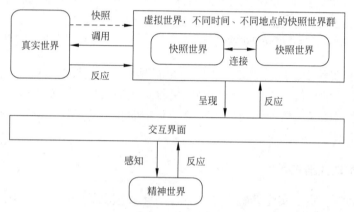

图 3.31　现实虚拟的概念结构

表 3.1 为虚拟现实、增强现实与现实虚拟之间的比较。

表 3.1　虚拟现实、增强现实与现实虚拟之间的比较

比较内容	虚拟现实	增强现实	现实虚拟
系统构建	虚拟世界参照真实世界构建	虚拟世界叠加在真实世界上	虚拟世界是真实世界的快照
真实世界存在性	不存在	存在	不存在
输入信号	100%虚拟信号	大部分真实信号	虚拟信号
用户操控	仅仅沉浸，不可操控	可以操控真实世界	虚拟世界

2. 混合现实与介导现实

混合现实（Mixed Reality）技术是虚拟现实技术的进一步发展，该技术通过在虚拟环境中引入现实场景信息，在虚拟世界、现实世界和用户之间搭起一个交互反馈的信息回路，以增强用户体验的真实感。表 3.2 为虚拟现实、增强现实和混合现实之间的比较。

表 3.2　虚拟现实、增强现实和混合现实之间的比较

功能特性	虚拟现实	增强现实	混合现实
为现实世界场景增添更多信息		是	是
生成并渲染现实世界的全息影像			是
将使用者的感官融入虚拟世界	是		是
完全"替代"现实世界场景	是		

有人把 Mixed Reality 缩写为 MR。但是，可穿戴设备之父——加拿大多伦多大学教授
Steve Mann 把 MR 作为 Mediated Reality（介导现实）的缩写，而把混合现实作为一个阶段
性的概念。Steve Mann 认为，智能硬件最后都会从 AR 技术逐步向 MR 技术过渡。MR 和
AR 的区别在于 MR 通过一个摄像头让人们看到裸眼看不到的现实，AR 只管叠加虚拟环境
而不管现实本身。

从技术实现上来讲，AR 采用的是光学透视技术，在人
的眼球叠加虚拟图像，当叠加的虚拟图像将人眼与现实世界
完全隔绝时就成了虚拟现实，因此 VR 是 AR 的一个子集。

从实现效果来看，MR 可以完美实现 VR、AR。VR、
AR 以及混合现实都是 MR 的子集。图 3.32 描述了 VR、AR
和 MR 之间的集合关系。

从概念上说，MR 与 AR 更为接近，都是一半现实一半
虚拟影像。

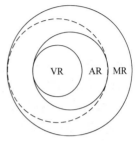

图 3.32　VR、AR 和 MR
之间的关系

从形式上看，VR 是纯虚拟数字画面，包括 AR 在内的混合现实是"虚拟数字画面+裸
眼现实"；MR 则更高一层，可以理解为是"数字化现实+虚拟数字画面"，重新生成一个数
字现实，现实中的任何物体不仅可以叠加虚拟画面，还可以被削减变形产生极大改变。

3.6　I/O 设备适配器

设备是多种多样的，它们与计算机的 I/O 总线都是异构的，都需要通过控制器（Controller）
或适配器（Adapter/Adaptor）进行两者之间的协调与连接。具体包含如下内容。

（1）进行机械连接方式的转换。

（2）进行电气信号的转换，例如交直流转换、电压等级转换等。

（3）进行数据传输信号的转换，例如数据传输率的匹配、串-并转换等。

（4）进行控制信号的转换，把 CPU 的数据传输指令具体化为设备的操作指令。

迄今为止，将设备与计算机适配的途径有如下 3 条。

（1）开发、研制通用的计算机接口，解决连接中最普遍的环节，来满足最常用的连接
需求，如 USB、IDE、IEEE 1394 等 I/O 总线。

（2）把一些控制/适配的功能放在设备中，以便这些设备能通过标准接口或总线与计算
机系统连接，如内存、外存、键盘、打印机等。

（3）对于特殊的、控制复杂的、需要复杂计算的 I/O 设备，单独开发专用的适配器，如
显示适配器、声卡、网络适配器等，并把这些适配器做成插卡形式，插在主板的插槽中，
以方便维修。它们又都像是一个功能简单一些的小型计算机——有 CPU 和存储器。

3.6.1 显示适配器

1. 显卡的功能

显示器（Monitor）是根据主机生成的二进制数据进行图像（包括文字）显示的设备。用二进制数据生成图像是一个很复杂的过程，例如要生成一个三维图像，首先要用直线创建一个线框，然后要对图像进行光栅化处理（填充剩余的像素）；并且还需添加明暗光线、纹理和颜色。对于快节奏的游戏，计算机每秒必须执行此过程约 60 次。但是显示器本身没有控制设备，而这样繁重的负荷，靠计算机的 CPU 又难以承担。于是显示适配器（Video Adapter）应运而生。

显示适配器又称显卡（Video Card 或 Display Card）、图形卡（Graphics Card），是显示器与主机通信的控制电路和接口，它负责将 CPU 送来的影像数据加工成显示器可以解释的格式，再送到显示屏（Screen）上形成影像，所以它是连接显示器和计算机的重要元件。例如，要输出一个圆，CPU 只需向显卡发出圆的大小和色彩的命令，具体如何画则由显卡实现。

2. 显卡的组成

（1）图形处理器（Graphic Processing Unit，GPU）：一个专门的图形核心处理器，它的主要作用是接收通过总线传输来的显示数据，并进行下列处理。

① T&l：几何转换和光照处理。

② 三维环境材质贴图和顶点混合。

③ 纹理压缩和凹凸映射贴图。

④ 双重纹理死像素 256 位渲染等。

（2）显示 BIOS：主要用于存放显示芯片与驱动程序之间的控制程序，另外还存有显卡的型号、规格、生产厂家及出厂时间等信息。打开计算机时，通过显示 BIOS 内的一段控制程序，将这些信息反馈到屏幕上。

（3）显示内存（Video RAM，VRAM）：全称为显示缓冲存储器，也称显示缓存或帧缓存，用于存储有关每个像素的数据、每个像素的颜色及其在屏幕上的位置。有一部分 RAM 还可以起到帧缓冲器的作用，这意味着它将保存已完成的图像，直到显示它们。通常，VRAM 以非常高的速度运行，且采取双端口设计，可以同时对其进行读取和写入操作。

显示缓冲区可以看成是一个与屏幕上像素分布一一对应的二维矩阵，其中的每个存储单元对应着屏幕上的一像素，其位置可以由二维坐标 (x, y) 来表示。如图 3.33 所示，显示缓冲区的存储单元与显示器屏幕坐标有对应关系。

由于每个显示缓冲单元可以由许多位来表示，因此在图中用 Z 方向来表示每个显示缓冲单元的位。它可以只有 1b，也可以多达 8b、16b、24b 甚至更高。每个缓冲单元用于存储像素值——像素的颜色或灰度。

（4）RAMDAC（Random Access Memory Digital-to-Analog Converter，随机存取数字/模拟转换器）：用于将图像转换成监视器可以使用的模拟信号。有些显卡具有多个 RAMDAC，

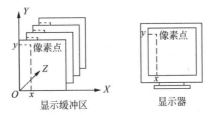

图 3.33　显示缓冲区的存储单元与显示器屏幕坐标的对应关系

这可以提高性能及支持多台监视器。

（5）输出接口与主板总线接口等。主要有外设部件互连（PCI）、高级图形端口（AGP）、PCIExpress 3 种接口。

用于存放由 GPU 处理后即将送往显示屏的数据文件和交互式图形操作命令。

3．显卡的工作原理

在显卡开始工作（图形渲染建模）前，把所需要的材质和纹理数据传送到显存里面。开始工作（进行建模渲染）时，这些数据通过 AGP 总线进行传输，显示芯片将通过 AGP 总线提取存储在显存里面的数据，除了建模渲染数据外还有大量的顶点数据和工作指令流需要进行交换。将这些数据输出到显示端（在 CRT 中，这些数据要通过 RAMDAC 转换为模拟信号），最终就是人们看见的图像。

4．SLI 技术

SLI（Scalable Link Interface，可灵活伸缩的连接接口）是一种多显卡并行机制，其基本思路是把两张或以上的显卡连在一起作单一输出使用的技术，从而达至绘图处理效能加强的效果。图 3.34 为两张 NVIDIA 显卡组建的 SLI 平台。

图 3.34　两张 NVIDIA 显卡组建的 SLI 平台

SLI 的出现基于如下考虑：PCI 显卡最终生成的是所渲染的 3D 画面，这项工作包含大量的指令。SLI 技术将一幅渲染的画面分为一条条扫描帧线（Scanline），若采用双显卡运行模式，那么就由一块显卡负责渲染画面的奇数帧线部分，另一块显卡渲染偶数帧线，然后将同时渲染完毕的帧线进行合并后写入帧缓冲中，接下来显示器就可以显示出一个完整的渲染画面。不难看出，SLI 技术让渲染工作被平均分担，每块显卡只需要完成 1/2 的工作量。理论上说，渲染效率自然也可以提高 1 倍，这就是双显卡并行大幅提升效能的奥秘所在。

但是，实际上在 SLI 状态下，特别是在分割帧渲染模式下，两块显卡并不是对等的，在运行工作中，一块显卡作为主卡（Master），另一块作为副卡（Slave）。其中主卡负责任务指派、渲染、后期合成、输出等运算和控制工作；而副卡只是接收来自主卡的任务进行相关处理，然后将结果传回主卡进行合成然后输出到显示器。由于主卡除了要完成自己的渲染任务之外，还要额外担负副卡所传回信号的合成工作，所以其工作量要比副卡大得多。另外，在 SLI 模式下，只能连接一台显示器，并不能支持多头显示。

5．显卡的主要技术参数

（1）核心频率。显卡的核心频率是指显示核心的工作频率。在同样级别的芯片中，核心频率高的则性能要强一些，提高核心频率就是显卡超频的方法之一。

（2）显存频率。显存速度一般以纳秒（ns）为单位。常见的显存速度有 7ns、6ns、5.5ns、5ns、4ns、3.6ns、2.8ns 和 2.2ns。

（3）显存容量。显存容量也称显示内存容量，是指显卡上的显示内存的大小，其中 m 为颜色数。

$$显示内存容量=分辨率×\log_2 m$$

（4）显存位宽。显存位宽是显存在一个时钟周期内所能传送数据的位数，位数越大则瞬间所能传输的数据量越大，这是显存的重要参数之一。显存位宽的标称值是显存颗粒数乘以单颗显存颗粒位宽，例如 6950 和 6970 所用的 GDDR5 显存颗粒为单颗容量 256MB、位宽为 32 位的 GDDR5 显存颗粒共 8 颗，所以总的规格标为 2GB，位宽为 256 位的 GDDR。

（5）显示标准。显示器的视频标准主要规定了最高分辨率、信号接口形式、行场同步信号的频率和极性、相位等。它与适配器的标准是相互统一的，实际上显示器的标准是由显示适配器实现的。在计算机显示系统的发展历程中，业界制定了多种显示标准，从最初的 MDA 经历了 CGA、EGA、VGA、XGA、SVGA 等的发展过程。关于这些标准，已经在 1.3.2 节中进行了概要介绍，这里不再赘述。有特殊需要者，请参考有关标准。

链 3.2　显卡天梯图

3.6.2　声卡

1．声卡及其功能

随着计算机多媒体技术的发展，音频信号处理也逐渐成为广泛的需要。声卡（Sound Card）也称音频卡、声效卡，是进行音频信号处理的部件，充当音频设备（音响、耳机、麦克风等）与主机之间的接口。具体地说，它包括 5 大功能。

（1）语音合成（Speech Synthesis）发音功能。根据语言学和自然语言理解的知识，使计算机模仿人的发声，自动生成语音的过程。目前主要是按照文本（书面语言）进行语音合成，这个过程称为文语转换（Text-To-Speech，TTS）。

（2）音乐合成（Music Synthesis）发音功能。用计算机描述乐谱中的音符及其定时、速度、音色（乐器），并演奏出来。描述乐谱中的音符及其定时、速度、音色（乐器）的标准称为 MIDI（Musical Instrument Digital Interface）。MIDI 不仅规定了乐谱的数字表示方法（包括音符、定时、乐器等），也规定了演奏控制器、音源、计算机等相互连接时的通信规程。

（3）混音器（Mixer）功能。将音频信号（硬件方法）或音频文件（软件方法）混合。

（4）数字信号处理器（Digital Signal Processor，DSP）功能。为了实现艺术上的效果和技术上的某些要求，对音频信号或音频文件进行的编辑、修改等预加工处理。

（5）模拟声音信号输入输出功能。

2．声卡的结构

（1）DSP 芯片。数字信号处理芯片可以完成各种信号的记录和播放任务，还可以完成许多处理工作，如音频压缩与解压缩运算、改变采样频率、解释 MIDI 指令或符号以及控制和协调直接存储器访问（DMA）工作。DSP 芯片大大减轻了 CPU 的负担，加速了多媒体软件的执行。但是，低档声卡一般没有安装 DSP 芯片，高档声卡才配有 DSP 芯片。

（2）A/D 和 D/A 转换器。A/D 和 D/A 转换器也称声音控制芯片，用于把从输入设备中获取声音模拟信号，通过 A/D 转换器，将声波信号转换成一串数字信号，采样存储到计算机中。重放时，这些数字信号送到一个 D/A 数模转换器还原为模拟波形，放大后送到扬声器发声。

（3）音乐合成器。音乐合成器负责将数字音频波形数据或 MIDI 信息合成为声音。包括如下内容。

① FM 合成芯片。一般用在低档声卡中，用来产生合成声音。

② 波形合成表。在 ROM 中存放的有实际乐音的声音样本，供播放 MIDI 使用。多用在中高档声卡中，可以获得十分逼真的使用效果。

③ 波表合成器芯片。按照 MIDI 命令，读取波表 ROM 中的样本声音合成并转换成实际的乐音。低档声卡没有这个芯片。

（4）混音器。将不同途径（如话筒或线路输入、CD 输入）的声音信号进行混合。此外，混音器还为用户提供软件控制音量的功能。

（5）跳线。用来设置声卡的硬件设备，包括 CD-ROM 的 I/O 地址、声卡的 I/O 地址的设置。声卡上游戏端口的设置（开或关）、声卡的中断请求（IRQ）号和 DMA 通道的设置，不能与系统上其他设备的设置相冲突，否则，声卡无法工作甚至使整台计算机死机。

（6）总线接口芯片。在声卡与系统总线之间传输命令与数据，包括如下内容。

① I/O 地址。每台设备必须使用唯一的 I/O 地址，声卡在出厂时通常设有默认的 I/O 地址，其地址为 220H～260H。

② IRQ 号。每台外部设备都有唯一的一个 IRQ 号。声卡 Sound Blaster 的默认 IRQ 号为 7，而 Sound Blaster PRO 的默认 IRQ 号为 5。

③ DMA 通道。声卡录制或播放数字音频时，将使用 DMA 通道。

（7）游戏杆端口。若一个游戏杆已经连在机器上，则应使声卡上的游戏杆跳接器处于未选用状态；否则，两个游戏杆互相冲突。

3. 声卡技术指标

（1）采样频率（Sampling Frequency）。采样频率指对原始声音波形进行样本采集的频繁程度，单位是 kHz。采样频率越高，记录下的声音信号与原始信号之间的差异就越小。声卡采样频率一般分为 4 个等级。

① 22.05kHz——FM 广播品质。

② 44.1kHz——CD 品质界限。

③ 48kHz——比较精确品质。

④ 96kHz——高级品质。

（2）采样位宽（Sampling Resolution）。采样位宽表明采样精度。采样位宽越高，声音听起来就越细腻，"数码化"的味道就越不明显。专业声卡支持的采样精度通常包括 16/18/20/24b。

（3）失真度。表征处理后信号与原始波形之间的差异情况，为百分比值。其值越小说明声卡越能重视地记录或再现音乐作品的原貌。

（4）信噪比。信噪比指有效信号与背景噪声的比值，单位是分贝（dB）。其值越高，则说明因设备本身原因而造成的噪声越小，一般在 80dB 左右。

（5）动态范围。动态范围指当声音骤然变化时，设备所能承受的最大范围，单位是分贝（dB），一般声卡动态范围在 85dB 左右，90dB 以上就很好了。

（6）复音数。复音数指播放 MIDI 音乐时，在一秒内能发出的最多声音数量。一般多为 64，而软件复音数可高达 1024。

3.6.3　网络适配器

1. 网络适配器及其功能

网络适配器（Network Adapter）又称通信适配器或网络接口卡（Network Interface Card，NIC），常简称网卡，网卡是计算机联网的设备。网卡按照使用环境分为有线网卡和无线网卡两类。这里先介绍有线网卡，它是插在计算机主板插槽中，负责将用户要传递的数据转换为网络上其他设备能够识别的格式。具体地说，它主要有如下 6 项功能。

（1）数据缓冲和收发控制。

（2）串行/并行变换。接入信道上的串行数据与计算机中的并行数据之间的转换。

（3）数据的封装与解封。发送时，将上一层的分组加上首部和尾部，使其成为以太网或无线局域网的帧；接收时，将以太网帧中的首部和尾部剥离，交上一层。

（4）编码/译码。

（5）链路管理：实现链路层协议 CSMA/CD（对以太网）或 802.11 协议（对无线局域网）。

（6）网卡上有一个全球唯一的编码，用于作为计算机的物理地址——MAC 地址。

2. 网卡的基本构造

网卡包括硬件和固件程序（只读存储器中的程序）。

1）硬件

（1）网卡的控制芯片。网卡的控制芯片是网卡的 CPU，用于控制整个网卡的工作，负责数据的传送和连接时的信号侦测。

（2）晶体振荡器。负责产生网卡所有芯片的运算时钟。通常网卡是使用 20Hz 或 25Hz 的晶体振荡器。千兆网卡使用 62.5MHz 或者 125MHz 晶体振荡器。

（3）调控元件。用来发送和接收 IRQ，指挥数据的正常流动。

（4）网络接头，用于连接网络。在用双绞线作为传输媒介时，基本采用 RJ-45 接头；用细同轴电缆作为传输媒介时，采用 BNC 接头。

（5）信号指示灯。信号指示灯通常有两个信号：TX 代表正在送出数据，RX 代表正在接收数据。通过不同的灯光变换来表示网络是否导通。

2）固件程序

固件程序实现逻辑链路控制和媒体访问控制的功能，还记录 MAC 地址。

3）其他

（1）缓存和收发器（Transceiver）。

（2）BOOTROM，即启动芯片等。

3. 网络适配器的主要参数

（1）传输率，单位为 Mb/s。目前，市场上主流的家用网卡传输率普遍在 100Mb/s，最高可达 1000Mb/s。

（2）应用环境：有线还是无线。有线环境中是双绞线连接还是细同轴电缆连接。

（3）半双工/全双工。

（4）远程唤醒（Wake On LAN，WOL）。

4. 无线网卡

无线网卡是使计算机可以与无线网络连接的装置。其工作依靠微波射频技术，可以利用 WiFi、GPRS、CDMA 等无线数据传输模式连接网络。

1）无线网卡的技术参数

无线网卡除了具有有线网卡相同的基本参数之外，还有频段、辐射、稳定性、接收距离（发射功率）、接收灵敏度和连接要求等参数。表 3.3 为两款无线网卡的参数配置情况。

（1）传输距离即覆盖范围，由发射功率决定。无线网卡的发射功率越高，它的传输距离就越远，信号的覆盖范围就越大。通常无线网卡的发射功率为 1800MW，是市面上普通网卡的 20 倍左右。市面上也有 2000MW 或 3000MW 的。最远传输距离可达到 10 000m。

（2）辐射。一般说来，发射功率越大，敏度越高、搜索范围越大，其功率也就越大，对人体危害也可能越大。但是辐射会经过复杂工艺处理，从而得到有效控制。

表 3.3　两款无线网卡的参数配置情况

配　　置	瑞昱 8187L 芯片	雷凌 3070 芯片
传输率/MB·s^{-1}	54	300
频段	B/G 频段	B/G/N 频段
辐射	手机的 6 倍	手机的 1/2 倍
稳定性	容易掉线	非常好
连接要求	低于 4 格信号无法连接	2 格信号即可连接
接收灵敏度	普通网卡的 2 倍	普通网卡的 10 倍
制造成本	成本低廉	价格昂贵
接收距离/m	约 100	1000 左右

2）无线网卡标准

（1）IEEE 802.11a：使用 5GHz 频段，传输率为 54Mb/s，与 IEEE 802.11b 不兼容。

（2）IEEE 802.11b：使用 2.4GHz 频段，传输率为 11Mb/s。

（3）IEEE 802.11g：使用 2.4GHz 频段，传输率为 54Mb/s，可向下兼容 IEEE 802.11b。

（4）IEEE 802.11n（Draft 2.0）：用于 Intel 迅驰 2 笔记本计算机和高端路由上，可向下兼容，传输率为 300Mb/s。

3.7　设备驱动程序与 BIOS

3.7.1　设备驱动程序

1. 设备驱动程序及其功能

一台设备，即使添加了适配器或控制器还是无法正常工作。如图 3.35 所示，一台设备要能正常工作，达到既定的工作效果，必须安装相应的设备驱动程序（Device Driver）。驱动程序是直接工作在各种硬件设备上的软件，其主要功能如下。

1）对设备进行配置

任何一台设备都有其工作的环境，需要与环境协调，才能正常工作。驱动程序是一小块代码，其中包含有关硬件设备的信息。有了此信息，操作系统的有关模块才会对该设备进行环境设置、存储分配，计算机才可以与设备进行通信。可以说，驱动程序是硬件厂商根据操作系统编写的配置文件。所以，可以说没有驱动程序，计算机中的硬件就无法工作。

2）名字映射

通常，在操作系统的 I/O 用户中对输入输出设备和文件采取了统一的命名。与设备无关的系统软件的一个作用就是将一个名字映射到相应的设备驱动程序上。

3）设备保护

设备驱动程序可以对 I/O 请求进行合法性检查。检查用户的 I/O 请求是否能为设备接受，是否属于设备的功能范围，防止无授权的访问或授权用户的非法操作。在 UNIX 系统中采用权限模式，对于系统中的 I/O 设备提供 rwx 位进行保护。此外，还包括协助出错处理。例如，存储设备在重读若干次后，错误还不能排除，设备驱动程序就通知与设备无关软件，给出错误信息报告给调用者。

4）将应用程序中的抽象要求转换为具体要求

设备是由设备控制器控制的。用户与上层软件的应用程序提出抽象要求由驱动程序进行中间转换，化抽象为具体，确定将命令、数据和参数分别送到设备控制器的哪个寄存器。分配还包括对于独占设备的分配：独占设备只有空闲时，才能接受一个应用请求，才能被打开；使用完毕，必须释放、关闭，以备下一个进程使用。

这些作用，可以用"支持设备独立性"一言以蔽之。如图 3.36 所示，在 I/O 系统中有一个与设备无关软件。这个软件也称设备独立性（Device Independence）软件。它有如下两个功能。

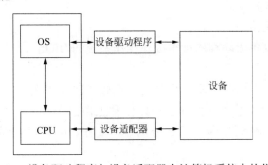

图 3.35　设备驱动程序与设备适配器在计算机系统中的位置

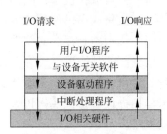

图 3.36　I/O 系统层次结构

（1）将所有设备的操作抽象为一些共有操作，以便向用户应用程序提供一个统一的操作界面。

（2）维护一张逻辑设备表（Logic Unit Table，LUT），将物理设备抽象为逻辑设备，以便将用户应用程序中的逻辑设备映射为物理设备。

而 LUT 中的物理设备信息就是从设备驱动程序中得到的。不同的设备，有不同的驱动程序，它们的入口地址保存在 LUT 中。当用户应用程序驱动一台物理设备时，与设备无关的软件就可以通过 LUT 查到所映射的物理设备的驱动程序，借此实现设备保护、设备分配、设备调度和异常处理。

2. 设备驱动程序的工作过程

设备驱动程序也属于操作系统 I/O 模块的一个组成部分,它用来向与设备无关软件提供设备的相关信息,以便进行设备配置,并且在启动设备之前完成一系列准备工作。所以,设备驱动程序也称设备配置程序。

设备驱动程序的一般工作过程如下。

(1)将应用程序中的抽象要求转换为具体要求。

(2)对 I/O 请求进行合法性检查。检查用户要求是否能为设备接受,是否属于设备的功能范围。

(3)读出并检查设备状态。启动设备控制器的条件是设备就绪,如对打印机要检查电源是否合上、是否有纸等;对软盘驱动器要检查有无磁盘、有无写保护等。

(4)传送必要的参数。例如要提供本次传送的字节数等。

(5)设置工作方式。例如对于异步串行通信接口要设置传输率、奇偶检验方式、停止位宽度及数据长度等。

(6)启动 I/O 设备。完成上述工作后,即可向设备控制器发出启动命令。

所以,要使一台设备能够运行在计算机环境中,必须安装其驱动程序。

3. 设备驱动程序的存在形式

从理论上说,任何设备都需要有相应的驱动程序,才能被操作系统识别,才可以使用。不过,设备驱动程序的存在一般有如下 3 种形式。

(1)被集成在设备控制器或设备适配器中。

(2)被集成在操作系统中,如一批设备驱动程序被集成在操作系统的 BIOS 中。

(3)作为独立存在的软件。

根据前两种情形,有许多设备是不需要单独的驱动程序的,例如 CPU、内存、软驱、键盘、硬盘、显示器、光驱等设备不需要安装驱动程序也可以正常工作;而显卡、声卡、网卡、扫描仪、摄像头,以及外接游戏硬件要安装手柄、方向盘、摇杆、跳舞毯等都需要驱动程序。

4. 设备驱动程序界定

驱动程序可以界定为官方正式版、认证版、第三方驱动、发烧友修改版、Beta 测试版。

1)官方正式版

官方正式版驱动程序是指按照芯片厂商的设计研发出来的,经过反复测试、修正,最终通过官方渠道发布出来的正式版驱动程序,又称公版驱动。其特点是稳定性、兼容性好。通常官方正式版的发布方式包括官方网站发布及硬件产品附带光盘这两种方式。

2)认证版

Windows 硬件质量实验室(Windows Hardware Quality Labs,WHQL)认证是微软公司

对各硬件厂商驱动的一个认证，是为了测试驱动程序与操作系统的相容性及稳定性而制定的。

3）第三方驱动

第三方驱动是基于官方正式版优化并比其拥有更加完善的功能和更加强劲的整体性能的特性，具有稳定性、兼容性好的特点。

4）发烧友修改版

发烧友修改版驱动程序主要是显卡驱动程序，这是为什么呢？因为一直以来，发烧友通常都被用来形容游戏爱好者。笔者的这个想法也正好和发烧友修改版的诞生典故相符，因为发烧友修改版驱动程序最先就是出现在显卡驱动程序上的，由于众多发烧友对游戏的狂热，对于显卡性能的期望也是比较高的，这时厂商所发布的显卡驱动程序就往往都不能满足游戏爱好者的需求了，所以经修改过的以满足游戏爱好者更多的功能性要求的显卡驱动程序也就应运而生了。如今，发烧友修改版驱动程序又称改版驱动程序，是指经修改过的驱动程序，而又不专指经修改过的驱动程序。

5）Beta 测试版

Beta 测试版驱动程序是指处于测试阶段，还没有正式发布的驱动程序。这样的驱动往往具有稳定性不够、与系统的兼容性不够等 bug。尝鲜和风险总是同时存在的，所以对于使用 Beta 测试版驱动程序的用户要做好出现故障的心理准备。

5. 驱动程序的安装顺序

驱动程序安装的一般顺序：主板芯片组（Chipset）→显卡（VGA）→声卡（Audio）→网卡（LAN）→无线网卡（Wireless LAN）→红外线（IR）→触控板（Touchpad）→PCMCIA控制器（PCMCIA）→读卡器（Flash Media Reader）→调制解调器（Modem）→其他（如电视卡、CDMA 上网适配器等）。不按顺序安装很有可能导致某些软件安装失败。

3.7.2 ROM-BIOS

1. BIOS 及其组成

BIOS（Basic Input/Output System，基本输入输出系统）也称 ROM-BOIS，是被固化在ROM 中，为计算机提供最底层的、最直接的硬件设置和控制，实现基本输入输出系统的一组程序，具体包括下列内容。

1）BIOS 中断服务程序和主要 I/O 设备的驱动程序

BIOS 中断服务程序是微型计算机系统软硬件之间的一个可编程接口，用于程序软件功能与微型计算机硬件实现的衔接。通常 BIOS 中断服务程序包括磁盘中断服务程序（INT 13H）、键盘中断服务程序（INT 16H）、打印中断服务程序（INT 17H）和时钟中断服务程序（INT 1CH）等。

DOS/Windows 操作系统对软盘、硬盘、光驱、键盘与显示器等外围设备的管理即建立在 BIOS 的基础上。程序员也可以通过对 INT 5、INT 13 等中断的访问直接调用 BIOS 中断服务程序。

2）CMOS 设置程序

CMOS（Complementary-Metal-Oxide-Semiconductor，互补金属-氧化物-半导体）是计算机主板上的一块 RAM 芯片，用于存放当前系统的硬件配置和用户对于某些参数的设定。该芯片由主板上的电池供电，只要电池有电，所存储的信息就不会因关机而消失。

CMOS 参数由 BIOS 中的 CMOS 设置程序在开机过程中设置。可设置的内容大致如下。

（1）Standard CMOS Setup：标准参数设置，包括日期、时间和软、硬盘参数等。

（2）BIOS Features Setup：设置一些系统选项。

（3）Chipset Features Setup：主板芯片参数设置。

（4）Power Management Setup：电源管理设置。

（5）PnP/PCI Configuration Setup：即插即用及 PCI 插件参数设置。

（6）Integrated Peripherals：整合外设的设置。

（7）其他：硬盘自动检测、系统口令、加载默认设置、退出等。

3）上电自检程序

微型计算机接通电源后，系统将有一个对内部各台设备进行检查的过程，这是由一个通常称为加电自检（Power On Self Test，POST）的程序来完成的。这也是 BIOS 的一个功能。完整的 POST 包括 CPU、640KB 基本内存、1MB 以上的扩展内存、ROM、主板、CMOS 存储器、串并行接口、显卡、软硬盘子系统及键盘测试。POST 中若发现问题，系统将给出提示信息或鸣笛警告。

4）系统自举装入程序

在完成 POST 后，ROM-BIOS 将按照系统 CMOS 设置中的启动顺序搜寻软硬盘驱动器及 CD-ROM、网络服务器等有效的启动驱动器，读入操作系统引导记录，然后将系统控制权交给引导记录，由引导记录完成系统的启动。

2. BIOS 启动系统的过程

一个计算机系统在启动前，内存 RAM 中空空如也，可以运行的程序只有 ROM 中的 BIOS，要靠 BIOS 中的程序完成启动过程。为此，CPU 硬件逻辑设计为强行将程序计数器的内容指向 BIOS 的起始位置——一般为 0xFFFF0。下面按照图 3.37 所示介绍 BIOS 的启动系统过程。

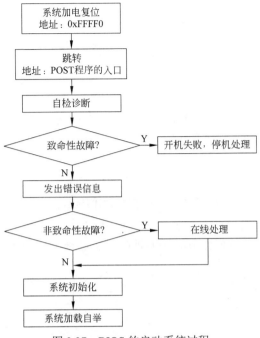

图 3.37　BIOS 的启动系统过程

1）在 BIOS 中运行的第一个程序是 POST 程序

BIOS 的 0xFFFF0 单元一般设置一条跳转指令，跳转到 POST 程序的入口，开始执行 POST 程序进行自检诊断。

一旦在自检中发现问题，系统将给出提示信息或鸣笛警告。没有测试出问题，就自动执行系统自举装入程序。

2）设置 CMOS

在系统自举装入程序执行前，若按 Del 键或其他键，可对 CMOS 中保存的系统硬件参数进行修改。

3）初始化——对有关设备进行初始化

自检后没有致命错误，INT 19H 系统自举装入程序将硬盘主引导区的系统主引导程序装入内存并启动，对各种芯片进行初始化外，并进行中断向量的设置，以便中断发生时能很快地转入中断处理程序。为此，BIOS 要首先在内存的起始地址（0x00000）处开始的空间内构建中断向量表，并按照中断向量表指定位置装入与中断向量表相应的若干中断服务程序。在微型计算机中，一般中断向量表占 1KB 的内存空间（0x00000～0x003FF），在此后用 256B 的内存空间（0x00400～0x004FF）构建 BIOS 数据区，在大约 0x0E2CE 的位置加载了 8KB 左右的与中断向量表相应的若干中断服务程序。

习　题

3.1　计算机外部设备分为哪几类？

3.2　用于人机交互的计算机外部设备的发展经过了哪几个阶段？未来发展趋势是什么？

3.3　什么叫绿色计算机？它有哪些要求？

3.4　简述键盘扫描的主要工作。

3.5　简述激光打印机的组成和打印过程。

3.6　显示器的分辨率和灰度级（颜色种类）与显示器的显示质量有什么关系？

3.7　设备驱动程序有何作用？它们一般包含哪些内容？

3.8　进行市场调查，为下面的场所配备计算机系统及其外部设备，并做出预算。

（1）一个现代化的办公室。

（2）一个现代化的小商店。

第4章 I/O 接口与 I/O 过程控制

在计算机领域中，接口（Interface）是计算机系统中两个独立的部件进行信息交换的共享边界。I/O 接口则是计算机主机与 I/O 设备进行信息交换的共享边界。本章介绍与之有关的概念，并重点介绍主机与 I/O 设备进行信息交换的控制方式。

4.1 I/O 接口概述

4.1.1 接口的功能

1. 数据缓冲

1）缓冲的意义

计算机是一种高速处理设备，而 I/O 设备都是低速处理设备。将这样两种速度不匹配的部件直接连接在一起，会使系统的效率大大降低，甚至无法工作：当低速部件向高速部件传输数据时，高速部件要"耐心地"等待；而高速部件向低速部件传输数据时，低速部件就会来不及接收，而无法工作。在二者之间添加一个缓冲区后，情况就会大大改善：低速部件向高速部件传输数据时，可以从容地将数据先往缓冲区存放，这时高速部件可以同时进行其他处理；有机会时一下子就取走了缓冲区中的数据。高速部件向低速部件传输数据时，一下子就把数据放好了，然后自己去做别的工作，让低速部件"从容地"取走数据。这样，就带来两个好处。

（1）高速的主机少了许多等待，可以最大限度地提高效率。

（2）改善 CPU 和 I/O 设备之间速度不匹配的情况，使高速和低速处理部件一起工作成为可能。

2）缓冲区的实现

为了有效地进行 I/O 操作，缓冲存储已经成为不同设备之间相互连接的重要环节。现代计算机系统中在信息传输的通道上设置和增加了各种各样的存储器，例如显存、打印缓冲区等。当然，并非所有的 I/O 操作都要经过缓冲区。例如，有的作业可以直接输入外存，再由外存调入内存执行。

缓冲区可以用硬件实现，也可以用软件实现。硬缓冲区通常设在设备中，软缓冲区由软件设置在内存中。

按照组织方式，缓冲技术可以分为单缓冲、双缓冲、多缓冲和缓冲池。

（1）单缓冲：在设备与 CPU 之间设置一个缓冲区。显然单缓冲区难以解决两台设备之间的并行操作。

（2）双缓冲：在设备与 CPU 之间设置两个缓冲区，这样可以解决两个设备之间的并行操作问题。

（3）多缓冲：把多个缓冲区连接起来组成两部分，分别用于输入和输出。

（4）缓冲池：把多个缓冲区连接起来统一管理，既可用于输入，又可用于输出。

3）缓冲区结构

通常，缓冲区中的数据按照来到的先后顺序，形成队列结构。利用缓冲首部的队列连接指针，可以将缓冲池中的缓冲区组织成 3 种队列。

（1）空闲缓冲队列：未使用的缓冲区队列。

（2）输入缓冲队列：装满输入数据的缓冲区组成的队列。

（3）输出缓冲队列：装满输出数据的缓冲区组成的队列。

4）缓冲池算法

缓冲池工作时，将按如下算法进行。

（1）当设备有输入数据时，先从空闲缓冲队列中（队首）申请一个缓冲区，即收容输入缓冲区，将输入数据写入收容输入缓冲区中；写满后，按一定规则（如 FIFO）插入输入缓冲队列中。

（2）当 CPU（系统）要提取数据时，将从输入缓冲队列中（队首）申请一个缓冲区提取输入缓冲区，从中读取数据；提取结束后，将该缓冲区插入空闲缓冲队列中。

（3）当 CPU 要输出数据时，先从空闲缓冲队列中（队首）申请一个缓冲区，即收容输出缓冲区，将输出数据写入收容输出缓冲区中；写满后，按一定规则（如 FIFO）插入输出缓冲队列中。

（4）当设备要提取数据时，将从输出缓冲队列中（队首）申请一个缓冲区，即提取输出缓冲区，从中读取数据；提取结束后，将该缓冲区插入空闲缓冲队列。

上述收容输入缓冲区、提取输入缓冲区、收容输出缓冲区和提取输出缓冲区统称为工作缓冲区。与它们对应的输入、提取和输出操作，由相应的过程实现。

2. 格式适配

计算机的用途在很大程度上取决于它能连接多少以及哪些种类的外部设备。遗憾的是，由于 I/O 设备种类繁多，除了上面分析的速度影响外，还有其他一些因素影响主机与它们的连接。

1）数据传输的形式和格式

数据传输有两种形式：并行传输（多位数据同时传送）和串行传输（数据要一位一位地传送）。在主机内部，数据总是并行传输的，而 I/O 设备的数据传输有并行传输，也有串行传输，即使是并行传输，也有按字节的，也有按字的。此外，计算机的电平与 I/O 设备的电平也常有不同。它们与主机连接需要格式转换，进行匹配。

2）数据传输的时序控制方式

数据传输的时序控制有两种方式：同步通信（发送端与接收端之间有统一的时钟）和异步通信（发送端与接收端之间无统一的时钟，采用应答控制方式）。不同的设备，时序控制方式不同，即使是采用同步传输，也会与主机有不同的时钟频率。因此，要与主机连接，需要有时序的协调。

3）命令格式

通常主机在与 I/O 设备进行数据交换时，CPU 也会向 I/O 设备发出一些简单的命令。但是，CPU 发出的命令，不是 I/O 设备可以理解的，为此要在接口中进行转换。

上述这些处理以及缓冲一起就使接口在主机与 I/O 设备之间充当了适配作用。所以，有些接口也被称为适配器（Adapter）。

3. 设备识别

如图 4.1 所示，通常外部设备通过接口连接在主机的 I/O 总线上。那么，在这种情况下，CPU 要启动一台 I/O 设备时，如何确定是哪一台呢？

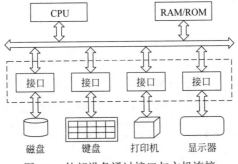

图 4.1　外部设备通过接口与主机连接

1）接口中的端口

识别 I/O 设备的方法是对它们进行编址——实际上是对接口中的 I/O 端口（Port）进行编址。端口是接口电路中可以被 CPU 直接访问的寄存器。通常一个接口根据用途可设置不同数目的端口。如 8251A 和 8259A 接口芯片只有两个端口，8255A 并行接口芯片有 4 个端口，8273A 芯片则有 16 个端口。

2）I/O 端口编址

在计算机系统中，为了区分各类不同的 I/O 端口，就用不同的数字给它们进行编号，这种对 I/O 端口的编号称为 I/O 端口地址。

I/O 端口编址有两种方式：I/O 端口地址与存储器地址统一编址和独立编址。

（1）统一编址是把 I/O 端口当作存储器的一部分单元进行访问，CPU 不设置专门的 I/O 指令，用统一的访问存储器的命令访问 I/O 端口。

（2）独立编址是 I/O 端口与存储器分别使用两套独立的地址编码系统。例如，在 Intel 公司的 CPU 家族中，I/O 端口的地址空间可达 64KB，即可有 65 536B 端口，或 32 768 个字端口。这些地址不是内存单元地址的一部分，不能用普通的访问内存指令来读取其信息，而要用专门的 I/O 指令才能访问。虽然 CPU 提供了很大的 I/O 地址空间，但大多数微型计算机所用的端口地址都在 0～3FFH。表 4.1 列举了微型计算机中几个重要的 I/O 端口地址。

表 4.1 微型计算机中几个重要的 I/O 端口地址

端口名称	端口地址	端口名称	端口地址
中断屏蔽口	020H~023H	并行口 LPT2	378H~37FH
时钟/计数器	040H~043H	单显端口	3B0H~3BBH
键盘端口	060H	并行口 LPT1	3BCH~3BFH
扬声器口	061H	VGA/EGA	3C0H~3CFH
游戏口	200H~20FH	CGA	3D0H~3DFH
并口 LPT3	278H~27FH	硬盘控制器	3F0H~3F7H
串口 COM2	2F8H~2FFH	串行口 COM1	3F8H~3FFH

有了 I/O 端口地址，CPU 就可以通过地址总线发送 I/O 设备地址，由接口中得到外设识别电路来对 I/O 设备进行寻址、识别。

4. 状态报告

CPU 为了与 I/O 设备通信，就需要了解它们的工作状态。接口中设置了一些反映设备工作状态的触发器。常用的工作状态：忙（Busy）、就绪（Ready）、暂停（Pause）、出错（Error）等。

4.1.2 I/O 接口的逻辑结构

图 4.2 为 I/O 接口的逻辑结构。

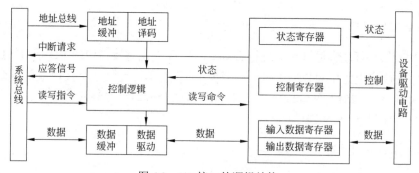

图 4.2 I/O 接口的逻辑结构

1. 设备端与设备连接

设备端与设备连接，用于进行下列信息交换。

（1）接收设备的状态信号，如是否准备就绪、在忙等。

（2）向设备发送控制信号。

（3）与设备进行数据交换。

2. 系统端与计算机连接

系统端与计算机连接，用于进行下列信息交换。

（1）接收计算机地址总线送来的地址信息，进行地址译码，选择端口号。

（2）向计算机发送请求或应答信号。

（3）接收计算机控制总线送来的控制信号。

（4）与计算机之间进行数据交换。

3. 地址缓冲与地址译码

地址缓冲与地址译码接收地址总线上传送来的地址信号，经过译码产生 I/O 接口的片选信号以及对于内部有关寄存器的端口选择信号。

4. 控制逻辑

控制逻辑接收 CPU 发来的读写指令（控制信号和时序信号），根据这些信号对 I/O 接口内部的寄存器发出操作控制信号，并可以向 CPU 发出相应的应答信号。

5. 状态寄存器

状态寄存器由一组状态触发器组成，每个状态触发器用于表明设备的一种状态。其中最重要的状态触发器有设备忙（Busy，BS）触发器和设备准备就绪（Ready，RD）触发器。当程序启动一台 I/O 设备时，就将其接口中是 BS 置 1；若设备做好一次数据的接收或发送，则会发出一个信号将 RD 置 1。

4.1.3 I/O 接口分类

1. 按照数据传输的形式分类

按照数据传输的形式分为并行接口和串行接口。串行接口由于所用的传输线根数少，特别适合远距离的信息传输。由于计算机内部是并行传输，当外部是串行传输时，需要串-并行转换接口。

2. 按照数据传输的时序控制方式分类

按照数据传输的时序控制方式分为同步接口和异步接口。

（1）同步接口：I/O 接口与系统总线由同一时序信号控制，但接口与外设之间允许有独立的时序。

（2）异步接口：I/O 接口与系统总线之间不是靠同一时序信号控制，而是靠应答机制控制。

3. 按照接口的通用性分类

按照接口的通用性分为专用接口（如显示接口、硬盘接口、打印机接口、键盘接口等）

和通用接口。

4. 按照使用的灵活性分类

按照使用的灵活性分为可编程接口和不可编程接口两种。

5. 按照 CPU 对 I/O 过程控制方式分类

CPU 对 I/O 过程控制有如下 5 种方式。

（1）程序直接传送模式：直接用应用程序中的输入输出操作控制相应的设备工作。

（2）程序查询控制模式：CPU 定时地启动一个查询程序，查看有 I/O 需求的设备。

（3）程序中断控制模式：I/O 设备需要传输数据时，向 CPU 发出请求；CPU 暂停正在执行的程序，进行 I/O 处理，处理之后再接着执行先前的程序。

（4）直接存储器访问（DMA）模式：DMA 是一个简单的 I/O 处理器控制输入输出过程。这样就把 CPU 从直接管理输入输出中解放出来，只是当 I/O 设备需要进行数据传输时，CPU 暂停访问主存一个或几个周期，由 DMA 利用这段极短时间控制主存与外设之间的数据交换。

（5）通道控制模式：使用专门的处理器进行 I/O 管理，将 CPU 从直接管理 I/O 过程完全解放出来。

采用不同的控制方式，I/O 接口有所不同。

4.2　I/O 过程的程序直接控制

I/O 过程的程序直接控制的特点：I/O 过程完全处于 CPU 指令控制下，即外部设备的有关操作（如启、停、传送开始等）都要由 CPU 指令直接指定。在典型情况下，I/O 操作在 CPU 寄存器与外部设备（或接口）的数据缓冲寄存器（Data Buffer Register，DBR）间进行，I/O 设备不直接访问主存。

采用程序直接控制，外部设备与 CPU 的数据传送有无条件 I/O 传送和程序查询控制 I/O 传送两种方式。

4.2.1　无条件 I/O 传送方式

无条件 I/O 传送时，CPU 像对存储器读写一样，完全不管外设的状态。具体操作步骤大致如下。

（1）CPU 把一个地址送到地址总线上，经译码选择一台特定的外部设备。

（2）输出时 CPU 向数据总线送出数据；输入时 CPU 等待数据总线上出现数据。

（3）输出时 CPU 发出写命令，将数据总线上的数据写入外部设备的数据缓冲寄存器；输入时 CPU 发出读命令，从数据总线上将数据读入 CPU 的寄存器。

这种传送方式一般适合对采样点的定时采样或对控制点的定时控制等场合。为此，可以根据采样需要的定时，将 I/O 指令插入程序中，使程序的执行与外部设备同步。所以这种传送方式也称程序定时传送方式或同步传送方式。

下面是一段 8086 程序，它的功能是测试状态寄存器（端口地址为 27H）的第 2 位是否为 1，若为 1 则转移到 ERROR 进行处理。

```
IN    AL, 27H      ; 输入
TEST  AL, 00000100B
JNE   ERROR
```

无条件传送是所有传送方式中最简单的一种传送方式，它需要的硬件和软件设备数量极少。

4.2.2　程序查询控制 I/O 传送方式

1. 程序查询控制 I/O 传送的基本思想

实际上，绝大多数外部设备要求计算机必须根据它的状态进行控制，才能正常工作。例如，要向打印机传送数据，而打印机没有准备好（如没有通电、或数据传输线没有连接好），传送了数据也无用。但是，多数外部设备的工作状态是不可预测的。因此，程序查询控制传送要分两步进行。

1）查询环节

查询环节就是查询具备了数据传送条件的 I/O 设备。一般的过程如下。

（1）寻址端口。

（2）读取状态寄存器的标志位——状态触发器状态。

（3）判断是否进行数据传送：若条件不具备，就继续查询。

如图 4.3 所示，这时 CPU 必须先查询设备的工作状态：当计算机系统中只有一台外部设备时，CPU 要定时地对这台设备的状态进行查询（这时 CPU 常常处于询问等待状态，或在执行主要功能的程序中穿插地进行询问）；当有多台外部设备时，CPU 一般是循环地逐一

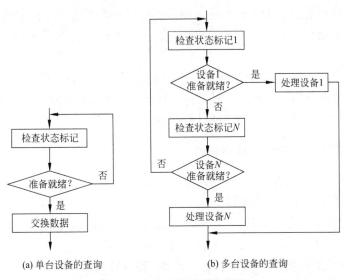

(a) 单台设备的查询　　　　　　(b) 多台设备的查询

图 4.3　程序查询环节的流程

进行询问；有些系统，将各台外部设备的状态标志位"或"在一条公共检测线上，CPU 首先检测此线，有服务请求再去查询是哪台设备。查询也可以按照优先级别排队。

2）数据传送环节

数据传送环节主要的操作是分清输入和输出，然后寻址对应的数据口进行操作。

2. 程序查询控制接口结构

图 4.4 以输入数据为例说明程序查询控制接口的工作原理。

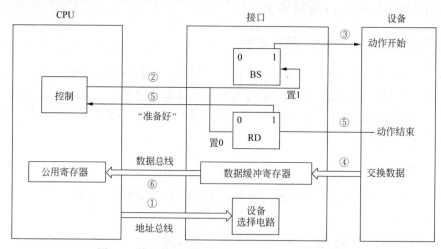

图 4.4　输入数据时程序查询控制接口的工作原理

程序查询控制接口主要包括如下 3 个部件。

（1）设备选择电路。设备选择电路用于判别地址总线上发送的地址（也称呼叫的设备）是否为被查询设备，它实际上是设备地址的译码比较电路。

（2）数据缓冲寄存器。输入操作时，用数据缓冲寄存器存放从外部设备读出的数据，然后送往 CPU；输出操作时，用数据缓冲寄存器存放从 CPU 送来的数据，然后送给外部设备输出。

（3）设备状态位（标志）。设备状态位是控制器中的标志触发器，如"忙""就绪""出错"等，用于表示设备的工作状态，以便接口对外部设备进行监视。一旦 CPU 用程序查询I/O 设备时，则把状态位信息取至 CPU 进行分析。

3. 程序查询控制 I/O 传送的基本过程

程序执行过程中的有关动作（以输入为例）如下。
① CPU 向地址总线上送出地址，选中设备控制器。
② CPU 发出设备启动命令字（请求启动外设进行数据输入），置 BS 为 1，置 RD 为 0。
③ 接口接到 CPU 的命令字后，立即启动外部设备工作。
④ 外部设备开始向数据缓冲寄存器（DBR）输入数据。
⑤ 外部设备完成数据输入后，置 RD 为 1，置 BS 为 0，通知 CPU 已经准备就绪。

⑥ CPU 执行输入命令，从 DBR 中读入输入数据，并将控制器状态标志复位。

4. 程序查询控制传送 I/O 方式的不足

采用程序查询控制模式简单、控制接口硬件设备较少。一般计算机都具有这种功能，但是它明显地存在着如下缺点。

（1）CPU 进行 I/O 控制的工作效率很低。当 CPU 执行主程序到了需要与外部设备交换数据时，就要先启动查询程序查询设备的状态：若查询到的设备已经准备好，就执行服务子程序，进行数据传送；若没有准备好，就需要重复查询，直到设备准备好。这样，CPU 就把很多时间花费在了查询上，效率很低。特别是当设备出现故障时，将导致 CPU 不能再做其他任何工作，无穷地查询，形成死机。

（2）这种控制方式只适合预知或预先估计到的 I/O 事件。但是在实际应用中，多数事件是非寻常或非预期的。这种方式很难做到事件发生时正好查到，因而常常会贻误时机，特别是不能发现和处理一些无法预估的事件和系统异常。

（3）这种查询方式只能允许 CPU 与外部设备串行工作。这样就会造成两种情况：一种是外部设备工作时，CPU 只能等待，宝贵的 CPU 资源不能被充分利用；另一种是在处理一个 I/O 事件时，CPU 不能为其他事件服务，特别是当有更紧急的事件发生时，不能及时处理。

4.3　I/O 过程的程序中断控制

针对程序查询控制 I/O 传送方式所存在的不足，人们提出了程序中断（Program Interrupt，也称中断控制或中断）控制的思想。

4.3.1　程序中断控制的核心概念

程序中断控制涉及两个核心概念：中断服务与中断源。

1. 中断服务

图 4.5 为 CPU 对打印机的中断服务。通常每台打印机（外部设备）都设有自己的缓冲寄存器，当需要打印时，CPU 便发出访问指令来启动打印机，并将要打印的数据传送到打印机的数据缓冲寄存器；然后，CPU 可以继续执行原来的其他程序，打印机开始打印这批数据。这批数据打印完成后，打印机向 CPU 发出中断请求，CPU 接到中断请求后对打印机进行中断服务，如再送出一批打印数据等，然后又继续执行原来的程序。

显然，中断控制允许 CPU 与外部设备在大部分时间并行地工作，只有少部分时间用于互相交换信息（打印机打印一行字需几毫秒到几十毫秒，而中断处理是微秒级的）。从宏观上看，CPU 与打印机主要是并行工作。当有多个中断源时，CPU 可纵观全局，根据外部事件的轻重缓急进行权衡安排一个优先队列，掌握 I/O 的主动权，使计算机运行的效率大大提高。随着计算机技术的发展，中断技术进而用于程序错误或硬件设备故障的处理、人机联系、多道程序、分时操作、实时处理、目标程序与操作系统间的联系、多处理机系统中各处理机间的联系等。

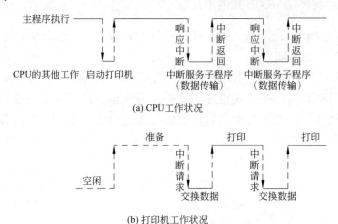

(a) CPU工作状况

(b) 打印机工作状况

图 4.5　CPU 对打印机的中断服务

图 4.6 描述了中断的一般过程。在这个过程中，最核心的工作是让 CPU 从执行当前的程序转向执行相应的中断服务程序，中断服务程序执行完后，再接着执行原来被中断的程序。为了做到这一点，就需要进行如下 3 方面的工作。

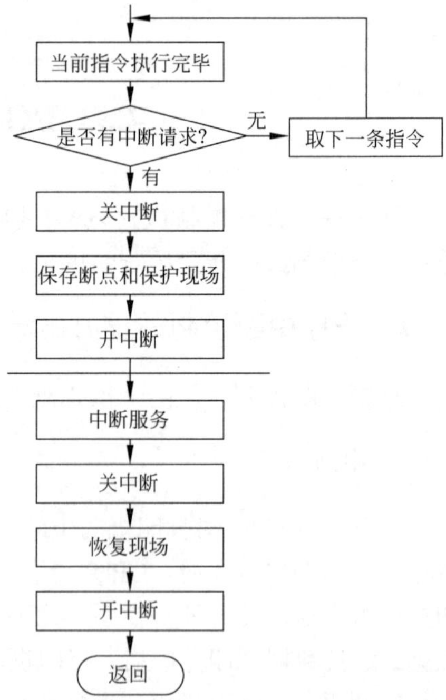

1）在程序计数器中装入中断服务程序的入口地址

CPU 中的程序计数器（PC）所存放的是将要执行的指令的地址。要执行某个中断服务程序，第一步就要把这个中断服务程序的首地址（入口地址）装入 PC 中。而中断服务程序是在系统启动过程中，被加载到内存的某些地方。不同的中断服务程序有各自的入口地址。因此，关键的问题是如何获取所需要的中断服务程序的入口地址。

2）保存断点与保护现场

断点就是中断响应之前即将要执行的指令的地址，即 PC 中的内容。保存断点就是要在往 PC（IP）中装入中断服务程序入口地址前先把断点内容转

图 4.6　中断的一般流程

移到一个安全地方保存起来，以便中断服务程序执行结束时再将其装入 PC，接着执行原来的程序。

现场是指中断响应时，CPU 所执行程序的当前状态和中间结果。这些状态和中间结果是包括状态寄存器（PSW）在内的即将执行指令的执行环境。CPU 执行完中断服务程序，要返回原来的断点执行，还需要有一个当初的执行环境。为此，在保存断点时，也要保护

现场；在返回断点之前，先恢复现场。

断点和现场状态的保存地点，因机器而异，但一般有 3 处可以保存。

（1）把现场状态存入存储器内固定的指定单元。

（2）用堆栈进行保存现场：操作简单，允许多级中断。

（3）在多组寄存器之间进行切换，如 Z80 CPU 有两组寄存器，中断服务程序与主程序可以各用一组，这种方法执行速度快，但对多级中断无能为力。

对现场信息的处理有两种方式：一种是由硬件对现场信息进行保存和恢复；另一种是由软件，即中断服务程序对现场信息进行保存和恢复。

3）关中断与开中断

关中断（禁止中断）就是 CPU 拒绝任何中断。拒绝的原因是系统处于两个程序的转换过程或正在执行某些不允许打断的程序。如 CPU 刚响应了一个中断或刚处理完一个中断过程，寄存器内容还没有来得及保存或恢复，或系统尚未稳定时，立即响应新的中断，会造成混乱。再如一些用于过程定时控制的程序，在执行过程中一般不允许被中断。过了这个特殊时期，为了能响应新的中断，要开放中断。

为了控制是否响应中断，CPU 设置了一个中断允许触发器（IFF）。

（1）IFF=1 称为中断开放，即 CPU 允许中断。

（2）IFF=0 称为中断屏蔽，即 CPU 禁止中断。

开放中断和禁止中断常用两条指令 EI 和 DI 来完成。当 CPU 执行 DI 指令后，有中断请求时，CPU 不响应，只有等到发出开中断指令 EI 后才能响应，如图 4.7 所示。

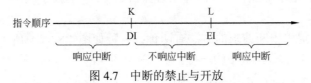

图 4.7　中断的禁止与开放

DI 称为关中断命令，EI 称为开中断命令。因此 CPU 响应中断的条件为

$$INT \cdot IFF=1$$

它可以用一个"与"门完成。

2. 中断源

中断由中断源发出。中断的复杂性主要表现在中断源的多样性上。常见中断源有 6 种。

（1）输入输出设备中断。例如，键盘、打印机等工作过程中向主机发出已做好接收或发送准备信息。

（2）数据通道中断。例如，磁盘、磁带等要同主机进行数据交换等。

（3）实时时钟中断。当外部时钟电路需要定时时，可由 CPU 发出命令，令时钟电路（这种电路的延迟时间往往是可编程的——即可以用程序确定和改变）开始工作；到规定的时间后，时钟电路发出中断请求，由 CPU 加以处理。若用无条件传送，要由 CPU 执行一段程序实现延迟，一方面，在这段时间内 CPU 不能做别的工作，降低了 CPU 的利用率；另一方面，时间也不是十分精确。

（4）故障中断。例如，电源掉电、设备故障等要求 CPU 进行紧急处理等。

（5）系统中断。例如，运算过程出现溢出、数据格式非法，数据传送过程出现校验错误，控制器遇到非法指令等。

（6）为了调试程序而设置的中断。一个新的程序编制好以后，必须经过反复调试才能正确可靠地工作。在程序调试时，为了检查中断结果，或为了寻找问题所在，往往要求在程序中设置断点或让程序进行单步工作（一次只执行一条指令）。这也要由中断系统来实现。

通常，把由处理机外部引起的中断（如设备中断等）称为外中断，由内部引起的中断称为内中断（如系统中断等）；把由于故障等引起的中断称为强迫中断，把程序安排的中断称为自愿中断。下面主要讨论外中断。

中断控制过程实质上是执行一段与中断源相应的中断服务子程序。对不同的中断源，应采取不同的处理措施，要有相应的中断服务子程序。计算机为了处理多种中断，要事先把处理这些中断的服务子程序分别放在存储器的不同的位置（存储区域）。所以，中断系统的主要功能是在中断事件发生时，将控制转向相应的中断服务子程序。

4.3.2 中断关键技术

1. 中断请求

中断过程是从中断源发出中断请求（Interrupt Request）开始。为了让每个中断源都能发出中断请求信号，要为每个中断源设一个中断请求触发器 IR。当外部事件发生时，I/O 控制器应将相应的中断请求触发器置 1，并一直保留到 CPU 响应了这个中断，才可以将这个中断请求清除。

中断源向 CPU 提出中断请求的方法有两种：一种如图 4.8（a）所示，每个中断请求触发器对应 CPU 中断寄存器 INT 中的一位；另一种如图 4.8（b）所示，所有中断请求信号"或"成一个中断信号，送入 CPU 的中断请求触发器 IR 中形成单线中断，CPU 再用中断响应信号 INTA 按一定的顺序（如图 4.8（b）中 INTR$_1$，INTR$_2$，…，INTR$_n$）查询是哪个中断源发出了申请。中断寄存器的内容称为中断字或中断码。

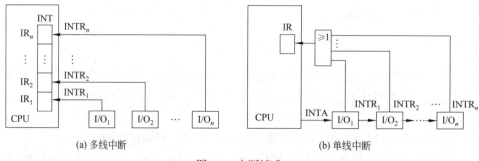

图 4.8　中断请求

2. 中断识别与中断请求标记

为了判定中断请求是哪个中断源提出的，在中断系统中设置有中断请求标记触发器 IR。

当 IR 的状态为 1 时，表示该中断源有中断请求。这些触发器可以分散在设备接口中，也可以集中设在 CPU 中组成一个中断请求标记寄存器（简称中断请求寄存器）。这些中断请求标记触发器将会为中断排队、辨认中断源、确定中断服务程序入口地址提供依据。

图 4.9 为中断请求标记触发器的示例，它表明出现非法除引起的中断请求。

图 4.9　中断请求标记触发器

3. 中断排队与中断判优

由于中断请求的随机性，有可能出现多个中断源同时（一个指令周期内）发出中断请求的情况。在这种情况下，CPU 应该响应哪个中断源的请求呢？这就需要根据中断源工作性质的重要性、紧迫性把中断源分成若干等级，以便排出一个处理顺序（称为中断排队），让最紧迫、最重要、处理速度较高的事件优先处理。CPU 处理中断排队，即中断判优的原则如下。

（1）不同级的中断发生时，按级别高低依次处理。

（2）高级别中断可以使低级别中断过程再中断，称为中断嵌套。但较低级中断不能使较高级中断过程再中断；同级中断过程也不能被同级中断再中断。

（3）同级中断源同时申请中断时，按事先约定的次序处理。

这些原则可以用硬件判优或软件判优方法实现。

硬件判优就是使用电路让优先级较高的设备提出中断请求后，就自动封锁优先级别较低的设备的中断请求。图 4.10 为图 4.8 两种线路的细化。图 4.10 中假设优先级别从左高到右低的顺序排列。串行优先排队电路适合 CPU 中只有一个中断请求触发器的情形，并行优先排队电路适合 CPU 有多个中断请求触发器的情形。它们的基本原理都是让高级别的中断屏蔽低级别的中断。

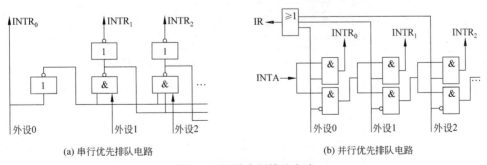

(a) 串行优先排队电路　　　　　　　　(b) 并行优先排队电路

图 4.10　两种中断排队电路

软件判优就是用程序按照优先级别顺序从高到低地检测每个中断源，询问它是否发出了中断请求。CPU 只处理最先检测到的中断。采用这种方法，若是只有最低级别的中断源发出中断申请，也要从最高级别中断开始测试，直到最后才能确认，所以效率较低。

4. 中断屏蔽

中断屏蔽就是有选择地让中断系统不理睬某些中断源的中断请求，使这些中断信号暂不被 CPU "感觉"，但信号仍保留，以便条件允许时再响应。中断屏蔽的具体方法如图 4.11 所示，是在 I/O 的各中断电路中设一个中断屏蔽触发器 IM，CPU 可用指令将它置 1 或置 0。置 0 时封闭该设备的中断请求触发器 INTR，使其不能将中断请求 IR 发出。

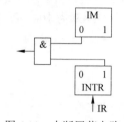

图 4.11　中断屏蔽电路

系统中所有的 IM 组成一个中断屏蔽寄存器。中断屏蔽寄存器的内容称为中断屏蔽字。不同屏蔽字中不同位上的 0、1 码不同，只允许为 1 的中断请求进入中断寄存器中。这样，向中断屏蔽寄存器写不同的内容，就可以屏蔽某些中断请求。

利用中断屏蔽字也可以实现中断优先级管理。例如，某一计算机配备的全部 I/O 设备分为 8 级，对应于每一级都有一个预定义的屏蔽字，如表 4.2 所示。将这些存于存储器内，需要时，可以用一条专门的屏蔽指令取出来送到屏蔽寄存器中。这样就能使同一级及低一级中断不能中断同一级及高一级的中断服务子程序。用中断屏蔽字实现 8 级中断优先级管理的电路如图 4.12 所示。

表 4.2　用中断屏蔽字实现 8 级中断优先级管理的示例

中断源名称	优先级别	中断屏蔽字	中断源名称	优先级别	中断屏蔽字
10H	1	11111111	17H	5	00001111
13H	2	01111111	1DH	6	00000111
14H	3	00111111	1EH	7	00000011
16H	4	00011111	1FH	8	00000001

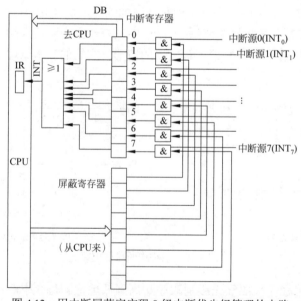

图 4.12　用中断屏蔽字实现 8 级中断优先级管理的电路

5. 中断响应

1）中断响应的条件

CPU 的正常工作是取指令—分析指令—执行指令—再取指令—分析指令—执行指令……但是，每当一个指令周期结束后，如果遇到下列条件满足的情况，CPU 便响应中断请求，进入中断周期。

（1）中断源有中断请求，即中断请求标记 INTR = 1。

（2）CPU 允许接收中断请求（处于开中断），即允许中断触发器 EINT = 1。

也就是说一条指令执行过程不能响应中断，只有特殊的长指令才允许被中断。

2）中断响应的基本操作

进入中断周期，CPU 会首先执行一条中断隐指令（不向程序员开放的指令），启动硬件，自动完成如下 3 项工作。

（1）保存程序断点。

（2）关中断。

（3）将一个可以找到对应的中断服务程序入口的地址送进 PC。

关于前面两个操作的意义和方法，已经做了介绍，下面介绍中断隐指令把什么送进了 PC。

3）形成中断服务程序入口地址

把什么地址送进 PC，决定于采用什么方法获得中断服务程序入口地址。获取中断服务程序入口地址的方法很多，最常用的是中断引导程序查询和中断向量表两种方法。

采用中断引导程序查询法时，送进 PC 的是中断识别程序的入口地址。如图 4.13 所示，

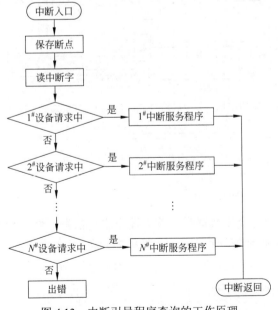

图 4.13　中断引导程序查询的工作原理

中断引导程序根据中断控制器提供的中断字来确定调用哪个中断服务程序。

中断引导程序一般兼有中断判优程序功能，其效率较低。

采用中断向量表法时，送进 PC 的是中断向量表的入口地址。如图 4.14 所示，中断向量表就是由中断向量组成的表。每个中断向量就是一个中断服务程序的入口地址。中断响应时利用硬件（中断逻辑）自动地得到存放中断服务程序入口单元地址（或包括状态字），即中断源自己引导 CPU 获取中断服务程序的入口地址。这种中断过程称为向量中断。

值得提及的是，某些微型计算机执行隐指令时，只保存断点的内容，标志寄存器的内容则由中断服务程序开始时通过安排几条指令执行保存。

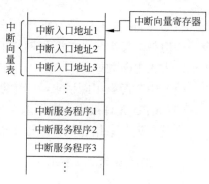

图 4.14　中断向量

4.3.3　中断接口

1. 中断接口逻辑

程序中断 I/O 控制器的组成和工作原理如图 4.15 所示。与程序查询控制接口相比，它增加了 4 个触发器（标志）和一个寄存器。

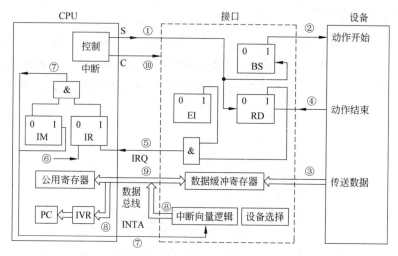

图 4.15　程序中断 I/O 控制器的组成和工作原理

1）准备就绪触发器（RD）

当 CPU 需与外部设备交换数据时，首先发出启动信号，然后 CPU 继续完成别的工作。一旦设备做好数据的接收或发送准备工作，便置 RD 标志为 1，发出一个设备准备就绪（Ready）信号。在允许中断（EI=1）的条件下，该信号形成一个中断请求信号。所以该触发器也称中断源触发器，简称中断触发器。

2）允许中断触发器（EI）

允许中断触发器可以用程序指令来置位。当 EI 标志为 1 时，对应设备可以向 CPU 发出中断请求；当 EI 标志为 0 时，对应设备不能向 CPU 发出中断请求，意味着该中断源的中断请求被禁止。设置 EI 标志的目的，是通过程序可以控制是否允许某设备发出中断请求。

3）中断请求触发器（IR）

中断请求触发器暂存中断请求线上由设备发出的中断请求信号。当 IR 标志为 1 时，表示设备发出了中断请求。

4）中断屏蔽触发器（IM）

中断屏蔽触发器是 CPU 是否受理中断的标志。当 IM 标志为 0 时，CPU 可以受理与该位对应的外界中断请求；当 IM 标志为 1 时，CPU 不受理与该位对应的外界中断请求。

5）中断向量寄存器（IVR）

中断向量寄存器用来存放对应于中断请求的中断服务程序入口地址。

2．中断接口的工作过程

程序中断过程由设备接口和 CPU 共同控制。在图 4.15 中，标号①～⑩表示由某一外部设备输入数据的控制过程。

① 程序向接口发出启动外部指令：将设备"准备就绪"标志 RD 清 0，"忙"标志 BS 置 1。之后，CPU 继续原来的工作。

② 接口向外部设备发出启动信号，设备开始与 CPU 并行工作。

③ 外部设备将数据送入接口中的数据缓冲寄存器。

④ 当设备动作结束或缓冲寄存器数据填满时，外部设备向接口送出控制信号，将数据"准备就绪"标志 RD 置 1，"忙"标志 BS 清 0。

⑤ 当"允许中断"标志 EI 为 1 时，接口向 CPU 发出中断请求信号 IRQ。

⑥ 表示 CPU 在一条指令执行结束后检查中断请求线上有无中断请求，若有，则将该中断请求线上的请求信号 IRQ 接收到中断请求触发器 IR 中。

⑦ 表示如果"中断屏蔽"标志 IM 为 0 时，CPU 在一条指令结束后受理外部设备的中断请求，向外部设备发出响应中断信号并关闭中断。

⑧ 转向该设备的中断服务程序入口。

⑨ 中断服务程序通过输入指令把接口数据缓冲寄存器里的数据读至 CPU 中的寄存器组。

⑩ CPU 发出控制信号 C 将接口中的 BS 和 RD 标志复位。

4.3.4 多重中断

多重中断处理是指在处理某个中断过程中又发生了新的中断，即中断一个服务程序的执行，又转去执行新的中断处理。这种重叠处理中断的现象也称中断嵌套。图 4.16 为一个 4 级中断嵌套的例子。4 级中断的优先级由高到低为 1→2→3→4 的顺序。在 CPU 执行主程序期间同时出现了两处中断请求②和③时，因 2 级中断优先级高于 3 级中断，应首先去执行 2 级中断服务程序，若此时又出现了第 4 级的中断请求④，则 CPU 将不予理睬。2 级中断服务程序执行完返回主程序后，再去执行 3 级中断服务程序，然后执行 4 级中断服务程序。若 CPU 执行 2 级中断服务程序过程中，出现了第 1 级的中断请求①，因其优先级高于 2 级中断，CPU 便暂停对 2 级中断服务程序的执行，转去执行 1 级中断服务程序，等 1 级中断服务程序执行完后，再去执行 2 级中断服务程序。

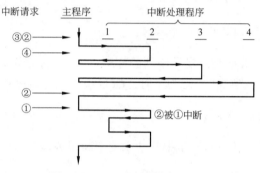

图 4.16　多重中断处理示意图

中断级的响应次序可由软件来控制。在有优先级中断屏蔽时，系统软件可以根据需要改变多重中断的处理次序，使其和中断响应次序不同。中断屏蔽码由软件赋值，改变屏蔽位的信息就可以改变多重中断的处理次序。这正好反映了中断系统软硬件结合带来的灵活性。

4.4　I/O 数据传送的 DMA 控制

4.4.1　DMA 的基本概念

采用程序中断控制，能使多台外部设备依次启动后，同时进行数据交换的准备工作；若在某一时刻有几个外部设备发出中断请求信号，CPU 可根据预先规定好的优先级别，按轻重缓急处理几台外部设备的数据传送，从而实现外部设备间的并行工作，提高了计算机系统的工作效率。但是，中断系统的保存与恢复现场需要一定的时间，并且主机与外部设备之间的数据交换要由 CPU 直接控制。这对一些工作频率高、要成批交换数据且单位数据之间的时间间隔较短的外部设备（如磁盘、磁带等）将引起 CPU 频繁干预，使 CPU 长时间为外部设备服务，降低了系统整体效率；特别是对于高速 I/O 设备，由于每次与主机交换数据，都要等待 CPU 中断响应后才可以进行，很可能因此丢失数据。

如图 4.17 所示，直接存储器访问（Direct Memory Access，DMA）是通过 DMA 控制器代替 CPU 控制 I/O 过程，实现 I/O 接口与内存之间直接传送数据。

一般 DMA 传送需要 3 个阶段。

（1）CPU 执行几条指令，对 DMA 控制器进行初始化，测试设备状态，向 DMA 控制器

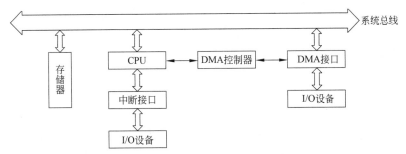

图 4.17　程序中断控制与 DMA 控制两种数据通路

输入设备号、起始地址、数据块长度等。

（2）由 DMA 控制器控制 I/O 设备与内存之间的数据传送。

（3）CPU 执行中断服务程序对一次传送进行善后处理，如进行数据校验、决定传送是否继续等。

这种传送控制方式特别适合高速大批量数据传送，可以保证高速传送时不丢失数据。

4.4.2　DMA 控制器与 CPU 共享存储器冲突的解决方案

如前所述，在 DMA 工作方式下，DMA 接口 CPU 共享系统总线和存储器。尽管在 1.4.3 节中对于指令的微操作分析中已经看到，并非所有的指令都要访问内存，也并非访问内存指令在整个指令周期中一直在访问内存，但 CPU 与 DMA 控制器同时访问内存的冲突还是不可避免，而且在一般情况下系统总线总是一直在 CPU 的控制下。因此，如何解决 DMA 控制器与 CPU 共享存储器的冲突以及 DMA 控制器如何从 CPU 的控制下获得总线的控制权，就成为 DMA 的关键技术。下面介绍 3 种解决方案。

1. CPU 暂停访问内存

对于 CPU 来说，一般 DMA 的优先级高于中断。CPU 暂停访问内存就是用 DMA 信号迫使 CPU 暂时让出对总线的控制权。具体地说，当外部设备要求传送一批数据时，由 DMA 控制器发出一个请求信号给 CPU，请求 CPU 暂时放弃对地址总线、数据总线和有关控制总线的控制权，由 DMA 控制器用于控制数据传送。一批数据传送完毕，DMA 控制器再把总线控制权归还给 CPU。图 4.18 是这种传送方式的时序图。

图 4.18　CPU 暂停访问内存的 DMA 传送

这种传送方法的优点是控制简单，适应于数据传输率很高的设备进行成组传送；缺点是在 DMA 控制器访问内存阶段，CPU 基本处于不工作状态或保持状态，CPU 和内存的效能没有充分发挥，相当一部分内存工作周期是空闲的，因为外部设备传送两个数据之间的间隔一般总是大于内存存储周期，即使高速 I/O 设备也是如此。例如，光盘读出一个 8 位二进制数大约需要 32μs，而半导体内存的存储周期小于 1μs，因此许多空闲的存储周期不能被 CPU 利用。

2. DMA 控制器与 CPU 交替访问内存

这种方法是把一个存储周期分成两个时间片，假设 CPU 工作周期为 1.2μs，存取周期小于 0.6μs，那么一个存储周期可分为 C1 和 C2 两个分周期，其中 C1 供 DMA 控制器访问内存，C2 专供 CPU 访问内存。如果 CPU 工作周期比内存存取周期长很多，此时采用交替访问内存的方法可以使 DMA 控制器和 CPU 同时发挥最高的效率，其原理示意图如图 4.19 所示。

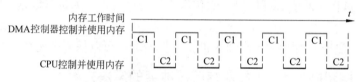

图 4.19　DMA 与 CPU 交替访问内存

这种方式不需要总线使用权的请求、建立和归还过程，总线使用权是通过 C1 和 C2 分时控制的，CPU 和 DMA 控制器各自有自己的访问内存地址寄存器、数据寄存器和读写信号等控制寄存器。

实际上 C1、C2 控制着一个总线的多路转换器，使控制权的转移几乎不需要太多时间，CPU 既不停止主程序运行，也不进入等待状态，是一种高效率的工作方式。当然，这是以相应的硬件逻辑复杂性为代价的。

3. 直接访问和周期挪用

这种传送方式可以分为以下 3 种情况。

（1）DMA 控制器准备好了数据，需要与内存进行数据交换时，CPU 不在访问内存，如 CPU 正在执行乘法指令。此时 DMA 控制器访问内存与 CPU 访问内存没有冲突。这种情况也称为 DMA 的直接访问内存工作方式，是标准的 DMA 工作方式，DMA 也因此而得名。

（2）CPU 正在访问内存。这时 DMA 控制器就需要等待。

（3）CPU 与 DMA 控制器同时请求访问内存，这就产生了访问内存冲突。在这种情况下 DMA 控制器优先。因为外部访问有时间要求，前一个外部数据必须在下一个访问内存请求到来之前存取完毕，否则会造成数据丢失。于是，CPU 就将总线使用权让给 DMA 控制器使用，DMA 控制器也就挪用一两个内存周期，完成其访问内存工作，然后进行下一次数据传送的准备，而 CPU 利用这段时间完成访问内存操作。这意味着 CPU 延缓了对指令的执行，即在 CPU 执行访问内存指令的过程中插入 DMA 请求，挪用了一两个内存周期。图 4.20 是周期挪用的 DMA 方式示意图。

与暂停 CPU 访问内存的 DMA 方法比较，周期挪用的方法既实现了 I/O 传送又较好地发挥了内存和 CPU 的效率，是一种广泛采用的方法。但是每次周期挪用都需要申请总线控

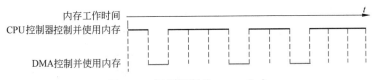

图 4.20 周期挪用的 DMA 方式

制权、建立总线控制权和归还总线控制权的过程。当传送一个字时，对内存只需要一个周期的时间，而对 DMA 控制器往往需要 2～5 个内存周期（视逻辑线路的延迟而定）。通常，周期挪用的方法适用于外部设备读写周期大于内存存储周期的情况。

为了在主存与高速设备（如磁盘）之间进行高速数据传送，它们之间引入一个专门的 DMA 总线，如图 4.21 所示，从而实现内存与外存之间直接成批的信息交换。

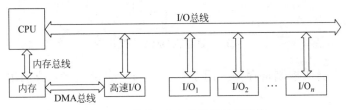

图 4.21 带有 DMA 总线的系统结构

4.4.3 DMA 控制器

1. DMA 控制字

与控制器通过执行机器指令字进行运算一样，DMA 控制器的工作是通过执行控制字实现的。控制字存放在内存指定区域中，当某设备需要与内存交换一次数据时，就取出对应的控制字到 DMA 控制字寄存器中，由 DMA 控制器进行分析和执行。控制字的一般格式如图 4.22 所示。

CZ	N	D

图 4.22 控制字的一般格式

（1）CZ 表示操作的类型，例如外部设备的启停等控制动作。

（2）N 表示交换代码的字长数。

（3）D 表示正在交换代码的内存地址。

对于执行输入和输出的控制字来说，每交换一次应修改一下 N 和 D 的值，修改在 DMA 控制器工作的某一节拍里进行。修改后的控制字仍放回内存的特定单元。

2. DMA 控制器的组成

如图 4.23 所示，为了完成取控制字、分析控制字、执行控制字的过程，DMA 控制器主要应由如下几部分组成。

（1）内存地址计数器（BA）。它用来存放所需读写的数据的起始地址 D。操作开始时，存放所要读写的存储字段的首地址，以后每传送一个字，其内容加 1（或减 1），以给出下一个要传送的字的地址。

（2）字计数器（BC）。用来对要传送的字节数目计数。在操作开始时，填入要传送的字节的总数，即数据块的长度。它应有减 1 功能，每传送一字节，其内容减 1，直到为 0。0标志着传送结束。

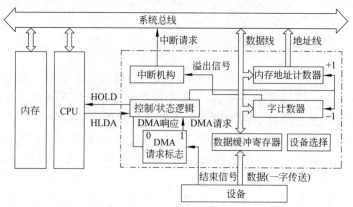

图 4.23 简单的 DMA 系统框图

（3）状态寄存器或控制寄存器。用于存放控制字或状态字。有的用两个寄存器分别存放。

（4）中断机构。当字计数器为 0 时，意味着一次传送结束，将会触发中断机构，向 CPU提出中断请求，CPU 在执行完一条指令后，响应该中断进行 DMA 传送后需要的处理。

此外，还应有一些辅助元件，如数据缓冲寄存器、外部设备地址寄存器、地址选择器（用于识别总线地址，控制各设备寄存器的收发）以及中断控制逻辑（预处理和后处理时用）。

3．DMA 控制器的操作

DMA 控制器执行的操作一般应包括如下 4 种。

（1）接收外部设备发出的 DMA 请求。

（2）向 CPU 发出 DMA 请求，CPU 回答后，从 CPU 的控制下对总线进行接管。

（3）由外部逻辑对存储器寻址，决定数据传送的地址单元以及数据传送的长度，并执行数据的传送操作控制。

（4）指出 DMA 操作的结束，使 CPU 恢复对总线的控制。

4.4.4 DMA 传送过程

DMA 传送过程如图 4.24 所示，可分为 3 个阶段：预处理、数据传送及后处理。

1．预处理

预处理是由程序做的一些必要的准备工作：先由 CPU 执行几条 I/O 指令，测试设备的状态；向 DMA 控制器的设备地址寄存器中送入设备号并启动设备；在内存地址计数器（BA）中送入交换数据的起始地址，在数据字计数器（BC）中送入交换的数据个数。在这些工作完成之后，CPU 继续执行原来的程序。

外部设备准备好发送的数据（输入）或上次接收的数据已处理完毕（输出）时，将通知 DMA 控制器发出 DMA 请求，申请主存总线。当有几个 DMA 申请时，要按轻重缓急用硬件排队线路按预定优先级别排队。DMA 得到主存总线控制权后，即可开始数据传送。

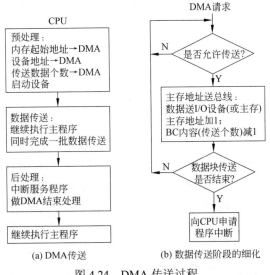

(a) DMA传送　　　　(b) 数据传送阶段的细化

图 4.24　DMA 传送过程

2. 数据传送

DMA 的数据传送可以以字为基本单位，也可以以数据块为基本单位进行。以数据块为基本单位传送时，每次 DMA 占用总线后的数据输入和输出操作都是循环实现的。

（1）输入操作。首先从外部设备的存储介质（缓冲寄存器）读入一个字（设每字 16 位）到 DMA 数据缓冲寄存器 BD 中（如果设备是面向字节的，一次读入一字节，需要将两字节装配成一个字）。这时，将 DMA 地址计数器 BA 的内容送主存地址寄存器，将 BD 中的字送入主存数据寄存器，启动写操作；BA 的内容增值为下一个字地址，数据字计数器 BC 的内容减 1。若 BC 中内容为零，则传送停止，置数据块结束标志，向 CPU 发中断请示；否则，进入下一个输入循环。

（2）输出操作。首先将 DMA 地址计数器 BA 的内容送主存地址寄存器，启动主存读操作；将主存数据寄存器内容送 DMA 数据缓冲寄存器 BD 中；将 BD 中的一个字经过拆卸输出到 I/O 设备的存储介质上；BA 的内容增值到下一个字地址；数据字计数器 BC 减 1，直到 BC 内容为零，传送停止，向 CPU 发"DMA 结束"中断请示，否则进入下一个输出循环。

3. 后处理

一旦 DMA 的中断请求得到响应，CPU 便暂停原来程序的执行，转去执行中断服务程序，做一些 DMA 的结束处理工作。这些工作常常包括校验送入主存的数据是否正确，决定是继续用 DMA 方式传送下去还是结束传送等。

4.4.5　DMA 方式与中断方式的比较

表 4.3 对 DMA 方式与中断方式的主要特点进行了比较。

表 4.3　DMA 方式与中断方式的主要特点比较

比较内容	DMA 方式	中断方式
数据传送的执行者	硬件	程序
异常处理能力	无	有
CPU 介入数据传送	否	是
CPU 响应时间	当前存取周期结束	当前指令执行结束
CPU 中断处理内容	数据传送的后处理	进行数据传送
优先级别	高	低

下面简要说明。

（1）中断方式是通过程序切换进行，CPU 要停止执行现行程序转去执行中断服务子程序，在这一段时间内，CPU 只为外部设备服务。DMA 控制是硬件切换，CPU 不直接干预数据交换过程，只是在开始和结束时借用一点 CPU 的时间，不执行任何 CPU 指令，所以不占用程序计数器和其他寄存器，不需要像中断处理那样保留现场和恢复现场过程，从而大大提高了 CPU 的利用率。

（2）对中断的响应只能在一条指令执行完成时进行，而对 DMA 的响应可以在指令周期的任何一个机器周期（存取周期）结束时进行，如图 4.25 所示。

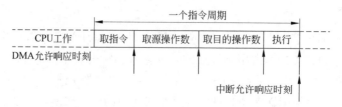

图 4.25　DMA 方式与中断方式响应时刻的比较

（3）中断具有对异常事件的处理能力，而 DMA 方式主要用于需要大批量数据传送的系统中，如磁盘存取、图像处理、高速数据采集系统、同步通信中的收发信号等方面，可以提高数据吞吐量。有的系统（如 IBM PC/XT），采用 DMA 技术进行存储器的动态刷新。

4.5　I/O 过程的通道控制

4.5.1　通道控制及其特点

1. 概述

DMA 直接依靠硬件进行管理，只能实现简单的数据传送。随着系统配置的 I/O 设备的不断增加，输入输出操作日益繁忙，为此要求 CPU 不断地对各个 DMA 进行预置。这样，CPU 用于管理输入输出的开销亦日益增加。为了减轻 CPU 的负担，I/O 控制部件又把诸如选设备、切换、启动、终止以及数码校验等功能也接过来，进而形成 I/O 通道，实现输入输出操作的较全面管理。

通道是一种比 DMA 更高级的 I/O 控制部件,具有更强的独立处理数据输入输出的功能,它已经有了简单的通道指令,可以在一定的硬件基础上利用通道程序实现对 I/O 的控制,更多地免去 CPU 的介入,并且能同时控制多台同类型或不同类型的设备,使系统并行性更高。

通道结构的弹性比较大,可以根据需要加以简化或增强。早期的通道虽可以独立地执行通道程序,但还没有完整的指令系统,仍需要借助 CPU 协同才能实现控制与处理。这种通道基本上仍可看作主机的一部分。后来,通道结构的功能进一步增强,具有了完整的逻辑结构,形成与主 CPU 并行工作的 I/O 处理器(IOP)。主 CPU 将 I/O 操作方式与内容存入主存,用命令通知 IOP 并由 IOP 独立地管理 I/O 操作,需要时,CPU 可对 IOP 进行检测,终止 IOP 操作。图 4.26 为 IBM 4300 系统的 I/O 结构图。它形成一种 4 级连接:CPU 与主存—通道—设备控制器—外部设备。其中,选择通道、字节多路通道、数组多路通道是 3 种通道类型。

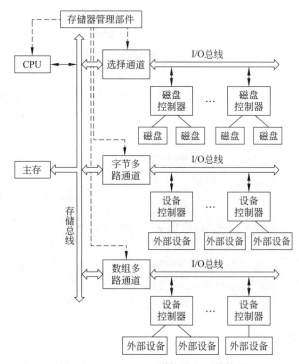

图 4.26 IBM 4300 系统的 I/O 结构图

2. 通道控制的特点

1)通道具有读写指令,可以执行通道程序

和别的处理机一样,通道的功能是通过解释并执行由它特有的通道指令组成的通道程序实现对外部设备的控制。在不同的机器中通道指令的设置是不同的,不过最基本的部分都相差不多,例如一般都有"读""写"等。通道指令除要指出做读或写动作之外,还要指出被传输数据在主存中的开始地址以及传送数据的个数等。通道独立于 CPU,其指令往往用两个或几个字组成一条通道指令,通常称为通道控制字或通道命令字(CCW)。图 4.27

是由两个字组成的通道指令格式。

在较通用的计算机系统中设置了一组功能较强
的通道指令，组成通道指令系统。有了这种指令系
统，人们便可以按照程序设计的方法，根据使用外
部设备的需要，编写通道程序。通过 CPU 执行输入

第一个字：| 命令码 | 数据地址 |

第二个字：| 标志 | 传送个数 |

图 4.27　由两个字组成的通道指令格式

输出指令，把通道程序交给通道去解释执行。执行完这个通道程序，就完成了该次传输操作的全过程。早期的通道程序存放在主机的主存中，即通道与 CPU 共用主存。后来，一些计算机为通道配置了局部存储器，进一步提高了通道与 CPU 工作的并行性。

2）CPU 通过简单的输入输出指令控制通道工作

引进了通道，输入输出工作虽然可以独立于 CPU 进行，但通道的工作还必须听从 CPU的统一调度。为此，现代的计算机系统中，CPU 设有"输入输出"指令，常见的该类指令有"启动""查询""停止"等。CPU 可用"启动"指令启动通道，要求输入输出设备完成某种操作或数据传输；可用"查询"指令了解和查询输入输出设备的状态及工作情况；可用"停止"指令停止输入输出设备的工作。

输入输出指令应给出通道开始工作所需的全部参数，如通道执行何种操作，在哪个通道和设备上进行操作等。输入输出指令和 CPU 其他指令形式相同，由操作码和地址码组成，操作码表示执行何种操作，地址码用来表示通道和设备的编码。通道程序的首地址可在执行输入输出指令前预先送入约定内存单元或专用寄存器。图 4.28 是一种输入输出指令的格式。

操作码	地址码
	通道号 | 设备号

图 4.28　一种输入输出指令的格式

3）通道和设备采用中断方式与 CPU 联系

CPU 启动通道后，通道和外部设备将独立地进行工作。通道和输入输出设备采用"中断"的方式及时向 CPU 报告其工作情况，CPU 根据报告进行相应处理。这种中断称为输入输出中断，又称外设中断。

4.5.2　通道控制原理

1. 通道的功能

通道对外部设备实现管理和控制应有如下功能。

（1）接受 CPU 的输入输出指令，确定要访问的子通道及外部设备。

（2）根据 CPU 给出的信息，从主存（或专用寄存器）中读取子通道的通道指令，并分析该指令，向设备控制器和设备发送工作命令。

（3）对来自各子通道的数据交换请求，按优先次序进行排队，实现分时工作。

（4）根据通道指令给出的交换代码个数和主存首地址以及设备中的区域，实现外部设备和主存之间的代码传送。

（5）将外部设备的中断请求和子通道的中断请求进行排队，按优先次序送往 CPU，回答传送情况。

（6）控制外部设备执行某些非信息传送的控制操作，如磁带机的引带等。

（7）接收外部设备的状态信息，保存通道的状态信息，并可根据需要将这些信息传送到主存指定的单元中。

2. 通道的组成

下面以具有较完备功能的通道为例，介绍基本通道的构造形式。图 4.29 给出了通道基本部分的组成（虚线内的部分属于通道）。可以看出，通道已是一个较完整的处理机，它与 CPU 的区别仅在于它是一个专用处理机。

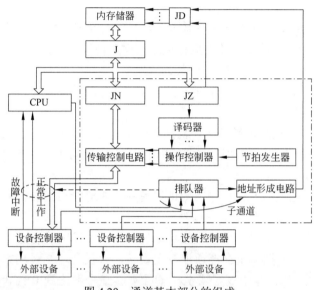

图 4.29　通道基本部分的组成

下面对图 4.29 中的主要部件进行简要介绍。

（1）通道指令寄存器（JZ）：存放正在执行的通道指令。

（2）代码缓冲寄存器（JN）：外部设备与主存进行代码交换时暂存被交换代码的寄存器。

（3）节拍发生器：和 CPU 脉冲（节拍）分配器一样，产生通道工作的节拍，控制整个通道有序地工作。

（4）操作控制器：根据通道指令所规定的操作或排队结果，按通道节拍产生通道微操作。

（5）传输控制电路：控制并传输外部设备和通道之间的代码及信号。

（6）排队器：根据预先确定的优先次序，对各子通道提出的请求进行排队，确定通道下一次和哪个子通道的外部设备进行交换，每次都是让优先级高的先进行交换。排队器加上子通道的记忆部件，就能实现通道逐个地启动子通道进行工作。图 4.29 中排队器和各设备控制器的连线表示子通道。右边设备控制器与 CPU 以及与传输控制电路之间的连线，是所有设备控制器都有的，为清楚起见图 4.29 中予以省略，并用虚线圆圈表示被排队器选中的设备。

（7）地址形成电路：根据排队器给出的子通道号确定与该子通道对应的通道程序的指

令地址的装置。它相当于 CPU 的程序计数器。

3. 通道控制的工作过程

计算机系统执行一次输入输出操作，一般要经过启动、传输和结束 3 个阶段，通道控制下的输入输出过程如下。

（1）CPU 执行输入输出指令。当程序执行到需要输入输出时，由专门的外部设备管理程序将本次输入输出的各种主要信息准备好，根据输入输出的具体要求，组织好通道程序，存入主存，并将它的首地址送入约定单元或专用寄存器中，然后执行输入输出指令，向通道发出"启动 I/O"命令。

（2）通道控制外部设备进行传输。通道接到"启动 I/O"命令后进行以下工作。

① 从约定的单元或专用寄存器中取得通道程序首地址，并检查其是否正确。

② 根据这个首地址从主存读取第一条通道指令。

③ 检查通道、子通道的状态是否能使用。如果不能使用，则形成结果特征，回答启动失败，该通道指令无效。

④ 如果该通道和子通道能够使用，就把第一条通道指令的命令码发到响应设备进行启动。等到设备回答并断定启动成功后，建立结果特征"已启动成功"；否则建立结果特征"启动失败"，结束操作。

⑤ 启动成功后，通道将通道程序首地址保留到子通道中，此时通道可以处理其他工作，设备具体执行通道指令规定的操作。

⑥ 若是传输数据操作，设备便依次按自己的工作频率发出使用通道的申请，进行排队。通道响应设备申请，将数据从主存经通道发至设备，或反之。当传输完一个数据后，通道修改主存地址（加 1）和传输个数（减 1），直至要传输个数达到 0 为止，结束该条通道指令的执行。

（3）通道指令执行结束及输入输出结束。当设备全部完成一条通道指令规定的操作时，便发出"设备结束"信号，表示该条通道指令确定的传输已经结束，对应子通道可再往下执行一条新的指令。如果执行完的通道指令不是该通道程序中的最后一条指令，子通道进入通道请求排队。通道响应该请求后，将保留在子通道中的通道指令地址更新，指向下一条通道指令，并再次从主存读取新的一条通道指令。一般每取出一条新的通道指令，就将命令码通过子通道发往设备继续进行传输。

如果结束的通道指令是通道程序的最后一条，那么这台设备的结束信号使通道引起输入输出中断，通知 CPU，本通道程序执行完毕，输入输出操作全部结束。

当 CPU 响应中断后，程序可以根据通道状态，分析结束原因并进行必要的处理。

4.5.3 通道类型

按通道装置操作方式可以分成 3 类。

1. 字节多路通道

字节多路通道（Multi-Plexor Channel）是一种简单的低速共享通道，在时间分割的基础上，服务于多台低速和中速外部设备。字节多路通道包括多个子通道，每个子通道服务于一个设备控制器，可以独立地执行通道指令。字节多路通道要求每种设备轮流占用一个很短的时间片，不同的设备在各自分行的时间片内与通道在逻辑上建立不同的传输连接，实现数据传输。

2. 选择通道

选择通道是一种高速通道，在物理上它可以连接多台设备，但这些设备不能同时工作。每次只能从所连接的设备中选择一台 I/O 设备的通道程序，此刻该通道程序独占整个通道，当它与主存交换完数据后，才能转去执行另一台设备的通道程序，为另一台设备服务。所以连接在选择通道上的若干设备，只能依次使用通道与主存传输数据。数据传输以成组（数据块）方式进行，每次传输一个数据块，因此传输率很高。选择通道多适合快速设备，如固定头磁盘等。

3. 数组多路通道

数组多路通道是对选择通道的改进，它的基本前提是当某设备进行数据传输时，通道只为该设备服务；当设备在执行寻址等控制动作时，通道暂时断开与这台设备的连接，挂起设备的通道程序，去为其他设备服务，即执行其他设备的通道程序。所以数组多路通道很像一个多道程序的处理器。它有多个子通道，既可以执行多路通道程序，像字节多路通道那样使所有子通道分时共享总通道，又可以像选择通道那样传输数据。如对于磁盘这样的外部设备，虽然传输信息很快，但移动臂定位时间很长，如果连接在选择通道上，通道很难承受这样高的传输率，在磁盘移动臂花费的较长时间里，通道只能空等。数组多路通道可以解决这个矛盾。它允许通道上连接的若干台外部设备同时进行控制操作，例如几台磁盘机可以同时进行移动臂操作，但是，只允许一台被选中设备按成组方式进行数据传输操作。因此，对于连接在数组多路通道上的若干台磁盘机，可以在启动它们的同时移动读写臂，查找要访问的扇区，然后按查找完毕的先后次序串行地传输一批批信息。这就避免了移动臂操作过长，占用通道。

对一些小型计算机，为了节省硬件开销，往往不采用独立的通道装置，让 CPU 和通道共用某些硬件。这种通道称为结合型通道。结合型通道与 CPU 不能并行工作，但是 CPU 与外部设备仍然可以并行工作。

习　题

4.1　串行通信有何特点？异步串行接口的基本任务有哪些？

4.2　为什么要设置输入输出缓冲区？

4.3　简述接口的功能及其组成。

4.4　I/O 接口有哪两种寻址方式？各有何优缺点？

4.5　在单级中断系统中，中断服务程序的执行顺序是＿＿＿＿＿＿＿。

① 保护现场　　　② 开中断　　　③ 关中断　　　④ 保存中断

⑤ 中断事件处理　　⑥ 恢复现场　　　⑦ 中断返回

   A. ④→①→⑤→⑥→⑦　　　　　B. ③→①→⑤→⑦

   B. ③→④→⑤→⑥→⑦　　　　　D. ①→⑤→⑥→②→⑦

4.6 某计算机有 5 级中断系统，它们的中断响应级别从高到低依次为 1→2→3→4→5。现按照如下原则进行修改：各级中断均屏蔽本级中断，并进一步按照如下原则处理。

（1）处理 1 级中断时，屏蔽 2、3、4、5 级中断。

（2）处理 2 级中断时，屏蔽 3、4、5 级中断。

（3）处理 3 级中断时，屏蔽 4、5 级中断。

（4）处理 4 级中断时，不屏蔽其他中断。

（5）处理 5 级中断时，屏蔽 4 级中断。

求解：

（1）修改后实际中断处理的优先级顺序。

（2）各级中断处理程序的中断屏蔽字。

4.7 有 D1、D2、D3、D4、D5 共 5 个中断源，优先级分别为 1 级、2 级、3 级、4 级、5 级。每个中断源都有一个 5 位的中断屏蔽码，它们在正常情况下和变化后分别有表 4.4 所示的值（0 表示该中断源开放，1 表示该中断源被屏蔽）。

表 4.4　4.7 题中的中断屏蔽码

中断源	中断优先级	正常情况下的中断屏蔽码					变化后的中断屏蔽码				
		D1	D2	D3	D4	D5	D1	D2	D3	D4	D5
D1	1	1	1	1	1	1	1	0	0	0	0
D2	2	0	1	1	1	1	1	1	0	0	0
D3	3	0	0	1	1	1	1	1	1	0	0
D4	4	0	0	0	1	1	1	1	1	1	0
D5	5	0	0	0	0	1	1	1	1	1	1

求解：

（1）当使用正常情况下的中断屏蔽码时，处理器响应各中断源的中断请求和进行中断处理的先后次序。

（2）当使用变化后的中断屏蔽码时，处理器响应各中断源的中断请求和进行中断处理的先后次序。

（3）用图形表示，当使用变化后的中断屏蔽码且 5 个中断源同时请求中断时，处理机响应中断请求和实际运行中断服务子程序的情况。

4.8 设有 8 个中断源，用软件方式排队判优。

（1）设计中断申请逻辑电路。

（2）如何判别中断源？画出中断处理流程。

4.9 设有 A、B、C 3 个中断源，其中 A 的优先级最高，B 的优先级次之，C 的优先级最低，分别用链式和独立请求方式设计判优电路。

4.10 中断请求的优先排队可归纳为两大类，它们是_____和_____。程序中断方式适用_____和_____场合。

4.11 什么是单级中断与多级中断？它们是如何实现的？

4.12　系统处于 DMA 模式时，每传送一个数据就要占用的时间为_____。

　　　A．一个指令周期　　　B．一个机器周期　　　C．一个存储周期　　　D．一个总线周期

4.13　在下列叙述中，_____是正确的。

　　　A．与各中断源的中断级别相比较，CPU（或主程序）的级别最高

　　　B．DMA 设备的中断级别比其他外部设备高，否则可能引起数据丢失

　　　C．中断级别最高的是不可屏蔽中断

4.14　中断控制方式中的中断与 DMA 的中断有何异同？

4.15　如果认为 CPU 等待设备的状态信号是处于非工作状态(即踏步等待)，那么在_____方式下，主机与外部设备是串行工作的；在_____方式下，主机与外部设备是并行工作的。

　　　A．程序查询控制　　　B．中断控制　　　　C．DMA

4.16　CPU 响应非屏蔽中断请求的条件是_____。

　　　A．当前执行的机器指令结束且没有 DMA 请求信号

　　　B．当前执行的机器指令结束且 IF（中断允许）标志 ＝1

　　　C．当前机器周期结束且没有 DMA 请求信号

　　　D．当前执行的机器指令结束且没有 INT 请求信号

4.17　通道的功能是_____、_____。按通道的工作方式分，通道有_____、_____和_____ 3 种类型通道。通道程序由一条或几条_____构成。

4.18　DMA 方式与通道方式有何异同？

4.19　某磁盘存储器数据存储字长为 32b，传输率为 1MB/s。CPU 时钟频率为 50MHz。计算下列数据。

（1）采用程序查询方式进行 I/O 控制，且每次查询操作需要 100 个时钟周期。计算在充分查询时 CPU 为查询所花费的时间比率。

（2）采用中断方式进行 I/O 控制，且每次传输操作（包括中断处理）需要 100 个时钟周期。计算在 CPU 为传输查硬盘数据所花费的时间比率。

（3）采用 DMA 控制器进行 I/O 控制，且 DMA 的启动操作需要 1000 个时钟周期，DMA 的平均传输数据长度为 4KB，DMA 完成时的中断处理需要 500 个时钟周期。若忽略 DMA 申请使用总线的开销，计算磁盘存储器工作时 CPU 进行 I/O 处理所花费的时间比率。

第5章 总线与主板

总线（Bus）是供多个部件分时共享的公共信息传送线路，一个系统的总线结构决定了该计算机系统的数据通路及系统结构。它能简化系统设计、便于组织多家厂家进行专业化大规模生产，降低产品成本、提高产品的性能和质量，促进产品的更新换代、满足不同用户需求以及提高可维修性等，因而得以迅速发展。自1970年美国DEC公司在其PDP-11/20小型计算机上采用Unibus以来，各种标准的、非标准的总线纷纷面世。如今，几乎所有的计算机系统中都采用了总线结构。

在微型计算机中，总线以及所连接的部件都安放在主板（Main Board）上。计算机在运行中对于系统内的部件和外部设备的控制都通过主板实现，主板的组成与布局也影响着系统的运行速度、稳定性和可扩展性。

5.1 总线概述

5.1.1 总线及其规范

共享、分时和规范是总线的3个基本特点。共享是指多个部件连接在同一组总线上，各部件之间相互交换的信息都可以通过这组总线传送。分时是指同一时刻总线只能在一对部件之间传送信息。

总线是计算机系统模块化的产物，相同的指令系统，相同的功能，不同厂家生产的各功能部件在实现方法上不尽相同，但希望相同的功能部件可以互换使用，这要求各厂家的产品必须遵循一定的规范。这些规范包括如下4方面。

1. 机械规范

机械规范又称物理规范，指总线在机械上的连接方式，如插头与插座所使用的标准，包括接插件尺寸、形状、引脚根数及排列顺序等，以便能正确无误地连接。图5.1为计算机中常用的一些总线接插件。

 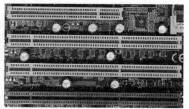

(a) 外部总线接插件   (b) 内部总线接插件

图 5.1 计算机中常用的一些总线接插件

2. 电气规范

电气规范指总线的每根线上信号的传递方向及有效电平范围、动态转换时间、负载能力等。一般规定送入 CPU 的信号称为输入信号（IN），从 CPU 发出的信号称为输出信号（OUT）。例如，地址总线是输出线，数据总线是双向传送，这两类信号线都是高电平有效；控制总线一般是单向的，有输出的也有输入的，有高电平有效也有低电平有效。总线的电平都符合 TTL 电平的定义。例如 RS-232C 的电气规范规定，用低电平表示逻辑 1，并且要求电平低于–3V；用高电平表示逻辑 0，并且要求电平高于+4V；通常额定信号电平为–10V～+10V。

3. 功能规范

按功能，总线可分为地址总线、数据总线和控制总线。在控制总线中，各条线的功能也不相同，有 CPU 发出的各种控制命令（如存储器读写、I/O 读写等），也有外部设备与主机的同步匹配信号，还有中断信号、DMA 控制信号等。

4. 时间规范

时间规范又称逻辑规范，指在总线操作过程中每根信号线上信号什么时候有效，通过这种信号有效的时序关系约定，确保总线操作正确进行。

5.1.2 总线的性能指标

1. 总线性能指标

总线的主要性能指标如下。

1）总线带宽

总线带宽即总线标准传输率，指的是单位时间内总线上传送的数据量，即每秒传送兆字节的最大稳态数据传输率。与总线密切相关的两个因素是总线的位宽和总线的工作频率。

（1）总线位宽也称传送宽度，指总线能同时传送的二进制数据的位数，主要指数据总线的位数，用 b（位）表示，如总线位宽有 8b、16b、32b、64b。总线位宽越宽，每秒数据传输率越大，总线带宽越宽。

（2）总线的工作频率越高，总线的传输率越高。

总线带宽与位宽和工作频率之间的关系为：

$$总线带宽=总线工作频率×总线位宽/8$$

或

$$总线带宽=(总线位宽/8)/总线周期$$

例如，总线工作频率为 33MHz，总线位宽为 32 位，则最大传输率为

$$D_r = 4B×33×10^6/s = 132MB/s$$

2）寻址能力

寻址能力取决于地址总线的根数。例如，PCI 总线的地址总线为 32b，寻址能力达 4GB。

3）负载能力

负载能力即总线上能够连接的设备数。

4）即插即用能力

即插即用（Plug-and-Play，PnP，也称热插拔）是由微软公司提出的，意思是系统自动侦测周边设备和板卡并自动安装设备驱动程序，做到插上就能用，无须进行其他设置，是 Windows 系统自带的一项技术。符合 PnP 标准的 PC 插卡等外围设备安装到计算机时，操作系统自动设定系统结构。当用户安装新的硬件时，不必再设置任何跳线器开关，也不必用软件配置中断请求（IRQ）、内存地址或直接存储器访问（DMA）通道，Windows 系统会向应用程序通知硬件设备的新变化，并会自动协调 IRQ、内存地址和 DMA 通道之间的冲突。

5）是否支持突发传送

总线上数据传送方式分为两种。
（1）正常传送：每个传送周期先传送数据的地址，再传送数据。
（2）突发传送：支持成块连续数据的传送，只需给出数据块的首地址，后续数据地址自动生成。

PCI 总线支持突发传送，ISA 总线不支持。

6）总线控制方式

总线控制含有突发传输、并发工作、自动配置、仲裁方式、逻辑方式、记数方式等内容。

7）其他指标

除了以上 6 项指标外，还有如下一些。
（1）传输距离（对 I/O 总线很重要）。
（2）传输差错率（对 I/O 总线很重要）。
（3）抗干扰力。
（4）确定性延迟。
（5）同步方式。
（6）信号线数。
（7）是否支持多路复用。
（8）电源电压高低。
（9）能否扩展 64b 位宽等。

2. 几种微型计算机标准系统总线性能示例

表 5.1 列出了在微型计算机发展过程中形成的一些标准系统总线性能。这些标准中有些已经被淘汰，有些正在被应用，有些即将被应用。其中对现在和未来有重大影响的，将在 5.3 节介绍。

表 5.1 在微型计算机发展过程中形成的一些标准系统总线性能

总线名称	开发者	推出时间	总线位宽	总线工作频率	总线带宽	负载能力
PC-XT	IBM	1981 年	8b	4MHz	4MB/s	8
ISA	IBM	1984 年	16b	8MHz	16MB/s	8
MCA	IBM	1987 年	32b	10MHz	40MB/s	无限制
EISA	Compaq 等	1988 年 9 月	32b	8.33MHz	33MB/s	6
PCI	Intel、IBM 等	1991 年	32b	20MHz~33.3MHz	133MB/s/528MB/s	3
VESA	VESA	1992 年	32b	66MHz	266MB/s	6
AGP	Intel	1996 年 7 月	32b	66.7MHz/133MHz	266MB/s/2.133GB/s	
PCI-E	Intel、IBM 等	2002 年 7 月	串行	2.5GHz/5GHz/10GHz	点对点：4GB/s/16GB/s 双向：8GB/s/32GB/s	

5.1.3 总线分类

总线应用很广且形态多样，从不同的角度可以有不同的分类方法。下面列举 6 种。

1. 按照总线传递的信号性质分类

按照总线传递的信号性质，总线可以分为 3 种。

（1）地址总线（Address Bus，AB），用来传递地址信息。

（2）数据总线（Data Bus，DB），用来传递数据信息。

（3）控制总线（Control Bus，CB），用来传递各种控制信号。

2. 按照总线所处的位置分类

按照总线所处的位置分，为机内总线和机外总线。

（1）机内总线分为片内总线和片外总线。片内总线指 CPU 芯片内部，用于寄存器、ALU 以及控制部件之间传输信号的总线；片外总线指 CPU 芯片之外，用于连接 CPU、内存以及 I/O 设备的总线。

（2）机外总线指与外围设备接口的总线，实际上是一种外部设备的接口标准。目前在微型计算机上流行的接口标准有 IDE、SCSI、USB 和 IEEE 1394 等。

3. 按照总线在系统中连接的主要部件分类

按照总线在系统中连接的主要部件，总线可以分为 5 种。

（1）存储总线：连接存储器。

（2）DMA 总线：连接 DMA 控制器。

（3）系统总线：连接 I/O 通道总线和各扩展槽。

（4）I/O（设备）总线：连接外部设备控制芯片。

（5）局部总线：通常是一种实现高速数据传输的高性能总线，用来在高度集成的外部设备控制器器件、扩展板和处理器/存储器系统之间提供一种内部连接机制。

4. 按照总线传输的数据单位分类

按照总线传输的数据单位，总线可以分为串行总线和并行总线（见图 5.2）。

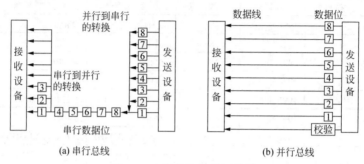

图 5.2　串行总线与并行总线

（1）串行总线按位进行传输，每次传输 1 位数据。串行总线按照所传输数据的方向性，又可分为 3 种：单工、半双工和双工。

① 单工数据传输只支持数据在一个方向上传输，除控制信号和电源外，一般只用一根数据线。

② 半双工数据传输允许数据在两个方向上传输，但两个方向的传输不可同时进行，故除控制信号和电源外，一般也只用一根数据线。

③ 双工数据传输允许数据同时在两个方向上传输，因此全双工通信是两个单工通信方式的结合。

（2）并行总线每次传输多位，通常有 8b、16b、32b 和 64b 等几种。所以，并行传输除了控制信号、电源等之外，要传输多少位数据，就需要多少根数据线。

5. 按照发送端与接收端有无共同的时钟分类

按照发送端与接收端有无共同的时钟，总线可以分为同步总线与异步总线等类型。具体将在第 5.2 节中深入讨论。

6. 按照系统中使用的总线数量分类

大多数总线都是以相同方式构成的，其不同之处仅在于总线中数据线、地址线和控制线的数目，以及控制线的功能。按照系统中使用的总线条数可以分为单总线结构、双总线结构和多总线结构。

单总线结构使用一组单一的系统总线来连接 CPU、主存和 I/O 设备。在这类系统中，所有的模块都挂在同一组总线上，分时地进行数据传输。这种总线结构简单、连接灵活、易于扩充，还容易扩展成多 CPU 系统，只要在总线上挂接多个 CPU 即可。因所有信息都在一组系统总线上传输，故信息传输的吞吐量受到限制。

双总线结构保持了单总线结构简单、易于扩充的优点，又在 CPU 和主存之间有一组专门高速总线，使 CPU 可与主存迅速交换信息，而主存不必经过 CPU 仍可通过总线与外部设备之间实现 DMA 操作。这样，缓解了对系统总线和 CPU 的压力，提高了系统的效率。

由于各种设备对于总线的要求不同，在设备不断增加的形势下，总线趋向于分级的总线结构。图 5.3 为三级总线结构。

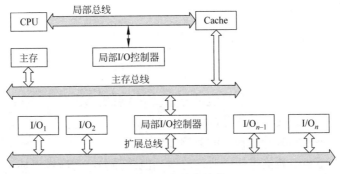

图 5.3　三级总线结构

这种三级总线结构一般用于 I/O 设备性能相差不大的情况。在高速的视频设备、网络、硬盘等大量涌现的情况下，将它们与低速设备（如打印机、低速串口设备）接在同一条总线上，非常影响系统的效率。进一步的改进是为这些高速设备设立一条单独的高速总线，形成如图 5.4 所示的由系统总线、局部总线、高速总线和扩展总线组成的四级总线结构。

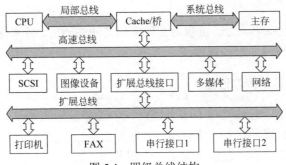

图 5.4　四级总线结构

计算机总线是计算机模块间传递信息的通路。计算机总线技术包括通路控制性能、使用方法、仲裁方法和传送方式等。总线技术在整个计算机系统中占有十分重要的位置。任何系统的研制和外围模块的开发，都必须服从一定的总线规范。总线的结构不同，性能差别很大。由于计算机总线的主要职能是负责计算机各模块间的信息传送，所以，对总线性能的衡量，也是围绕这一职能而定义、测试和比较的。

5.2 总线的工作原理

5.2.1 总线的组成与基本传输过程

1. 总线的组成

总线包括如下 3 部分。

1）传输线

总线是信号线的集合，这些信号线可分为以下 5 种类型。
（1）地址线：决定直接寻址的范围。
（2）数据线：决定同时并行传输的数据宽度。
（3）控制、时序和中断信号线：决定总线功能的强弱、适应性好坏。
（4）电源线：决定电源电压种类、地线分布以及它们的用法。
（5）备用线：留给用户进行性能扩充，满足特殊需要。

2）接口逻辑

总线与各部件并不是直接相连的，通常需要一些三态门（控制双向传输）和缓冲寄存器等作为它们之间的接口。

3）总线控制器

总线要为多个部件共享。为了正确地实现它们之间的通信，必须有一个总线控制机构，对总线的使用进行合理的分配和管理。

2. 总线中信号的基本传输过程

作为数据传输通道，总线连接着多个部件，传递着多种信号。每个信号的传输，都是主方（发送端）发出数据，从方（接收端）接收数据。

总线中信号的传输过程一般包含如下 5 个环节。

1）请求总线

由利用总线进行信息传输的主控模块申请总线，以便取得总线控制权。

2）总线仲裁

多个主控模块同时申请总线时，系统做出裁定，按规则把总线的控制权赋予某个主控模块。

3）目的寻址

某主控模块取得总线控制权后，由其进行寻址，通知被访问的模块进行信息传输。

4）信息传输

主控模块与被访问模块之间进行数据传输，根据读写方式确定信息流向，可分两种情形。

（1）单周期方式是在获得一次总线使用权后只能传输一个数据，如果需要传输多个数据，就要多次申请使用总线。

（2）突发式是指获得一次总线使用权可以连续进行多个数据的传输，在寻址过程中，主控模块发送数据块的首地址，后续的数据在首地址的基础上按一定的规则寻址，如 PCI 总线支持突发数据传输方式，这种方式下总线利用率高。

5）错误检测

最常用、最简单的错误检测方法是奇偶检验。错误检测结束后，主控模块的有关信息均从系统总线上撤销，让出总线。

5.2.2 总线的争用与仲裁

按对总线有无控制功能，连接在总线上的设备可以分为主模块和从模块两种。前者具有对总线的控制权，后者没有。总线上信息的传输由总线主设备启动，即总线上的一个主模块要与另一个模块部件进行通信时，首先应该由主模块发出总线请求信号。总线同一时刻只允许在一对模块之间进行通信。当多个主模块同时要求使用总线时，可以采用两种方法解决冲突：静态方法和动态方法。静态方法是时间片划分方法，好像一周上了 6 门课，而每门课只能按照课程表在规定的时间段内上。动态方法是总线控制机构中的判优和仲裁逻辑将按一定的判优原则，来决定由哪个模块使用总线。只有获得了总线使用权的模块，才能开始传输数据。动态判优分为集中控制和分布式控制两种。前者将控制逻辑集中在一起（如在 CPU 中），后者将控制逻辑分散在与总线连接的各个部件或设备上。

1. 多路复用法

多路复用是将一条物理通道分割成多条逻辑通道，在计算机内多采用时间片划分方法，即将时间分片，按照事先的规定，在不同的时间片中传输不同模块的通信信号。图 5.5 为把一条物理总线用分时传输的方法，当作 3 条逻辑总线使用的情形。

2. 集中控制的优先权仲裁

集中控制的优先权仲裁方式有 3 种：链式查询、计数器定时查询和独立请求。

1）链式查询方式

链式查询方式如图 5.6 所示。它靠 3 条控制线进行控制：BS（总线忙）、BR（总线请求）

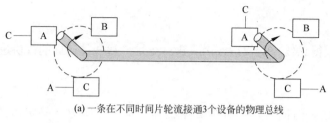

(a) 一条在不同时间片轮流接通3个设备的物理总线

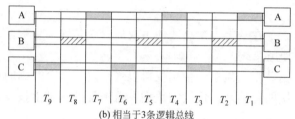

(b) 相当于3条逻辑总线

图 5.5　时间分片传输示意图

和 BG（总线同意）。它的主要特征是将 BG 串行地从一个部件（I/O 接口）送到下一个部件，若 BG 到达的部件无总线请求，则继续下传，直到到达有总线请求的部件为止。这意味着该部件获得了总线使用权。

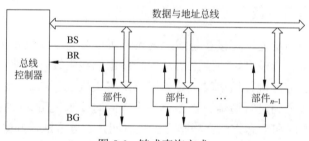

图 5.6　链式查询方式

显然，在查询链中离总线控制器最近的部件具有最高优先权，离总线控制器越远，优先权越低。链式查询通过接口的优先权排队电路实现。

2）计数器定时查询方式

计数器定时查询方式采用一个计数器控制总线的使用权，其工作原理如图 5.7 所示。它仍用一根请求线，当总线控制器接到总线请求信号以后，若总线不忙（BS 线为 0），则计数器开始计数，并把计数值通过一组地址线发向各部件。当地址线上的计数值与请求使用总线设备的地址一致时，该设备获得总线使用权，置 BS 为 1。同时中止计数器的计数及查询工作。

计数器每次可以从 0 开始计数，也可以从中止点开始。如果从 0 开始，各部件的优先次序与链式查询法相同，优先级的顺序是固定的。如果从中止点开始，则每台设备使用总线的优先级相等，这对于用终端控制器来控制各个显示终端设备是非常合适的。因为，终端显示属于同一类设备，应该具有相等的总线使用权。计数器的初值也可用程序设置，以方便地改变优先次序。当然这种灵活性是以增加控制线数为代价的。

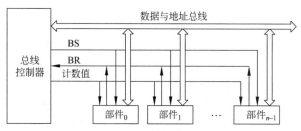

图 5.7 计数器定时查询方式

3) 独立请求方式

独立请求方式原理如图 5.8 所示。在独立请求方式中,每个共享总线的部件均有一对总线请求线 BR_i 和总线允许线 BG_i。当该部件要使用总线时,便发出请求信号,在总线控制部件中排队。总线控制器可根据一定的优先次序决定首先响应哪个部件的总线请求,以便向该部件发出总线的响应信号 BG_i。该部件接到此信号就获得了总线的使用权,开始传输数据。

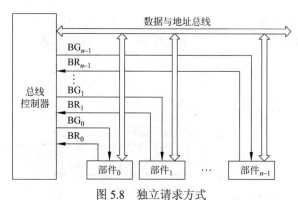

图 5.8 独立请求方式

独立请求方式的优点是响应时间快,不用一个部件接一个部件地查询,然而这是以增加控制线数为代价的。设 n 为允许接纳的最大部件数,则在链式查询中仅用两根线确定总线使用权属于哪个部件,在计数查询中大致用 $\log_2 n$ 根线,而独立请求方式需要采用 $2n$ 根线。

独立请求方式对优先次序的控制非常灵活,需要采用特定的裁决算法。常用的算法有如下 4 种。

(1) 静态优先级算法。预先固定优先级别,例如让 BR_0 优先级最高,BR_1 次之,……,BR_{n-1} 最低。有使用冲突时,优者得。

(2) 平等算法。以轮转方式使各设备都获得较为均等的总线使用机会。

(3) 动态优先算法。根据使用情况,动态地改变优先次序,如让近期最少使用者或使用时间短者优先。

(4) 先来先服务算法。即按申请到达的顺序进行裁决。

3. 分布控制的优先权仲裁

分布控制的优先权仲裁有如下特点。

（1）所有设备都具有预先分配的仲裁号。

（2）仲裁器分布在各设备上。

（3）任何时刻，每台设备都可以发出总线使用请求。

（4）同时有两个以上设备发出总线使用请求时，高优先级别的设备赢得裁决。

（5）一台设备使用总线时，要通过总线忙信号阻止其他设备请求。

5.2.3 总线通信中主从之间的时序控制

在总线中，主方的数据发送和从方的数据接收必须协调。实现主从协调操作的基本方法是有一个时序控制规则——协议。这些规则大致有 4 种方式：同步通信、异步通信、半同步通信和分离式通信，其中最基本的是同步通信和异步通信。

1. 同步通信

同步通信中的定时控制简称同步定时，主从方有共同的时钟，它们的操作完全依据协议规定的时间，在规定的时刻开始，并在规定的时刻结束，是一种"以时定序"的控制方式。

图 5.9 表示数据由输入设备向 CPU 传送的同步通信过程。总线周期从 t_0 开始到 t_4 结束。在总线时钟的控制下，整个数据同步传送过程如下。

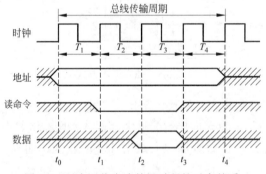

图 5.9　同步通信中读数据过程的时序关系

（1）当在 t_0 时刻，CPU 检测到设备"已经就绪"信号后，立即将欲读设备的地址放在地址总线上。

（2）经过一个周期，在 t_1 时刻，CPU 发出读命令（低电平）。

（3）再经过一个周期，在 t_2 时刻，设备把数据放到数据总线上。CPU 在时钟周期 T_2 中进行数据选通，将数据接收到自己的寄存器中。

（4）在数据已经读入寄存器的 t_3 时，读命令信号和设备数据信号撤销。

（5）在 t_4 时刻，地址信号撤销，总线传输周期结束，可以开始另一个新的数据传送。

同步通信的基本特点是模块之间的配合简单一致，并且由于采用了公共时钟，每个部件什么时候发送或接收信息都由统一的时钟规定，因此，同步通信具有较高的传输效率。缺点是所有模块都强求一致的同一时限，使设计缺乏灵活性。例如，一个读周期仅需要 2.1 个时钟周期，但也要拉到 3 个时钟周期。

2. 异步通信

1）握手协议

异步通信也称异步应答通信。在异步通信方式中，双方的操作不依赖基于共同时钟的时间标准，而是一方的操作依赖于另一方的操作，形成一种"请求-应答"方式，或称为握手方式，所采用的通信协议称为握手协议（Handshaking Protocol）。

握手协议由一系列的握手操作的顺序规定。例如，存储器读周期可以描述为如下过程。

① CPU 先发送状态信号和地址信号到总线上。

② 状态信号和地址信号稳定后，CPU 发出读命令，用来向存储器"请求"数据。

③ 存储器收到"请求"后，经过地址译码，将数据放到数据线上。

④ 等数据信号稳定后，存储器向控制线上发送确认信号，通知 CPU 数据总线上有数据可用。

⑤ CPU 收到确认信号后，从数据总线上读取数据，立即撤销状态信号。

⑥ 状态信号的撤销，引起存储器撤销数据信号和确认信号。

⑦ 存储器确认信号的撤销引起 CPU 撤销地址信号，一次读过程结束。

这个过程如图 5.10 所示。

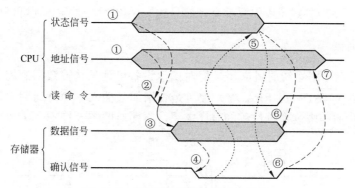

图 5.10　存储器读周期中的异步控制

2）握手类型

显然，异步通信是基于"请求"（Request）和"应答"（Acknowledge）两种信号，它们之间有依赖关系，并且根据这两种信号之间交互的次数，可以形成如图 5.11 所示的全互锁（三次握手）、不互锁（一次握手）和半互锁（二次握手）3 种典型的握手类型。

（1）全互锁。全互锁的过程如下。

① 主模块发出"请求"信号，等待从模块的"应答"信号。

② 从模块接到"请求"信号后，发出"应答"信号——一次握手。

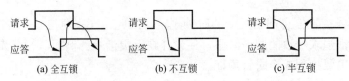

图 5.11 异步通信中请求与应答的互锁关系

③ 主模块接到从模块的"应答"信号，就撤销其"请求"信号——二次握手。

④ 从模块在获知主模块已撤销"请求"信号后，随即撤销其"应答"信号——三次握手。

这样，经过三次握手在通信双方建立了完全的互锁关系。

（2）不互锁。不互锁的规则如下。

"请求"和"应答"信号都有一定的时间宽度，主模块发出"请求"信号，不等待接到从模块的"应答"信号，而是经过一段时间后，撤销其请求信号。从模块接到"请求"信号后，在条件允许时发出"应答"信号，并且经过一段时间，自动撤销其应答信号。这样，"请求"信号的结束和"应答"信号的结束不互锁。

（3）半互锁。半互锁的规则如下。

主模块的"请求"信号撤销，取决于是否收到从模块的"应答"信号。收到从模块的"应答"信号，立即撤销"请求"信号；而从模块"应答"信号的撤销与否，完全由从模块自主决定。

不管哪种握手方式，都是要主模块先向从模块发出"请求"信号，等收到从模块的"应答"信号后，才认为可以开始通信。为此，在并行传输系统中除数据线之外，要增加"请求"和"应答"两条应答线（或称握手交互信号线）。在串行传输中，则可以用起停位代替。

3. 半同步通信

半同步的特点：用系统时钟同步，但对慢速设备可延长传输数据的周期。方法是采用增加一条信号线（$\overline{\text{WAIT}}$ 或 $\overline{\text{READY}}$）控制是否增加（插入）等待周期来延长传输周期。图 5.12 为半同步通信中读数据过程的时序关系。下面对照图 5.12 分析 CPU 的读过程。

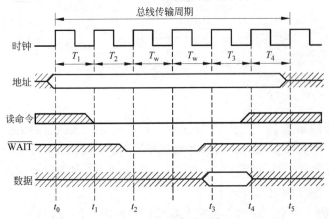

图 5.12 半同步通信中读数据过程的时序关系

（1）在 t_0 时刻，CPU 产生欲读设备的地址放在地址总线上，同时经控制线指出操作的性质（读写内存或读写 I/O 设备）。经过一个周期，当地址信号稳定后，于 T_1 周期的 t_1 时刻，CPU 发出读命令（低电平）。这一点与图 5.9 相同。

（2）由于设备慢，当读命令稳定后，如果没有数据信号到达，就要在 t_2 时刻在控制线 $\overline{\text{WAIT}}$ 上发出等待命令，即开始插入一些等待周期 T_w。

（3）在 t_3 时刻，数据信号到达，控制线 $\overline{\text{WAIT}}$ 上的等待信号撤销，CPU 在时钟周期 T_2 中进行数据选通，将数据接收到自己的寄存器中。

（4）经过一个时钟周期，在 t_4 时刻，数据已经读入，读信号撤销。

（5）经过一个周期，在 t_5 时刻，地址信号撤销，总线传输周期结束，可以开始另一个新的数据传送。

半同步通信适用于系统工作速度不高，但又包含了许多工作速度差异较大的各类设备的简单系统。它的控制方式比异步通信简单，在全系统内各模块又在统一的系统时钟控制下同步工作，可靠性较高，同步结构较方便。其缺点是对系统时钟频率不能要求太高，故从整体上来看，系统工作的速度不会很高。

4. 分离式通信

1）分离式通信总线原理

同步通信、异步通信和半同步通信都是从主模块发出地址和读写命令开始，直到数据传输结束。在整个传输周期中，系统总线的使用权完全由占有使用权的主模块和由它选中的从模块占据。进一步分析读命令传输周期，发现除了申请总线这一阶段外，其余时间主要花费在如下 3 方面。

（1）主模块通过传输总线向从模块发送地址和命令。

（2）从模块按照命令进行读数据的必要准备。

（3）从模块经数据线向主模块提供数据。

可见对系统总线而言，模块内部进行读数据的准备过程中并无实质性的信息传输，总线纯属空闲等待。为了克服和利用这种消极等待，尤其在大型计算机系统中，总线的负载已经处于饱和状态，充分挖掘系统总线每瞬间的潜力，对提高系统性能起到极大作用。为此提出了分离式通信方式，其基本思想是将一个传输周期（或总线周期）分解为两个子周期。在第一个子周期中，主模块 A 在获得总线使用权后将命令、地址以及其他有关信息，包括主模块编号（当有多个主模块时，此编号尤为重要）发到系统总线上；经过总线传输后，由有关的从模块 B 接收。主模块 A 向系统总线发布这些信息只占用总线很短的时间，一旦发送完成，立即放弃总线使用权，以便其他模块使用。在第二个子周期中，当从模块 B 接收到模块 A 发来的有关命令信号后，经过选择、译码、读取等一系列内部操作，将 A 模块所需的数据准备好，便由 B 模块申请总线使用权；一旦获准，B 模块便将 A 模块的编号、B 模块的地址、A 模块所需的数据等一系列信息送到总线上，供 A 模块接收。很显然，上述两个子周期都只有单方向的信息流，每个模块都能充当一次主模块。

2）分离式通信方式的特点

（1）每个模块占用总线使用权都必须提出申请。

（2）在得到总线使用权后，主模块在限定的时间内向对方发送信息，采用同步方式传送，不再等待对方的回答信号。

（3）各模块在准备数据的过程中都不占用总线，总线可以接受其他模块的请求。

（4）总线被占用时都在做有效工作，或者通过它发送命令，或者通过它传送数据，不存在空闲等待时间，充分地利用了总线的有效占用，从而实现了在多个主从模块间进行交叉重叠并行式传送，这对大型计算机是极为重要的。

这种方式控制比较复杂，一般在普通微型计算机系统很少采用。

需要指出的是，解决不同传输率设备之间通信的同步问题，都少不了缓冲技术。

5.3 几种标准系统总线分析

下面重点介绍一些较有影响的标准系统总线。

5.3.1 ISA 总线

1. ISA-8

ISA（Industry Standard Architecture，工业标准体系结构）最早由美国 IBM 公司于 1981 年作为微型计算机制定的 8 位总线标准，主要用于 IBM-PC/XT、AT 及其兼容机上，后来被 IEEE 采纳作为微型计算机总线标准。它的 62 针分成 A、B 两排，每排 31 针；其中：

（1）数据线 8 针（SD7～SD0）。

（2）地址线 20 针（SA19～SA0，最大寻址空间 1MB）。

（3）控制线 21 针，可接受 6 路中断请求，3 路 DMA 请求，还包括时钟、电源线和地线等。

2. ISA-16

1984 年，IBM 公司推出 PC/AT 系统，并把 ISA 从 8 位扩充到 16 位，地址线从 20 条扩充到 24 条，以适用 CPU 为 Intel 80286 的 IBM-PC、AT 系统。其主要性能指标如下。

（1）I/O 地址空间范围为 64KB。

（2）24 位地址线，可直接寻址的内存容量为 16MB。

（3）总线位宽为 8 位或 16 位，最高时钟频率为 8MHz，最大稳态传输率分别为 8MB/s 和 16MB/s。

（4）支持 15 级中断，并允许中断共享功能。

（5）8 个 DMA 通道。

（6）开放式总线结构，允许多个 CPU 共享系统资源。

图 5.13 为 ISA-16 总线信号线分布情况。它是在原 ISA-8 的 62 针基础上，扩充了一个

36 线的芯片。

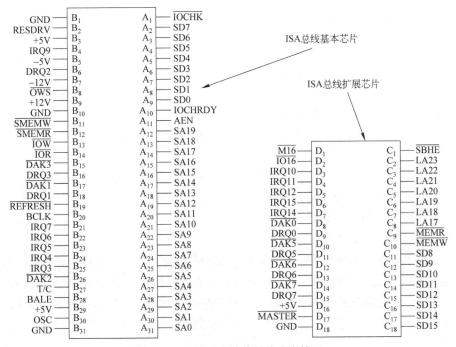

图 5.13　ISA-16 总线信号线分布情况

相应地其插槽被设计成图 5.14 所示的两部分结构：一部分是原 ISA-8 总线的 62 线插头、插槽（分 A、B 两面，每面 31 针）；另一部分是新增的 36 针插头、插槽（分 C、D 两面，每面 18 针）。新增的 36 针与原有的 62 针之间有一凹槽隔开。

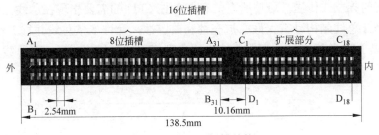

图 5.14　ISA-16 插槽结构

3. EISA

1988 年，康柏、HP、NEC 等 9 个厂商协同把 ISA 扩充到 32 位，即 EISA（Extended ISA）总线。

5.3.2　PCI 总线

PCI（Peripheral Component Interconnect，外部设备互连）总线是由 Intel 公司提出的一种独立于处理器的局部总线标准，于 1992 年 6 月和 1995 年 6 月颁布了 V1.0（支持 32 位）

和 V2.1（支持 64 位）规范。

1. PCI 总线的性能特点

（1）适应性强、不依附于某个具体处理器，它既可应用于 Intel 处理器系统中，也能应用于其他公司的处理器系统中，并且与处理器频率无关，与处理器更新换代无关。

（2）高速、低延迟。PCI 总线位宽为 32/64 位，总线时钟频率为 33/66MHz，最大数据传输率 528MB/s，并支持一次读写多个数据的 Burst 传输方式。

（3）能自动识别外部设备，全自动配置与资源申请 / 分配（即插即用）。

（4）具有与处理器和存储器子系统完全并行操作的能力。

（5）具有隐含的集中式中央仲裁系统和完全的多总线主控能力。

（6）采用地址线和数据线复用技术，减少了引线数量。

（7）提供地址和数据的奇偶校验，使系统更可靠。

（8）同步传输方式。

（9）从结构上看，PCI 是在 CPU 和原来的系统总线之间插入的另一级总线，具体由一个桥接电路实现对这一层的管理，并实现上下之间的接口以协调数据的传送。桥接电路提供了信号缓冲，使之能支持多种外部设备，并能在高时钟频率下保持高性能。PCI 总线也支持总线主控技术，允许智能设备在需要时取得总线控制权，以加速数据传送。

2. PCI 总线的应用

桥在 PCI 总线体系结构中起着重要作用，它连接两条总线，使彼此间相互通信。桥也可以看作是一个总线适配器或总线转换部件，它可以把一条总线的地址空间映射到另一条总线的地址空间上，从而使系统中任意一个总线主设备都能看到同样的一份地址表；还可以实现总线间的猝发式传送，可使所有的存取都按 CPU 的需要出现在总线上。所以，以桥连接实现的 PCI 总线结构具有很好的扩充性和兼容性，允许多条总线并行工作。

图 5.15 是 PCI 总线在单处理器系统中的典型应用。可以看出，PCI 总线是外部设备与 CPU 之间的一个中间层，目的是为高速外部设备提供一个高速数据通道。

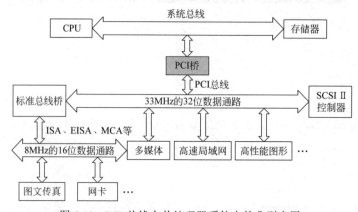

图 5.15　PCI 总线在单处理器系统中的典型应用

在这个结构中，有两种桥：PCI 桥和标准总线桥。PCI 桥用于在系统总线与 PCI 总线之间进行适配与耦合。它在与系统总线的接口中引入了 FIFO 缓冲器，使 PCI 总线与系统总线的操作各自独立，消除了相互影响，且可以并行工作，提高了系统的吞吐能力。标准总线桥可以实现 PCI 总线信号与 ISA、EISA、MCA 等系统总线信号之间的转换，提高了 PCI 总线的兼容性，使得系统可以继续使用已有的设备，也可以有更多的选择。

当总线的驱动能力不足时，可以采用多层结构，如图 5.16 所示，在这个 PCI 总线结构中有 3 种桥：HOST 桥、PCI/LEGACY 总线桥、PCI/PCI 桥。HOST 桥用于在 HOST 总线与 PCI 总线之间的耦合；PCI/PCI 桥用于 PCI 总线扩展，以连接更多的 PCI 设备；PCI/LEGACY 总线桥用于 PCI 总线与传统（LEGACY）总线之间的耦合，以连接多个 LEGACY 设备。

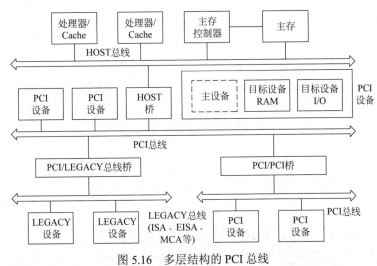

图 5.16　多层结构的 PCI 总线

3. PCI 总线信号

扩展槽的引脚定义如下。

（1）必要引脚 50 条：对主控设备使用 49 条，对目标设备使用 47 条。

（2）可选引脚 51 条（主要用于 64 位扩展、中断请求、高速缓存支持等）。

（3）总引脚 120 条，包括电源、地线和保留引脚。

图 5.17 为 PCI 总线的引脚分布图。

4. PCI 总线周期

PCI 总线的数据传输由启动方（主控）和目标方（从控）共同完成，所有事件在时钟下降沿同步，在时钟上升沿对信号线采样。图 5.18 为读操作的 PCI 总线周期的时序示例。

① 总线周期由获得总线控制权的主控设备启动，启动由 $\overline{\text{FRAME}}$（总线周期信号）变为有效电平开始。

② 启动方将目标设备的地址放在 AD（地址/数据总线）上，命令放在 C/$\overline{\text{BE}}$（总线命令/字节允许信号线）上。

③ 经一个时钟周期，从地址总线上识别出目标设备，启动方停止 AD 和 C/$\overline{\text{BE}}$ 线上的

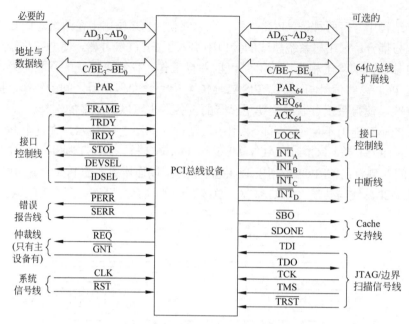

图 5.17 PCI 总线的引脚分布图

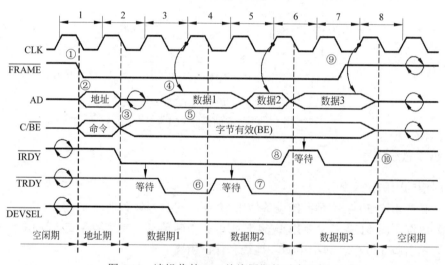

图 5.18 读操作的 PCI 总线周期的时序示例

注：双箭头环状符号表示某信号线由一个设备驱动转换成另一个设备驱动的过渡期，
以此过渡期避免两个设备同时驱动一条信号线的冲突。

信号，并驱动 $\overline{\text{IRDY}}$（主设备准备好信号线）为有效电平，表示已做好接收数据的准备。

④ 经一个时钟周期，目标设备驱动 $\overline{\text{DEVSEL}}$（设备选择信号线）为有效电平，通知主设备，从设备已被选中。同时将被请求的数据放在 AD 上，并将驱动 $\overline{\text{TRDY}}$（从设备准备好信号线）为有效电平，表示总线上的数据有效。

⑤ 启动方读数据。

⑥ 经一个时钟周期，目标设备还未准备好传送第二个数据块，AD 上还是数据 1，故将 $\overline{\text{TRDY}}$ 驱动至无效电平，处于等待。

⑦ 目标设备准备好传送第二个数据块，$\overline{\text{TRDY}}$ 变为有效电平，启动方再读数据。

⑧ 目标方将第三个数据块放到数据总线上，但启动方未准备好，故因此将 $\overline{\text{IRDY}}$ 驱动至无效电平，等待。

⑨ 启动方准备好，但知道第三个数据块是要传输的最后一个，故将 $\overline{\text{FRAME}}$ 驱动至无效电平，准备结束总线周期，同时将 $\overline{\text{IRDY}}$ 驱动至有效电平，进行读数据操作。

⑩ 启动方读完数据 3，遂将 $\overline{\text{IRDY}}$ 驱动为无效电平，总线回到空闲状态。

5.3.3 AGP 总线

随着多媒体计算机的普及，三维（3D）技术的应用也越来越广。处理三维数据不仅要求有惊人的数据量，而且要求有更宽广的数据传输带宽。例如进行图像处理时，存储在显卡上显示内存中不仅有影像数据，还有纹理数据、z 轴的距离数据以及 Alpha 数据等，特别是纹理数据的数据量非常大，要描绘 3D 图形，不仅需要大容量的显存，还需要高速的传输速度。表 5.2 为在不同分辨率的显示器进行 3D 绘图的数据量。

表 5.2 在不同分辨率的显示器进行 3D 绘图的数据量

分辨率/像素	显示器输出/MB·s^{-1}	显示器内存刷新/MB·s^{-1}	z 轴缓冲存取/MB·s^{-1}	纹理存取/MB·s^{-1}	其他/MB·s^{-1}	合计/MB·s^{-1}
640×480	50	100	100	100	20	370
800×600	100	150	150	150	30	580
1024×768	150	200	200	200	40	840

可以看出，显示 1024×768×16 位真彩色的 3D 图形，纹理数据的传输率需要 200MB/s，而当时的 PCI 总线的数据传输率只有 133MB/s。

为了解决此问题，Intel 公司于 1996 年 7 月推出了 AGP（Accelerated Graphics Port，加速图形端口）总线。这是一种显卡专用的局部总线，是为了提高视频带宽而设计的总线规范。AGP 的基本特点如下。

（1）采用带边信号传输技术，在总线上调制使地址信号与数据信号分离，来提高随机内存访问速度。

（2）AGP 还定义了一种"双重驱动技术"，能在一个时钟的上、下沿双向传输数据，形成表 5.3 所示的 4 种运行模式。

表 5.3 AGP 的 4 种运行模式

版本号	位宽/b	有效时钟频率/MHz	传输带宽/MB·s^{-1}	信号电压/V
AGP 1.0	32	66	266	3.3
AGP 1.0	32	66×2（双泵）	533	3.3
AGP 2.0	32	66×4（四泵）	1066	1.5
AGP 3.0	32	66×8（八泵）	2133	0.8

（3）数据读写采用流水线操作，减少了主存等待时间，有助于提高数据传输率。

（4）AGP 总线将视频处理器与系统主存直接相连，避免了经过 PCI 总线造成的系统瓶颈，提高了数据传输率。采用 AGP 总线的系统结构如图 5.19 所示。

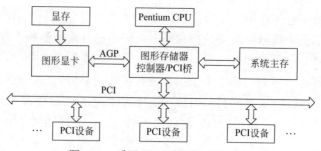

图 5.19 采用 AGP 总线的系统结构

由于主存可以与视频芯片共享，在显存不足的情形下，可以调用系统主存用于存储 3D 纹理数据。

（5）CPU 访问系统主存与 AGP 访问显存可以并行进行，显示带宽也不与其他设备共享，进一步提高了系统性能。

5.3.4　PCI Express 总线

PCI 总线从 20 世纪 90 年代初开始，就在微型计算机系统总线领域中独领风骚，除了 3D 显卡以外，网卡、声卡、RAID 卡等几乎所有的计算机配件都毫无例外地遵守着 PCI 规范。但是，计算机应用技术的快速扩展越来越让 PCI 总线显得力不从心，尤其是千兆网络与视频等技术的应用，使 PCI 总线可怜的 133MB/s 带宽难以承受，当几个类似外部设备同时满负荷运转，PCI 总线常常几近瘫痪。非但如此，随着技术的不断进步，PCI 总线电压难以降低的缺陷越来越凸显出来，突破 PCI 规范已经成为 PC 领域普遍的呼声。

面对这种局面，Intel 公司于 2001 年春季，提出了用新一代的技术取代 PCI 总线和多种芯片的设想，并称之为 3GIO（3rd Generation I/O，第三代 I/O）总线。随后在 2001 年年底，Intel、AMD、DELL、IBM 等 20 多家业界主导公司开始起草该新技术的规范，并在 2002 年 4 月完成，将之正式命名为 PCI Express。2003 年春季，Intel 公司正式公布了 PCI Express 总线的产品开发计划，PCI Express 总线最终走向应用。

PCI Express 总线是一种完全不同于过去 PCI 总线的一种总线规范。它有如下一些特点。

（1）采用电压差式传输工作模式。电压差式传输使用两条铜线，通过相互间的电压差来表示逻辑符号 0 和 1。以这种方式进行数据传输，可以支持极高的运行频率。所以在速度达到 10Gb/s 后，只需换用光纤（Fibre Channel）就可以使之效能倍增。

（2）采用串行数据包方式传输数据。PCI-E 1.0 和 PCI-E 2.0 规范（2007 年公布）采用 8b/10b 编码机制，即将 8b 数据进行 10b 编码；PCI-E 3.0 规范（2010 年公布）特别增加了 128b/130b 编码机制，传输效率得到极大提高。同时，串行数据包方式使每个引脚可以获得比传统 I/O 标准更多的带宽，这样就可以降低 PCI Express 设备的生产成本和体积。

（3）采用点对点的设备连接方式。PCI 总线共享并行架构只允许总线上有一对设备进行通信，一旦 PCI 总线上挂接的设备增多，每台设备的实际传输率就会下降，性能得不到保证。而点对点意味着每个 PCI Express 设备在要求传输数据的时候各自建立自己的传输通道，对于其他设备这个通道是封闭的，各台设备之间并发的数据传输互不影响。这样就不需要向整个总线请求带宽，而且可以把数据传输速率提高到一个很高的频率，达到 PCI 所不能提供的高带宽，并使连接的每个装置都可以使用最大带宽。因此，PCI Express 的接口根据总线位宽不同而有所差异，允许实现 X1（250MB/s）、X2、X4、X8、X12、X16 和 X32 传输通道规格。

（4）双向传输模式，可以运行全双工模式。PCI Express 总线支持双向传输模式，还可以运行全双工模式。双单工连接能使传输率提高一倍，也保证了传输质量。

表 5.4 为 PCI Express 与 PCI、AGP 的传输特性比较。表中，PCI-X（PCI Exteded）为 PCI 扩展规范。

表 5.4　PCI Express 与 PCI、AGP 的传输特性比较

类型/版本	通道规格	总线位宽/位	工作频率	传输率
PCI 2.0, PCI 3.0	2.3	32	33/66MHz	133/266MB/s
PCI-X	1.0	32/64	66/100/133MHz	533/800/1066MB/s
	2.0（DDR）	32/64	133MHz	2.1GB/s
	2.0（QDR）	32/64	133MHz	4.2GB/s
AGP	2X	32	66MHz	532MB/s
	4X	32	66MHz	1.0GB/s
	8X	32	66MHz	2.1GB/s
PCI-E 1.0	1X	8	2.5GHz	512MB/s（双工）
	2X	8	2.5GHz	1.0GB/s（双工）
	4X	8	2.5GHz	2.0GB/s（双工）
	8X	8	2.5GHz	4.0GB/s（双工）
	16X	8	2.5GHz	8.0GB/s（双工）

PCI 2.0 规范采用单向 5MHz 的工作频率，PCI 3.0 规范采用单向 8MHz（预想为 10MHz）的工作频率。

（5）PCI Express 设备能够支持热拔插和热交换特性，支持的 3 种电压分别为+3.3V、3.3Vaux 以及+12V。考虑到现在显卡功耗的日益上涨，PCI Express 之后在规范中改善了直接从插槽中取电的功率限制，PCI-E 1.0 16X 的最大提供功率达到了 70W，比 AGP 8X 接口有了很大的提高，基本可以满足未来中高端显卡的需求。

（6）PCI Express 在软件层面上兼容目前的 PCI 技术和设备，支持 PCI 设备和主存模组的初始化，也就是说目前的驱动程序、操作系统无须推倒重来，就可以支持 PCI Express 设备。

5.4　几种标准 I/O 总线分析

5.4.1　ATA 与 SATA 总线

1. ATA/IDE 规范及其发展

1984 年 IBM 公司在其开发的 IBM-PC（IBM Personal Computer）的基础上，推出了 IBM AT（Advanced Technology，高级技术）。在这个系统的磁盘中使用了一种硬盘接口技

术，称为 ATA（AT Attachment，AT 嵌入式）接口。其基本技术是将以前硬盘控制器与"盘体"分离改为直接结合，以减少硬盘接口的电缆数目与长度，以增强数据传输的可靠性，也使硬盘制造变得更容易，让硬盘生产厂商不需要再担心自己的硬盘是否与其他厂商生产的控制器兼容。对用户而言，硬盘安装起来也更为方便。在电子学界，把这种技术称为 IDE（Integrated Device Electronics，集成驱动电子电路）。后来人们把这种技术规范称为 ATA 或 IDE。

ATA 发展至今经过多次修改和升级，到目前为止，一共推出 7 个版本：ATA-1、ATA-2、ATA-3、ATA-4、ATA-5、ATA-6 和 ATA-7。每个版本都对以前的版本向后兼容。它们的技术参数如表 5.5 所示。

表 5.5　各种版本的 ATA 总线的技术参数

版本	使用时间	引脚数	缆芯数	PIO 模式	DMA 模式	UDMA 模式	支持容量	最高传输率/MB·s^{-1}
ATA-1	1986—1994 年	40/44	40	0～2	0	-	136.9GB	3.33
ATA-2	1996 年	40/44	40	0～4	0～2	-	8.4GB	16.6
ATA-3	1997 年	40/44	40	0～4	0～2	-		16.6
ATA-4	1998 年	40/44	40	0～4	0～2	0～2		33
ATA-5	1999 年至今	40	80	0～4	0～2	0～4	136.9GB	66
ATA-6	2000 年至今	40	80	0～4	0～2	0～5	144.12PB	100
ATA-7		40	80	0～4	0～2	0～5		133

说明：

（1）采用在 44pin 方案，额外多出的 4 个引脚用来向那些没有单独电源接口的设备提供电力支持。

（2）对 ATA-5 以及以上的 IDE 接口传输标准而言，必须使用专门的 80 芯 IDE 排线，其与普通的 40 芯 IDE 排线相比，增加了 40 条地线以提高信号的稳定性。

图 5.20 为 ATA 总线的连接示意图。

2. Ultra DMA

Ultra DMA 也称 ATA DMA，是一种内存与磁盘直接传送的 ATA 技术，有 Ultra DMA/33MHz、Ultra DMA/66MHz 和 Ultra DMA/100MHz 等多种规格。关于 DMA 的概念，将在第 4 章详细介绍。

3. SATA 总线

ATA 总线在传输数据时采用的是并行方式，总线位宽为 16b，所以也称其为 PATA（Parallel ATA）总线。随着 CPU 技术的高速发展，对外部总线带宽的要求也越来越高，想要提高总线的带宽，有两种方法：增加数据线的根数或提高时钟频率。增加数据线的根数，势必会增加系统硬件的复杂度，使系统的可靠性下降，此方法不可行。那么，就提高总线的时钟频率，但是，随着时钟频率的提高，并行总线的串扰和同步问题表现得越来越突出，使总线不能正常工作。所以 PATA 总线的终极传输率最终止步在 133MB/s。各厂商不得不放弃 PATA，去开发新的技术。

在此背景下，Intel、IBM、DELL、ADT、Maxtor 和 Seagate 等公司组成一个 Serial ATA Working Group，于 2000 年 11 月推出新的硬盘接口总线 SATA（Serial ATA，串行 ATA）。它将 PATA 总线的并行传输方式改为串行传输方式，规避了并行总线在高速下的串扰和同步问题。

SATA 具有如下优势。

（1）SATA 有两个标准，分别为 SATA 和 SATA II。SATA 的有效带宽为 150MB/s，数据传输率为 1.5Gb/s（传输的数据经过了 8b/10b 变换，150MB/s×10/8=1.5Gb/s）；SATA II 的有效带宽为 300MB/s，数据传输率为 3Gb/s。

（2）SATA 只有 4 根线，分别为发送数据线、接收数据线、电源线、地线，这使接口非常小巧，排线也很细，有利于机箱内部空气流动从而加强散热效果，也使机箱内部显得不太凌乱。图 5.21 为 SATA 总线实体外观。

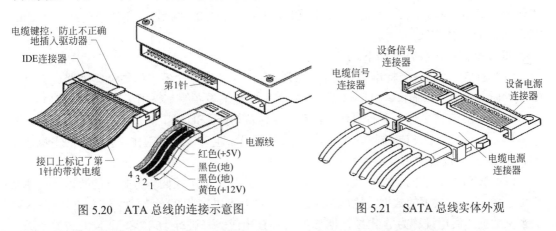

图 5.20　ATA 总线的连接示意图　　　　图 5.21　SATA 总线实体外观

（3）与并行 ATA 总线相比，SATA 总线还有一大优点就是支持热插拔。

5.4.2　SCSI 与 SAS 总线

1. SCSI 总线概述

1986 年美国国家标准学会（ANSI）在原 SASI（美国 Shugart 公司的 Shugart Associates System Interface）基础上，经过功能扩充和协议标准化，制定出 SCSI（Small Computer System Interface，小型计算机系统接口）标准。它最初主要为管理磁盘而设计，但很快就应用于 CD-ROM 驱动器、扫描仪和打印机等的连接，在服务器和图形工作站中被广泛采用。

图 5.22 是 SCSI 系统结构示意图。图中多个适配器（接口）与设备控制器通过 SCSI 总线实现数据信息通信。这些连接在 SCSI 总线上的适配器和设备控制器称为 SCSI 设备。应当注意，SCSI 具有与设备和主机无关的高级命令系统；SCSI 设备都是有智能的总线成员，它们之间无主次之分，只有启动设备和目标设备之分，这是它与外部设备的区别。设备控制器与外部设备之间的总线是设备级总线。

SCSI 总线包括并行数据总线和控制总线。数据总线传输命令、信息、状态、数据等。控制总线传输总线的阶段变化、时序变化等总线活动。

SCSI 于 1986 年成为 ANSI 标准 SCSI-1，1990 年推出了 SCSI-2 标准。从 20 世纪 90 年

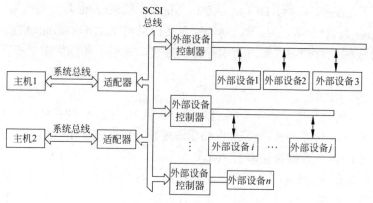

图 5.22　SCSI 系统结构示意图

代开始，ANSI SCSI 委员会开始制定 SCSI-3 规范，并在 20 世纪 90 年代中期推出了 Ultra SCSI 作为过渡性方案。

SCSI 标准的主要特性如下。

（1）SCSI 是系统级标准输入输出总线接口，许多外部设备，如硬盘驱动器、光盘、CD-ROM、磁带、扫描仪、打印机以及计算机网络通信设备等都采用了这一标准接口。

（2）SCSI 支持多任务并行操作，具有总线仲裁功能。SCSI 上的适配器和控制器可以并行工作，在同一个 SCSI 控制器控制下的多台外部设备也可以并行工作。总线上的主机适配器和 SCSI 外部设备的总数最大为 8。

（3）SCSI 可以按同步方式或异步方式传输数据。SCSI-1 在同步方式下的数据传输率为 4Mb/s，在异步方式下的数据传输率为 1.5Mb/s，最多可以支持 32 个硬盘；SCSI-2 将 SCSI-1 的 8 位数据总线电缆称为 A 电缆，增加了一条 B 电缆——进行 16 位和 32 位的数据传送，使同步传输率达到了 20Mb/s；1998 年推出的 Ultra2 SCSI 采用 16 位数据总线，最高数据传输率达到 80Mb/s。

（4）SCSI 有两种输出方式：单端输出方式下的连接长度限制为 6m；差分输出方式下的连接长度限制为 25m。

（5）SCSI 总线上的设备没有主从之分，双方平等。驱动设备和目标设备之间采用高级命令进行通信，不涉及外部设备的物理特性。因此使用方便、适应性强，便于集成。

2. SCSI 基本规范及其特性

SCSI 已经成为一个系列，并分为三大规范。表 5.6 为几款规范性能的比较。其中很多较慢的规范已不再使用，在此列出仅作比较之用。

（1）SCSI-1：1986 年开发的原始规范，现已不再使用。它规定总线位宽为 8b，时钟频率为 5MHz。

（2）SCSI-2：1990 年推出，1994 年采用，它包括通用指令集（CCS）——支持任何 SCSI 设备所必需的 18 个命令。在此规范中，可以选择将时钟频率提高一倍，达到 10MHz（Fast），将总线位宽增加为原来的两倍，即 16b，将设备数目增加为 15 个（Wide），或者同时实现上述两种升级（Fast/Wide）。SCSI-2 还增加了命令队列，允许设备存储命令，并从主机排列命

表 5.6 几款 SCSI 规范性能的比较

基本规范	规格	主频/MHz	总线位宽/b	最大支持设备数目	电缆长度限制/m	最大传输率/MB·s^{-1}
SCSI-1	SCSI-1	5	8	7	6	5
SCSI-2	Fast SCSI	10	8	7	3	10
	Wide SCSI	5	16	15	6	10
	Fast Wide SCSI	10	16	15	3	20
SCSI-3	Ultra SCSI	20	8	7	1.5	20
	Ultra Wide SCSI	20	16	15	1.5	40
	Ultra LVD SCSI	20	16	15	25	40
	Ultra2 LVD SCSI	40	16	15	12	80
	Ultra160 SCSI	80	16	15	12	160
	Ultra320 SCSI	80	16	15	12	320

令优先级。

（3）SCSI-3：1995 年正式出台，包括一系列较小范围的标准。涉及 SCSI 并行接口（SPI）的一组标准在 SCSI-3 中得到了继续发展，SPI 是 SCSI 设备之间的通信方式。大多数 SCSI-3 规范都以 Ultra 开头，如 Ultra for SPI 规范、Ultra2 for SPI-2 规范和 Ultra3 for SPI-3 规范。名称中的 Fast 和 Wide 的含义与 SCSI-2 中的一样。SCSI-3 是当前正在使用的标准。

SCSI 的多种规格就是双倍总线传输率、双倍时钟速率和 SCSI-3 规范的不同组合。

3. SAS 总线

SAS（Serial Attached SCSI，串行连接 SCSI）具有如下优点。

（1）SAS 的接口技术可以向下兼容 SATA。

（2）SAS 系统的背板（Backplane）既可以连接具有双端口、高性能的 SAS 驱动器，也可以连接高容量、低成本的 SATA 驱动器。所以，SAS 驱动器和 SATA 驱动器可以同时存在于一个存储系统之中。

（3）SAS 依靠 SAS 扩展器来连接更多的设备，目前的扩展器以 12 端口居多，不过根据板卡厂商产品研发计划显示，未来会有 28 端口、36 端口的扩展器引入，来连接 SAS 设备、主机设备或者其他的 SAS 扩展器。

（4）SAS 采取直接的点到点的串行传输方式，传输率高达 3Gb/s，估计以后会有 6Gb/s 乃至 12Gb/s 的高速接口出现。

（5）SAS 的接口也做了较大的改进，它同时提供了 3.5 英寸（1 英寸=2.54 厘米）和 2.5 英寸的接口，能够适合不同服务器环境的需求。

（6）由于采用了串行线缆，在实现更长的连接距离的同时还能够提高抗干扰能力，这种细细的线缆还可以显著改善机箱内部的散热情况。

5.4.3　USB

1. USB 及其特点

通用串行总线（Universal Serial Bus，USB）由 Compaq、Digital、IBM、Intel、Microsoft、

NEC 和 Nothern Telecom 7 家公司共同开发，具有如下特点。

（1）USB 设备传输率的自适应性，它可以根据主板的设定自动在如下 3 种模式中选择一种。

① 高速（High-Speed，HS，480Mb/s）。

② 全速（Full-Speed，FS，12Mb/s）。

③ 低速（Low-Speed，LS，1.5Mb/s）的一种。

（2）USB 采用差分信号传输，具有较好的抗干扰性。这一特点来自它摒弃了常规的单端信号传输方式，采用了差分信号（Differential Signal）传输技术。如图 5.23 所示，它使用了相互缠绕的两根数据线，并且在两条信号线上传输幅值相等、相位相反的电信号，接收端对接收的两条线信号进行减法运算，这样获得幅值翻倍的信号；而干扰信号是同相、等幅、同波形的，会完全被减掉。

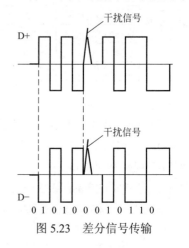

图 5.23　差分信号传输

由于采用了差分信号传输，具有极好的抗干扰性，所以可以采用极高的工作频率，使传输率极大提高。USB 1.1 的最高传输率可达 12Mb/s，比 RS-232 串口快了整整 100 倍，比 RS-232 并口也快了十多倍。USB 2.0 的最高传输率提高到 480Mb/s 以上，USB 3.0 的最高传输率提高到 5Gb/s 以上。

（3）支持热插拔，支持多媒体，使用方便。USB 它有自动的设备检测能力，设备插入之后，操作系统软件会自动地检测、安装和配置该设备，免除了增减设备时必须关闭 PC 的麻烦，并且一个 USB 接口可以连接的 USB 设备理论上多达 127 个。

USB 提供了对电话的两路数据支持。USB 可支持异步以及等时数据传输，使电话可与 PC 集成，共享语音邮件及其他特性。

在硬件方面，使用 USB 接口可以连接多个不同的设备，并支持热插拔；在软件方面，USB 设计的驱动程序和应用软件可以自动启动，无须用户做更多的操作。这些都为用户带来极大的便利。

（4）低功耗。USB 所采用的是低电压差分信号（Low Voltage Differential Signal，LVDS）。LVDS 器件可采用经济的 CMOS 工艺制造，并且采用低成本的 3 类电缆线及连接件即可达到很高的传输率。同时，由于 LVDS 可以采用较低的信号电压，并且驱动器采用恒流源模式，其功率几乎不会随频率而变化，从而使提高数据传输率和降低功耗成为可能。

（5）独立供电，USB 电源能向低压设备提供 5V 的电源，所以，新的设备就不需要专门的交流电源了，从而降低了这些设备的成本并提高了性价比。

（6）适合近距离传输。采用 LVDS 方式传输数据时，假定负载电阻为 100Ω，当双绞线长度为 10m 时，传输率可达 400Mb/s；当电缆长度增加到 20m 时，传输率降为 100Mb/s；而当电缆长度为 100m 时，传输率只能达到 10Mb/s 左右。所以，标准规定最长传输距离为 5m。但是，它允许串行连接，这样 5 级串接就可以达到 30m。

2. USB 规范

1996 年 1 月 USB 1.0 规范正式提出，1998 年发布 USB 1.1，2004 年 4 月推出 USB 2.0，2008 年 11 月推出 USB 3.0。表 5.7 为 USB 1.0、USB 1.1、USB 2.0、USB 3.0、USB 3.1 的主要特性比较。

表 5.7 USB 1.0、USB 1.1、USB 2.0、USB 3.0、USB 3.1 的主要性能

USB 版本	推出时间	信号线数	最大传输率	速率称号	电力支持
USB 1.0	1996 年 1 月	4	1.5Mb/s（192KB/s）	低速（Low-Speed）	5V/500mA
USB 1.1	1998 年 9 月	4	12Mb/s（1.5MB/s）	全速（Full-Speed）	5V/500mA
USB 2.0	2004 年 4 月	4	480Mb/s（60MB/s）	高速（High-Speed）	5V/500mA
USB 3.0	2008 年 11 月	9	5Gb/s（640MB/s）	超速（Super-Speed）	5V/900mA
USB 3.1	2013 年 12 月	9	10Gb/s（1280MB/s）	暂未定义（Super-Speed+）	20V/5A

3. USB 3.0 接口连接件

USB 技术在广泛应用中，不断升级，并派生出适合各种设备的不同连接件。这里仅介绍目前已经广泛应用的 USB 3.0 接口连接件。

USB 3.0 中定义的连接件包括如下 6 种。

（1）USB 30. A 型插头和插座。

（2）USB 30. B 型插头和插座。

（3）USB 30. Powerd-B 型插头和插座。

（4）USB 30. Micro-B 型插头和插座。

（5）USB 30. Micro-A 型插头。

（6）USB 30. Micro-AB 型插座。

表 5.8 为 USB 3.0 标准型插座引脚的定义。

表 5.8 USB 3.0 标准型插座引脚的定义

引脚名	说明	标准 A 型中编号	标准 B 型中编号	加强 B 型中编号
VBUS	+5V 电源	1	1	1
D−	USB 2.0 数据	2	2	2
D+		3	3	3
GND	电源地	4	4	4
StdA_SSRX−	超高速接收	5	8	8
StdA_SSRX+		6	9	9
GND_DRAIN	信号地	7	7	7
StdA_SSTX−	超高速发射	8	5	5
StdA_SSTX+		9	6	6
DPWR	提供电源			10
DGND	提供电源地			11

可以看出，USB 3.0 比 USB 2.0 主要多了两对（4 根）数据传输线（StdA_SSRX−、

StdA_SSRX+、StdA_SSTX−、StdA_SSTX+），它们为 USB 3.0 提供了 SuperSpeed USB 所需带宽的支持带宽，使 USB 3.0 实现了高达 5Gb/s 的全双工数据传输，而 USB 2.0 则为 480Mb/s 的半双工数据传输。此外，Powered-B 接口又额外增加了两条线路，提供了高达 1000mA 的电力支持，使依靠 USB 充电的设备，能够更快地完成充电。

图 5.24 为 USB 3.0 接口的 4 种外形。

(a) 9针标准A型　　(b) 9针标准B型　　(c) 11针标准B型　　(d) Micro-B

图 5.24　USB 3.0 接口的 4 种外形

此外，USB 3.0 还定义了 3 种 Mini 型接口，这里不再介绍。

4. USB-C

2013 年 12 月，USB 3.0 推广团队已经公布了下一代 USB-C 连接件的渲染图。

1）USB-C 的外观特点

USB-C 的外观如图 5.25 所示。有如下设计特点。

（1）更加纤薄的设计。老式 USB 端口的尺寸是 14mm×6.5mm，而 USB-C 接口插座端的尺寸约为 8.3mm×2.5mm，仅为老式的 1/3。

（2）无正反。支持从正反两面均可插入的"正反插"功能，可承受 1 万次反复插拔。

2）USB-C 的功能特点

（1）更快的传输率（最高 10Gb/s）以及更强悍的电力传输（最高 100W）。

图 5.25　USB-C 的外观

（2）双向传输功率。老款 USB 端口的功率传输只能是单向的，而 USB-C 型端口的功率传输是双向的。

（3）后向兼容。USB-C 可以与老的 USB 标准兼容，但须额外购买适配器才能完成兼容。

5.4.4　FC 总线

光纤通道（Fiber Channel，FC）是由 ANSI 的 X3T11 小组于 1988 年提出的高速串行传输总线，以解决并行总线 SCSI 遇到的技术瓶颈。FC 总线的特点如下。

（1）高带宽：2Gb/s 或 4Gb/s。

（2）确定性低延迟：微秒级端到端延迟。

（3）低误码率：小于 10^{-12}。

（4）抗干扰能力强：对电磁干扰有天然的免疫力。

（5）传输距离远：可达 150m～50km。

5.5 微型计算机主板

5.5.1 主板的概念

主板又称主机板（Mainboard）、系统板（Systemboard）和母板（Motherboard），是安装在微型计算机机箱内的一块电路板，通常为矩形，上面安装了组成计算机的主要电路系统和集成电路，一般有 BIOS 芯片、I/O 控制芯片、键盘和面板控制的开关接口、指示灯插接件、扩充插槽、主板及插卡的直流电源供电接插件等元件。

主板的组成和布局，决定了计算机的体系结构，直接影响计算机的性能。所以，主板是微型计算机最基本的也是最重要的部件之一。此外，主板提供的扩展槽（大都有 6～8 个），体现了开放式结构的理念，可以供外部设备控制卡（适配器）插接以及更换，为计算机相应子系统的局部升级提供了很大的灵活性。

图 5.26 为一个典型的微型计算机主板简化逻辑结构图。可以看出，主板的关键组成部分是北桥（North Bridge）芯片和南桥（South Bridge）芯片。南北桥的划分，体现了主板的管理思想：将高速设备与中低速设备分别管理，形成主板上的两大"战区"。

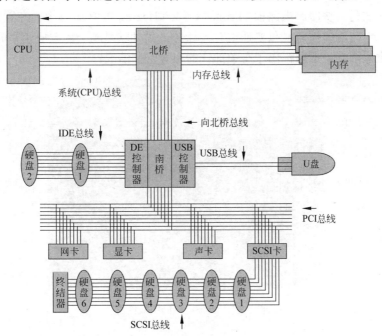

图 5.26　一个典型的微型计算机主板简化逻辑结构图

北桥芯片主要负责高速通道的控制，是主板最重要的芯片，它主要连接 CPU、高速总线和内存通道，人们习惯称之为主桥（Host Bridge），也称内存控制中枢（Memory Controller Hub，MCH）。此外还连接图形通道，所以也称图形与内存控制中枢（Graphics and Memory

Controller Hub，GMCH）。它集成了高速总线控制器，包括如下器件。

（1）系统前端总线 FSB（Front Side Bus，北桥到处理器之间的总线）控制器。

（2）存储器总线（北桥到内存之间的总线）控制器。

（3）AGP 总线（北桥到 AGP 之间的总线）控制器。

（4）PCI 总线接口控制器。

（5）加速中心（AHA）总线控制器。

此外，还集成了高端电源管理控制器、Cache 控制器，所以北桥又称系统控制器芯片。如果北桥内集成显卡，又称其为图形存储器控制中心（Graphics Memory Controller Hub，GMCH）。

北桥芯片决定了主板的规格，可以决定主板支持哪种 CPU、支持哪种频率的内存条、支持哪种显示器。由于北桥芯片具有较高的工作频率，所以发热量较高，需要一个散热器。目前的北桥芯片都支持双核甚至 4 核等性能较高的处理器。

南桥芯片简称 I/O 控制中枢（Input Output Controller Hub，ICH），负责中慢速通道的控制，主要是对 I/O 通道的控制，包括 USB 总线、串行 ATA 接口（连接硬盘、光盘）、PCIe 总线（连接声卡、RAID 卡、网卡等）和键盘控制器、实时时钟控制器和高级电源管理等。

南北桥之间用高带宽的南北桥总线连接，以便随时进行数据传输。

5.5.2　主板的组成

主板的平面是一块印制电路板（Printed Circuit Board，PCB），在上面布置着一组芯片、一些扩展槽、一些对外接口。只要插上有关部件，就可以组成一台微型计算机。图 5.27 为一张实际的主板图片，上面标出了有关部件的布置安插情况。

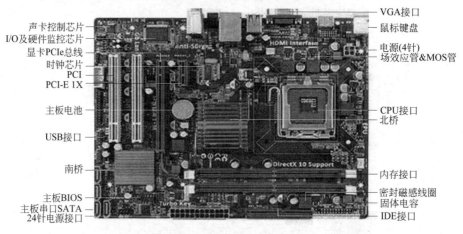

图 5.27　一张实际的主板图片

1. PCB

PCB 可分为单层、双层、4 层乃至更多层，层是指印刷有电路部分的层面数量。一般双层 PCB 就是 PCB 正反两面都印刷有电路，而 4 层则是在正反两面之间还夹有另外两层电路。更多的有 6 层或者 8 层。

由于计算机系统的电路繁多，要在有限面积的 PCB 上印刷大量的电路并且为了避免电磁的串扰，起码要使信号层和电源层分离，所以必须使用多层 PCB 设计。低档主板多为 4 层，好的主板采用 6 层甚至 8 层。如图 5.28 所示，4 层 PCB 分为主信号层、接地层、电源层、辅助信号层。将两个信号层放在电源层和接地层的两侧，不但可以防止相互之间的干扰，又便于对信号线做出修正。6 层 PCB 比 4 层 PCB 多了一个电源层和一个内部信号层。层次越多，制作工艺越复杂，成本越高。

(a) 4层PCB　　　　　　　　　(b) 6层PCB

图 5.28　PCB 的基板层次结构

2. 插槽

插槽包括 CPU 插槽、内存插槽和总线插槽等。

（1）CPU 插槽。图 5.29 为主板上的三款主流 CPU 插槽。

(a) LGA775插槽　　　　(b) LGA1366插槽　　　　(c) AM2/AM2+/AM3插槽

图 5.29　三款主流 CPU 插槽

（2）内存插槽。目前流行的内存条有 DDR SDRAM、DDR2 SDRAM 和 DDR3 SDRAM，相应的内存插槽也有 3 种，如图 5.30 所示。

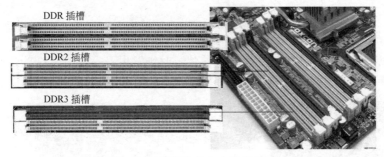

图 5.30　主板上的内存插槽实例

（3）总线插槽。总线插槽有 AGP 插槽、PCI Express 插槽、PCI 插槽、CNR 插槽等，如图 5.31 所示。

3. 芯片组

芯片是计算机的基本支持元件。其中，主体芯片组是北桥和南桥。此外，主板上还有

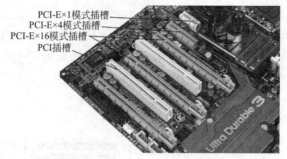

图 5.31　主板上的总线插槽实例

下列一些重要芯片。

1）FSB

FSB（Front Side Bus，前部总线）是系统的重要局部总线，位于对系统速度影响最大的 CPU 和内存、CPU 和 AGP 之间。FSB 的出现将主板的 CPU 外部总线和内存总线从 33MHz 提高到目前的 100MHz 和 133MHz。

2）BIOS

如图 5.32 所示，BIOS（Basic Input／Output System，基本输入输出系统）芯片是一块方块状的存储器，一般与纽扣电池紧靠，里面存有与该主板搭配的基本输入输出系统程序。能够让主板识别各种硬件，还可以设置引导系统的设备，调整 CPU 外频等。

3）RAID 控制芯片

RAID 控制芯片相当于一块 RAID 卡的作用，可支持多个硬盘组成各种 RAID 模式。目前主板上集成的 RAID 控制芯片主要有两种：HPT372 RAID 控制芯片和 Promise RAID 控制芯片。

4）其他

此外还有声卡控制芯片、网络芯片（集成网卡）、I/O 及硬件监控芯片（CPU 风扇运转监控及机箱风扇监控等）、IEEE 1394 控制芯片、时钟发生器等。图 5.33 为声卡控制芯片、网卡控制芯片、I/O 及硬件监控芯片实例。

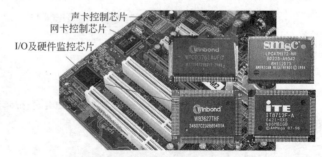

图 5.32　BIOS 芯片与纽扣电池　　　图 5.33　声卡控制芯片、网卡控制芯片、I/O 及硬件监控芯片实例

4. 设备接口

主板上一般有如下一些设备接口：硬盘接口、软驱接口、COM 接口（串口）、PS/2 接口（用于连接键盘和鼠标。一般鼠标的接口为绿色、键盘的接口为紫色）、USB 接口、LPT 接口（并口，一般用来连接打印机或扫描仪）、MIDI 接口、SATA 接口、电源接口等。图 5.34 为主板上的 SATA 接口插座实例。

图 5.34   主板上的 SATA 接口插座实例

5. 供电模块

供电模块就是为主板各个接口、部件供电的元器件的集合，作用就是为硬件提供稳定的电流，它和主板的稳定性息息相关。主板中南北桥芯片组需要的电压主要有 3～5 种，包括 3.3V 电压、2.5V 电压、1.8V 电压、1.5V 电压等。由于芯片组需要的工作电压较多，因此主板一般都设计有专门的供电电路，包括北桥供电、南桥供电、CPU 供电、内存供电、显卡供电等。3.3V 由开关电源直接提供，其他电压需要转换后提供。

供电模块需要解决的一个重要问题是频率、容量与发热之间的矛盾。为此，南北桥供电都有散热装置。散热的好坏直接影响主板的使用效果和寿命。各个制造商也在散热器的设计上各显神通。图 5.35 给出了 4 款不同的散热器设计。

图 5.35（a）为 Intel 945GTP 的一款大面积散热片，由于采用被动方式散热，杜绝了噪声。

图 5.35（b）为华硕管式散热器。

图 5.35（c）为微星 P35 主板上的过山车式北桥散热器。整个散热系统采用纯铜材质，由南北桥芯片和供电模块三部分组成，中间通过热管相连。过山车外形使散热器与空气的接触面积更大，散热性能也更为强劲。

图 5.35（d）为放射性小鱼儿北桥散热器。它采用了分离式的风扇，更加有效地排出了散热片所产生的热量，迅速减轻了散热量。

6. 电气元件

电气元件是电路上不可或缺的部分，包括各种电阻、电容、电位器、晶振等。这些电气元件分布在主板的各个位置。

7. 主板驱动

主板驱动是指使计算机识别主板上硬件的驱动程序。主板驱动主要包括芯片组驱动、

(a) 大面积散热片

(b) 管式散热器

(c) 过山车式北桥散热器

(d) 放射性小鱼儿北桥散热器

图 5.35　四款不同的散热器

集成显卡驱动、集成网卡驱动、集成声卡驱动、USB 2.0 驱动（Windows XP 系统已含）。

主板驱动有的是集成在系统盘上的，自带光盘，放入光驱即可安装。

8. 跳线与 DIP

跳线（Jumper）是一种两端（通常）带有插头的电缆附件，用它可以调整设备上不同电信号端之间的连接，达到改变设备工作方式的目的。例如，硬盘在出厂时的默认设置是作为主盘，当只安装一个硬盘时是不需要改动的；但当安装多个硬盘时，就需要对硬盘跳线重新设置。

跳线通常由两部分组成：一部分是固定在主板、硬盘等设备上的，由两根或两根以上金属跳针组成，如图 5.36 所示；另一部分是跳线帽，这是一个可以活动的部件，如图 5.37 所示，外层是绝缘塑料，内层是导电材料，可以插在跳针上面，将两根跳针连接起来。

图 5.36　位于主板上的金属跳针

图 5.37　用于不同设备的跳线帽

主板上最常见的跳线主要有两种：一种是只有两根针，这种两针跳线最简单，只有两种状态：ON 或 OFF；另一种是 3 根针，这种 3 针跳线可以有 3 种状态：1 和 2 之间短接、

2 和 3 之间短接和全部开路。主板上的一组针，如 2 针、3 针或多针为一组，控制线路板上
电流流动的小开关。跳线插上短路片就叫 Close 或 ON，不插短
路片就叫 Open 或 OFF。

DIP 开关也称拨码开关、拨动开关、超频开关、地址开关、
拨拉开关、数码开关、指拨开关等。如图 5.38 所示，它是 4 个、
6 个或 8 个一组的微型开关，可以拨动设置为 ON 或 OFF 状态。
功能与跳线相同，常用于选择 CPU 的类型、电源、外频和倍频
等特性。

图 5.38　DIP 开关

5.5.3　主板架构及其进展

主板在应用中不断发展，形成了一系列主板架构。

1. AT 主板和 Baby/Mini AT 主板

随着大规模集成电路工艺的改进，人们发现 AT 构架太大了，实现同样功能的主板不需
要如此大的尺寸（AT 主板的尺寸为 13"×12"～13"），IBM 公司对 AT 的构架进行了一番修
正：1985 年推出了 Baby/Mini AT 主板规范，简称 Baby AT 主板。Baby AT 主板的尺寸为
15"×8.5"～13"，比 AT 主板略长，但是比 AT 主板"瘦"。布局比 AT 主板构架更为合理，
减小了 PCB 的面积。图 5.39 为 AT 主板与 Baby AT 主板的比较。

(a) AT主板　　　　　　　　　　(b) Baby AT主板

图 5.39　AT 主板与 Baby AT 主板

2. ATX 主板

1995 年 1 月，Intel 公司对 Baby AT 主板和 AT 主板再一次进行了修正，推出了扩展 AT
主板结构——ATX（AT Extended）主板标准。

ATX 主板结构对 AT 主板做了许多改进。

（1）布局改进。ATX 主板对各个关键元器件的位置做了合理的调整和规定。将集成在
主板上的串并行接口、USB 接口和 PS/2 接口都直接固定安装在主板的后沿，增加了从主板
上直接引出信号接口的空间，使得主板上可以集成更多的功能，提高了系统的规模和可靠
性，并将主板尺寸缩减为 12"×9.6"。

（2）增强电源管理。ATA 主板用一个电路模块检测各种开机命令，如 Modem 呼叫信

号、遥控开机信号等。实现自动开关机和睡眠等功能，不仅实现了绿色节能，还为收发传真、应答电话、家电智能控制等提供了支持。

（3）采用日趋完善的系统温度等监测和控制，在抗干扰等方面提出了进一步改进，提高了系统效率及可靠性。

（4）ATX 主板的 PC99 规范还从省材、方便、易用方面进行了改进，取消了 ISA 总线插槽，采用小型的 AMR 和 CNR 升级插槽。要求接口插座使用彩色，使用免跳线技术，直接在主板上安装蜂鸣器代替 PC 喇叭。

ATX 主板延伸版有 Micro ATX、Mini ATX 和 Flex ATX，它们分别有不同的用途。

ATX 主板的外形如图 5.40 所示。

图 5.40　ATX 主板

3. NLX 主板

NLX（New Low Profile Extension）主板是 Intel 公司提出的一种低侧面主板，标注尺寸为 32.5cm×22.5cm，采用专用机箱。

NLX 主板最大的特点在于它被分为两部分：基板（见图 5.41 中水平部分）和扩展板（见图 5.41 中垂直部分）。基板布有逻辑控制芯片和基本输入输出端口；扩展板即 Add-in 卡，位于基板一侧边缘上，通过一个带定位隔板的长插槽与基板连接，其上有 PCI 和 ISA 的扩充插槽、移动存储和硬盘（IDE1、IDE2）接口，以及为

图 5.41　NLX 主板

整个主板供电的电源插座。正常情况下，Add-in 卡是固定在机箱上，而主板像一块附加卡一样插到 Add-in 卡上。

这种架构将强电、系统扩插展槽和设备接口等一些容易损坏的部分与系统基板分开，单独设置在一块竖立的扩展板上，不仅提高了主板的可靠性、降低了生产和维护成本，还由于扩展板和系统基板相对独立，也为 OEM 厂商提供了更多的灵活性。此外，由于主板上集成了各种外部设备的接口电路，可不再使用接口插卡。从而避免了在 I/O 槽上插显卡、声卡带来的连线问题，降低了线缆电磁干扰，提高了系统集成度和可靠性，系统性能也因而提高。

4. BTX 主板

BTX（Balanced Technology eXtended）主板是 Intel 公司于 2004 年推出的主板架构，具有如下特点。

（1）系统结构将更加紧凑，能够在不牺牲性能的前提下做到最小的体积。目前已经有数种 BTX 主板的派生版本推出，根据板型宽度的不同分为标准 BTX（325.12mm）、MicroBTX（264.16mm）、Low-profile 的 PicoBTX（203.20mm），以及未来针对服务器的 Extended BTX。

（2）针对散热和气流的运动，对主板的线路布局进行了优化设计。BTX 主板是在主板的散热问题日渐严重时提出的一个新型主板结构，它通过预装的 SRM（支持及保持）模块优化散热系统。如图 5.42（b）所示的 BTX 结构图中看到，CPU 的散热部分变成了一个模块，风从机箱前部进入 CPU 散热模块，经过显卡部分兼顾内存部分然后在机箱后部排除，不再像 ATX 主板那样显卡和 CPU 距离太远无法兼顾。目前已经开发的热模块有两种类型，即 Full-size 及 Low-profile。

（3）提供了很好的兼容性。目前流行的新总线和接口，如 PCI Express 和串行 ATA 等，也在 BTX 主板中得到很好的支持。

（4）主板的安装将更加简便，机械性能也将经过最优化设计。

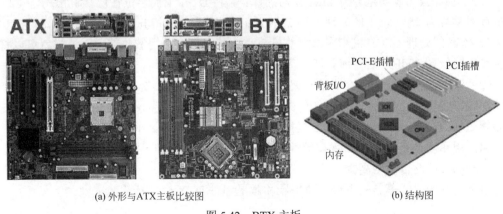

(a) 外形与ATX主板比较图　　　　　　　　　　　　　(b) 结构图

图 5.42　BTX 主板

此外，BTX 主板对接口、总线、设备将有新的要求。得益于新技术的不断应用，未来BTX 主板还将完全取消传统的串口、并口、PS/2 等接口。

5. DTX 主板

面对 BTX 主板的惨淡经营，2007 年 1 月，AMD 公司趁机推出了一款自己的主板标准——DTX 主板。DTX 标准利用 ATX 基础架构的优点，并分为 DTX 和 Mini-DTX 两种标准。其主要特点如下。

（1）DTX 布局紧凑，缩小了尺寸，原本一块标准 PCB 能够切割为两块标准 ATX 主板（俗称的 ATX 大板），换成 DTX 主板就可以切割为 4 块，如果是 Mini-DTX 主板更是可以达到 6 块。图 5.43 为 DTX 主板。

图 5.43　DTX 主板

（2）AMD 公司聪明地避开 Intel 公司的锋芒，将 DTX 主板定位在低端机市场。其 DTX 主板针对功耗为 65W 以下的处理器和 25W 功耗的图形芯片，Mini-DTX 主板则定位在功耗最大为 35W 的处理器上。机箱内部发热量较小，甚至可以不用散热装置。这样就可以将计算机噪声降低到 20dB，而目前普通计算机的噪声在 50～60dB。

（3）DTX 标准具有与 ATX 基础架构一样的向后兼容性，DTX 主板可以使用在标准的 ATX 机箱之中，供应商能够以很低的开发成本获得 DTX 产品，而不必像升级到 BTX 主板必须更换 BTX 机箱，可以降低升级换代的成本。

（4）更重要的是，它是一款开放性的业界标准，允许任何主板生产商免费应用这个标准生产产品，厂商自由度高。

由于这些优势，著名的主板厂商华硕和微星都对 DTX 标准持欢迎态度。

5.5.4　主板选择参数

主板在应用中不断发展，形成不同的类型。选择主板首先要在框架结构上进行选择，然后考虑其他的参数。下面举例介绍一些影响主板分类的参数。

1．按主板上使用的 CPU 种类

按主板上使用的 CPU 种类，主板可以分为 386 主板、486 主板、奔腾（Pentium，即 586）主板、高能奔腾（Pentium Pro，即 686）主板。同一级的 CPU 往往也还有进一步的划分，如奔腾主板，就有是否支持多能奔腾（P55C，MMX 要求主板内建双电压），是否支持 Cyrix 6x86、AMD 5k86（都是奔腾级的 CPU，要求主板有更好的散热性）等区别。

2．主板上的 I/O 总线种类

（1）工业标准体系结构（Industry Standard Architecture，ISA）总线。

（2）扩展标准体系结构（Extension Industry Standard Architecture，EISA）总线。

（3）微通道（Micro Channel Architecture，MCA）总线。

（4）视频电子标准协会（Video Electronic Standards Association，VESA）总线，简称 VL 总线。

（5）外部设备互连（Peripheral Component Interconnect，PCI）总线。

（6）通用串行总线（Universal Serial Bus，USB）。

（7）IEEE 1394（美国电气及电子工程师协会 1394 标准），俗称火线（Fire Ware）。

3．逻辑控制芯片组种类

（1）LX 为早期的用于 Pentium 60 MHz 和 66MHz CPU 的芯片组。

（2）FX 为在 430 和 440 两个系列中均有该芯片组，前者用于 Pentium，后者用于 Pentium Pro。

（3）HX 为 Intel 430 系列，用于可靠性要求较高的商用微型计算机。

（4）TX 为 Intel 430 系列的最新芯片组，专门针对 Pentium MMX 技术进行了优化。

（5）GX、KX 为 Intel 450 系列，用于 Pentium Pro，GX 为服务器设计，KX 用于工作站和高性能桌面 PC。

（6）MX-Intel 430 系列，专门用于笔记本计算机的奔腾级芯片组。

4．主板大小规格

1）最常见主板尺寸

（1）Mini-ITX：170mm×170mm（小板）。

（2）Mini-DTX：200mm×170mm（中小板）。

（3）DTX：244mm×210mm（中板）。

（4）M-ATX：24.5mm×24.5mm。

2）详细主板尺寸

（1）XT（8.5" × 11"或 216mm×279mm）。

（2）AT（12" × 11"～13"或 305mm×279～330mm）。

（3）Baby AT（8.5" × 10"～13"或 216mm×254～330mm）。

（4）ATX（Intel 1996，12" × 9.6"或 305mm×244mm）。

（5）EATX（12" × 13"或 305mm×330mm）。

（6）Mini ATX（11.2" × 8.2"或 284mm×208mm）。

（7）LPX（9" × 11"～13"或 229mm×279～330mm）。

（8）PicoBTX：主板最长 203.20mm，最多一个扩充卡插槽。

（9）MicroBTX：主板最长 264.16mm，最多 4 个扩充卡插槽。

（10）BTX：主板最长 325.12mm，最多 7 个扩充卡插槽。

（11）DTX：主板尺寸为 203mm×244mm，最多两个扩充卡插槽。

5．应用环境

例如，应用于台式计算机主板、服务器/工作站主板和笔记本计算机主板等。

6．印制电路板的工艺

印制电路板有单层结构板、双层结构板、4 层结构板、6 层结构板等，目前以 4 层结构板的产品为主。

7．元件安装及焊接工艺

元件安装及焊接工艺可以分为表面安装焊接工艺和 DIP 传统工艺。

5.5.5　主板整合技术

1. All in One 或 Some in One

All in One 或 Some in One 都是主板的整合技术，即主板的多功能集成技术。例如，把声卡控制芯片或显卡控制芯片集成到主板上，免去安装声卡和显卡。典型的整合芯片组是 Intel 810，它将 AGP 显示、音效 CODEC 控制器和 Modem CODEC 控制器等都集成到主板上，形成一体化主板，能为用户节省几百元。

2. AC'97

AC'97（Area Codec 97）即区域编解码器技术，对于声卡和 Modem 卡，它要求在电路结构上把它们的数字部分和模拟部分分开，以降低电磁串扰和提高性能。Intel 810 和 VIA 694 等芯片组的南桥芯片中加入了声效功能，通过软件模拟声卡，完成一般声卡上主芯片的功能，而其音频输出交给一块很小的 AC'97 芯片完成，所以在这类主板上看不到有较大的声卡主芯片。

3. AMR 和 CNR

AMR（Audio and Modem Riser）是一种支持主板集成声效、Modem 等的新技术，CNR（Communication and Networking Riser）是一种支持主板集成通信和网络等的新技术，目前的主板都有一个 AMR 或 CNR 插槽，如图 5.44 所示，它们为主板整合的声效、Modem 和网络功能提供了一个安装升级卡的插槽。

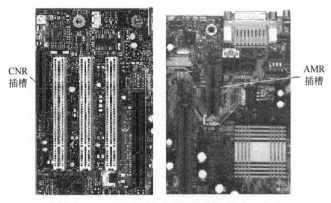

图 5.44　AMR 和 CNR

5.5.6　智慧型主板

随着主板的广泛应用和发展，智慧型主板的概念也出现了。虽然目前还没有关于智慧型主板的标准及定义，但它应当包含下列内容。

1. PnP 功能

PnP 是即插即用的意思，此项技术的目的是实现硬件安装的自动化，免去用户安装新硬件过程中进行配置的麻烦。目前的主板都具有 PnP 功能，即采用的芯片组、BIOS 程序都支持 PnP。目前的硬件扩展卡也都具备 PnP 功能。再配合以支持 PnP 的操作系统，如 Windows XP 等，就使得用户安装新硬件变得非常容易。

2. STR

STR（Suspend To RAM）的意思是"悬挂到内存"，它是一种瞬间开机技术（On Now）。当使系统进入"挂起"状态时，系统的当前状态信息会保存到内存中。再次开机时，立即从内存读取数据恢复到系统挂起前的状态，因此使开机速度只有几秒。

STR 功能是高级配置电源接口（Advanced Config Power Interface，ACPI）的一部分，它的实现要求外围芯片组和 BIOS 都支持 ACPI，各个扩展卡都支持 STR，还要求采用 ATX 电源。STR 要求采用支持 ACPI 的操作系统，如 Windows 98 等，还要求各个硬件的驱动程序和各个应用软件都支持 ACPI。

3. 网络和 Modem 唤醒

具备这种功能的主板在组装并安装相应的软件后，可以用网络或 Modem 从远方对此计算机进行遥控唤醒开机操作，前提是此计算机正处于关机但不断电的"睡眠"状态。

4. 系统监控与安全

（1）断电自动重置（Power Failure Resume）指事先在 BIOS Setup 中设置断电再来电时

的某种状态。只有主板具有断电自动重置功能，并设置成断电再来电时重新开机，以便来电时自动恢复计算机断电前的正常状态。

（2）安全监测。可以监测系统温度、CPU 温度、CPU 风扇转速、机箱风扇转速、CPU 的核心电压和 I/O 电压值、电源供电电压值及 CMOS 电池电压等，还有系统温度报警等功能。

（3）新颖的故障检测和显示技术。一些主板在 PCI 插槽前缘处安装了四只红绿双色故障指示灯，能编码表示 16 种故障，主板说明书中介绍了相应的故障说明。

（4）BIOS 抗病毒技术。目前的许多主板都采取了 BIOS 抗病毒技术，如增加防止写 EEPROM 芯片的设置跳线，在 CMOS Setup 中加入了 BIOS 写保护设置，在 BIOS 程序中加入抵御 CIH 病毒的功能，采用双 BIOS 芯片技术等。

5. 超频性能

超频是指在主板上将 CPU 的外频或倍率设置为高于规定的标称值，使得 CPU 工作在更高的主频上，以这种方法来提高系统的运行速度。CPU 超频使用会使 CPU 过热和工作不稳定，甚至烧毁。所以需要设置超频的安全保护，此外还要支持超频回复键功能，即当用户超频失败，关机后再次启动系统时，按 Insert 或 F10 键就可以恢复到超频失败前的状态。可以使用 CMOS Setup 超频的主板也都支持回复键。

6. 防电磁辐射技术

随着主板总线频率增高到 133MHz 甚至 400MHz，电磁辐射越来越严重。有些主板采用展开频谱（Spread Spectrum）技术以降低电磁辐射对系统的干扰。有些主板采用 DIMM 和 PCI 插槽的自动检测技术，当发现有的 DIMM 和 PCI 插槽为空闲时，就将其时钟关闭，以减少电磁辐射源。

7. 采用无跳线设计

使用跳线的好处是可以在同一主板上使用多种品牌型号的 CPU，缺点是存在跳线错误，轻则机器不能启动，重则烧毁 CPU。随着奔腾时代的到来，部分主板已开始使用 DIP 开关取代跳线来控制 CPU 的工作状态。一般情况下，安装不同的 CPU 只需对照说明书拨动 DIP 跳线开关即可，这比装跳线器方便得多。

随着 CPU 的种类和型号不断增多，设置 DIP 开关也变得越来越复杂，于是无跳线的主板应运而生。第一块这样的主板是联想集团生产的，随后联想集团又推出了 430TX、40LX 系列主板，这类主板的共同特点就是通过 BIOS 来设置 CPU 的类型、主频、总线频率和内外电压。一般情况下，用户只需插好 CPU，开机启动，主板 BIOS 即可自动识别 CPU 种类、型号，并自动根据识别的 CPU 设置工作电压，根本不用关心是单电压还是双电压。

8. 符合绿色环保 EPA 标准

在计算机使用过程中，很多时候计算机设备是空闲的，若仍全功率运行，既耗电也加快了系统的老化。绿色环保计算机增强了计算机的电源管理功能，使其在没有人使用或无程序运行时自动减少各部件的功耗，达到节省能源和保护机器的目的。

目前绿色环保计算机一般遵循美国环境保护署（Environmentd Protection Agency，EPA）标准，符合该标准的计算机在开机启动时会有一个黄色或绿色的 EPA 或 Energy Star（能源之星）标志出现在屏幕上。EPA 计算机在省电模式下系统耗电量低于 30W，其各部件的定义如下。

（1）CPU（如 Pentium）正常耗电约 5W，进入休眠状态后只耗电 0.4W。

（2）显示器（一般符合 DPMS 规范）：开机（ON）→等待（Standby，<15W）→休眠（Suspend，<15W）→OFF（<5W）。

（3）硬盘：正常耗电 3～10W，休眠时电动机停转，耗电小于 1W。

绿色环保计算机由绿色主板、绿色 CPU、绿色显示器和绿色硬盘等部件组成，其中主板是关键部件，统率着各外部设备及 CPU 的绿色功能和对节能参数的设置。当某个外部设备不支持绿色环保功能时只影响该子系统的省电模式不能实施，而若主板不支持绿色功能则使所有的外部设备节能功能失效。通常，省电模式有如下 3 种。

① 打盹（Doze）：CPU 时钟频率降低，程序运行变慢。

② 等待（Standby）：CPU 时钟频进一步降低，显示器黑屏。

③ 休眠（Suspend）：CPU 停止运行，所有程序处于停顿状态，显示器进入关闭模式。

在上述任何一种省电模式下，只要接收到系统认可的启动信号，如鼠标移动、击键、Modem 呼叫等，均会激活计算机使其进入正常工作状态。

有的主板将硬盘停转时间单独设置，也有的将其归入 Suspend。一些新型的主板还支持 Suspend 状态下 CPU 风扇的停转等，还有一些支持软件控制开/关机，达到完全意义上的"绿色环保"。

习　题

5.1　下列关于总线的说法中，全正确的是_____。

a. 采用总线结构可以减少信息的传输量

b. 总线可以让数据信号与地址信号同时传输

c. 使用总线结构可以提高传输率

d. 使用总线结构可以减少传输线的条数

e. 使用总线有利于系统的扩展

f. 使用总线有利于系统维护

  A．a、b、c、d　　　　　　B．b、c、d　　　　　　C．c、d、e　　　　　　D．d、e、f

5.2　下面关于控制总线的说法中，正确的是_____。

a. 控制总线可以传送存储器和 I/O 设备的地址信息

b. 控制总线可以传送存储器和 I/O 设备的所有时序信号

c. 控制总线可以传送存储器和 I/O 设备的所有响应信号

d. 控制总线可以传送对存储器和 I/O 设备的所有命令

A. a、b、c   B. b、c、d   C. a、c、d   D. c、d

5.3　在总线中，地址总线的功能是用于_____。

　　A. 选择存储器单元

　　B. 选择存储器单元和各个通用寄存器

　　C. 选择进行信息传输的设备

　　D. 指定存储器单元和选择 I/O 设备接口电路的地址

5.4　总线位宽决定于_____。

　　A. 控制线的位宽　　　B. 地址线的位宽　　　C. 数据线的位宽　　　D. 以上位宽之和

5.5　"数据总线进行双向传输"这句话描述了总线的_____。

　　A. 物理规范　　　　　B. 电气规范　　　　　C. 功能规范　　　　　D. 时间规范

5.6　在系统总线中，地址总线的位数与_____有关。

　　A. 机器字长　　　　　B. 存储单元个数　　　C. 存储字长　　　　　D. 存储器带宽

5.7　同步通信比异步通信具有较高的传输率，这是因为_____。

　　A. 同步通信不需应答信号　　　　　　　　B. 同步通信方式的总线长度较短

　　C. 同步通信按一个公共时钟信号进行同步　　D. 同步通信中各部件存取时间较短

5.8　简述总线结构对计算机性能的影响。

5.9　某总线共有 88 根信号线，其中数据总线 32 根，地址总线 20 根，控制总线 36 根，总线工作频率为 66MHz，则总线位宽为_____b，传输率为_____MB/s。

　　A. 32　254　　　　　B. 20　254　　　　　C. 32　264　　　　　D. 20　264

5.10　某 64 位总线的传输周期是 10 个时钟周期传输 25 个字的数据块。试计算：

（1）当时钟频率为 100MHz 时，总线的数据传输率。

（2）当时钟频率减半后的数据传输率。

5.11　什么是总线的主模块？什么是总线的从模块？

5.12　在 3 种集中式总线控制中，_____方式响应时间最快，_____方式对电路故障最敏感。

　　A. 链式查询　　　　　B. 计数器定时查询　　　C. 独立请求

5.13　从性能指标上，对 AGP 和 PCI 的最新标准进行比较。

5.14　什么是 SCSI 设备？

5.15　USB 由哪几部分组成？各有什么功能？

第6章 控制器逻辑

中央处理器（Central Processing Unit，CPU）是计算机系统的运算核心和控制核心，主要由运算器（Arithmetic Logic Unit，ALU）、控制器（Control Unit，CU）、一组寄存器以及相关总线组成。了解计算机的工作原理的关键是搞清 CPU 的工作原理。关于 ALU 的简单原理已经在 1.2.6 节中简要介绍，本章从指令系统开始对 CU 进行逻辑分析。因为指令系统是 CU 设计的依据和工作的基础。

6.1 处理器的外特性——指令系统

6.1.1 指令系统与汇编语言概述

1. 指令及其基本格式

在计算机中，指令（Instruction）是要求计算机完成某个基本操作的命令。计算机程序就是由一组指令组成的代码序列。这里所说的"基本"是指，不同的 CPU 所能执行的基本操作的数量和种类互不相同，但是任何 CPU 都必须满足最小完备性原则，即它所能执行的基本操作，必须能组成该 CPU 所承担的全部功能。也就是说，有的 CPU 的基本操作多一些、复杂一些，有的 CPU 的基本操作少一些、简单一些，但它们的组合效果应当相同。例如，有的 CPU 将乘法作为基本操作之一；有的没有乘法操作，但可以使用加法和移位操作组成乘法操作。

在 1.3.4 节中已经介绍过，一条指令要由操作码和地址码两大部分组成，并且可以按照地址的数量把指令分为如下 4 种类型。

（1）3 地址指令。

（2）2 地址指令。

（3）1 地址指令。

（4）0 地址指令。

一条指令的长度由操作码和各地址码的长度决定。

指令地址码的长度由指令的寻址空间——存储器的容量决定。例如，一个 10b 的地址码的寻址空间为 2^{10}。一个 1GB 的内存，地址码需要 30b，对于 3 地址指令，指令的长度就需要 100b 左右。这样的指令就太长了。但是多地址指令比少地址指令编写出来的程序长度要小，并且执行速度要快。

操作码的长度由操作的种类决定，一个包含 n 位的操作码最多能表示 2^n 种操作。不同的计算机中，可以采用定长操作码——操作码占有固定长度的位数，也可以采用变长操作码——操作码的长度不固定。变长操作码可以用扩展窗口将部分地址作为操作码使用，以增加指令条数。

例 6.1 某计算机字长为 16b，操作码占 4b，有 3 个 4b 的地址码，如何扩展该机器的指令系统？

解： 在定长操作码系统中，操作码的长度与地址码是冲突的，即地址码越长，操作码就要短。而操作码短了，指令系统中的指令数就少了。例如在本题中，操作码只有 4b，指令系统中最多只能有 16 条指令，这常常是不够的。为了解决这个矛盾，可以采用变长操作码。即减少地址数，扩展操作码。

在进行操作码扩展时，要特别注意一点：长码中不可出现短码。因为编译器会首先从短码开始区分不同的指令类型。所以，短码至少要留出一位用于连接扩展位，称为扩展窗口位。

指令的一般格式如图 6.1 所示。

图 6.1 指令的一般格式

则计算不同地址数指令的步骤如下。

（1）原始 OP 占有 4b，用 0000～1110 定义 15 条 3 地址指令，留下 1111 作为扩展窗口，与 A3 一起组成扩展字段。

（2）由于长码中不可出现短码，所以只能用 1111 0000～1111 1110 定义 2 地址指令，共 15 条。留下 1111 1111 作为 1 地址指令的扩展窗口，与 A2 组成扩展操作码。

（3）同理，用 1111 1111 0000～1111 1111 1110 定义 1 地址指令 15 条。

（4）最后，用 1111 1111 1111 0000～1111 1111 1111 1111 定义 0 地址指令 16 条。

2. 指令系统

一个 CPU 所能承担的全部基本操作由一组对应的指令描述。这组完整地描述该 CPU 的指令就称为该 CPU 的指令系统（Command System，Instruction System，Command Set，Instruction Set），也称该 CPU 的机器语言。

指令系统决定了 CPU 的外特性。一方面因为指令系统表明了 CPU 能执行哪些基本操作。所以，指令系统是（系统）程序员在该 CPU 上进行程序设计的工具。

另一方面，功能模拟和结构模拟是研究、制造任何一种机器的两个最重要的途径。20 世纪 60 年代人们从程序员的角度观察机器属性，开始用"计算机体系结构"来统一功能和结构这两方面。但是，由于功能和结构两者仍然存在差别，通常把计算机的功能方面称为外（宏）体系结构，把计算机的结构方面称为内（微）体系结构。由于 CPU 的功能是取指令—分析指令—执行指令，所以一个 CPU 设计所依据的功能也来自指令系统，即指令系统是 CPU 设计的基本依据。要设计一个 CPU，要先为它设计指令系统。

3. 指令系统的描述语言——机器语言与汇编语言

一个 CPU 的指令系统就是与该 CPU 进行交互的工具，用其可以让该 CPU 完成特定的操作。所以，一个 CPU 的指令系统就可以看成该 CPU 的机器语言。显然，不同的 CPU 具有不同的机器语言。

在表现形式上，机器语言就是用 0、1 码描述的指令系统。用它编写程序，难读、难记、难查错，给程序设计和计算机的推广、应用、发展造成极大困难。面对这一不足，人们最先是采用一些符号来代替 0、1 码指令，如用 ADD 代替"加"操作码等。这种语言称为符号语言。下面是几条符号指令与其对应的机器指令代码的例子：

```
MOV   AH, 01H          ; 机器指令代码：B401H
XOR   AH, AH           ; 机器指令代码：34E2H
MOV   AL, [SI+0078H]   ; 机器指令代码：8A847800H
MOV   BP, [0072H]      ; 机器指令代码：8B2E7200H
DEC   DX               ; 机器指令代码：4AH
IN    AL, DX           ; 机器指令代码：ECH
```

符号语言方便了编程，用它编写程序的效率高，写出的程序易读性好，提高了程序的可靠性。但是，符号语言是不能直接执行的，必须将之转换为机器语言才能执行。

符号语言程序转换为机器语言程序的方法是查表。这是非常简单的工作。为了将这种查表工作自动化，除了正常的指令外，还需要添加一些对查表进行说明的指示指令——伪指令。这种查表工作称为汇编。为了进行自动查表，还需要一些指示性指令。用符号语言描述并增加了指示性指令的指令系统称为汇编语言。汇编语言为程序员提供了极大方便，也提高了程序的可靠性。通常在介绍指令系统时，采用的都是汇编语言。

汇编语言指令的一般形式如下。

标号： 操作码 地址码(操作数)；注释

下面是一段用 Intel 8086 汇编语言描述的计算 $A=2+3$ 的程序。

```
        ORG  C0H       ; C0H 为程序起始地址
START:  MOV  AX, 2     ; 2→AX, AX 为累加器, START 为标号
        ADD  AX, 3     ; 3 + (AX)→AX
        HALT           ; 停
        END  START     ; 结束汇编
```

由于汇编语言比机器语言有较好的易读性，又与机器语言一一对应，所以机器指令都可按汇编语言符号形式给出。

4. 汇编语言的基本语法

下面以 Intel 8086 汇编语言为例，介绍汇编语言中的几个基本语法。

1）数据类型

Intel 8086 汇编语言中允许使用如下形式的数值数据。

（1）二进制数据，后缀为 B，如 10101011B。

（2）十进制数据，后缀为 D，如 235D。

（3）八进制数据，后缀为 Q（本应是 O，为避免与数字 0 相混，用 Q 代），如 235Q。

（4）十六进制数据，加后缀 H，如 BAC3H。

加后缀的目的是便于区分。较多的是采用十六进制。有时也允许用名字来表示数据，如用 PI 代表 3.141593 等。

用引号作为起止界符的一串字符称为字符串常量，如'A'（等价于 41H）、'B'（等价于 42H）、'AB'（等价于 4142H）等。

2）运算符

（1）算术运算符：+、-、*、/。

（2）关系运算符：EQ（相等）、NE（不相等）、LT（小于）、GT（大于）、LE（小于或等于）、GE（大于或等于）。

（3）算符：AND（与）、OR（或）、NOT（非）。

3）操作码

可以用算术算符，也可以用英文单词。例如用 SUB 表示减去，用 ADD 表示相加等。

4）地址码

指令中的地址码可以用十六进制、十进制表示，也可以用寄存器名或存储器地址名表示。

5）标号与注释

汇编语言还允许使用标号及注释，以增加可读性。这部分与机器语言没有对应关系，仅用于使人阅读程序时容易理解。

6.1.2 寻址方式

在设计一个 CPU 时，往往要根据用户需求、技术条件和成本的折中，确定字长以及指令格式。指令格式一经确定，指令中各个字段的布局就基本确定，地址字段的长度也就基本确定。一般说来，指令中地址字段的长度是非常有限的。指令设计的一个重要任务就是使用非常有限的地址字段在尽可能大的范围内寻找操作数。于是，就变幻出许多寻址方式来。

下面结合 8086 介绍几种常用的寻址方式。

1. 立即寻址

该类操作数不单独存放在存储器中，而是指令代码的一部分，只要将这一部分分离出来，便可以立即得到操作数。所以，指令的执行速度很快，故将这种操作数称为立即操作数。图 6.2 为 8086 指令 ADD AX 3165H 的存储及执行示意图，这条指令的操作是将 AX 的内容与立即数 3165H 相加，结果存入 AX 中。

2. 寄存器寻址

在程序执行的过程中，若把大量的中间结果和最终结果都送到存储单元去保存，则要付出较大的时间和空间的代价，且往往是不必要的。因为中间数据仅仅是作为下一次运算的一个操作数，而另一些数据只需立即输出而无须保存。为了提高 CPU 的工作效率，现代 CPU 中都开辟了寄存器组，用于保存运算过程中的中间结果和某些最终结果。在寄存器中的操作数称为寄存器操作数。相应的寻址方式称为寄存器寻址。

寄存器设在 CPU 内部，存取的速度远高于存储器，所以使用寄存器存放中间结果可以提高程序的运行效率。为了编出高效率的程序，必须先熟悉有哪些寄存器可供编程使用。例如 8086 中有 8 个 8 位的通用寄存器：AL、BL、CL、DL、AH、BH、CH、DH。这 8 个 8 位的通用寄存器也可以并成 4 个 16 位的通用寄存器：AX（AL 与 AH）、BX（BL 与 BH）、CX（CL 与 CH）、DX（DL 与 DH）。它们的结构以及习惯用法如图 6.3 所示。

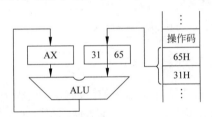

图 6.2   8086 指令 ADD AX 3165H 的存储及执行   图 6.3   8086 的通用寄存器

寄存器寻址就是按指定的寄存器代号，对寄存器进行读写。例如 8086 指令

```
MOV AX, BX
```

是将 BX 中的内容传送到 AX 中。BX 为源地址，AX 为目标地址。

寄存器寻址指令简单。巧妙地使用寄存器，是提高汇编程序设计的一个关键。

3. 存储器直接寻址

指令的操作对象存放在内存的某单元中，称为存储器操作数。相应的寻址方式称为存储器寻址。存储器寻址有直接寻址、间接寻址和变址/基址寻址等。

存储器直接寻址就是把操作数的地址直接作为指令中的地址码。图 6.4 为直接寻址的示意图。其中，MOV 是操作码，△是寻址方式，AX 是寄存器代码，3056 是直接地址。这条指令的功能是把 3056H 单元的内容 A3CEH 取出来，送到累加器 AX 中。

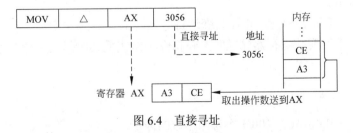

图 6.4   直接寻址

直接寻址灵活性较差，并且受指令长度的限制，寻址范围很有限。例如，一条 2 字节指令，操作码占 6 位后，地址码最多能占 10 位，寻址范围只有不足 1K。

4. 存储器间接寻址

采用间接寻址方式，由地址码从存储器取出的数不是操作数本身，而是操作数的地址。还需要再以该地址从存储器取出一个数，这个数才是操作数。也就是说需要两次访问存储器，故称这种寻址方式为间接寻址方式。图 6.5 为间接寻址的示意图。这时 0B58 单元也被称为间址器或地址指针。这条指令的具体操作是从 0B58 单元中取出一个地址，再从该地址（1A3C）中取出操作数送到寄存器 AX 中。

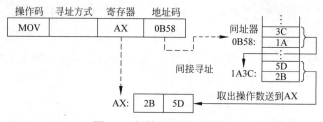

图 6.5　间接寻址的示意图

间址器好像是一个"地址寻问处"。这种寻址方式增加了指令的灵活性，只要改变间址器的内容，不改变指令，也可以访问到不同的操作数。同时，全部字长都可以用于存放操作数地址，能扩大寻址范围。但是，由于要多次访问内存，降低了指令的执行速度。提高速度的一个办法是用寄存器作为间址器。8086 中的间接寻址就是寄存器间接寻址方式。它规定可以用 BX、BP、SI 或 DI 作为（地址）指针。例如指令

```
MOV AX, [SI]
```

其中，[SI]表明 SI 是（地址）指针，即 SI 中存的是操作数地址，而不是操作数。方括号是间址方式的一种表示。这条指令的功能是把 SI 所指向的数据传送到累加器 AX 中。

5. 存储器变址寻址和基址寻址

变址寻址和基址寻址是两种通过计算得到操作数有效地址的寻址方法，计算的方法：基准地址+偏移量。但是两种寻址方法的策略不同：变址寻址是用一个寄存器（称为变址寄存器）存放偏移量（称为变址值），在指令中给出基准地址——形式地址，如图 6.6（a）所示。基址寻址相反，用寄存器（称为基址寄存器）存放基准地址，在指令中给出偏移量，如图 6.6（b）所示。

在 8086 中，通常用 SI 和 DI 作为变址寄存器。SI 常作为源变址寄存器，DI 常作为目标变址寄存器。采用变址寄存器寻址时，在指令中给出的是变址寄存器的代号和偏移量的值，如在指令

```
MOV CL, [SI-100H]
```

中，将寄存器 SI 中的值减去 100H 作为操作数的地址。

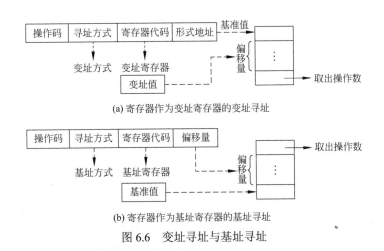

(a) 寄存器作为变址寄存器的变址寻址

(b) 寄存器作为基址寄存器的基址寻址

图 6.6　变址寻址与基址寻址

在 8086 中，BX 与 BP 称为两个基址指针。采用基址寻址时，在指令中要给出基址寄存器的代码和位偏移的值，例如指令

```
MOV AL, [BX+10H]
```

其中，BX 为基址指针，10H 为逻辑地址。

变址寻址与基址寻址都能够有效地扩大寻址范围。一般变址寻址主要用于为数组等数据结构提供支持，这时可以把数组的起始位置存在变址寄存器中。基址寻址主要用于逻辑地址向物理地址的转换提供支持。有了这种支持，程序的装入就简单多了。这时只要把某道程序的装入地址放在基址寄存器中，程序员在编程时所使用的逻辑地址将通过基址寻址向物理地址变换。

基址寻址和变址寻址两种寻址方式的组合称为基址变址寻址，例如指令

```
MOV AX, [BX+SI+3BH]
```

其中，给出的是基址寄存器的代码 BX、变址寄存器的代码 SI 和偏移量 3BH。

6. 堆栈寻址

堆栈（Stack）是在内存中开辟的一个存储数据的连续区域。其一端地址是固定的，称为栈底；另一端地址是活动的，称为栈顶。对堆栈数据的操作只能在浮动着的栈顶进行，为此设置了一个栈顶指针（SP）以指示当前栈顶的位置。一个新的数据存入堆栈，称为进栈或压栈（PUSH），存在原栈顶之上，成为新的栈顶，栈顶指针也随即上升；从堆栈取数据，就是将栈顶元素取出，称为出栈或弹出（POP），栈顶指针也随即下降。堆栈就像一个弹夹，新压入的子弹总在最上边，最先打出去的子弹是最后压进去的，而最后打出去的子弹总是最先压进去的，即形成后进先出（Last In First Out，LIFO）的存储机制。

在程序设计中，堆栈主要用于子程序调用、递归调用等的断点保存和现场保护等场合。图 6.7 为使用堆栈保存子程序调用时的断点保护示意图。

8086 的当前程序的堆栈设置在堆栈段内，它的起始地址由段寄存器 SS 指示，栈顶指针由 16 位的寄存器 SP 担当，可以用下面的指令对 SP 进行初始化。

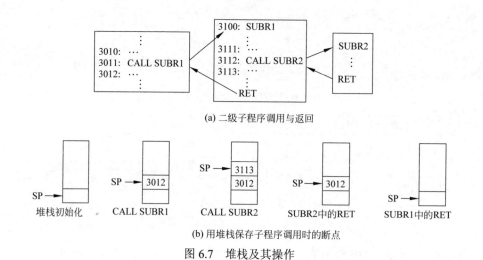

(a) 二级子程序调用与返回

(b) 用堆栈保存子程序调用时的断点

图 6.7　堆栈及其操作

```
MOV  SP, im
```

这时 SP 与 SS 之间的偏移量表示堆栈的大小，堆栈的最大空间是 64KB。

PUSH 和 POP 是只能对 16 位操作数执行进栈和出栈操作的两条堆栈操作指令，分别称为进栈指令和出栈指令。进栈操作时，PUSH 指令先执行 SP–2→SP，然后将一个字从源地址送到由现行 SP 寻址的堆栈两个单元；出栈操作时，POP 指令将一个字从现行 SP 寻址的堆栈两个单元送到目的地址，然后执行 SP+2→SP 操作。例如：

```
PUSH   DS              ; 暂存 DS
PUSH   CS
POP    DS              ; 传送 CS 到 DS
PUSH   [SI+06H]        ; 存储单元内容进栈
```

堆栈操作不仅可以暂存数据，还可以用来传送数据。但是要注意，一般情况下 PUSH 和 POP 指令应该配对使用，以保证堆栈中的数据不会紊乱。

7. 8086 的段寻址

8086 的地址总线为 20 条，所以内存地址位数是 20b，具有 1MB 寻址能力，而地址寄存器的位数只有 16b，可寻址的范围为 64KB。为此 8086 采用了分段技术，并且用 4 个 16 位的专门的寄存器 CS、DS、SS、ES 作为段寄存器，分别保存代码段、数据段、堆栈段和附加段的首地址的高 16 位，如图 6.8 所示。

4 个当前段的最大长度是 64KB，相对于各段首地址，段内偏移地址都可以用 16 位的地址码来表示。这样，便可以使用 16 位的寄存器如 IP、SP、BP、SI、DI 等进行地址操作，只要确定了 CS、DS、SS、ES 的值，就可以只考虑 16 位的地址偏移量——逻辑地址。当需要 20 位的地址时，CPU 会自动选择相应的段寄存器，并将其左移 4 位后与 16 位的地址偏移量相加，产生所需要的 20 位的物理地址。

段地址可以由段前缀指令指定，也可以由 8086 隐含地给出。

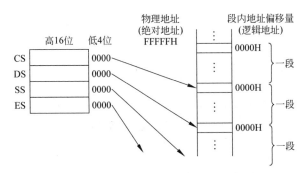

图 6.8　8086 的段地址、物理地址和逻辑地址

8086 的寻址都是基于段寻址的，如 8086 的直接寻址，实际上是一种段寻址。其他 8086 寻址方式也是以此为前提的。

6.1.3　Intel 8086 指令简介

本节介绍 Intel 8086 CPU 中的一些指令。

1. 数据传送类指令

数据传送类指令用于寄存器、存储单元或输入输出端口之间的数据或地址传送。

1）通用数据传送指令

MOV 是最基本的通用数据传送指令。它可以在寄存器之间、寄存器和存储单元之间传送字节和字，也可以将一个立即数传送到寄存器或存储单元中。例如：

```
MOV  AL, BL          ; 寄存器之间传送字节
MOV  SI, [BP+8AH]    ; 存储单元和寄存器之间传送数据
                     ; （基址寻址）
MOV  AL, 06H         ; 立即数传送到寄存器
```

XCHG 是一条数据交换指令。操作数可以是寄存器或存储单元，但不能是段寄存器或立即数，也不能同时为两个存储器操作。例如：

```
XCHG  AL, CL         ; 字节交换
XCHG  BX, SI         ; 字交换
XCHG  AX, [BX+SI]    ; 寄存器和存储单元之间交换数据
                     ; （基址变址寻址）
```

2）输入输出指令

这是专门用于累加器和输入输出端口之间进行数据传送的指令，而不是像通用数据传送指令那样只用于寄存器、存储单元或堆栈之间的数据传送。例如：

```
IN  AL, 05BH         ; 字节输入（端口地址为 05BH）
OUT  0FAH, AX        ; 字输出（端口地址为 0FAH）
MOV  DX, 0358H       ; 设置端口地址 (端口地址超出 8 位时，
                     ; 必须先将端口地址送入 DX 寄存器，
```

```
                              ; 再进行输入输出)
    IN  AX, DX                ; 字输入
```

3）地址传送指令

地址传送指令是传送操作数的地址。LEA 用来将源操作数（必须是存储器操作数）的偏移地址传送到通用寄存器、指针或变址寄存器。例如：

```
    LEA  SI, [BX+36H]
```

LDS 是一条取（地址）指针到数据段寄存器和数据寄存器的指令。它要求源操作数是一个双字长存储器操作数，目的操作数是 16 位通用寄存器、指针或变址寄存器，但不能是段寄存器。指令执行时，双字长存储器操作数中的低地址字传送到指定的数据寄存器中，高地址字传送到数据段寄存器 DS 中。该指令用来设置字符串传送的源地址是非常方便的，例如指令

```
    LDS  SI, SRC
```

是把双字节（地址）指针变量 SRC 的低 16 位送到 SI，高 16 位送到 DS。

LES 是一条取（地址）指针到附加段寄存器的指令。该指令的操作与 LDS 指令基本类似，不同的只是把 32 位（地址）指针的高 16 位送到附加段寄存器 ES 中，例如：

```
    LES  DI, DST
```

4）标志传送指令

标志传送指令专门用于对标志寄存器进行操作。8086 指令系统提供了以下 4 条标志传送指令：

```
    LAHF          ; 标志寄存器的低 8 位送 AH
    SAHF          ; AH 中的内容送标志寄存器
    PUSHF         ; 标志寄存器内容进栈
    POPF          ; 栈顶内容送标志寄存器
```

注意：SAHF 和 POPF 指令直接影响标志位，其他传送指令均不会对标志位产生影响。

2. 算术运算指令

8086 的算术运算可以处理二进制数和无符号十进制数。其中，十进制数不带符号，用压缩码（紧凑格式）或非压缩码（非紧凑格式）保存。压缩码表示的十进制数，每字节可容纳两个 BCD 码，十进制数高有效位是 8 位二进制数中的高 4 位，低有效位是 8 位二进制数中的低 4 位，所以，一字节的数值范围是 00～99。使用非压缩码时，每字节只表示一位 BCD 码，用低 4 位二进制数表示，因此一字节的数值范围是 0～9。做乘、除法时，高 4 位必须是 0；做加、减法时，高 4 位可以是任意值。

1）加法指令

（1）加法指令 ADD。

语法：ADD <u>目的</u>，<u>源</u>

功能：对两字节（或两个字）操作数相加，将其结果送到目的操作数地址。

受影响的标志：AF、CF、PF、OF、ZF、SF。

操作数可以是寄存器、存储器或立即数。例如：

```
ADD  AX, BX
ADD  AL, 40H
ADD  [BX+SI+64H], AX
```

注意：

① 参与运算的两个操作数应该同时带符号或同时不带符号，并且长度必须一致。

② 两个操作数不能同时为存储单元或段寄存器。

③ 立即数不能作为目的操作数。

（2）带进位加法指令 ADC。

语法：ADC <u>目的</u>，<u>源</u>

功能：完成两个整数相加，如果 CF 为 1，则将两个整数之和再加 1，结果返回目的操作数。

受影响的标志：OF、SF、ZF、AF、PF、CF。

例如：

```
ADC  AL,34
ADC  AX,345
ADC  BL,10
```

（3）增 1 指令 INC。

语法：INC <u>目的</u>

功能：INC 是一条单操作数指令，它将目的操作数加 1，其结果仍返回该目的操作数。

状态标志 CF 不受影响。例如：

```
INC CX    ；字寄存器中的内容加1
```

（4）加后二-十进制调整指令 DAA。

8086 把所有的操作都看成是二进制数相加，如果操作数是 BCD 码，例如将两个压缩的十进制数 26 和 55 相加，其二进制形式加法如下：

```
      0010  0110   (BCD 码 26)
  +   0101  0101   (BCD 码 55)
  ─────────────────
      0111  1011      (?)
```

正确的结果应该是 BCD 码 81，现在却变成了高位是 7，低位是 B 的十六进制数。这是由于低位的和够 16 才向高位进位，而十进制数加法够 10 就需要向高位进位。所以，必须进行调整，才能获得正确结果。指令 DAA 就是完成加后的十进制调整的，调整的规则：当低4位大于9或向高位有进位（AF=1）时，在低位加6。例如在本例中要执行运算：

$$0111\ 1011$$
$$+\qquad 0110$$
$$\overline{1000\ 0001}$$

调整后的结果为 BCD 码 81，这才是正确的结果。

执行完 ADD 指令后，要跟一条 DAA 指令立即进行调整，在 DAA 指令中并没有指明操作数，因为已经默认要调整的加法结果在 AL 累加器中。

AAA 也是一条调整指令，是针对非压缩的十进制数加法进行调整，具体规则与 DAA 类似。

2）减法指令

（1）减法指令 SUB。

语法：SUB 目的，源

功能：指令完成两个整数的减法，执行时从目的操作数减去源操作数，其结果存入目的操作数。

受影响的标志：OF、SF、ZF、PF、AF、CF。

例如：

```
SUB  AX,23
SUB  BX,[200]
```

（2）求补指令 NEG。

语法：NEG 目的

功能：对目的操作数字节或字求补，即用 0 减去操作数，结果送回目的操作数。

受影响的标志：OF、SF、ZF、PF、AF、CF。

例如：

```
NEG AL
```

（3）两个操作数比较指令 CMP。

语法：CMP 目的，源

功能：目的操作数减去源操作数，结果不送回，两个操作数操作后保持原值，只是使标志状态做相应改变。

受影响的标志：OF、SF、ZF、PF、AF、CF。

这条指令后面一般跟条件转移指令，以判断两个操作数是否满足某种关系。例如：

```
LOOP:   MOV AX,34
        CMP AX,BX
        JNZ LOOP
```

在减法指令中还有带借位指令 SBB，减法十进制调整指令 AAS 和 DAS 等。

3）乘法指令

8086 不仅提供了无符号的乘法指令和乘法的 ASCII 码调整指令，而且还提供了带符号的乘法指令。这里只介绍无符号的乘法指令 MUL。

语法：MUL <u>源</u>

功能：乘法指令只有一个源操作数，它可以是字节或字。若为字节，则执行该字节与 AL 寄存器的内容相乘，结果放在 AX 寄存器中；若为字，则执行该字与 AX 寄存器的内容相乘，结果存放在 DX（高位）和 AX（低位）寄存器中。

受影响的标志：OF、CF。

例如：

```
MOV AL,3
MUL  4
```

将立即数 3×4 的结果存入 AX 中。

此外还有 IMUL 带符号数乘法、AAM 乘后 ASCII 码调整等指令。

4）除法指令

除法指令与乘法指令类似，有 DIV 无符号除、IDIV 带符号除法和 AAD 除前 ASCII 码调整等指令。

3. 逻辑运算指令

1）逻辑"非"指令 NOT

语法：NOT <u>目的</u>

功能：将操作数中的每位求反，结果返回操作数，不影响标志。

例如：

```
NOT AL
NOT BX
```

2）逻辑"与"指令 AND

语法：AND <u>目的</u>，<u>源</u>

功能：将两个操作数按位进行"与"操作，结果送目的操作数。

受影响的标志：OF=0、CF=0、PF、SF、ZF。

该指令可借助某给定的操作数将另一个操作数的某些位清除（也称屏蔽）。例如：

```
AND  AL, 0FH    ; 屏蔽 AL 的高 4 位
```

3）逻辑"或"指令 OR

语法：OR <u>目的</u>，<u>源</u>

功能：将两个操作数按位进行"或"操作，结果送目的操作数。

受影响的标志：OF=0、CF=0、PF、SF、ZF。

该指令常用于使特定的位置 1，例如：

```
OR  BX, 0003H      ; 将 BX 中第 0 位和第 1 位置 1
```

4）逻辑"异或"指令 XOR

语法：XOR 目的，源

功能：将两个操作数按位进行"异或"操作，结果送目的操作数。

受影响的标志：OF=0、CF=0、PF、SF、ZF。

某位与 1 异或时，若为 0，异或后为 1；若为 1，异或后为 0，即可改变该位的状态。例如：

```
 XOR  BX, 0001H   ; 改变 BX 中第 0 位的状态
```

5）检测与逻辑比较指令 TEST

语法：TEST 目的，源

功能：将两个操作数按位进行"与"操作，结果不回送，仅影响标志位。

受影响的标志：OF=0、CF=0、PF、SF、ZF。

该指令常用于检测某些条件是否满足，但又不希望改变原操作数的情况，例如：

```
TEST  AL, 01H    ; 检查 AL 的第 0 位
JNE   there      ; 若 ZF＝0（即 AL 的第 0 位为 1），
                 ; 转移到 there 执行
     ⋮
there:    …
```

4. 移位指令和循环移位指令

1）移位指令

语法：SAL 目的，n/CL   ; 将目的操作数算术左移 n 位
　　　SHL 目的，n/CL   ; 将目的操作数逻辑左移 n 位
　　　SAR 目的，n/CL   ; 将目的操作数算术右移 n 位
　　　SHR 目的，n/CL   ; 将目的操作数逻辑右移 n 位

2）循环移位指令

语法：ROL 目的，n/CL   ; 循环左移 n 位，将高位移到低位
　　　ROR 目的，n/CL   ; 循环右移 n 位，将低位移到高位
　　　RCL 目的，n/CL   ; 带进位循环左移 n 位，将进位移到低位
　　　RCR 目的，n/CL   ; 带进位循环右移 n 位，将低位移到进位

移位和循环移位的具体操作如图 6.9 所示。

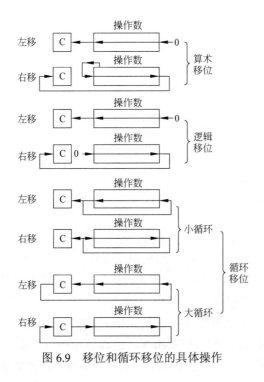

图 6.9　移位和循环移位的具体操作

说明:

(1)左移时,高位进 CF,低位补 0。算术右移时,保持高位符号位不变;而逻辑右移时,高位补 0。

(2)移动 1 位时,可省略第二个操作数;移动多位时,移动的位数由 CL 寄存器中的值确定。

下面是移位指令的应用例子:

```
SAL  AH, CL   ;相当于 AH 内容乘以 2
MOV  CL, 4
SHL  AX, CL   ;相当于 AX 内容乘以 16
SAR  AX, CL   ;相当于 AX 内容除以 16
SHR  AX, CL   ;相当于 AX 内容除以 16
```

5. 串操作指令

数据串是存储器中一个连续字节或字的序列。这个序列可以是数字值(二进制或 BCD 码),也可以是字母或数字(如 ASCII 码)。

串操作就是对数据串中每个元素进行的操作。例如,数据传送就是把一个数据串的全部元素从存储器的一个区域传送到另一个区域。

6. 程序控制指令

在 8086 中,程序的执行顺序是由标志寄存器 CS 和指令指针 IP 确定的。为了使程序移到一个新的地方去执行,或者改变 CS 和 IP(即改变段和偏移量)的值。有下面 3 种情形。

（1）仅改变 CS 的值，即仅改变程序段的位置，该方式称为段间转移，也称远转移，目标属性为 FAR。

（2）仅改变 IP 的值，此方式称为段内转移，也称近转移，目标属性为 NEAR。

（3）同时改变 CS 和 IPS 的值，该方式虽然原理上可行，但实际上是无意义的。

为了进一步节省目标码长度，对于短距离内的段内转移（–128～+127），8086 专门给它取名为短转移，并由属性操作符 SHORT 加以说明。

无论是段内转移还是段间转移，都有直接转移与间接转移之分。直接转移，就是转移的目标地址信息直接出现在指令的机器码中；间接转移，则是转移的目标地址信息间接存储于某一寄存器或内存变量中。当通过寄存器间接转移时，由于寄存器只有 16 位，所以只能完成段内间接转移。

计算段内转移地址有两种方法：一种方法是把当前 IP 的值增加或减少某一个值，也就是以当前指令为中心往前或往后转移，称为相对转移；另一种方法是以新的值取代当前 IP 的值，称为绝对转移。在 8086/8088 中，所有的段内直接转移都是相对转移，所有的段内间接转移和段间转移都是绝对转移。

控制指令就是改变指令执行顺序的指令。8086 提供了 5 种程序控制转移指令，即无条件转移指令、条件转移指令、循环控制指令、过程调用指令、中断控制指令。除中断指令外，其他转移指令都不影响状态标志位，而一些控制转移指令的执行是受状态标志影响的。

1）无条件转移指令

（1）JMP

语法：JMP （目标）

功能：目标为指令的地址，无条件转移到目标所代表的指令上，且不保存任何返回信息。

例如：

```
JMP FAR_LABEL      ; 段间直接转移
JMP NEAR_LABEL     ; 段内直接转移
```

（2）过程调用指令 CALL

语法：CALL （目标）

功能：将下一条指令地址保存在堆栈内，然后无条件转移到目标所代表的过程入口地址去执行。被调用过程执行结束，从 CALL 的下一条指令继续执行。

（3）过程返回指令 RET

语法：RET

功能：将由 CALL 指令压入堆栈的地址弹出，从该地址继续执行。

此外还有一些指令，如处理器控制指令（用于控制处理器的某些功能）等。

2）条件转移指令

条件转移指令，以上一条指令执行后 CPU 的状态为条件，通过测试决定是否要转移以及向何处转移。CPU 的状态存放在一个 16 位的状态（FLAG）寄存器中。如图 6.10 所示，每个状态在状态寄存器中占一位，称为一个标志位。它们分别具有如下意义。

			CF	DF	IF	TF	SF	ZF		AF		PF		CF

图 6.10　8086 状态寄存器

（1）CF（Carry Flag）：进位标志位。当执行一个加法（或减法）运算，使最高位产生进位（或借位）时，CF 为 1，否则为 0。

（2）PF（Parity Flag）：奇偶标志位。该标志位反映运算结果中 1 的个数是偶数还是奇数。当指令执行结果的低 8 位中含有偶数个 1 时，PF=1，否则 PF=0。

（3）AF（Auxiliary Carry Flag）：辅助进位标志位。当执行一个加法（或减法）运算，使结果的低 4 位向高 4 位有进位（或借位）时，AF=1，否则 AF=0。

（4）ZF（Zero Flag）：零标志位。若当前的运算结果为零，ZF=1，否则 ZF=0。

（5）SF（Sign Flag）：符号标志位。它和运算结果的最高位相同。

（6）OF（Overflow Flag）：溢出标志位。当补码运算有溢出时，OF=1，否则 OF=0。

（7）DF（Direction Flag）：方向标志位。它用以指定字符串处理时的方向，当该位置 1 时，字符串以递减顺序处理，即地址以从高到低顺序递减；反之，则以递增顺序处理。

（8）IF（Interrupt Enable Flag）：中断允许标志位。它用来控制 8086 是否允许接收外部中断请求。若 IF=1，8086 能响应外部中断；反之则不响应外部中断。

（9）TF（Trap Flag）：跟踪标志位。它是为调试程序而设定的陷阱控制位。当该位置 1 时，8086 CPU 处于单步状态，此时 CPU 每执行完一条指令就自动产生一次内部中断。当该位复位后，CPU 恢复正常工作。

后 3 个控制标志位用来控制 CPU 的操作，由指令进行置位和复位。

条件转移指令分别依据一个状态标志位的值或两个状态标志位的值进行不同的操作。

3）循环控制指令

循环控制指令可以让一段指令以当前 IP 为中心的[-128，+127]范围内重复执行。主要包含 3 条指令。LOOP（无条件循环）、LOOPZ（条件循环：CX≠0 且 ZF=1）和 LOOPNZ（条件循环：CX≠0 且 ZF=0）。3 个循环的次数都由 CX 寄存器指定，即循环从 CX ≠ 0 开始，循环一次，CX 减 1，直到 CX = 0。

4）过程调用指令

过程调用的基本意思是把一段指令插入当前位置执行。或者说，是先转到一段指令处执行，执行完再回来。所以需要两种类型的指令：一种在当前指令段中，称为调用指令；另一种在另外一段可以被调用指令段最后，用来把执行流程送回调用处，称为返回指令。

（1）调用指令。8086 的调用指令分为 4 种。

```
CALL TIMER                ;段内直接调用
CALL WORD PTR[SI]         ;段内间接调用
CALL FAR TIMRE            ;段间直接调用
```

```
CALL DWORD PTR[SI]        ;段间间接调用
```

（2）返回指令。

8086 的返回指令就一条：RET。

5）中断控制指令

中断控制与过程调用类似，都是从一个正在执行的过程转向另一个过程（处理程序），并在执行完后返回原程序继续执行。不同之处在于过程调用是在设计程序时已经考虑好的；而中断控制则是在运行过程中的随机事件或异常事件引起，调用是事先已在程序中安排好。

（1）中断指令 INT。

格式：INT n　（中断类型码 n=0～255）

说明：n＊4 为存放中断服务子程序入口地址的单元的偏移地址；n＊4＋2 为存放中断服务子程序入口地址的单元的段地址。

（2）中断返回指令 IRET。

6.1.4　CISC 与 RISC

RISC（Reduced Instruction Set Computer，精简指令系统计算机）和 CISC（Complex Instruction Set Computer，复杂指令系统计算机）是目前设计指令系统的两种不同思路。

1. 冯·诺依曼语义差距问题

在指令执行过程中，要求每个部件所完成的基本操作，称为微操作。所以，指令就是计算机微操作的组合。不同的微操作组合序列构成了形形色色的指令。每条指令的语义由它所规定的微操作序列定义。包括微操作的种类和数量越多，指令的功能越强，使用起来越灵活。而一台机器的指令系统越丰富，这台机器的功能也越强。从使用者的角度来说，指令系统功能越强，编出的程序越简单。但是从计算机设计制造的角度来说，指令系统越简单，CPU 越简单；指令系统越复杂，CPU 越复杂。

随着计算机技术的发展，高级语言不断向人类自然语言方面靠拢。这就使得冯·诺依曼语义差距不断加大。克服这种差距的办法，一是增强编译程序的功能；二是扩大处理机指令系统的功能，设法用一条指令代替一段程序。人们传统地认为，指令系统越复杂，含有能用一条指令代替一段程序的指令越多，编译越简单（因为一条高级语言命令要用一段机器语言程序实现），越有利于缩小语义差距。于是，一旦一种机器被设计好之后，不久便又要在其基础上增加一些新的指令和寻址方式，但又不取消旧的指令和寻址方式。这样做的好处是，通过向上兼容和向后兼容，既可吸引更多的用户，又可降低新产品的开发周期和代价，于是出现了系列机的概念。

在系列机的发展中所增添的新的指令和寻址方式，往往是综合性的复杂指令，是添加更复杂的功能，向高级语言靠拢。这样，指令系统便不断膨胀。例如，PDP-11/2 机仅有 70 多条指令，而 VAX-11 具有 16 种寻址方式、9 种数据格式、330 条指令。又如，32 位的 68020 微型计算机的指令种数比 68000 多两倍，寻址方式多了 11 种，达 18 种之多，指令长度变化多端，可从 1 个字（16 位）到 16 个字。

很长一段时间内，人们一方面用增加复杂指令的方法缩短语义差距，另一方面又主要靠提高时钟频率和指令解释执行的并行性来提高机器的性能。随着计算机的不断升级，由于复杂的指令系统中指令的差异性增大，流水线及超标量流水线的采用更导致 CISC 结构的 CPU 设计的复杂度按几何级数增长，硬件变得十分庞大。这不但限制了内部高速缓存的扩大，而且使得芯片运行频率的提高非常困难，容易导致芯片工作不稳定。一个令人难忘的例子是 1975 年 IBM 公司投资 10 亿美元研制高速 FS 机，最终却以"复杂结构不宜构成高速计算机"的结论，宣告失败。

2．8020 规律

事实让人们从对复杂结构的追求中清醒，开始对指令使用频度进行统计分析。表 6.1 为对 Intel 8088 处理器指令系统进行分析的结果。可以看出，6 类指令中，有 3 类指令的使用频度平均到了 90%，而另外 3 类不到 10%。这个结论与 20 世纪 70 年代 HP 公司研究对 IBM 370 高级语言程序中指令使用频度的分析结果，以及 Marathe 在 1978 年对 PDP-11 机在 5 种不同应用领域中的指令混合测试的结果，有类似的结论：典型程序中的 80% 只使用处理机中 20% 的指令，并且这些指令是简单指令（加、取数、转移等）。也就是说，人们付出极大的代价所增添的复杂指令，只有不到 20% 的使用概率，而由于这些低使用频度的复杂指令的存在，使得使用频度高的简单指令的速度也无法提高。例如，希望增加一条指令替换一个子程序，使该项功能的速度提高 10 倍。若子程序的使用频度不超过 1%，替换后的效率提高为（100−(99+1/10)）%=0.9%，而另一方面由于复杂性可以使基本时钟频率下降 3%，总的效率会降低 2.1%。再说，用增加复杂指令达到缩小语义差距的方法，可能对某种高级语言适用，而对别的语言不一定适用。

表 6.1　Intel 8088 处理器各类指令使用频度统计

指令类型	应用程序号							
	F1	F2	F3	F4	F5	F6	F7	平均
数据传输	34.25	35.85	28.84	20.12	25.05	24.33	34.31	30.25
算术运算	24.97	22.34	45.32	43.65	45.72	45.42	28.28	36.24
逻辑运算/位操作	3.40	4.34	7.63	7.49	6.38	3.97	4.89	5.44
字符串处理	2.42	4.22	2.72	2.01	2.10	2.35	2.10	2.86
转移指令	34.84	32.99	15.34	7.63	20.52	25.72	30.29	25.33
处理器控制	0.13	0.26	0.15	0.10	0.24	0.19	0.14	0.19

3. RISC 的基本思想

8020 规律启发了人们的某种思想：只留下最常用的 20% 的简单指令，通过优化硬件设计，把时钟频率提得很高，实现整个系统的高性能，靠速度取胜。这就是 RISC 技术的基本思想。

假定一个程序总的执行时间为

$$T=N \cdot C \cdot S$$

式中，N 是要执行的指令的总条数；C 是每条指令平均包含的时钟周期数；S 是每个时钟周期的平均时间。为缩短 T，CISC 技术主要依靠减少 N，但同时要付出提高 C 的代价，也可能还要增加 S；RISC 技术主要是减少 C 和 S，但要付出增加 N 的代价。表 6.2 是对 RISC 和 CISC 的 N、C、S 的对照统计结果。

表 6.2　RISC 与 CISC 的 N、C、S 统计比较

指令系统	C	S	N
RISC	1.3～1.7	<1	1.2～1.4
CISC	4～10	1	1

这些数据说明在相同的时钟周期下，RISC 的每条指令所占用的时钟周期为 1.3～1.7，而 CISC 为 4～10。这样 RISC 指令的执行速度就是 CISC 的 3～6 倍。尽管 RISC 的 N 因子比 CISC 多 20%～40%，但折算下来，RISC 的性能仍为 CISC 的 2～5 倍。

另一方面，根据计算机的硬件和软件在逻辑上的等效性，RISC 在技术上也是可行的。早在 1956 年就有人证明，只要用一条"把主存储器中指定地址的内容同累加器中的内容求差，把结果留在累加器中并存入主存储器原来地址中"的指令，就可以编出通用程序。有人提出，只要用一条"条件传送"（CMOVE）指令就可以做出一台计算机。1982 年，国外某大学就做出这样一台 8 位的 CMOVE 系统结构的样机，称为 SIC（单条指令计算机）。也有人认为，指令系统是控制器设计的依据，它精简的部分可以通过其他部件以及软件（编译程序）的功能来代替。

4．RISC 的外体系结构

指令系统是控制器设计的蓝本。精简指令系统是 RISC 最基本的追求。通过精简指令系统，可以简化控制器，减少控制器面积，进而带来能提高处理速度（降低 C 和 S），增加通用寄存器等一系列好处。RISC 的指令系统有如下一些特点。

1）指令种数较少（一般希望少于 100 种）

表 6.3 为一些 RISC 的指令系统的指令条数。

表 6.3　一些 RISC 的指令系统的指令条数

机器名	指令数	机器名	指令数
RISCⅡ	39	ACORN	44
MIPS	31	INMOS	111
IBM801	120	IBMRT	118
MIRIS	64	HPPA	140
PYRAMID	128	CLIPPER	101
RIDGE	128	SPARC	89

由于指令系统精简，在机器设计时就要仔细选择指令系统，力求很好地支持高级语言。例如，RISCⅡ的 39 条指令可以分为如下 4 类。

（1）寄存器-寄存器操作：移位、逻辑、整数运算等 12 条。

（2）取/存数指令：取存字节、半字、字等 16 条。

（3）控制转移：条件转移、调用/返回共 6 条。

（4）其他：存取程序状态字（PSW）和程序计数器等 5 条。

应该说，用这些指令并在硬件系统的辅助下，足以实现其他指令的功能。例如，RISC 中没有寄存器之间的数据传送指令（MOVE），可以用加法指令 $R_s+R_0 \to R_d$ 代替，其中 R_0 是一个恒为零的寄存器。还有取负可以用 $R_0-R_s \to R_d$ 代替，清除寄存器可以用 $R_0+R_0 \to R_d$ 代替等。

此外，转移指令可由两个算术操作来完成：一个用于进行比较，设置条件；另一个用于计算目标地址。地址计算由单独提供的加法器完成，这样可以提高布尔表达式的求值效率，而不须设置条件码。

当然，对于商品化的 RISC，因用途各异，一般会增加一些指令，扩充指令系统，但不外乎如下 4 种。

（1）浮点指令。

（2）特权指令。

（3）寄存器间数据交换等。

（4）一些专用简单指令。

2）指令格式少（希望只有 1~2 种）而且要求长度一致

RISC II 的指令格式只有两种：短立即数格式和长立即数格式，并且指令字中的每个字段都有固定的位置。寄存器-寄存器操作指令仅有短立即数一种格式，有些指令（如条件转移指令）则有两种格式。指令格式少而且要求长度一致的好处是便于实现简单而又统一的译码。

如图 6.11 所示，在 32 位的指令字中，第 25~31 位为操作码；第 24 位为是否置状态位的标志（RISC II 只有 4 个状态位：Z、N、V、C）；第 19~23 位为 DEST 字段（对于寄存器-寄存器指令，DEST 为目标地址，以 rd 表示；在条件转移指令中，DEST 中的第 23 位无用，其他 4 位表示转移条件）；第 0~18 位为操作数字段。短立即数格式适于算术逻辑指令，需要两个源操作数，它的第 0~18 位分成 3 部分：第 14~18 位为第一源操作数（用 rs_1 指出）；第 13 位 i 用于指明第二源操作数是在用 rs_2 指出的寄存器中（$i=0$，只用 0~4 位，5~12 位不用），还是一个立即数 imm_{13}（$i=1$，使用第 0~12 位，共 13 位）。长立即数格式用

(a) 第二源操作数在寄存器中的短立即数格式

(b) 第二源操作数为 imm_{13} 的短立即数格式

(c) 长立即数格式

图 6.11　RISC II 的立即数格式

于只需一个源操作数的指令，这时操作数用一个 19 位的 imm_{19} 表示；对于转移指令，imm_{19} 是一个 19 位的相对位移量，表示转移地址相对于程序计数器（PC）的位移量。

因为复杂的寻址方式要付出计算有效地址的代价。统计说明，导致增加周期数目的主要环节是访存指令。为消除这一影响，RISC 中规定，只有取数（load）和存数（store）两条指令可以访存，以缓解对主存储器带宽的要求，即 RISC 的大部分指令用于在寄存器间进行数据传送。

5. RISC 与 SISC 的比较

表 6.4 对 RISC 与 SISC 进行了比较。

表 6.4　RISC 与 SISC 比较

比较内容	RISC	SISC
指令数目	一般小于 100 条	一般大于 200 条
寻址方式种类	少	多
指令格式种类	少	多
通用寄存器数量	多	少
指令字长	定长	变长
执行速度	快	较低
不同指令的执行时间	多数在一个周期内	相差甚远
各种指令的使用频率	接近	相差甚远
设计及制造的方便性	高	低
可靠性	逻辑简单，可靠性高	逻辑复杂，可靠性低
控制器实现分时	组合逻辑电路	微程序

6.1.5　指令系统的设计内容

指令系统是 CPU 设计的依据。设计 CPU 首先要设计一个指令系统。指令系统的设计通常包含两个层次的工作：一是能向程序员提供一个优化的指令的集合；二是在此基础上，进一步满足用户对于计算的速度等锦上添花的需求。前者是最基本的。

如前所述，设计一个指令系统主要是确定如下一些内容。

（1）操作类型：决定了指令数的多少和操作的难易程度。

（2）数据类型：决定操作数的存取方式。

（3）寻址方式。

（4）寄存器类型及个数。

（5）指令格式：包括指令长度和各字段的布局等。

6.2　组合逻辑控制器

指令最终要被控制器解释为按规定的时序、在时序信号控制下的微操作信号。按微操作信号产生的机制，操作控制部件可以用组合逻辑电路、微程序（组合逻辑——存储逻辑）

等方法实现。

组合逻辑操作控制部件也称硬布线操作控制部件，它的控制方式是把整个指令系统中的每条指令在执行过程中要求操作控制部件产生的同一种微操作的所用情况归纳综合起来，把凡是要执行这一微操作的所有条件（是什么指令，在什么时刻）都考虑在内，然后用逻辑电路加以实现。也就是说，用这种方法得到的微操作控制线路（或称微操作控制部件或微操作控制器）通常由门电路和寄存器组成。它是操作码、节拍和控制条件的函数，可以根据每条指令的要求，让节拍电位和节拍脉冲有序地去控制机器的各部件，一个节拍一个节拍地依序执行组成指令的各种微操作，从而在一个指令周期里完成一条指令所承担的全部任务。

这种方法通常以使用最少元件和取得最高操作速度为设计目标，一旦控制部件构成以后，便难以改变。所以，这种方法所构成的控制部件也称硬接线控制部件。采用逻辑电路设计微操作控制线路应包括如下工作。

（1）设计机器的指令系统：规定指令的种类、指令的条数以及每条指令的格式和作用。

（2）初步的总体设计：如寄存器设置、总线安排、运算器设计、部件间的连接关系等。

（3）绘制指令流程图：标出每条指令在什么时间、什么部件进行何种操作。

（4）编排操作时间表：即根据指令流程图分解各操作为微操作，按时间段列出机器应进行的微操作。

（5）列出微操作信号的逻辑表达式，进行化简，然后用逻辑电路实现。

6.2.1　指令的微操作分析

CPU 的执行过程可以粗略地看作是"取指令—分析指令—执行指令"的过程，并且可以细化为"送指令地址—程序计数器（PC）加 1—指令译码—取操作数—执行操作"比较详细的过程。这个过程所需要的时间称为一个指令周期。由于每条指令的复杂程度不同，所以所需的指令周期的长短也不相同。指令周期的长短有两种衡量方式：一种是用所包含的时钟周期衡量；另一种是用 CPU 工作周期来衡量。一条指令包含了两个以上 CPU 周期，具体数目依指令的复杂程度决定。一个 CPU 周期包含了几个时钟周期，具体数目取决于该 CPU 周期的操作需要。

如图 6.12 所示，一条完整的指令可能包含如下 4 个 CPU 周期：取指周期、间址周期、执行周期和中断周期。下面分别予以介绍。

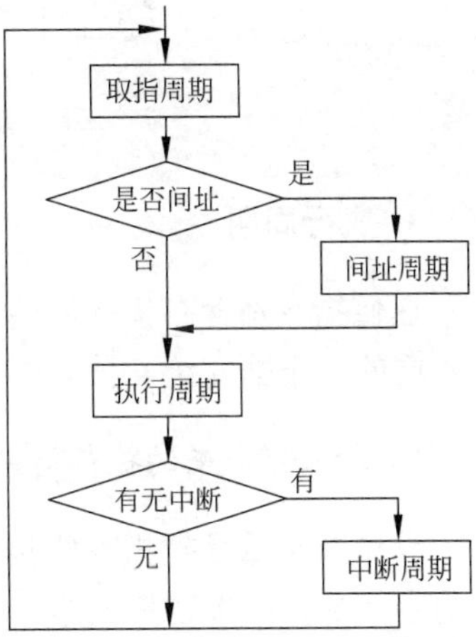

图 6.12　指令周期、CPU 周期的基本结构

1. 取指周期

取指周期（Fetching Cycle）包含如下微操作。

（1）程序计数器的内容被装入地址寄存器 MAR。

（2）向存储器发出读信号。

（3）MAR 中的地址经地址译码，驱动所指向的单元，从中读出数据送存储器的数据寄存器 MDR 中。

（4）将 MDR 中的内容送指令寄存器 IR 中。

（5）指令的操作码送 CU 译码或测试。

（6）程序计数器内容加 1，为取下一条指令做好准备。

任何一条指令都是从取指令开始，所以取指令称为公共操作。

2. 间址周期

间接访存指令是采用间址方式取操作数的指令。如图 6.13 所示，这种指令比直接访存指令要多一个间址周期（Indirect Addressing Cycle），用于获取操作数的有效地址。具体操作如下。

（1）将指令中的形式地址送 MAR。

（2）向存储器发送读信号。

（3）从 MAR 所指向的存储单元中保存的数据（有效地址）读到 MDR 中。

（4）将有效地址送指令寄存器 IR 中的地址字段。

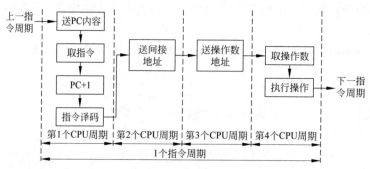

图 6.13　间接访存指令的指令周期结构

3. 执行周期

任何指令都含有执行周期（Execute Cycle）。但是不同的指令的执行周期所进行的操作是不同的。下面介绍 4 种典型指令中的执行周期的操作。

1）加法指令中的执行周期

设加法指令是把指令所指的内存单元的数据加到累加器中——即累加器内容与指定单元内容相加，结果送累加器。所进行的操作如下。

（1）指令地址码送 MAR。

（2）向存储器发读信号。

（3）从指定单元读出数据送 MDR。

（4）向 ALU 发加操作信号，将累加器内容与 MDR 内容相加，结果送累加器。

2）写存储器指令中的执行周期

设写存储器命令是将累加器中数据送到存储器的某单元 X 中。所进行的操作如下。

（1）将指令的地址码 X 送 MAR。

（2）向存储器发写信号。

（3）将累加器中数据送 MDR。

（4）将 MDR 中的数据写到 MAR 指示的内存单元 X 中。

3）非访存指令中的执行周期

如图 6.14 所示，非访存指令指该指令执行过程中不需要访问存储器。清除累加器指令、累加器取反指令、停机指令等都是非访存指令。

由于不需要访问存储器，所以执行的操作比较简单。例如，停机指令的执行周期只需要执行如下操作：将运行标志触发器置 0（运行时该触发器为 1）。

4）转移类指令中的执行周期

转移类指令的主要功能是改变指令执行的顺序，也不需要在执行周期中访问存储器。如图 6.15 所示，其指令周期也由两个 CPU 周期组成：第 1 个 CPU 周期仍为取出指令，PC 加 1；第 2 个 CPU 周期则是向 PC 中送一个目标地址，使下一条要执行的指令不再是本指令的下一条指令，而是转移到另外一个目标地址，实现指令执行顺序的转移。

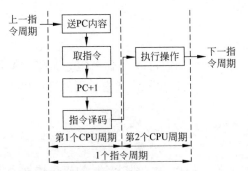

图 6.14　非访存指令的指令周期结构

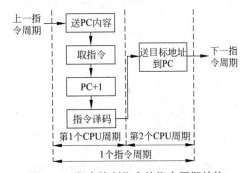

图 6.15　程序控制指令的指令周期结构

从上面的分析可以看出，任何一条指令都最少需要两个 CPU 周期。

4. 中断周期

每条指令即将结束时，CPU 都要检测有无中断请求，若有就要执行下列操作。

（1）将一个特定地址（用于保存断点的单元地址）送 MAR。

（2）将 PC 内容（断点）送 MDR。

（3）向存储器发送写信号。

（4）将 MDR 内容（断点）写到 MAR 指示单元。

（5）将中断服务程序入口地址送 PC。

（6）关中断——将中断允许触发器 EINT 置 0。

6.2.2 指令的时序控制与时序部件

1. 微操作的时序控制

指令中的每个微操作都要由相应的时序信号激发。控制器的最终目标是实现对指令的时序控制。基本的控制方式有同步控制方式和异步控制方式两种。

同步控制方式的特点是：在任何情况下执行每条指令所需的 CPU 时序信号周期（T 周期）是固定不变的。每个时序信号的结束标志着这个时序信号所代表的时间段中的操作已完成，可以开始后继的微操作。简单地说，这是一种"以时定序"的方法。

异步控制方式的特点是"以序定时"，也就是说，一个微操作是用其前一个微操作的结束信号启动的，而不是由统一的周期和节拍来控制。这样，每条指令、每个操作控制信号需要多少时间就占用多少时间，即每条指令的指令周期可由多个不等的机器周期数组成。异步控制方式一般用于各自具有不同的时序系统的设备。这时，各设备之间的信息交换采取应答方式，如 CPU 要从设备中读数据，则 CPU 发"读"信号，然后等待；设备把数据准备好后，就向 CPU 发"准备好"信号，CPU 将数据读入。

也可以用异步和同步相结合的方式进行控制，将大部分操作安排在固定的机器周期，对某些难以确定的操作则以问答方式进行。

2. 同步时序控制方式中的节拍分配

在同步时序控制方式中，一个 CPU 周期需要的时钟周期数目取决于该 CPU 周期中操作的需要，而它实际包含的 CPU 周期的数目则取决于不同设计思想。通常采用的设计思想有下列 3 种。

1）定长 CPU 周期（统一节拍）法

这是一种"统一划齐"的集中控制方式，即不管何种指令，都以最长的指令周期为标准分配相同的节拍数。这种时序电路简单，但将造成大量时间浪费。图 6.16 为采用 4 个时钟周期的定长 CPU 周期时序图。

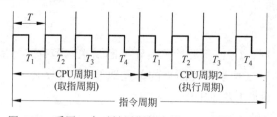

图 6.16　采用 4 个时钟周期的定长 CPU 周期时序图

2）不定长 CPU 周期（分散节拍）法

这是一种"按需分配"的方式，即根据不同类型的指令所包含的微操作的种类、数目的不同，控制器在解释、执行时按实际所需，分配相应数目的节拍，使不同的指令占用不同的机器周期。这种方式可以有效地提高运行速度，但将增加时序部件的复杂性。

3）延长节拍法

延长节拍法是一种折中的方案，即根据绝大多数指令的需要，规定一个基本的节拍数作为各种指令共同要执行的周期，称为中央周期。对在中央周期内不能完成的少数指令（如乘法指令、除法指令等），可根据需要采用延长（插入）节拍的方法，在时间上给予必要的延长。该延长节拍也称局部周期。这种中央和局部相结合的控制方式，兼顾了统一和分散两种控制方式的优点，取长补短，因此得到广泛的实际应用。图 6.17 为延长（插入）两个时钟周期的 CPU 周期时序图。

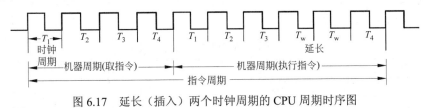

图 6.17 延长（插入）两个时钟周期的 CPU 周期时序图

3. 时序部件

时序部件是控制器的关键部件，它的功能是对各种操作实施时间上的严格控制。

时序部件主要由主时钟源、节拍发生器和启停控制逻辑组成。其中的关键部件是节拍发生器。节拍发生器可以是一个环形计数器，也可以是一个计数译码电路。

图 6.18 为环形计数器组成的节拍发生器的原理图。当电路清零（CLR）以后，便由最右面的触发器产生一个时钟周期宽的节拍脉冲信号 T_0 节拍。T_0 的下降沿引发 T_1，T_1 的下降沿又引发 T_2…… 依次形成 T_0、T_1、T_2、T_3、T_4、T_5、T_6 共 7 个节拍脉冲。T_6 的下降沿引发 T_0，开始下一个指令周期。用这样的电路就组成了每个指令周期包括 7 个节拍。如果规定 T_0 节拍总是将指令指针的内容送出，它一定是取指周期。

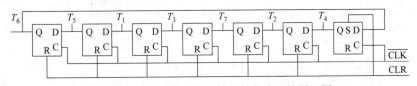

图 6.18 环形计数器组成的节拍发生器的原理图

图 6.19 为节拍发生器与其他部件的连接线路。由于时钟是由 CLK 与启停信号"与非"得到的，所以只要一开机便会产生节拍脉冲。不过，实际电路中并不是简单的"与非"门，而是具有一定阻塞功能的启停控制逻辑，以保证不会在始、终脉冲的中间把脉冲放出去。

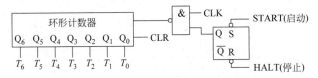

图 6.19 节拍发生器与其他部件的连接线路

6.2.3　组合逻辑控制器设计举例

下面简单举例说明一个模型机的硬布线逻辑控制器实现。

1. 指令译码器设计

指令译码器的功能，与地址译码器相当，它能按指令码选中其输出的多条线中的一条线。

设模型机只具有如图 6.20 所示的简单指令格式。

其指令系统如表 6.5 所示。

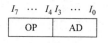

$I_7 \cdots I_4 I_3 \cdots I_0$

| OP | AD |

图 6.20　模型机的指令格式

表 6.5　一个模型机的指令系统

操作码符号	二进制代码	操作码符号	二进制代码
LDA	0000	OUT	1110
ADD	0001	HLT	1111
SUB	0010		

图 6.21 所示为模型机的指令译码器。它的功能是给定一个操作码（如 0001），只有一个输出端（ADD）为高电平，其余均为低电平。

2. 组合逻辑网络的设计

一个组合逻辑操作控制部件（为简单起见，设为同步控制方式）的结构如图 6.22 所示。其中，指令译码器与节拍发生器的原理 6.2.2 节和 6.2.3 节已经介绍；逻辑网络的功能就是根据指令译码器的不同输出，在不同的节拍中产生不同的微操作控制信号。

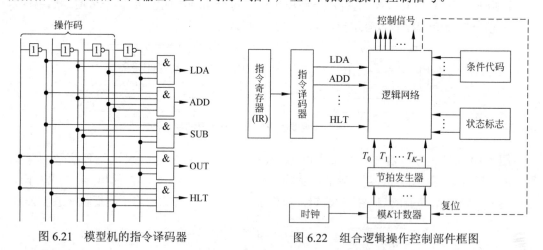

图 6.21　模型机的指令译码器　　　　图 6.22　组合逻辑操作控制部件框图

图 6.23 为模型机的组合逻辑网络。其中 T_0、T_1、T_2 为取指周期的 3 个节拍。所有的指令都有取指周期，所以它们输出的信号与指令无关，只与节拍有关。T_3、T_4、T_5、T_6 为因指令不同而不同的 CPU 周期，所以控制信号的产生一方面与指令有关，另一方面与节拍有关，只有两个信号都有效时才产生控制信号出来。并且，可能会产生两个或 3 个控制信号，表明需要两个或 3 个部件进行操作。

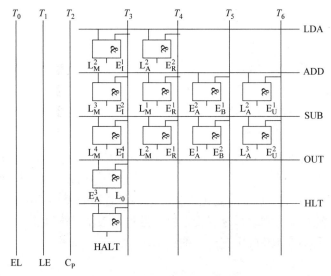

图 6.23　模型机的组合逻辑网络

图 6.24 为将不同周期、不同指令中同一种操作进行合并的逻辑电路。

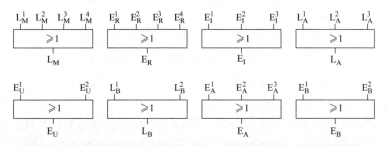

图 6.24　将不同周期、不同指令中同一种操作进行合并的逻辑电路

3. 组合逻辑网络控制过程

下面以 ADD 指令为例，来说明组合逻辑网络的控制原理。如图 6.23 所示，ADD 指令含有的微操作及其实现如下所述。

1）取指令

T_0：E_P;　　　　IP 送出指令地址

　　$L_M^1 \rightarrow L_M$;　指令地址→MAR

T_1：$E_R^1 \rightarrow E_R$;　读出指令

　　L_I;　　　　把指令送指令寄存器 IR

T_2：C_P;　　　　程序指针自动加 1

2）执行指令

T_3：$E_I^2 \rightarrow E_I$;　IR 分两部分送出

　　$L_M^3 \rightarrow L_M$;　把操作数地址送 MAR

T_4: $E_R^3 \rightarrow E_R$;　内存输出操作数

　　$L_B^1 \rightarrow L_B$;　把操作数送 B 寄存器

T_5: $E_A^2 \rightarrow E_A$;　数 A 送 ALU

　　$E_B^1 \rightarrow E_B$;　数 B 送 ALU

T_6: $E_U^1 \rightarrow E_U$;　ALU 送出结果

　　$L_A^2 \rightarrow L_A$;　结果送累加器 A

T_0、T_1、T_2 为取指周期，T_3、T_4、T_5、T_6 为执行周期。取指周期中的微操作对每条指令都是相同的。执行周期中的微操作则因指令而异，组合逻辑操作控制部件不仅结构复杂，而且指令系统的改变或硬件结构的变化，将会影响组合逻辑网络的内部结构。所以一旦机器设计完成了，增加指令、修改指令或变动机器结构都很困难。但是，由于它是全硬件的，所以执行速度快，目前在 RISC 中有一定的市场。

6.3　微程序控制器

6.3.1　概述

微程序控制方法是由英国剑桥大学的 M. V. Wilkes 教授于 1951 年提出的。它的基本思想是将程序存储控制原理引入操作控制部件的设计中，即把一条指令看成是由一个微指令系列组成的微程序。这样执行一条指令的过程，就成为取一条微指令→分析微指令→执行微指令→再取下一条微指令的过程。

这种方法相当于把控制信号存储起来，所以又称存储控制逻辑的方法。它的好处是使操作控制部件的设计规整化，使操作控制部件的功能具有可修改性和可扩充性。

由于每条指令所包含的微指令序列是固定的，通常把指令系统存储在专门的 ROM 中，并称其为控制存储器。显然，执行一条指令的关键，是找到它在控制存储器中的入口地址。

6.3.2　微程序操作控制部件的组成

图 6.25 为微程序控制器的结构框图。微程序操作控制部件的主要部件如下。

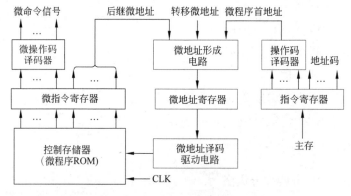

图 6.25　微程序控制器的结构框图

1. 控制存储器

控制存储器（CM）是微程序操作控制部件的核心，一般由 ROM（或 EPROM）构成，它存放机器指令系统中各条指令所对应的微程序。每条指令的操作码被译码为所对应的微程序的首地址。

2. 微指令寄存器和微地址形成电路

微指令寄存器也称控制数据寄存器，保存从控制存储器中取出的微指令。微指令分为两部分：微操作码和微地址。

根据控制方式，微指令可分为水平型和垂直型两种。水平型微指令的微操作码的位数等于全机所需的信号个数，即每个信号占一位，若全机需要 25 个控制信号，则它的长度为 25 位。图 6.26 是水平型微指令格式框架。其中，A、B 分别为 A、B 两个寄存器的控制信号，+、−分别为对运算器进行加、减的控制信号，还有其他一些控制信号。当执行"ADD A, B"时，控制部分微指令的编码应为 111000…这种方式也称直接控制或不译码法。

图 6.26 水平型微指令格式框架

垂直型控制又称软办法。这种微指令与机器指令很相似，每条指令只能完成对少量微操作的控制，并行能力差、微程序长度长、执行速度慢，但微指令码较短。实际应用中，多是水平与垂直两种方法的结合。

微地址码的作用是形成下一条微指令的微地址。后继微地址有两种形成方法：一种是增量方式，它与后继指令地址的形成方式相同，即无转移时，微指令指针增 1；有转移时，微指令中要指定所转向微地址。另一种是判定方式，下一条微指令的微地址，必须由前一条指出。

3. 指令操作码译码器

在微程序操作控制部件中，指令操作码译码器的功能实际上是指出该指令所对应的微程序的首地址。

6.3.3 微程序操作控制部件设计举例

6.2.3 节介绍了一个用组合逻辑控制部件实现的模型机，下面介绍用微程序实现它的方法。基本的设计分为如下 5 个步骤。

1. 分析每条指令的基本微操作

将指令系统中的每条指令按执行流程进行分析、分解，形成综合的指令流程图。图 6.27 为模型机 5 条指令的综合流程图。

其中：

（1）AR——地址寄存器；IP——程序地址指针；MDR——数据寄存器；AC——累加器。

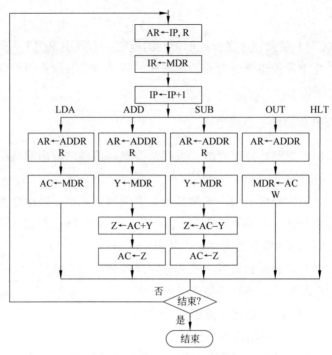

图 6.27　模型机 5 条指令的综合流程图

（2）Y——运算器输入端；Z——运算器输出端。

（3）R——读信号；W——写信号。

（4）ADDR——指令中操作数地址。

（5）HLT——停机指令。

2. 对微操作进行归类、综合

对模型机得到如下 12 类微操作：

AR←IP;	R;	IR←MDR;
IP←IP+1;	AR←ADDR;	AC←MDR;
Y←MDR;	Z←AC+Y;	AC←Z;
Z←AC-Y;	MDR←AC;	W;

3. 设计微指令格式

1）微操作码部分

由于模型机的指令系统中的指令条数不多，考虑采用简便、快速的水平型微指令结构，用 12 位作微操作码，每位对应一个微指令：若该位为 1，则对应的微操作执行；若该位为 0，对应的微操作不执行。

2）地址部分

地址部分指出下一条微指令的地址。由于总共 12 条指令，可用 4 位后继地址。于是，得到如图 6.28 所示的模型机指令格式，总共 16 位。

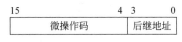

图 6.28　模型机指令格式

4. 微程序设计

按照指令流程图，编排每条指令的微程序。由于每条指令都有取指操作，所以要将它作为公共部分，每条微指令都要先执行它，然后才选择对应的入口地址，处理微指令中不同的内容。模型机各条指令的微程序设计结果如表 6.6 所示。

表 6.6　模型机各条指令的微程序设计结果

机器指令微程序入口地址（符号地址）	微指令地址（八进制）	微指令码		执行的操作
		微操作码（二进制）	后继地址（八进制）	
取　　指	00	110000000000	01	AR←IP，R
	01	001100000000	∧	IR←ADDR，IP←IP+1
LDA	02	010010000000	07	AR←ADDR，R
ADD	03	010010000000	10	AR←ADDR，R
SUB	04	010010000000	13	AR←ADDR，R
OUT	05	000010000000	16	AR←ADDR
HLT	06		∧	无操作
	07	000001000000	00	AC←MDR
	10	000000100000	11	Y←MDR
	11	000000010000	12	Z←AC+Y
	12	000000001000	00	AC←Z
	13	000000100000	14	Y←MDR
	14	000000000100	15	Z←AC-Y
	15	000000001000	00	AC←Z
	16	000000000011	00	MDR←AC，W

除了 HLT 外，其他每条指令的最后一条微指令的后继地址都是 00，即要再取下一条指令的第一条微指令。这说明，这种控制器在执行每条指令时，总是要从 00 开始，接着执行 01，然后才送入由指令译码器送来的微地址。

5. 画出逻辑框图

根据指令的微程序，画出对应的逻辑框图。图 6.29 为模型机的微程序操作控制部件的逻辑框图。逻辑框图实际上就是一个微操作信号发生器。

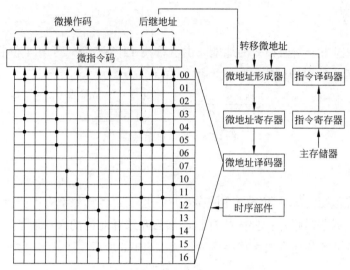

图 6.29　模型机的微程序操作控制部件的逻辑框图

习　　题

6.1　某机器字长 32b，指令单字长，地址字段长 12b，指令系统中没有 3 地址指令，采用变长操作码。求该计算机中的 2 地址指令、1 地址指令和 0 地址指令各最多有多少条？

6.2　某计算机字长 16b，指令中的地址码长 6b，有 0 地址指令、1 地址指令和 2 地址指令 3 种指令。若 2 地址指令有 K 条，0 地址指令有 L 条，则 1 地址指令最多可以有多少条？

6.3　指令系统中采用不同寻址方式的主要目的是＿＿＿＿。

A. 实现程序控制和快速查找存储器地址

B. 可以直接访问内存和外存

C. 缩短指令长度，扩大寻址空间，提高编程的灵活性

D. 降低指令译码难度

6.4　某计算机指令格式如图 6.30 所示。

θ	λ	D

图 6.30　计算机指令格式

其中，θ 为操作码，代表如下一些操作。

LDA：由存储器取数据到累加器 A。

LDD：由累加器 A 送数据到存储器。

ADD：累加器内容与存储器内容相加，把结果送到累加器。

λ 为寻址方式，代表如下一些寻址方式。

L：立即寻址方式。

Z：直接寻址方式。

B：变址寻址方式。

J：间址寻址方式。

D 为形式地址，变址寄存器内容为 0005H。

今有程序：

```
LDA    BJ   0005H
ADD    JB   0006H
ADD    L    0007H
LDD    J    0008H
ADD    Z    0007H
LDD    B    0006H
```

把上述程序执行后存储器各单元的内容填入表 6.7 中。

表 6.7　结果表

地址	存储器单元内容		
	程序执行前	程序执行后	
	十六进制	十六进制	十进制
0004H	02H		
0005H	03H		
0006H	04H		
0007H	05H		
0008H	06H		
0009H	07H		
000AH	08H		
000BH	09H		
000CH	0AH		
000DH	0BH		
000EH	0CH		
000FH	0DH		

6.5　在 8086 中，对于物理地址 2014CH，如果段起始地址为 20000H，则偏移量应为多少？

6.6　在 8086 中 SP 的初值为 2000H，AX=3000H，BX=5000H。试问：

（1）执行指令 PUSH AX 后，SP 等于多少？

（2）再执行指令 PUSH BX 及 POP AX 后，SP 等于多少？BX 等于多少？画出堆栈变化示意图。

6.7　指出下列 8086 指令中，源操作数和目的操作数的寻址方式。

（1）PUSH　AX

（2）XCHG　BX,[BP+SI]

（3）MOV　CX,03F5H

（4）LDS　SI,[BX]

（5）LEA　BX,[BX+SI]

（6）MOV　AX,[BX+SI+0123H]

（7）MOV　CX,ES:[BX][SI]

（8）MOV　[SI],AX

（9）ADD　AX, [BX][SI]

6.8　指出下列 8086 指令中有关转移地址的寻址方式。

（1）JMP WORD PTR［BX］［SI］

（2）JMP SHORT SUB1

（3）JMP DWORD PTR　［BX+SI］

6.9　在 8086 中，给定（BX）=362AH，（SI）=7B9CH，偏移量 D=3C25H，确定在以下各种寻址方式下的有效地址是什么？

（1）立即寻址。

（2）直接寻址。

（3）使用 BX 的寄存器寻址。

（4）使用 BX 的间接寻址。

（5）基址变址寻址。

（6）相对基址变址寻址。

6.10　有一主频为 25MHz 的微处理器，平均每条指令的执行时间为两个机器周期，每个机器周期由两个时钟脉冲组成。

（1）假定存储器为 0 等待，计算机器速度（每秒钟执行的机器指令条数）。

（2）假如存储器速度较慢，每两个机器周期中有一个访问存储器周期，需插入两个时钟的等待时间，计算机器速度。

6.11　控制器有哪几种控制方式？各有什么特点？

6.12　什么是数据寻址?什么是指令寻址？

6.13　RISC 思想主要基于_____。

　　　A. 减少指令的平均执行周期数　　　B. 减少硬件的复杂度

　　　C. 便于编译器编译　　　　　　　　D. 减少指令的复杂度

6.14　下列关于 RISC 的说法中，错误的是_____。

　　　A. RISC 的指令条数比 CISC 少

　　　B. RISC 的指令平均字长比 CISC 指令的平均字长短

　　　C. 对于大多数计算任务，RISC 程序所用的指令条数比 CISC 少

　　　D. RISC 和 CISC 都在发展

6.15　简述机器指令和微指令的关系。

6.16　微程序控制器中机器指令与微指令的关系是_____。

　　　A. 每条机器指令由一条微指令来执行

　　　B. 每条机器指令由一段用微指令编成的微程序来解释执行

　　　C. 一段机器指令组成的程序可由一条微指令来执行

　　　D. 一条微指令由若干条机器指令组成

6.17　微程序控制器主要由__A__、__B__、__C__ 3 部分组成，其中__A__是只读型存储器，它用来存放__D__（请正确填写 A～D 的答案）。

6.18　设有一台模型机能够执行如下 7 条指令（见表 6.8）。

表 6.8　一台模型机的指令

指令助记符	指令功能及操作内容
LDA X	（X）→AC;存储单元 X 的内容送累加器 AC
STA X	（AC）→X;累加器 AC 的内容送存储单元 X
ADD X	（AC）+（X）→AC;AC 的内容与 X 的内容（补码）相加，结果送 AC
AND X	（AC）∧（X）→AC;AC 的内容与 X 的内容逻辑与，结果送 AC
JMP X	（X）→IP;无条件转移
JMP Z	如果 AC=0，则（X）→IP;无条件转移
COM	（AC）→AC;累加器内容求反

用微程序方法设计该模型机的操作控制器，并画出该模型机的微程序控制逻辑框图。

第7章 处理器架构

处理器性能提升的途径主要有两个：一个是提高主频；另一个是改进体系架构。这一章讨论从架构角度提高处理器性能的各种方案。

7.1 流水线技术

7.1.1 指令流水线

1. 指令重叠

从前面的讨论中已经知道：一个程序的执行过程是一条一条地执行程序中各条指令的过程，即如图 7.1 （a）所示的取一条指令—分析该指令—执行该指令—取下一条指令—分析该指令—执行该指令……但是这样的串行方式的效率太低，CPU 的利用率不高。因为一条指令处于取指令阶段时，分析指令部件和执行指令部件都处于空闲状态，不能利用；而该指令处于分析指令阶段时，执行指令部件和取指令部件又都处于空闲；同理当该指令处于执行指令阶段时，分析指令部件和取指令部件也是都处于空闲状态。于是人们自然会想到，如果一条指令已进入分析阶段，是否就可以开始取下一条指令呢？而当先前的指令处于执行阶段时，后取的那条指令又进入分析阶段，又可以取出一条指令。这样，就在 CPU 中可以同时有 3 条指令在运行，程序的执行速度会大大加快。这就是如图 7.1（b）所示的指令重叠执行。

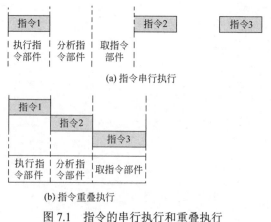

图 7.1 指令的串行执行和重叠执行

2. 指令流水

指令流水技术是指令重叠技术的发展，例如，可以进一步将一个指令过程分为图 7.2 所示的 7 步：取指令—指令译码—形成地址—取操作数—执行指令—写回结果—修改指令指针。假如每步需要一个时钟周期，就会形成 7 条指令像流水一样，CPU 每隔一个时钟周期就会吃进一条指令、吐出一条指令。

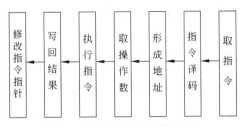

图 7.2　指令流水线结构框图

考虑一般的情况：设一条流水线由 k 个时间步（功能段）组成，每个时间步的长度为 Δt。对 n 条指令顺序执行时所需的时间为 $n \cdot k \cdot \Delta t$，而流水作业时所需时间为 $k \cdot \Delta t + (n-1)$，$\Delta t = (k+n-1) \cdot \Delta t$，吞吐量提高了 $n \cdot k/(k+n-1)$）。显然，k 值越大，流水线吞吐量提高得越高。图 7.3 为 $k=2$ 时的情况。

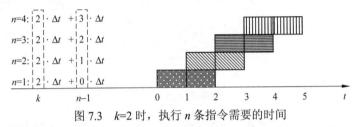

图 7.3　$k=2$ 时，执行 n 条指令需要的时间

上面讨论的流水线是时间步均衡的流水线问题。实际上，取指令、取操作数和写回结果 3 步需要的时间要比其他 4 步长得多，对低速存储器差别更大。

图 7.4 为 3 个访存步需要 4 个时钟周期，其他步需要一个时钟周期时，流水线的工作情形。这时，第一条指令的解释用去 16 个时钟周期，以后每隔 4 个时钟周期执行一条指令。这说明流水线的吞吐量主要由时间步最长的功能段决定。这个最长的功能段就是流水线的"瓶颈"。

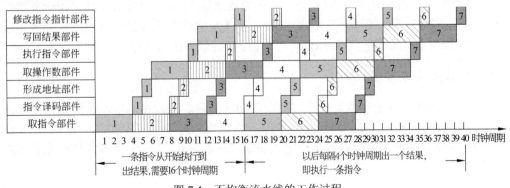

图 7.4　不均衡流水线的工作过程

解决流水线"瓶颈"（见图 7.5（a））可以通过两条途径：一是如图 7.5（b）所示，将

"瓶颈"段再细分，当分成与其他时间步（设为一个时钟周期）几乎相等的功能段时，就会每个时间步（一个时钟周期）执行一条指令；另一种是采用如图 7.5（c）所示的"瓶颈"段重复设置的方法，用数据分配器，将多条指令的"瓶颈"段（访存）并行地执行，加快执行过程。当然，后者的复杂度要高。

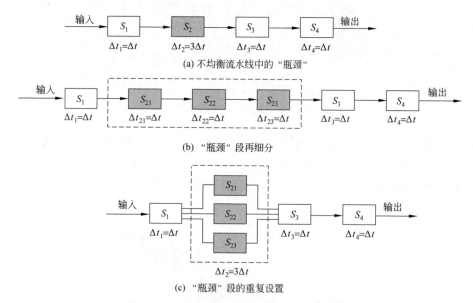

图 7.5　不均衡流水线及其"瓶颈"的消除

这个例子是针对低速存储器的，说明了流水线对存储系统有很高的要求。在理想的流水线处理机中，如果希望平均一个机器周期处理一条指令，就要按这个速度给其提供指令和数据。现在的单一大型存储器的一个存储周期相当于 4～20 个时钟周期。为此必须借助 Cache。假如一个指令系统中的每条指令最多只需要访存取一个操作数，那么每执行一条指令只需访问两次存储器：取指令和存取数据。

7.1.2　运算流水线

7.1.1 节讨论了指令流水线，它是处理机级的流水技术。流水处理技术还可用于部件级，如浮点运算、乘法、除法等都需要多个机器周期才能完成。为加速运算速度，把流水线技术引入运算操作中就形成运算流水线。下面介绍两种运算流水线分类方法。

1. 单功能和多功能流水线

单功能流水线是只能实现一种特定的专门功能的流水线。多功能流水线是指同一流水线可以有多种连接方式，实现多种功能。例如，T1-ASC 计算机共有 8 个站，可以对 16 位、32 位或 64 位的标量和向量操作数进行定点和浮点算术运算。图 7.6 为 T1-ASC 流水线结构及其部分功能连接。

2. 静态和动态流水线

静态流水线在同一时间内只能按一种运算连接方式工作。动态流水线在同一时间内允

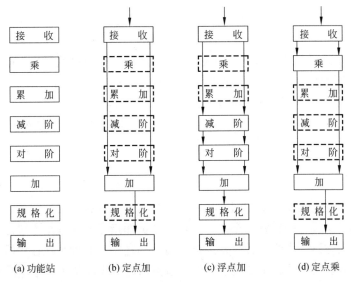

|　　(a) 功能站　　|　　(b) 定点加　　|　　(c) 浮点加　　|　　(d) 定点乘　　|

图 7.6　T1-ASC 流水线结构及其部分功能连接

许按多种不同的运算连接方式工作。单功能流水线一定是静态流水线，动态流水线一定是多功能流水线，而多功能流水线可以是动态的，也可以是静态的。静态流水线仅指令是同一类型时才能连续不断地作业。多功能动态流水线的连接控制比多功能静态流水线要复杂得多，但效率比较高。

7.1.3　流水线中的相关冲突

指令间的相关（Instruction Dependency）是指在指令流水线上，由于进入流水线的几条指令之间存在某种关联，使它们不能同时被解释、执行，造成指令流水线出现停顿，从而影响指令流水线的效率。流水线中的相关冲突主要表现在 3 方面。

（1）资源相关（Resource Dependency）。

（2）控制相关（Control Dependency）。

（3）数据相关（Data Dependency）。

1. 资源相关

资源相关也称结构相关，发生在多条进入流水线的指令因争用同一功能部件而造成流水线不能继续运行的情况。典型的资源冲突是位于不同指令中的"取指令"与"执行指令"处于同一 CPU 周期中，一个要取指令，一个要取操作数，都要访问内存而引起冲突。解决这一冲突有如下一些办法。

（1）使用流水线"气泡"，即使与前面指令相关的指令及其后面的指令推迟（暂停）一个时钟周期。不过，这会降低流水线的运行效率。

（2）设置两个独立编址的主存储器，分别存放操作数和指令，以免取指令与取操作数同时进行时互相冲突。

（3）采用多体交叉存储结构，使两条相邻指令的操作数不在同一存储体内。这时指令和操作数虽然还存在同一主存储器内，但可以利用多体存储器在同一存储周期内取出一条指令和另一条指令所需的操作数实现时间上的重叠。

（4）指令预取技术，也称指令缓冲技术，如 8086 CPU 中设置了指令队列，用于预先将指令取到指令队列中排队。指令预取技术的实现是基于访存周期，往往很短。而且在"执行指令"期间，内存会有空闲，这时只要指令队列空闲，就可以将一条指令取来。这样，当开始执行指令 K 时就可以同时开始对指令 $K+1$ 的解释，即任何时候都是"执行 K"与"分析 $K+1$"的重叠。

2. 控制相关

控制相关发生在程序要改变按照 PC+1 顺序执行时，如条件转移和程序中断时。因为，是否执行以及如何执行这些转移的指令，往往要由前面指令的执行结果决定。在流水线上，对于分支指令相当敏感。由于在转移指令进入时，与之相关的指令往往还没有执行完，还给不出该转移指令需要的条件。于是流水线就得暂停，进行执行顺序调整。据统计平均每 7 条指令中就有一条是分支指令，仅次于传送类指令，所以转移指令对流水线的设计有较大影响。

进行控制相关处理的基本方法有如下 3 种。

（1）采用流水线气泡方法，使控制相关指令及其后面的指令暂停一到几个时钟周期，直到转移条件出现确定的结果。

（2）乱序执行，即使指令不再按照原来的顺序执行，或跳过相关指令先让后面的指令执行，或前移产生转移条件的指令加快或提前生成条件码。

（3）猜测法，即先猜测一个转移分支，等条件确定后，再按照猜测是否正确决定是继续执行，还是取消猜测分支中已经执行的指令结果。

3. 数据相关

数据相关发生在几条相近的指令间共用同一个存储单元或寄存器时。例如，某条流经指令部件的指令，为计算操作数地址要用到一个通用寄存器的内容。而其前产生这个通用寄存器的内容的指令还没有进入执行部件。这时指令部件中的流水作业只能暂停等待。数据相关有 3 种情形。

（1）读-写相关（写后读，Read After Write，RAW）。

（2）写-读相关（先读后写，Write After Read，WAR）。

（3）写-写相关（先写后写，Write After Write，WAW）。

在顺序流动流水线中，流水线输出端的信息流出顺序与输入端指令的流入顺序一致，只可能发生先写后读（RAW）的数据相关。在非顺序流动流水线上，3 种相关都可能发生，但要复杂得多。

应对数据相关的方法有下列 3 种。

（1）流水线气泡法。

（2）乱序执行法。

（3）旁路技术法，即不必等某条指令的执行结果送回寄存器再从中取出结果，而是直接将执行结果送给需要使用的指令。

7.1.4 流水线中的多发射技术

流水线技术使计算机系统结构产生重大革新。它的进一步发展，除了要通过优化编译，采用好的指令调度算法，重新组织指令执行顺序，降低相关冲突带来的干扰外，另一个出路是开发多发射技术，即设法在一个时钟周期内发出多条指令。常见的多发射技术有超标量技术、超流水线技术和超长指令字技术。图 7.7 为它们同普通流水线作业（见图 7.7（a））的比较。

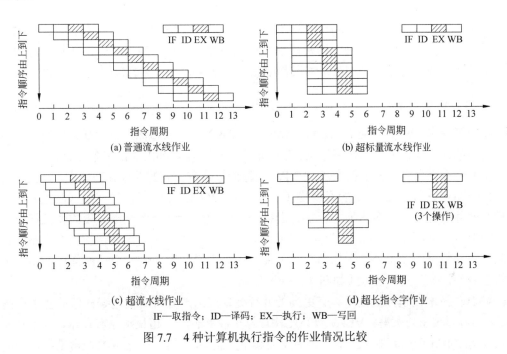

(a) 普通流水线作业　　　　　　　　　　(b) 超标量流水线作业

(c) 超流水线作业　　　　　　　　　　　(d) 超长指令字作业

IF—取指令；ID—译码；EX—执行；WB—写回

图 7.7　4 种计算机执行指令的作业情况比较

1. 超标量技术

超标量（Super Scalar）技术是指可以在每个时钟周期内同时并发多条独立指令，即以并行操作方式将两条或两条以上指令编译、执行，如图 7.7（b）所示。

在超标量机的处理机中配置了多个功能部件和指令译码电路，还有多个寄存器端口和总线，以便能同时执行多个操作，并且要由编译程序决定哪几条相邻的指令可以并行执行。看下面的程序段：

```
MOV  BL, 5
ADD  AX, 0123H
ADD  CL, AH
```

在这个程序段中，3 条指令是互相独立的，它们之间不存在数据相关，存在指令级并行性，程序段并行度为 3。再看下面的程序段：

```
INC  AX
```

```
ADD   AX, BX
MOV   DS, AX
```

这 3 条指令间存在相关性，不能并行执行，程序段的并行度为 1，指令只能逐条执行。超标量机不能对指令的执行次序进行重新安排，对这种情况无可奈何。但是可以通过编译程序采取优化技术，在将高级语言程序翻译成机器语言时，进行优化编译，把能并行执行的指令搭配起来，挖掘更多的指令并行性。

2. 超流水线技术

超流水线（Super Pipe Lining）技术是将一些流水线寄存器插入流水线段中。如图 7.7（c）所示，通过对流水管道的再分，使每段的长度近似相等，以便现有的硬件在每个时钟周期内使用多次，或者说是每个超流水线段都以数倍于基本时钟频率的速度运行。

3. 超长指令字技术

超长指令字（Very Long Instruction Word，VLIW）技术和超标量技术都是采用多条指令在多处理部件中并行处理的体系结构，以便能在一个机器周期内流出多条指令。区别在于：超标量的指令来自同一标准指令流；VLIW 较超标量具有更高的并行处理能力，并且对优化编译器的要求更高，Cache 的容量要求更大些；VLIW 则是由编译程序在编译时挖掘出指令间潜在的并行性后，把多条能并行执行的操作组合成一条具有多个操作段的超长指令。这种 VLIW 体系结构计算机指令字长达几百位，甚至上千位。再由这条超长指令控制 VLIW 体系结构计算机中多个独立工作的功能部件，由每个操作段控制一个功能部件，相当于同时执行多条指令。其作用方式如图 7.7（d）所示。

VLIW 技术较超标量技术具有更高的并行处理能力，并且对优化编译器的要求更高，Cache 的容量要求更大些。VLIW 体系结构计算机设置有一个超长指令寄存器，其中有 n 个字段分别控制 n 个运算器，其他控制字段是顺序控制字段等。n 个运算器通常是结构相同的算术逻辑部件（ALU），共享容量较大的寄存器堆，运算器的源操作数一般由寄存器堆提供，运算结果一般存放回寄存器里。n 个运算器由同一时钟驱动，在同一时刻控制 n 个运算器完成超长指令的功能。所以，一般而言，VLIW 有下列三大特征。

（1）单一控制流，只有一个程序控制器，每个时钟周期启动一条超长指令。

（2）超长指令被划分成若干个字段，每个字段直接地、独立地控制每个 ALU。

（3）由编译码安排，在一个周期中执行的不只是一个操作，可以是一组不同的操作，这些操作各自作用于独立的数据对象。

优化编译器是 VLIW 体系结构计算机的关键。优化编译器使用的常用技术是"压缩"技术，它将串行的操作序列合并转换成为并行的指令序列。人们认为，VLIW 技术与优化编译器的结合，将是解决程序指令级细粒度并行性的一种有效方法。

7.1.5   Pentium CPU

Pentium 是 Intel 公司于 1993 年推出的一款具有里程碑意义的 32 位微处理器。它的集成度为 310 万个晶体管（Intel 8088 仅为 2.9 万个，Intel 80286 为 14.4 万个，Intel 80486 为

120万个），其中除70%的晶体管用于与Intel 80386兼容的单元外，绝大部分用于提高整机性能上，如超标量结构结构、独立的指令和数据超高速缓存、转移指令预测、高性能的浮点运算单元等，从而使它在微型计算机发展史上占有重要的地位。它有如下特点。

1. 超标量处理结构

标量计算机是相对于矢量计算机而言。矢量计算机也称向量计算机，是一种能够进行矢量运算，以流水处理为主要特征的电子计算机。矢量运算是对多组数据（每组一般为两个数据）成批地进行同样的运算，得到一批结果，如一次将100个数与另外100个数相加，得到100个结果。而标量运算只能一次对一组数据进行计算。如图7.8所示，Pentium的超标量处理结构指在硬件上具有两条分开的整数流水线——U流水线和V流水线。每条流水线在一个周期内可流出一条常用指令，整个系统可以在一个周期内流出两条整数指令。两条流水线分别拥有自己的ALU，当两条指令不相关时，Pentium便可以同时执行它们。对于简单命令，Pentium处理器利用硬件上的布线逻辑代替微代码指令；对于较复杂的指令，Pentium处理器则采用经过优化的微代码，通过优化来影响编译生成命令的顺序。

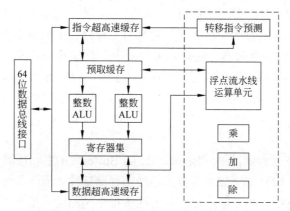

图7.8　Pentium的超标量处理结构框图

图7.9（a）和图7.9（b）分别为Intel 80486 CPU和Pentium CPU整数流水线的执行情况。

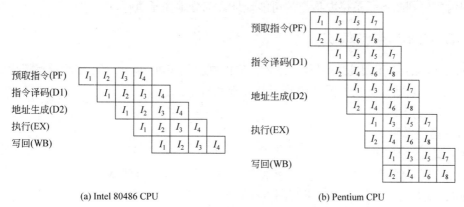

图7.9　Intel 80486 CPU和Pentium CPU整数流水线的执行情况

显然，Pentium CPU 的指令吞吐量是 Intel 80486 CPU 的两倍。

2. 独立的指令和数据超高速缓存

为了适应两条整数流水线对指令和数据的双倍访问，Pentium 为指令和数据各设了一个独立的超高速缓存，使它们互不干扰，减少争用 Cache 的冲突。

Pentium 芯片上的指令超高速缓存和数据超高速缓存容量都是 8KB。它们是双路组相连（Two-way Set Associative）结构，与主存储器交换信息时的基本单位是行。每行的长度都是32 字节。每个超高速缓存都有一个专用并行转换后备缓冲器（Translation Lookaside Buffer，TLB），把线性地址转换为物理地址。数据超高速缓存的标志是三重的，可以支持在一个相同周期内执行两个数据传送和一个查询（Inquire）。这样，当两个并行的 ALU 都需要操作数时，可同时访问数据超高速缓存。

Pentium 处理器的数据高速缓存还采用了两项重要技术：写回式（Write Back）高速缓冲及 MESI（Modified Exclusive Shared or Invalid）协议。写回式技术是指当写操作命中超高速缓存时，不需要像通写（Write Through）方式那样把数据写入超高速缓存的同时即写入主存储器，而是采用将 CPU 送来的数据写入超高速缓存时在对应的超高速缓存标志位（Modified bit）上做标志的方法，表明此行内容与主存储器中的原本内容已不一致，等到该行需要更新时再复制回主存储器。此技术可以减少主存储器写入操作次数，提高存储系统的整体性能。MESI 协议则可以确保超高速缓存内数据与主存储器数据的一致性，这对于先进的多处理器系统极为重要，因为多个处理器经常需要同时使用同一组数据。

3. 转移指令预测

Pentium 使用分支目标缓冲器（Branch Target Buffer，BTB）预测分支指令。BTB 实际上是一个能存储若干（256 或 512）条目的地址的存储部件。当一条分支指令导致程序分支时，BTB 就记下这条指令的目标地址，并用这条指令预测这一指令再次引起的分支路径，从该处进行预取。

现在 BTB 技术已经成熟且得到广泛引用，并发展成预测执行技术：在取指阶段，在局部范围内预先判断下一条待取指令的可能地址，部分地先予执行。

4. 高性能的浮点运算单元

Pentium 采用双流水超标量体系结构，它的强化的 FPU 单元含有 8 级浮点流水线及硬件实现的运算功能，形成如图 7.10 所示的指令执行方式。

PF：预取指令。

D1：指令译码。

D2：地址生成。

EX：读存储器和寄存器，把 FP 数据转换成外存格式和存储器写。

WB：执行舍入和把浮点结果写回寄存器堆。

这里，前 5 级与整数流水线相同，后 3 级是专用的。所以，大部分 Pentium 浮点指令首先在其中的一个整数流水线内开始执行，然后移往浮点流水线。对于常用的浮点运算如加、乘及除等，均用硬件实施，以提高执行速度。

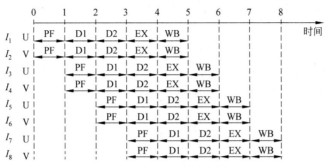

图 7.10　Pentium 的 8 级浮点流水线示意图

在发展中，级数不断提高，例如，1995 年发布的 Pentium Pro 的流水线为 14 级，2001 年发布的 Northwood 核心 Pentium 4 处理器的流水线为 20 级，而在 2006 年发布的 Prescott 核心 Pentium 4 处理器中流水线达到了 31 级。

5. 其他技术特点

1）增强的 64 位数据总线

Pentium 把数据超高速缓存与总线部件之间的数据总线扩展为 64b，使得 66MHz 下的数据传输率提高到 528Mb/s，而 Intel 80486 在 50MHz 下的数据传输率为 16Mb/s。Pentium 处理器还采取了总线周期流水线技术，增加了总线带宽，可以使两个总线周期同时进行。Pentium 处理器还支持突发式读周期和突发式写回周期操作。

2）多重处理支援

Pentium 最适合两个或多个处理器的多重处理系统。Pentium 处理器运用 MESI 协议使超高速缓存与主存储器之间的数据保持一致性。当一个处理器存取已缓存于另一个处理器中的数据时，能够确保取得正确的数据。若数据已被修改，则所有存取该数据的处理将获得已修改的数据版本。Pentium 处理器还可确保系统按照编程时的次序来执行应用软件，这种强行定序的功能可以确保为单处理器编写的软件也能在多处理环境下正确执行。

3）错误检测和功能冗余校验技术

Pentium 处理器增设了大型机中才有的错误检验和功能冗余校验技术，以使计算网络中的数据保持完整性。

7.1.6　向量处理机

1. 向量计算

在科学研究、工程设计、经济管理中，常常要把批量有序数据作为一个整体进行精确计算。这些批量有序数据的整体就称为向量。通常向量中的元素是标量。标量是具有独立逻辑意义的最小数据单位,它可以是一个浮点数、定点数、逻辑量或字符,如一个年龄、一个性别等。以标量为对象的运算称为标量运算。向量中的各标量元素之间存在着顺序关系,例如:

$$A = (a_0,\ a_1,\ a_2,\ \cdots,\ a_{n-1})$$

也就是说,向量 A 由 n 个标量组成,这 n 个标量存在前后顺序。其中,n 称为向量的长度。向量运算是把两个向量(设为 A 和 B)的对应元素进行运算,产生一个结果向量(设为 C)。如对运算

$$C = A + B$$

也可以表示成

$$c_i = a_i + b_i \qquad 0 \leqslant i \leqslant n-1$$

在一般通用计算机中,向量运算要用循环结构进行,例如:

```
for (i = 0; i < = n-1; i++)
    c_i = a_i + b_i;
```

显然,其效率是很低的。向量处理机(Vector Computer)的基本思想是并行地对这 3 个向量的各分量进行对应运算,如对上述向量加可以采用图 7.11 所示的机器结构,其目的是用一条指令便可以处理 n 个或 n 对数据。当然向量处理机也具有标量处理功能。

图 7.11　向量处理机框图

2. 向量的流水处理

向量处理机有两种典型的结构:阵列结构和流水结构。阵列结构采用多处理结构,是一种完全并行处理方式,该结构将在 7.2 节中介绍,这里先介绍向量的流水结构。

目前绝大多数向量处理机都采用流水线结构,因为向量中的每个元素之间没有相关性,并且在处理时都执行相同的操作,使流水线可以很好地发挥作用和效率。另外,向量元素为浮点数时,流水效果更好,因为浮点数的运算比较复杂,需要经过多个节拍才能完成。

对向量的处理要设法避免流水线功能的频繁切换以及操作数间的相关冲突,才能使流水线畅通、效率最高,保持每个节拍能送出一个结果元素,这就要求采取合适的处理方式。假定 A、B、C、D 都是长度为 n 的向量,并有一个向量运算:

$$D = A \times (B+C)$$

若采取如下处理顺序:

$$d_0 = a_0 \times (b_0+c_0)$$

$$d_1 = a_1 \times (b_1+c_1)$$

$$\vdots$$

$$d_i = a_i \times (b_i + c_i)$$

$$\vdots$$

$$d_{n-1} = a_{n-1} \times (b_{n-1} + c_{n-1})$$

就要反复进行加与乘的运算，为此要不断切换流水线的功能，计算每个 d_i 的一次加和一次乘之间存在着数据相关。例如：

$$b_i + c_i \rightarrow k_i$$

$$k_i \times a_i \rightarrow d_i$$

这两次操作之间，因为 k_i 存在读-写相关，所以每次都要等待，使流水作业效率降低。如果采用如下的处理顺序：

$$\boldsymbol{K = B + C}$$

$$\boldsymbol{D = K \times A}$$

加与乘之间只切换一次。

3. 向量处理机的存储结构

在向量处理机系统中，存储系统和运算流水线是最关键的两个部件，它要求存储系统能连续不断地向运算流水线提供数据，并连续不断地接收来自运算流水线的数据。为了保证流水线的连续作业，向量处理机应设法维持连续的数据流，如调整操作次序以减少数据流的请求以及改进体系结构等。在体系结构方面，主要要求存储器系统能满足运算器的带宽要求。如果读操作数、运算、写操作数要在一个时钟周期内完成，就要求存储系统能在一个时钟周期内读出两个操作数并写回一个操作数。一般的 RAM 在一个时钟周期最多只能完成一个存储周期。也就是说，向量处理机中的存储系统至少应具有 3 倍于一般存储系统的带宽，目前主要采用如下两种方法。

1）用多个独立存储模块，支持相对独立的数据并发访问

这一方法的基本思路是，如果一个存储模块在一个时钟周期内最多能进行一次读写，那么要在一个时钟周期内读写 n 个独立数据就需要 n 个独立的存储模块。图 7.12 为一个具有 8 个三端口存储模块存储系统的向量处理机示意图。

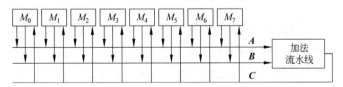

图 7.12　一个向量处理机的体系结构

该系统的每个存储模块与运算流水线间有 3 条相互独立的数据通路。

各条数据通路可以同时工作，但一个存储模块在某一时刻只能为一个通路服务。假定 $\boldsymbol{A}$、$\boldsymbol{B}$、$\boldsymbol{C}$ 3 个向量各由 8 个分量组成，分别用

$$a_0, \ a_1, \ \cdots, \ a_7$$

$$b_0，b_1，\cdots，b_7$$

$$c_0，c_1，\cdots，c_7$$

表示。为避免相关冲突，可按图 7.13 所示的方式存储。

M_0	a_0		b_6			c_4	…
M_1	a_1		b_7			c_5	…
M_2	a_2	b_0				c_6	…
M_3	a_3	b_1				c_7	…
M_4	a_4	b_2			c_0		…
M_5	a_5	b_3			c_1		…
M_6	a_6	b_4			c_2		…
M_7	a_7	b_5			c_3		…

图 7.13　一种向量存放方式

若读操作用 R 表示，读 a_i 用 R_{a_i} 表示；写操作用 W 表示，写 c_i 用 W_{c_i} 表示，每个存储周期占两个时钟周期，运算流水线分为 4 段，则上述向量处理机有如图 7.14 所示的工作时序。如果运算器和存储器工作衔接得非常好，则整个作业是非常理想的。

运算流水线	段4						0	1	2	3	4	5	6	7
	段3					0	1	2	3	4	5	6	7	
	段2				0	1	2	3	4	5	6	7		
	段1			0	1	2	3	4	5	6	7			
存储系统	M_7						R_{b_5}	R_{b_5}	R_{a_7}	R_{a_7}	W_{c_3}	W_{c_3}		
	M_6					R_{b_4}	R_{b_4}	R_{a_6}	R_{a_6}	W_{c_2}	W_{c_2}			
	M_5				R_{b_3}	R_{b_3}	R_{a_5}	R_{a_5}	W_{c_1}	W_{c_1}				
	M_4			R_{b_2}	R_{b_2}	R_{a_4}	R_{a_4}	W_{c_0}	W_{c_0}					
	M_3		R_{b_1}	R_{b_1}	R_{a_3}	R_{a_3}	W_{c_7}	W_{c_7}						
	M_2	R_{b_0}	R_{b_0}	R_{a_2}	R_{a_2}	W_{c_6}								W_{c_6}
	M_1		R_{a_1}	R_{a_1}						R_{b_7}	R_{b_7}		W_{c_5}	W_{c_5}
	M_0	R_{a_0}	R_{a_0}					R_{b_6}	R_{b_6}			W_{c_4}	W_{c_4}	

图 7.14　3 个向量相加的流水线时序

可以看出，运算流水线与存储器间的衔接与存储方式的关系很大。按上述存储方式，R_{a_i} 总可以与 R_{b_i} 同步。如果改变存储方式，如使所有的向量都从 M_0 开始存放，即 a_i、b_i、c_i 都存放在 M_i 中，则必须在输入端增加缓冲器，使 ***A*** 向量延迟两个时钟周期以便与 ***B*** 的对应元素同时进入加法流水线；而输出缓冲器则要延迟 4 个时钟周期，以免存储冲突。20 世纪 70 年代中期制造的巨型机 CDC STAR 就采用这种结构。

2）构造一个具有要求带宽的高速中间存储器

这是一种提高存储系统带宽的经济有效方案。1976 年面市的美国 Cray 公司的产品

Cray-1 向量处理机就采用了层次结构的存储器系统，这使其运算速度达亿次/秒以上。图 7.15 是 Cray-1 的简化结构图。

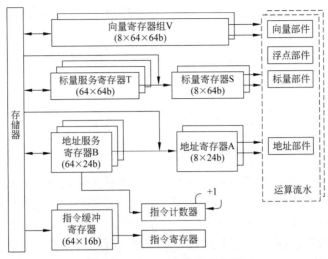

图 7.15　Cray-1 的简化结构图

Cray-1 的基本特点是在主存储器与运算流水线之间构造有一级或两级的中间存储器。

（1）对向量运算，一级中间存储器为 8 个有 64 个分量的向量寄存器组 V，可以暂存 8 个有 64 个分量的向量，每个分量有 64b。

（2）对标量运算，有两级中间存储器。

① 很高速的——8 个 64b 的 S 寄存器。

② 次高速的——64 个 64b 的 T 寄存器。

（3）对地址部件，有两级中间存储器：

① 很高速的——8 个 24b 的 A 寄存器。

② 次高速的——64 个 24b 的 B 寄存器。

Cray-1 的运算流水线采用 12 个功能部件，分为 4 组。

（1）3 个向量功能部件——加、逻辑、移位。

（2）3 个浮点功能部件——加、乘、求倒数近似值。

（3）4 个标量功能部件——加、逻辑、移位、1 的个数和前导 0 的个数计数。

（4）2 个地址功能部件——加、乘。

这些功能部件本身都采用流水结构。只要不发生寄存器冲突，这些功能部件并行工作。除了求倒数部件需要 14 个时钟周期外，其余都在 1~7 个时钟周期。

4. 向量处理机中的并行技术

在向量处理机的运算流水线中，从系统结构上采取以下 3 种技术，使得每个机器周期可以完成多个操作，相当于多条指令。

1）多个功能部件

具有多个功能部件的处理机，把 ALU 的多种功能分散到多个具有专门功能的部件，这些功能部件可以并行工作。在 Cray-1 中，12 个功能部件都有单独的输入总线和输出总线，只要不发生中间存储器的冲突或功能部件的冲突，各中间存储器和各功能部件都能并行工作，这就大大加快了指令的处理速度。

2）运算流水线

在向量处理机中，向量、标量和地址的运算都采用运算流水线。

3）链接技术

链接技术就是把一个流水线功能部件的输出结果直接输入另一个流水线功能部件的操作数寄存器中，中间结果不存入存储器；只要不发生功能部件冲突或操作数寄存器的冲突，就可以实现这种链接。Cray-1 共有 8 个向量寄存器组，一般可以把 2～5 个功能部件链接在一起工作。在这样链接成的一条长流水线中，可以并行地执行多条指令。由于这是把有数据相关时通过设置内部传递通路进行数据传递的技术用到了向量指令的执行过程中，因而可以使一些相关的指令也能并行处理。

7.2 多处理器系统

7.2.1 多计算机系统与多处理器系统

多处理器系统（Multi-Processor Systems，MPS）属于广义多 CPU 系统的一种。如图 7.16 所示，一般将广义多 CPU 系统分为如下 3 种类型。

（1）多处理器系统（Multi-Processor Systems）。

（2）多计算机系统（Multi-Computer Systems）。

（3）分布式计算机系统（Distributed-Computer Systems）。

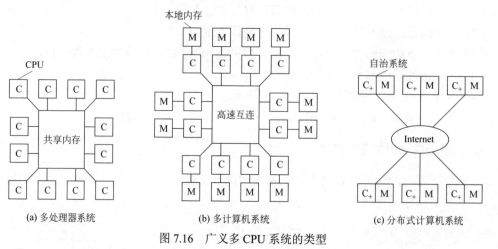

图 7.16　广义多 CPU 系统的类型

1. 多计算机系统与分布式计算机系统

多计算机系统有时也称松耦合多处理器系统。一般认为，多计算机系统的概念应包含以下4点。

（1）由多个结点组成，每个结点含有一台自治的计算机系统。

（2）每台计算机有自己的局部存储器和 I/O 设备。

（3）各台计算机分别受各自独立的操作系统控制。

（4）计算机间有共享内存，并通过专用通道或通信线路，以文件形式传递信息，实现任务作业级并行。

分布式计算机系统简称分布式系统，是多计算机系统的发展。其特点是由一个软件将各个相互连接的自治计算机组织成一个协调工作的处理资源。云计算就是在此基础上发展起来的。

2. 多处理器系统

多处理器系统的特点是处理器独立，其他共享。具体地说，多处理器的概念应包含以下3点。

（1）由两个或多个结点组成，每个结点只有一个处理器，结点之间可以交换数据。

（2）所有处理器共享内存、I/O 通道和外部设备。

（3）整个系统由统一的操作系统控制，在处理器和程序之间实现作业、任务、程序段、数组及其元素各级的全面并行。

多处理器系统又可以分为两类：对称多处理器（Symmetric Multi-Processor，SMP）系统和非对称多处理器（Asymmetric Multi-Processor，AMP）系统。

在 SMP 系统中，各处理器对称工作，无主次或从属关系；各 CPU 共享相同的物理内存。

AMP 系统具有主次或从属关系，任务和资源由不同的处理器分担、管理。系统将要执行的所有任务分派给不同的处理器去完成，如基本处理器运行系统软件、应用软件和中断服务程序，I/O 任务交由一个或几个特殊的处理器完成。在这种系统中，负载无法均衡，处理器之间会忙闲不均。

下面重点介绍应用非常广泛的 SMP 系统。

7.2.2　SMP 系统架构

SMP 系统是现代服务器的支撑技术之一。其一个特征是共享，系统中所有资源（处理器、内存、I/O 等）都是共享的；另一个特征是对称，即各处理器的工作对称。

多处理器技术实际上是多个处理器以及它们的存储器、I/O 设备之间互连的技术。所以，互连技术是决定多处理器系统性能的重要因素。对于 SMP 系统来说，其架构的实现，就是采用符合上述共享连接方式。此外还应按多处理器系统的特殊性，满足如下两个特殊要求。

（1）连接的灵活性，以实现机间通信模式的多样性和通用性。

（2）连接的无冲突性，以满足多处理器系统中机间通信的不规则性。

目前，多处理器系统主要有共享总线和共享内存两种基本结构形式。

1. 共享总线的多处理器架构

共享总线是多处理器系统结构中最简单的一种。它的特点是,所有的处理器采用公共的通信通道,信息在总线上分时传送。这实际上是把处理器与 I/O 之间的通信方式引入了处理器之间的通信。其中一种是单总线结构,如图 7.17(a)所示。

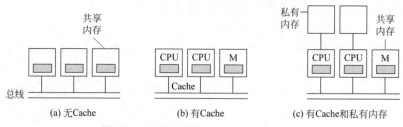

图 7.17　共享总线的 3 种多处理器框架

单总线结构的优点是简单、灵活、扩充容易、成本较低、工作可靠、便于定型生产。但随之而来的是总线竞争问题。由于每一时刻只允许一对部件相互通信,随着处理器数目的增加,整个系统的性能会大大降低。所以,实际的多处理器系统,如果采用总线结构,都要寻求改进方案。

改进的第一种方案是减少使用总线的次数,如在处理器中增加本地内存和 Cache,如图 7.17(b)和图 7.17(c)所示。但这又会引起解决多处理器中的 Cache 一致性的问题。所以,单总线结构只能被限制在 16 个或 32 个处理器的水平。

第二种方案是采用优质传输技术。例如使用光纤通信技术,可以使数据传输率达到 $10^9 \sim 10^{10}$b/s。

第三种方案是改进总线结构,采用多总线结构以减少访问总线的冲突。例如美国的 Tandem-16 和 Pluribus 采用了双总线方式,日本的实验多处理器系统 EPOS 采用了如图 7.18 所示的 4 总线结构,而德国西门子公司的结构式多处理器 SMS 采用的是 8 总线结构。现在分级多总线也已经有了较多应用。

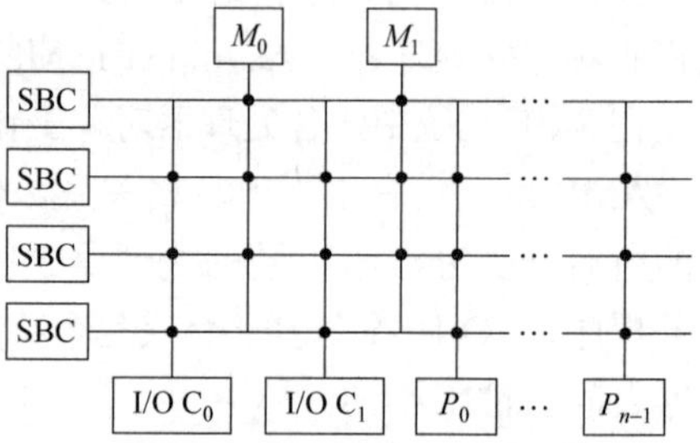

图 7.18　EPOS 的 4 总线结构

2. 纵横开关阵列

纵横开关阵列是多总线结构的一种变种,可看作是多总线结构中总线量相当多的极端情况。如图 7.19 所示,每个存储器模块都有一套总线与 m 个处理器和 d 个 I/O 通道相连。当存储器的模块数 $n \geqslant m+d$ 时,每个处理器或 I/O 通道便可以与一个存储器模块相连,从而大大提高了传输带宽和系统效率。

纵横开关阵列中的每个交叉点都是一套开关,所以又称交叉开关结构。这些开关不仅要能传送数据码和地址码,还要在多台设备同时请求一个存储器模块时提供排队服务。这使每个交叉点上都有相当复杂的硬件设备。由于成本的限制,目前采用纵横开关结构的多处理器系统,规模都较小。

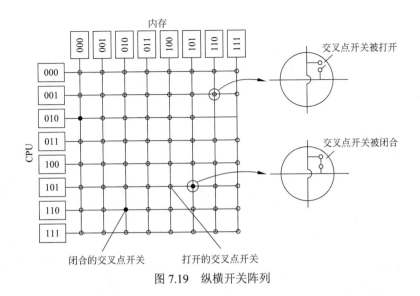

图 7.19　纵横开关阵列

3. 采用多端口存储模块

多端口存储模块也称共享存储器结构。在多微处理器结构中，采用多端口存储器来实现各微处理器之间的互联和通信，可以由多端口控制逻辑电路来解决访问冲突。

图 7.20 是采用双端口存储模块的多处理器系统结构框图，它配有两套数据、地址和控制线，可供两个端口访问，访问优先权预先安排好，是一种哈佛结构。两个端口同时访问时，由内部硬件裁决其中一个端口优先访问。

图 7.21 是采用多端口存储模块的多处理器系统结构框图。每个存储器模块有多个端口，可以使每台处理器和 I/O 模块都分别接在一个端口上独立地直接访问存储器。在各存储器模块中，各端口具有固定的优先次序，由一套逻辑线路对来自各端口的存储访问进行排队。

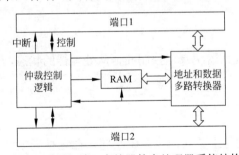

图 7.20　采用双端口存储器的多处理器系统结构

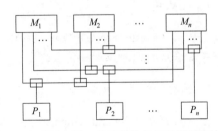

图 7.21　采用多端口存储器的多处理器系统结构

这种结构的特点如下。

（1）由于每个处理器和 I/O 模块都有专门的通道，所以传输效率较高。

（2）每个处理器和 I/O 模块都有专用的通路，有可能把一部分存储空间安排为某一处理器或 I/O 模块专用，可增加安全性，防止无权使用的用户访问，还可以保护存储器中的重要程序不被其他程序修改而破坏。

（3）它的结构比较简单，但比总线结构复杂，只能用于处理器数量不多时，而且端口一经做定，便不好变更。

（4）由于同一时刻只能有一个微处理器对多端口存储器读或写，所以功能复杂而要求微处理器数量增多时，会因争用共享而造成信息传输的阻塞，降低系统效率，所以扩展功能很困难。

7.2.3　多处理器操作系统

1. 多处理器系统对于操作系统的需要

多处理器系统要正常运行，需要操作系统解决许多问题，这些问题可以分为两类。

1）与多道程序处理一样需要处理的问题

（1）资源的分配与管理。
（2）各种表格和数据集的保护。
（3）防止出现系统死锁。
（4）防止系统非正常结束。
（5）管理进程间通信。

2）多处理器系统中的一些特殊问题

（1）处理器任务的分派与调度。
（2）处理器间的通信管理。
（3）处理器失效的检测、诊断和校正。
（4）并行进程对共享数据存取的保护。

2. 多处理器操作系统的类型

1）主从式

主从式（Master-Slave）操作系统由一台主处理器记录、控制其他从处理器的状态，并分配任务给从处理器。

2）独立监督式

独立监督式（Separate Supervisor）操作系统与主从式操作系统不同，在这种类型中，每个处理器均有各自的管理程序（核心），每个处理器将按自身的需要及分配给它的任务的需要来执行各种管理功能。

3）浮动监督式

浮动监督式（Floating Supervisor）操作系统适用于紧耦合多处理器系统。系统运行时，每次只有一台处理器作为执行全面管理功能的"主处理器"，但容许数台处理器同时执行同一个管理服务子程序。所以，多数管理程序代码必须是可重入的。"主处理器"是可浮动的，即从一台处理器切换到另一台处理器。这样，即使执行管理功能的主处理器故障，系统也能照样运行下去。

4）分布式

分布式（Distributed）操作系统是一种特殊的多处理器系统，负责管理分布式处理系统资源和控制分布式程序运行。各处理器通过网络构成统一的系统。系统采用分布式计算结构，即把原来系统内中央处理器处理的任务分散给相应的处理器，实现不同功能的各个处理器相互协调，共享系统的外部设备与软件。这样就加快了系统的处理速度，简化了主机的逻辑结构。

7.3　多线程处理器

7.3.1　多线程处理器架构的提出

1. 提高 IPC 的回顾

流水线技术和多处理器系统是两类提高处理器性能的技术。实际上，这两类技术都是围绕着提高 IPC 展开的。因为，另一项提高处理器性能的技术——提高主频频率已经几乎走到了尽头。

提高 IPC 的努力最先在单处理器内部，流水技术的不断深化，使得最简单的标量处理器可以在一个时钟周期内发射的指令数接近 1。但是由于指令间存在着某种相关性使得 IPC 无法达到 1，更无法超过 1。这些相关性表现在 3 方面：①由于使用同一功能部件造成的结构相关；②访问同一寄存器或同一存储器单元而产生的逻辑相关；③由于转移指令所造成的控制相关。

于是，多发射技术应运而生。其中最常用的就是“超标量”。这类处理器每个时钟周期可以给不同的功能部件发射多条指令。为了减少指令间的相关性对性能产生的不良影响，在超标量处理器中，采用了乱序执行、寄存器重命名和分支预测技术。但仍然无法完全消除相关冲突，造成在一个时钟周期内可能没有足够的可发射指令来填满所有的发射槽，有的时钟周期内甚至可能出现没有指令可以发射的情况，空闲的发射槽将被白白浪费。

后来，人们把进一步提高 IPC 的希望寄托于多处理器系统。在少量的多处理器系统中，IPC 确实有了预想的提高。例如，一个 4 发射处理器的 IPC 可以超过 2。但是，后来发现对于一个 m 发射的超标量处理器来说，当 $m > 4$ 时，随着 m 的增加，IPC 的增幅将迅速降低。原因就在于在多处理器系统中，远程访问的延迟对于处理器的性能损失会随着处理器数量的增加而加大。

山重水复疑无路，柳暗花明又一村。面对上述两个提高 IPC 的技术路线，人们又在处理器内部找到了新的希望：多核处理器技术和多线程技术。前者可以消除远程访问的延迟对于处理器性能的部分损失。关于这一点，将在 7.4 节中介绍。后者则是通过对线程的调度来挖掘潜力，特别是同时多线程（Simultaneous Multi-Threading，SMT）处理器技术效果更为明显。

图 7.22 为 4 种不同处理器技术的指令发射情形。

图 7.22（a）是普通处理器中各时钟周期的发射情形。由于相关性的影响，有的周期有发射，有的周期中没有发射，所以 IPC 永远不会达到 1。

图 7.22（b）是超标量处理器的发射情况。由于多发射槽的影响，有的周期中可以满发射，但有的周期中可以不满甚至没有发射。

图 7.22（c）是多线程超标量处理器的发射情况。由于多线程的管理使发射槽要比单线程的超标量处理器填得满一些。

图 7.22（d）是 SMT 处理器的发射情况。它能填满所有发射槽。

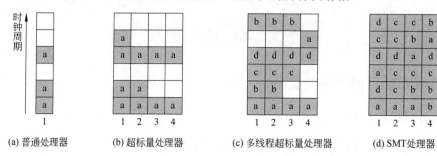

(a) 普通处理器　　(b) 超标量处理器　　(c) 多线程超标量处理器　　(d) SMT处理器

注：a、b、c、d 表示不同线程；1、2、3、4 表示不同发射槽。

图 7.22　4 种不同处理器技术的指令发射情形

2. 程序、进程与线程

线程（Thread）是多线程处理器中避不开的一个概念。而这个概念又与进程（Process）休戚相关。它们都是操作系统中资源调度的术语。

进程是具有一定独立功能的程序关于某个数据集合上的一次运行活动，是系统进行资源分配和调度的一个独立单位。它与程序不同，程序只是一组指令的有序集合，它本身没有任何运行特征，只是一个静态的实体。而进程是一个动态的实体，它有自己的生命周期。它因创建而产生，因调度而运行，因资源或事件而处于等待状态，因任务完成而被撤销。这些都反映了一个程序在一定的数据集上运行的全部动态过程。用进程即可描述一个程序在不同数据集上的运行活动及其资源分配，又可以表示 CPU 分时地执行不同程序的活动及其资源分配。

但是，进程不能描述 CPU 的调度和分派问题。为了进一步提高系统内程序并发执行的速度，进一步减少程序并发执行时的时空开销，人们又在更精细的层面上引入了线程的概念，以其作为 CPU 调度和分派的基本单位。所以线程是进程的实体，是比进程更小的能独立运行的基本单位，它只拥有一点在运行中必不可少的资源（如程序计数器、一组寄存器和栈），但是它可与同属一个进程的其他的线程共享进程所拥有的全部资源。一个线程可以创建和撤销另一个线程；同一个进程中的多个线程之间可以并发执行。一个进程中的所有线程都在该进程的虚拟地址空间中，使用该进程的全局变量和系统资源。

3. 多线程处理器技术

多线程处理器技术的重大贡献就是将操作系统中对线程的调度工作部分，完全由处理器硬件承担，实现了在一个时钟周期完成线程切换的突破。在采用多线程的超标量处理器中，同一时钟内执行的还是同一线程的指令。但是，在不同的时钟周期通过硬件调度，有可能都从不同的线程中选择指令发射到相应的功能部件中。由于不同线程中的指令不存在相关性，所以，基本可以保证每个时钟周期都有指令可以发射。即使某条指令有较长的访存延迟，也可以在多个线程的切换中被有效地掩盖。

7.3.2 同时多线程技术

1. 同时多线程的概念

同时多线程（SMT）是超标量技术与多线程技术的结合。它的基本思路是把注意力返回到处理器本身，从充分利用 CPU 的效率、挖掘单个物理 CPU 的潜力入手，通过发射更多的指令，来提高处理器的性能。

SMT 最重要的意义是利用操作系统的虚拟多重处理，把两个（或多个）CPU 看成是一个处理器。这样，就能够在每个时钟周期都可以从多个线程中选择多条不相关的指令发射到相应的功能部件去执行。由于基本解决了相关性问题，所以，SMT 处理器完全有可能在每个指令周期内填满所有的发射槽。

SMT 技术是超标量技术与多线程技术的充分协同与结合，可以解决影响处理器性能的诸多难题。

1）减少结构相关性的影响

当一条指令要使用的功能部件被前面的一条指令所占用而无法执行时，就产生了指令间的结构相关性。在 SMT 处理器中，不仅支持了在超标量处理器中采用的乱序执行，还采用从多个不同线程中选择指令的方式，大大减少了功能部件冲突的概率。

2）减少逻辑相关性的影响

逻辑相关性包括"伪相关"（有"读后写""写后写"）和"真相关"（"写后读"）。对于前者，SMT 处理器沿用了超标量处理器中采用的"寄存器重命名"策略加以解决。对于后者，超标量处理器无法解决，而 SMT 处理器为每个线程配备了独立的寄存器文件，不仅可以在线程切换过程中快速保存和恢复现场，而且由于只要选择不同的线程就不存在相关冲突。当再调度到同一线程时，先前的指令已经执行完毕。

3）减少控制相关的影响

对于超标量处理器来说，转移预测的正确率对于减少控制相关非常重要。可惜预测的正确率并非百分之百，而且随着 IPC 和指令流水级数的增加，作废的指令条数也会迅速增加。SMT 处理器将两个转移方向映射到不同的线程中执行，等转移地址确定后，从两个线程中选择正确的一个继续执行，中止另一个。这一方法与转移预测技术结合，会将控制转移危害减少许多。

4）隐藏远程访问和同步等待延迟

在大规模并行计算机系统，特别是在拥有数千个处理器结点的分布共享处理器（DSP）系统中，处理器访问远程存储空间的延迟可以高达 200 多个时钟周期。同样在如此大的系统中，多个结点间的同步等待延迟也不容忽视。传统处理器通过忙等待（Busy Waiting），或一个耗时很长的操作系统级线程切换来处理此类情况，随着高性能计算对系统效率要求的不断提高，这样的处理方式已经不能满足要求了。

操作系统级线程切换所消耗的时间开销可能比访存延迟造成的损失还要大。而同时多线程处理器中由硬件支持的快速线程切换机制，几乎可以做到“零时间开销”。所以，同时多线程处理器可以通过线程切换，在一个任务进行远程访问和同步等待过程中，运行其他任务的线程，将延迟有效地隐藏起来。

2. SMT 处理器的实现途径

SMT 处理器有两种实现途径。

（1）在超标量处理器的基础上，对同时多线程的取指令、现场保存、指令退出（Retire）提供硬件支持；而不同线程仍然共享其他处理器资源，如取指缓冲、指令窗口等。

（2）每条线程都有自己独立的指令窗口、寄存器文件和退出部件。发射部件可以同时发射不同指令窗口中的指令到各个功能部件。

3. Alpha 21464 解决方案

Alpha 21464 是一种基于超标量技术的 SMT 处理器设计方案。其流水线结构如图 7.23 所示。它采用 8 发射动态调度超标量流水线，可以同时处理 4 个多线程，每个线程具有独立的指令计数器、寄存器映射机构和返回栈顶预测器，物理寄存器、指令队列、分支预测器、指令执行单元和一、二级 Cache 等为所有线程共享。

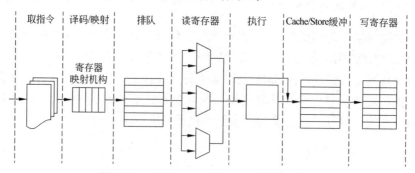

图 7.23　Alpha 21464 的 SMT 流水线结构

Alpha 21464 处理器本来是 Compaq 公司的下一代处理器产品，但是由于 Alpha 开发小组被 Intel 公司收购，该项目已被撤销。但是，由于 Alpha 在超标量流水线设计方面已经到了登峰造极的地步，它的基于超标量流水线的 SMT 处理器的设计，也为人们开发 SMT 处理器提供了一条思路。

7.3.3 超线程处理器

超线程（Hyper-Threading，HT）技术是 SMT 的一种形式，是 Intel 公司于 2001 年就提出的一项技术，并最早使用在 XERON 处理器上。其基本思想是把资源管理的思想引入处理器的设计中，并用硬件指令的方式，将一个处理器变成两个"逻辑"处理器，而这两个逻辑处理器又被操作系统当成两个实体处理器，将工作线程分配给它们执行。图 7.24 为有 HT 与无 HT 两种方式下执行线程效果比较的示意图。

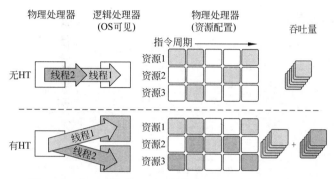

图 7.24　有 HT 与无 HT 两种方式下执行线程效果比较

1. HT 技术的实现方法

实现 HT 技术的基本方法是把一个处理器的工作由如下两部分组成。
（1）处理器执行资源：包括处理器核心和高速缓存，用于进行加、乘、负载等操作。
（2）体系架构状态：用于跟踪资源的分派和调度，即跟踪程序或线程的流动。

在旧式结构中，执行资源的控制由一个体系架构状态来完成。它所形成的慢节奏与元器件进步等因素成就的执行资源快极不适应，使得执行资源不能充分发挥效能。HT 技术的基本思想是，将处理器的两个寄存器设置成两个体系架构状态，当第一个体系架构状态在等待数据的时候，另一个体系架构状态就进行其他工作，充分利用执行资源。这种情形就好像是一辆出租车两个司机，让一辆车发挥两辆车的效能。

图 7.25 为超线程处理器与传统双处理器系统的比较。采用超线程技术的多处理器系统复制物理处理器上的体系架构状态，从而能把一个物理处理器当作两个"逻辑"处理器来使用。这样，应用的多个线程就可以同时运行于一个处理器上。

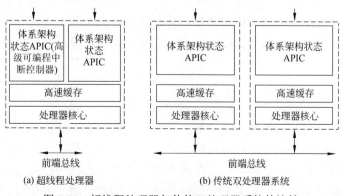

图 7.25　超线程处理器与传统双处理器系统的比较

在 HT 处理器系统中，虽然每个逻辑处理器有自己独立的寄存器，可以同时进行获取、解码操作，不过，在实现时工作的难度较大。这样，与其同时获取、解码两个线程的指令，反不如轮流获取、解码两个线程的指令再同时执行好，使每个执行单元都能充分发挥功效，以此提升整体效率（实际值达到 30% 之多）。

如果把两个 HT 芯片再组成双处理器系统，操作系统把它们认为是 4 个逻辑处理器，为其分配不同的线程，整体性能增益会再加倍。

2. P4-Xeon 解决方案

2001 年，Intel 公司发布了基于 Pentium 4 的 Xeon 处理器，在这款处理器中使用了 HT 技术。图 7.26 显示了其基本原理。

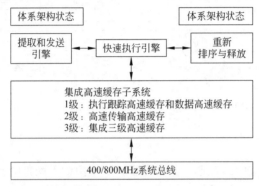

图 7.26 Pentium 4 的 Xeon 处理器的基本原理

1）快速执行引擎

快速执行引擎负责从指令队列中获取指令，并以最快的速度把它们发送给执行单元。指令选取时只考虑执行单元的相关性及可用性，并且可以乱序执行。对于大部分指令而言，执行内核不考虑哪些指令属于哪个逻辑处理器；调度程序也不会辨别不同逻辑处理器的指令，只是简单地将指令队列中的独立指令分配到可用的执行资源。例如，调度程序可能会将线程 1# 的两条指令和线程 2# 的一条指令安排到同一周期。

2）高速缓存

处理器的高速缓存以高速向处理器核心传输数据和指令。高速缓存由两个逻辑处理器共用，旨在通过高度的结合性，确保将数据可靠地保存在高速缓存中，以最大限度地减少潜在的高速缓存冲突。

3）提取和发送引擎

获取与交付引擎可在两个逻辑处理器之间交替获取指令，并将这些指令发送给快速执行引擎进行处理。在一级执行跟踪高速缓存中，先为一个逻辑处理器提取一条指令，再为另一个逻辑处理器提取另一条指令。只要两个逻辑处理器都使用该执行跟踪高速缓存，这一过程就会不停地交替进行。如果一个逻辑处理器不需要使用此高速缓存，则另一个逻辑处理器会使用此执行跟踪高速缓存的全部带宽。

4）重新排序与释放模块

重新排序与释放模块负责收集所有被乱序执行的指令，然后将它们按照程序顺序重新排列，并按照程序顺序提交这些指令的状态。两个逻辑处理器会交替地执行释放指令的操作。

5）400MHz 系统总线

400MHz 系统总线可提高多处理器操作系统和多线程应用的吞吐量，并在利用超线程技术访问内存时提供足够的带宽。它采用了信令和缓冲方案，该解决方案可以在保持工作频率为 400MHz 的数据传输速度的同时提供高达 3.2GB/s 的带宽。这个速度是上一代 MP 处理器的 4 倍。如果其中的一个逻辑处理器不能从集成高速缓存子系统中找到所需的数据，数据就必须从内存中经过数据总线进行传输。

6）BIOS 支持

在系统中，Xeon 处理器中所包含的两个逻辑处理器，是通过 BIOS 和多处理器操作系统（OS）提供给系统和应用软件使用的。基于 Intel Xeon 处理器系统对平台 BIOS 进行了必要的修改，以便它能识别两个逻辑处理器，使操作系统和软件能够使用超线程技术。在系统启动过程中，BIOS 会统计和记录系统中可用逻辑处理器的数量，并将这一信息记录在 Pentium 4 处理器的高级配置与电源接口（ACPI）表中（传统物理处理器只登记在多处理器规范（MPS）表中，不能识别每个物理处理器上的第二个逻辑处理器）。操作系统随之即可按照该表为逻辑处理器调度线程。图 7.27 表明 OS 将线程调度到逻辑处理器上的方法。

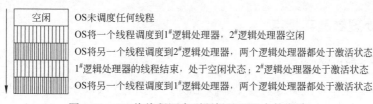

图 7.27　OS 将线程调度到逻辑处理器上的方法

7）操作系统支持

在 Windows XP Professional 中，操作系统使用 CPUID 指令机制来识别支持 HT 技术的微处理器。Windows XP Professional 授权模型可支持 HT 技术，准许用于两个物理处理器或总共 4 个（物理和逻辑）处理器。

特定版本的 Linux 操作系统针对 HT 技术进行了优化，如 RedHat* Linux 9（Professional 和 Personal 版本）、RedFlag* Linux Desktop 4.0 和 SuSe* Linux 8.2（Professional 和 Personal 版本）。

8）应用支持

理论上，具备 HT 技术的 Xeon 处理器，要比对应不具备 HT 技术的处理器执行得更好。

按照 Intel 公司的说法，每个软件线程只利用到它们的 x86 处理器 30%左右的资源。HT 技术的使用，可以立即让更多的线程一起，利用好剩余的处理器资源。但实际测试的结果表明，尽管众多支持多处理器的桌面系统（如 Windows XP Professional、Windows 2000、Linux、BSD 等），可以立即利用到 HT 的优势，但是许多应用程序，包括那些专为多处理器编写的程序，在一个开启 HT 处理器上运行得更慢。性能下降的主要原因是软件常常不能正确地访问额外的那套寄存器系统。软件对硬件的不正确访问，就得付出时间的代价，本来希望跑得更快的软件，实际上跑得比正常还慢。

3. HT 技术的利弊分析

现在，含 HT 技术的处理器已经应用到不少产品中。在应用中用户测试发现运用某些特定软件时，HT 技术让系统有了 30%的性能提升，并且用户同时运行两个软件，可以感受到这两个软件的性能都得到提升。但是，含 HT 技术的处理器在下列情况下也表现不佳。

（1）当运行单线程运用软件时，超线程技术将会降低系统性能，尤其在多线程操作系统运行单线程软件时将容易出现此问题。

（2）如果处理器以双线程运作，处理器内部缓存就会被划分成几部分，彼此共享资源。常规软件在双芯片计算机上运行出错的概率要比单芯片计算机上多很多。

但是，HT 技术需要解决一系列比单线程处理器复杂很多的技术问题，如作业调度策略、取指和发射策略、寄存器回收机制、存储系统层次设计等。另外，HT 技术需要相应的操作系统和应用软件的支持，所以全面铺开应用尚需时日。

7.4 多核处理器

7.4.1 多核处理器及其特点

1. 多核处理器的概念

多核 CPU 就是基板上集成有多个单核 CPU，早期 PD 双核处理器需要北桥来控制分配任务，核之间存在抢二级缓存的情况，后期酷睿自己集成了任务分配系统，再搭配操作系统就能真正同时开工，两个核同时处理两"份"任务，速度快了，万一一个核死机，起码另一个核还可以继续处理关机、关闭软件等任务。

1996 年，斯坦福大学的 Kunle Olukotun 团队研发了一个被称为 Stanford Hydra CMP（Chip Multi-Processors）的处理器。它集成了 4 个基于 MIPS（Microprocessor without Interlocked Piped Stages，无内部互锁流水级微处理器）的处理器在一个芯片上。2001 年，IBM 公司推出了一款在一个芯片上集成了两个处理器的处理器芯片。之后，高端 RISC 处理器制造商纷纷跟进，双核以及多核成为高端 RISC 处理器的一项标准，并很快成为处理器市场的主流。

多核处理器就是在单枚 CPU 芯片（也称"硅核"）上集成了两个或多个完整的计算引擎——处理器的核心部分（内核），简称 CMP。处理器的核心部分一般指 CU、EU 和 Cache。

图 7.28 为一个双核处理器的示意图。它集成了每个处理器的内核，以及两个处理器共享的 L2 Cache。

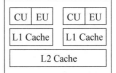

图 7.28　双核处理器的示意图

2. 多核处理器的特点

CMP 是在充分吸收了 HT、超标量和多处理器等技术的优势，避免它们的不足的基础上发展起来的。

在 CMP 出现之前，处理器性能的提高主要靠提高主频速率，来支持超标量系统结构和 VLIW 结构处理器。但是这些结构的控制逻辑极为复杂，从而带来如下问题。

（1）控制逻辑复杂造成制作工艺复杂，随着处理器性能的提高，处理器价格会急剧上升。

（2）复杂的控制逻辑需要较多的逻辑部件，这使得信号延迟严重。

（3）复杂的控制逻辑使得线路密集，造成发热严重。频率高到一定程度，处理器产生的热量很快会超过太阳表面。

CMP 的控制逻辑相对简单得多，因此在上面 3 方面对设计、制造和市场造成的压力要小得多。具体地说，CMP 有如下一些主要优点。

（1）在同等工艺条件下，可以获得更高的主频。

（2）低功耗。通过动态调节电压/频率，实行负载优化分布等措施，可以有效降低功耗。

（3）采用成熟的单核处理器为核，可以缩短设计、验证周期，节省研发费用，并更容易扩充。

（4）多核处理器是单枚芯片，能够直接插入单一的处理器插槽中，使得现有系统升级容易。

（5）由于每个微处理器核心实质上都是一个相对简单的单线程微处理器或者比较简单的多线程微处理器，操作系统就可以把多个程序的指令或一个程序的多个线程分别发送给各核心，因而具有了较高的线程级并行性，从而使得同时完成多个程序的速度大大加快。

（6）多核架构能够使软件更出色地运行，并创建一个促进未来的软件编写更趋完善的架构。

3. 多核处理器的结构类型

从结构上看，CMP 可以分为同构和异构两类。计算内核结构相同、地位对等的称为同构多核，现在 Intel 和 AMD 公司主推的双核处理器，就是同构的双核处理器。计算内核结构不同、地位不对等的称为异构多核，异构多核多采用"主处理核+协处理核"的设计，IBM、索尼和东芝等公司联手设计推出的 Cell 处理器正是这种异构架构的典范。

核本身的结构，关系到整个芯片的面积、功耗和性能。如何继承和发展传统处理器的成果，直接影响多核的性能和实现周期。一般认为，异构微处理器的结构似乎具有更好的性能。但是，从安全性上看，采用同构结构时，若一个内核出现故障，另一个空闲的内核就可以立即补上。

7.4.2 多核+多线程——芯片多线程技术

2005 年 11 月 14 日，原 Sun 公司在美国旧金山发布了 UltraSPARC T1 的 Niagara 处理器芯片。

Niagara 这个代号取自位于美加边界的尼亚加拉大瀑布，意为"急流、洪水"。原 Sun 公司用 Niagara 这一名称形象地展现这一处理器在吞吐量方面的超前优势。这一优势来自芯片多线程（Chip Multi-Threading，CMT）技术，它是多核与多线程技术的集成。图 7.29 形象地描述了 CMT 技术的基本原理。

多核　　　　　　　　　　多线程　　　　　　　　　CMT

图 7.29　CMT 技术的基本原理

UltraSPARC T1 是全球第一款商用 CMT 处理器芯片，它的发布标志着处理器发展历史新纪元的到来。

7.5 关于处理器并行性开发的讨论

流水技术、多处理器技术、多线程处理器技术和多核处理器技术都是并行技术。本节从并行性的角度对上述这些方案进行总结性讨论。

7.5.1 并行性及其级别

1. 并行性的概念

广义上讲，并行性包含同时性（Simultaneity）和并发性（Concurrency）两方面。前者是指两个或多个事件在同一时刻发生。后者是指两个或多个事件在同一时间间隔内发生。简单地说，在同一时刻或同一时间间隔内完成两种或两种以上性质相同或不相同的功能，只要时间上互相重叠，就存在并行性。

2. 并行性的级别和粒度

计算机并行处理可以从处理对象（数据）和处理操作（程序执行）两方面分为数据并行性和操作并行性。每种并行性都有粒度与高低之分。

1）数据并行性

数据并行性的粒度分为字和位两种。并行性可以在字粒度上进行，也可以在位粒度上进行。于是就可以达到表7.1所示的4种数据并行性。假定每个字长4b,分别为0000和1111。

表 7.1　4 种数据并行性

位角度	字角度		
	字　串		字　并
位串	W₁ W₂ 0 0 0 0 1 1 1 1		W₁ 0 0 0 0 W₂ 1 1 1 1
位并	W₁ W₂ 0 1 0 1 0 1 0 1		0 0 0 0 }W₁ 1 1 1 1 }W₂

这 4 种数据并行性的等级从低到高依次为字串位串、字串位并、字并位串、字并位并(全并)。

2)操作并行性

操作并行性的粒度按照操作代码块的大小划分为如图 7.30 所示的进程级、线程级、循环级和指令级。

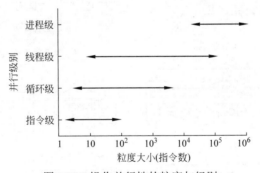

图 7.30　操作并行性的粒度与级别

指令级并行性发生在指令内部的微操作之间和指令之间,是一种细粒度的操作并行性。流水线、超标量、超长指令字等都是在设法增强指令级的并行性,也可借助优化编译器予以提高程序执行的指令级并行性。

循环级并行性是指处于不同循环层次的不同循环体之间的并行性。其粒度就是循环程序块大小,一般在几百条指令之内。循环级并行性是并行处理器和向量处理器上运行的最优程序结构,并由编译器予以优化。

线程级并行性是指一个应用程序的不同线程之间的并行性。整个应用程序就是它的颗粒粒度。线程调度、并发多线程、多核等就是要设法增强线程之间的并行性。

进程级并行性是指在多程序环境下不同进程之间的并行性。并行执行的多个程序就是它的颗粒粒度。进程调度、并行系统等就是要设法增强进程之间的并行性。

7.5.2 基于并行性的处理器体系 Flynn 分类

1966 年，Flynn 从处理器架构的并行性出发，提出了一种按信息处理特征的处理器架构分类方法，人们称之为 Flynn 分类法。Flynn 分类法把计算机的工作过程看成是如下 3 种流的运动过程。

（1）指令流（Instruction Stream，IS）：机器执行的指令序列。

（2）数据流（Data Stream，DS）：由指令流调用的数据序列（包括输入数据和中间结果）。

（3）控制流（Control Stream，CS）：由控制器发出的一系列信号。

这 3 种流涉及计算机中的 3 种部件：

（1）控制单元（Control Unit，CU）：控制部件（包括状态寄存器 + 中断逻辑）。

（2）处理单元（Processing Unit，PU）：处理部件。

（3）主存储器（Main Memory，MM）。

为了对计算机进行分类，Flynn 引入了多倍性的概念。多倍性是在系统结构的流程瓶颈上同时执行的指令或数据的最大可能个数。按指令流和数据流分别具有多倍性，Flynn 将计算机系统分为图 7.31 所示的 4 种类型。

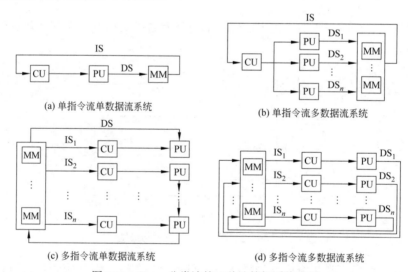

图 7.31　Flynn 分类法的 4 种计算机系统类型

1. 单指令流单数据流系统

单指令流单数据流（Single-Instruction Stream Single-Data Stream，SISD）系统是传统的顺序处理计算机，通常由一个处理器和一个存储器组成。它通过执行单一的指令流对单一的数据流进行处理，即指令按顺序读取，指令部件一次只对一条指令进行译码，并只对一个操作部件分配数据。

2. 单指令流多数据流系统

典型的单指令流多数据流（Single-Instruction Stream Multiple-Data Stream，SIMD）系统由一个控制器、多个处理器、多个存储模块和一个互连网络组成。互连网络用来在各处理器和各存储模块间进行通信，由控制器向各个处理器"发布"指令，所有被"激活的"处理器在同一时刻执行同一条指令，这就是单指令流。但在每台流动的处理器执行这条指令时所用的数据是从它本身的存储器模块中读取的，所以各处理器加工的数据是不同的，这就是多数据流。

3. 多指令流单数据流系统

典型的多指令流单数据流（Multiple-Instruction Stream Multiple-Data Stream，MIMD）系统由多台独立的处理机（包含处理器和控制器）、多个存储模块和一个互连网络组成。每个处理机执行自己的指令（多指令流），操作数据也是各取各的（多数据流）。这是一种全面并行的计算机系统。MIMD 系统的互连网络可以安排在两个不同级别——系统-系统级（见图 7.32（a））和处理机-存储器接口级（见图 7.32（b））上。系统-系统级 MIMD 系统的特点是各台处理机都有自己的存储器，各处理器之间的依赖程度低，互连网络仅仅用来进行处理机间的通信，称为松耦合多处理机系统（Loosely Coupled Multi-Processor System），一般多计算机系统就是指这种系统。处理机-存储器接口级上的 MIMD 系统的特点是各台处理机共享公用的存储器，存储器可以由多个模块组成，互连网络用来在处理机和存储器之间传送信息，各处理器之间的依赖程度高，称为紧耦合多处理机系统（Tightly Coupled Multi-Processor System），通常说的多处理器系统一般就是指这一类型的系统。

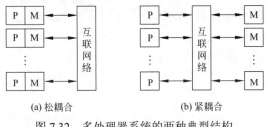

(a) 松耦合　　　　　　(b) 紧耦合

图 7.32　多处理器系统的两种典型结构

4. 多指令流多数据流系统

关于多指令流多数据流（Multiple-Instruction Stream Single-Data Stream，MISD）系统的界定，众说不一，有的认为根本就不存在 MISD 系统；有的把流水线处理机划分在这一类。但也有的把流水线处理机称为 SIMD 系统中的一类。

7.5.3　处理器并行性开发的思路与途径

1. 并行性开发的基本思想

并行性的开发主要从时间重叠、资源重复、资源共享 3 方面展开。

1）时间重叠

时间重叠就是对一套设备进行合理分割，使其不同的部分能完成同一项任务的不同操作；也使多个处理过程在时间上相互错开，轮流、重叠地使用同一套硬件设备的各个部分，形成不同操作的流水线。这样，就可以在这套设备中同时执行多项任务，使不同的任务同时位于流水线上不同的操作部位，形成多个任务的流水作业，提高硬件的利用率而赢得高速度，获得较高的性能价格比。

流水线是通过时间重叠技术实现并行处理，来"挖掘内部潜力"，其技术特点是各部件的专用性。设备的发展形成专用部件（如流水线中的各功能站）、专用处理机（如通道、数组处理机等）、专用计算机系统（如工作站、客户机等）3 个层次。沿着这条路线形成的多处理机系统的特点是非对称型（Asymmetrical）或称异构型多处理机（Heterogeneous Multi-Processor）。它们由多个不同类型、至少担负不同功能的处理机组成，按照程序要求的顺序，对多个进程进行加工，各自实现规定的操作功能，并且这些进程的加工在时间上是重叠的。从处理的任务上看，流水线分为指令级流水线和任务级流水线。

2）资源重复

资源重复是通过重复地设置硬件资源以大幅度提高计算机系统的性能，是一种"以多取胜"的方法。它的初级阶段是多存储体和多操作部件，目的在于把一个程序分成许多任务（过程），分给不同的部件去执行。这些部件在发展中功能不断增强，独立性不断提高，发展成为 3 个层次。

（1）在多个部件中的并行处理。

（2）在多台处理机中的并行处理——紧耦合多处理机系统。

（3）在多台自治的计算机系统中的并行处理——松耦合多处理机系统。

沿着这条路线形成的多处理机系统的特点是对称型（Symmetrical）或称同构型多处理机（Homogeneous Multi-Processor）。它们由多个同类型的，至少同等功能的处理机组成，同时处理同一程序中能并行执行的多个任务。

3）资源共享

资源共享是多个用户之间可以共同使用同一资源（硬件、软件、数据），以提高计算机设备利用率。计算机网络就是这一技术路线的产物。它通过计算机与通信技术的融合，实现信息资源共享。

以上 3 条路线并不是孤立的。现代科学技术已经打破了学科、专业、领域的界限，在计算机不同技术之间也在不断渗透、借鉴、融合，把并行技术推向更高的水平。

2. 处理器并行性开发的途径

图 7.33 从单处理器（向下）系统和多处理器（向上）系统两个方向，以及不同的途径对处理器的并行性开发途径进行了小结。所谓小结仅表明这仅是一种思路，不一定非常完美。并且计算机技术还在不断发展，图 7.33 还需要不断完善。

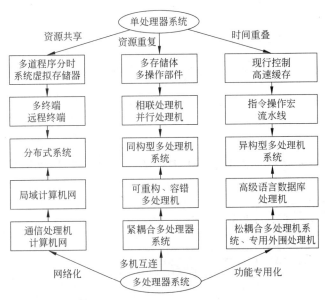

图 7.33 处理器的并行性开发途径小结

习 题

7.1 简述指令流水线。

7.2 4 级流水线，各级需要时间为 100ns、90ns、70ns、50ns，则流水线的操作周期时间为多少？

7.3 指令流水线技术为什么优于非流水线技术？

7.4 在高速计算机中，广泛采用流水线技术。例如，可以将指令执行分成取指令、分析指令和执行指令 3 个阶段，不同指令的不同阶段可以 __(1)__ 执行；各阶段的执行时间最好 __(2)__ ；否则在流水线运行时，每个阶段的执行时间应取 __(3)__ 。

可供选择的答案：

（1）A. 顺序　　 B. 重叠　　　　 C. 循环　　　 D. 并行

（2）A. 为 0　　　 B. 为 1 个周期　 C. 相等　　　 D. 不等

（3）A. 3 个阶段执行时间之和　　　　 B. 3 个阶段执行时间的平均值

　　　 C. 3 个阶段执行时间的最小值　　 D. 3 个阶段执行时间的最大值

7.5 假设一条指令按取指、分析和执行 3 个步解释执行，每步相应的执行时间分别为 $T_{取}$、$T_{分}$、$T_{执}$，分别计算下列几种情况下执行完 100 条指令所需的时间（见图 7.34）。

（1）顺序方式。

（2）仅 $K+1$ 取指与 K 执行重叠。

（3）仅 $K+2$ 取指、$K+1$ 分析、K 执行重叠。

若 $T_{取}=T_{分}=2$，$T_{执}=1$，计算上述结果。若 $T_{取}=T_{执}=5$，$T_{分}=2$，再计算上述结果。

7.6 一次重叠与流水有何区别？

7.7 访存冲突如何解决？

7.8 在流水线中相关处理的方法有哪些？你自己有无创新的方法？

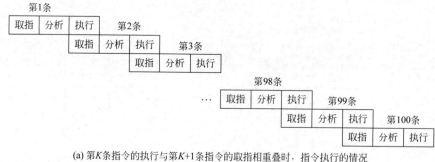

(a) 第K条指令的执行与第K+1条指令的取指相重叠时，指令执行的情况

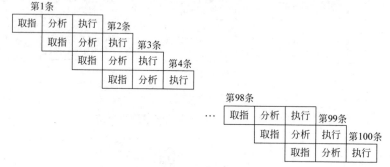

(b) 第K条指令的执行与第K+1条指令的分析及第K+2条指令的取指相重叠时，指令执行的情况

图 7.34 指令重叠

7.9 从下列有关 RISC 的描述中选择正确的描述。

（1）RISC 技术是一种返璞归真的技术，经过指令系统不断复杂化的进程，使指令系统又恢复到原来的简单指令系统。

（2）RISC 的指令系统是从复杂指令系统中挑选出的一些指令的集合。

（3）RISC 单周期执行的目标是使在采用流水线结构的计算机中，大体上每个机器周期能完成一条指令，而不是每条指令只需一个机器周期就能完成。

（4）RISC 的指令很短，以保证每个机器周期能完成一条指令。

（5）RISC 需要采用编译优化技术来减少程序的运行时间。

（6）RISC 采用延迟转移的办法来缓解转移指令所造成的流水线组织阻塞的情况。

（7）由 RISC 的发展趋势可以得出一个结论：计算机的指令系统越简单越好。

7.10 向量处理机的阵列结构和流水结构在技术上有何不同与联系？

7.11 什么是同构型多处理机系统？什么是异构型多处理机系统？

7.12 查阅资料，进行下面的分析。

（1）Intel 处理器在微体系结构上的进步。

（2）AMD 处理器在微体系结构上的进步。

（3）Power 系列处理器在微体系结构上的进步。

（4）几种最新 CPU 芯片在微体系结构上的优缺点。

7.13 查阅资料，进行下面的分析。

（1）几种典型的 SMP 解决方案比较。

（2）几种典型的 SMT 解决方案比较。

（3）几种典型的 HT 解决方案比较。

第8章　未来计算机展望

电子计算机的诞生，不仅仅是计算工具的一次进步，更重要的是它作为科学技术史上的一个里程碑，引发了一次新的生产力飞跃，将人类社会推向一个新的时代——信息时代，使信息成为社会最重要的资源和争夺的重要目标，吸引着一大批优秀人才为之奋斗，反过来又使它得到了最为迅速的发展。具体地说，计算机技术的发展动力主要来自3方面。

（1）不断扩展和深化的应用期望以及旺盛的市场需求刺激。

（2）分工细化和对科技创新日益高涨的追求。

（3）解决工作"瓶颈"（薄弱环节），不断挖掘计算机系统的潜力。

这样的发展动力，会使人们进一步探索：除了巴贝奇-诺依曼体系，是否还有其他体系的计算机工作模式？电子技术与布尔逻辑会不会就是计算机的终结技术？除此之外，还有没有其他技术可以挖掘？

8.1　人工智能与智能计算机

8.1.1　人工智能及其定义

1. 人工智能学科的诞生

公元前 5 世纪左右，中国人从手算开始发明了算盘和算筹，使人的一部分脑力劳动转移到了工具上。公元前 10 世纪左右，中国人发明了提花机，后经逐步改造，将控制机器的程序记忆在花板之中，把人的部分记忆功能转移到了工具上。1834 年，英国学者查尔斯·巴贝奇（Charles Babbage，1791—1871）在提花机的启发下，设计了分析机，不仅承担了人的部分记忆功能、计算功能，还在计算程序中引入判断，使之智力活动的能力进一步增强。但是，对其的希望如水涨船高，于是在 20 世纪 40 年代中期引发了科学界关于机器能不能具有思维的讨论。1947 年，著名的数学家、计算机科学之父艾伦·麦席森·图灵（Alan Mathison Turing，1912—1954），在一次计算机学术会议上作了题为"智能机器"的报告，论述了他关于机器思维的设想。1956 年，他又发表了一篇《计算机器与智能》的论文，从行为主义的角度对智能机器进行了论述。

进入 20 世纪 50 年代，随着计算机开始进入数据处理领域，智能机器的问题又一次成为科技界的热门话题。1956 年夏季，数学家和计算机专家约翰·麦卡锡（John McCarthy，1927—2011）与数学家和神经学家马文·明斯基（Marvin Lee Minsky，1927—2016）、IBM公司信息中心主任罗彻斯特（Rochester，1919—2001）、贝尔实验室信息部数学家和信息学家香农（Shannon，1916—2001）共同发起组织，邀请 IBM 公司的莫尔（More）和塞缪尔

（Samuel）、美国麻省理工学院的塞尔弗里奇（Selfridge）和索罗门诺夫（Solomonoff）、兰德公司的纽厄尔（Newell）和卡内基-梅隆大学的西蒙（Simon）共 10 人，在达特茅斯学院（Dartmouth College）举办了一个长达两个月的人工智能夏季研讨会。这批远见卓识的年轻科学家聚在一起共同研究和探讨了一系列用机器模拟智能的有关问题，首次提出人工智能（Artificial Intelligence，AI）这一术语。"人工智能"这门新兴学科由此正式诞生。1997 年 5 月，IBM 公司研制的深蓝（Deep Blue）计算机战胜了国际象棋大师卡斯帕罗夫（Kasparov）便是人工智能技术的一个完美证明。图 8.1 为 1956 年夏出席达特茅斯会议的部分代表于 2006 年在共同纪念人工智能学科诞生 50 周年会议期间的合影。

图 8.1 （从左至右）莫尔、麦卡锡、明斯基、塞尔弗里奇、索罗门诺夫
出席纪念人工智能学科 50 周年会议期间的合影

2. 人工智能的定义

在国际上，人工智能研究作为一门科学的前沿和交叉学科，像许多新兴学科一样，至今尚无统一的定义。要给人工智能下个准确的定义是困难的。因为，现代社会分工不断细化，术业有专攻，思路各异，要面面俱到，让所有的人都接受、都认可，是非常困难的。单就"人工"来说，到底哪种技术最好，就很难统一。至于"智能"，就问题更多了。这涉及对于智能的理解，特别是对于诸如意识（Consciousness）、自我（Self）、思维（Mind，包括无意识的思维）等的认识和理解。最后再把"人工"与"智能"两者结合，问题就更加复杂了。所以，不同的人可以给出不同的定义。下面是几种有代表性的关于人工智能的定义。

麦卡锡教授在 1956 年给出的定义：人工智能就是要让机器的行为看起来就像是人所表现出来的智能行为一样。

尼尔逊教授给出的定义：人工智能是关于知识的学科——怎样表示知识以及怎样获得知识并使用知识的科学。

美国麻省理工学院的温斯顿教授给出的定义：人工智能就是研究如何使计算机去做过去只有人才能做的智能工作。

这些说法反映了"人工智能"学科的基本思想和基本内容，即人工智能是研究人类智能活动的规律，构造具有一定智能的人工系统，研究如何让计算机去完成以往需要人的智力才能胜任的工作，即研究如何应用计算机的软硬件来模拟人类某些智能行为的基本理论、方法和技术。

3．图灵测试

盲人摸象是中国人耳熟能详的寓言故事。《大般涅盘经》三二："尔时大王，即唤众盲各各问言：'汝见象耶？'众盲各言：'我已得见。'王言：'象为何类？'其触牙者即言象形如芦菔根，其触耳者言象如箕，其触头者言象如石，其触鼻者言象如杵，其触脚者言象如木臼，其触脊者言象如床，其触腹者言象如瓮，其触尾者言象如绳。"图 8.2 形象地描述了这一过程。

如果换一个思路，让一个盲人来摸象，并且允许摸多次，那情况就不一样了：每多摸一个地方，其关于象的概念就要变化一次。所以，人对于客观事物的认识也会随着认识的深刻、收集到的信息的多少有所变化。

除此之外，在同样的条件下，不同的人对于同一事物的认识也会有不同。例如，同一篇文章，不同的人看完会有不同的认识。

这都说明智能是带有不可预知性的，智能认知系统通过学习、拓展得到知识能用计算机提取表达，是用概率性、定性、一定程度的确定性来描述，智能信息是有误差性、灵活性、模糊性、相对确定性的。而现在的非智能系统使用的是绝对精确的逻辑体系，执行的是按照预定环境设计的程序，缺少创造性和随机应变性，不能自己修改自己。这样的系统还算不上真正的智能系统。

为了判断一个系统是不是真正的智能系统，1950 年，图灵发表了一篇划时代的论文，文中从行为主义的角度提出了著名的图灵测试（Turing Testing）：一个人在不接触对方的情况下，通过一种特殊的方式，和对方进行一系列的问答，如果在相当长时间内，他无法根据这些问题判断对方是人还是计算机，那么，就可以认为这台计算机具有同人相当的智力。

图灵采用"问"与"答"模式，如图 8.3 所示，在 3 个相隔离的空间内，提问者通过控制打字机与两个测试对象会话，其中一个是人，另一个是机器。观察者不断提出各种问题，经过相当长时间的提问后，来辨别回答者中哪个是人，哪个是机器。

图 8.2　盲人摸象

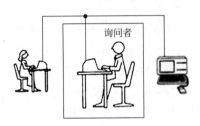

图 8.3　图灵测试

8.1.2　人工智能研究学派与关注的内容

1．人工智能的研究学派

在人工智能的研究领域中，人们是从不同角度进入的。在 AI 发展历程中，研究者们形成了多个思维学派，主要包括符号主义、连接主义、行为主义。

1）符号主义学派

符号主义（Symbolicism）又称逻辑主义（Logicism）、心理学派（Psychlogism）或计算机学派（Computerism），这是一批最早踏入人工智能领域的研究者的思想。1956 年首先提出"人工智能"这个术语的就是这个学派，代表性的人物有纽厄尔（Newell）、西蒙（Simon）和尼尔森（Nilsson）等。

链 8.1　专家系统

符号主义学派的理论基础与工具是数理逻辑。数理逻辑又称符号逻辑、理论逻辑，是以命题演算和谓词演算为基础，将推理符号化的数学和逻辑学的分支，从 19 世纪末起就得到迅速发展，是数字计算机逻辑电路设计的理论基础，并在 20 世纪 30 年代就开始用于描述智能行为。他们的研究轨迹是启发式算法→专家系统→知识工程理论与技术，代表性的成果是 20 世纪 80 年代的专家系统。

2）连接主义学派

链 8.2　人工神经元网络

连接主义（Connectionism），又称仿生学派（Bionicsism）或生理学派（Physiologism），是一个基于从人脑模型的角度进入人工智能领域的学派。它的代表性成果是 1943 年由生理学家麦卡洛克（McCulloch）和数理逻辑学家皮茨（Pitts）创立的脑模型，即 MP 模型。它从神经元开始进而研究神经网络模型和脑模型，开创了用电子装置模仿人脑结构和功能的新途径。20 世纪 60—70 年代，连接主义对以感知机（Perceptron）为代表的脑模型的研究出现过热潮，由于受到当时的理论模型、生物原型和技术条件的限制，脑模型研究在 20 世纪 70 年代后期至 80 年代初期落入低潮。1986 年，鲁梅尔哈特（Rumelhart）等人提出多层网络中的反向传播（Back Propagation，BP）算法。此后，连接主义势头大振，从模型到算法，从理论分析到工程实现，为神经网络计算机走向市场打下基础。

3）行为主义学派

行为主义（Actionism），又称进化主义（Evolutionism）或控制论学派（Cyberneticsism），是一批从控制论思想角度研究人工智能领域的学派。对这个学派影响最大的是维纳（Wiener）和麦卡洛克（McCulloch）等人提出的控制论和自组织系统以及钱学森等人提出的工程控制论和生物控制论。这个学派早期的研究工作重点是模拟人在控制过程中的智能行为和作用，如对自寻优、自适应、自镇定、自组织和自学习等控制论系统的研究，并进行"控制论动物"的研制。到 20 世纪 60—70 年代，在上述这些控制论系统的研究取得一定进展后，开始进入基于感知-动作模式的智能控制和智能机器人的研究。

2. 人工智能研究的主要关注内容

不同学派的人，出于不同的兴趣，在不同的环境和知识背景下，进行着不同目的的研究，形成了丰富的人工智能研究内容。下面是目前人工智能领域比较关注的一些研究方向。

1）认知建模与知识表示

认知，通常包括感知与注意、知识表示、记忆与学习、语言、问题求解和推理等方面，建立认知模型的技术常称为认知建模。目的是从某些方面探索和研究人的思维机制，特别是人的信息处理机制，同时也为设计相应的人工智能系统提供新的体系结构和技术方法。认知建模以神经科学、计算机科学和认知心理学为依托，深入研究人类的思维模式，建立可以被计算机处理的认知模型。

知识表示是认知建模中的一个重要分支。它把人类知识概念化、形式化或模型化。一般就是运用符号知识、算法和状态图等来描述待解决的问题。已提出的知识表示方法主要包括符号表示法和神经网络表示法两种。

2）知识搜索与推理

搜索与推理是智能的两大重要特征，都是人工智能研究持续进行的两个重要内容。不过，对于不同的问题，搜索的方法和推理的方法是不同的。

搜索是为了从已知状态达到某一目的状态而在某一状态空间中进行的推理和计算过程。这种状态空间往往是在变化的。棋类游戏过程就是典型的状态过程。人工智能的研究表明，许多问题（包括智力问题、工程技术问题和管理学问题）的求解，都可以描述成对某种图和空间的搜索。所以，搜索是人工智能最基本的研究内容。

推理是由一个或几个已知的判断推出一个新的判断的思维形式。形式逻辑中的推理分为演绎推理、归纳推理和类比推理等。知识推理包括不确定性推理和非经典推理等。推理是人脑的基本功能。几乎所有的人工智能领域都离不开推理。要让机器实现人工智能，就必须赋予机器推理能力，进行机器推理。

3）数据挖掘与知识发现

数据挖掘（Data Mining, DM）是通过分析每个数据，从大量数据中寻找其规律的技术，主要有数据准备、规律寻找和规律表示 3 个步骤。数据挖掘的任务有关联分析、聚类分析、分类分析、异常分析、特异群组分析和演变分析等。

知识发现（Knowledge Discovery in Database, KDD），是从各种媒体表示的数据中根据不同的需求获得知识的过程，即将低层数据转换为高层知识的整个过程。通常，这个过程包括接收原始数据输入，数据分类，选择重要的数据项，缩减、预处理和浓缩数据组，将数据转换为合适的格式，从数据中找到模式，进行知识归类，评价解释发现结果等。而数据挖掘是观察数据中模式或模型的抽取，这是知识发现过程的核心，但不是全部。

4）知识应用

人工智能能否获得广泛应用是衡量其生命力和检验其生存力的重要标志。20 世纪 70 年代，正是专家系统的广泛应用，使人工智能走出低谷，获得快速发展。现在，人工智能应用的范围很广，包括医药、诊断、金融贸易、机器人控制、法律、科学发现和玩具。20 世纪 90 年代和 21 世纪初，人工智能技术变成大系统的元素；但很少人认为这属于人工智能领域的成就。当然，应用领域的发展离不开知识表示和知识推理等基础理论以及基本技术的进步。

5）机器感知、交流与互动

机器感知是使机器具有自己获取外部信息的能力，像人一样具有视觉、听觉、力觉、触觉、嗅觉、痛觉、接近感和速度感等，可以分析环境中的各种信息，与环境交互，包括与人交互。其主要分支有模式识别和自然语言处理。

（1）模式识别（Pattern Recognition）。"模式"一词的本义是指完美无缺的供模仿的一些标本。模式识别就是指识别出给定物体所模仿的标本。人工智能所研究的模式识别是指用计算机代替人类或帮助人类感知模式，是对人类感知外界功能的模拟，研究的是计算机模式识别系统，也就是使一个计算机系统具有模拟人类通过感官接受外界信息、识别和理解周围环境的感知能力。

随着模式识别研究的深入，从中分离出一个重要的分支——机器感知。机器感知就是机器（包括计算机）能够像人一样通过"感觉器官"（如摄像头、麦克风以及其他传感器）获取外界信息，并根据已经"积累"的知识，进行判断，推断出需要执行的操作，例如根据"积累"的知识推断出人们的动机和情感，预测出他们的行为，采取自己操作，实现互动和交流。

（2）自然语言处理。自然语言处理（Natural Language Processing，NLP）是由机器感知催生的一个研究领域。它有两个基本目标：一是让机器人能听懂或看懂人的语言，以便与人互动；二是实现句子从一种语言翻译为另一种语言。

6）机器思维与自动程序设计

机器思维是对传感信息和机器内部的工作信息进行有目的的处理。要使机器实现思维，需要综合应用知识表示、知识推理、认知建模和机器感知等方面的研究成果，开展如下各方面的研究工作。

（1）知识表示，特别是各种不确定性知识和不完全知识的表示。
（2）知识推理，特别是各种不确定性推理、归纳推理、非经典推理等。
（3）知识组织，积累和管理技术。
（4）各种启发式搜索和控制策略。
（5）人脑结构和神经网络的工作机制。

自动程序设计是自然语言处理与机器思维相结合的一个领域，其主要目标是将自然语言描述的解题需求自动转换可执行程序，包括程序综合和程序正确性验证两方面的内容。

7）知识获取与机器学习

著名的英国文艺复兴时期散文家、哲学家弗朗西斯·培根（Francis Bacon，1561—1626，见图 8.4）有一句名言："知识就是力量"，即知识是智能的基础和源泉。学习是人类具有的一种重要智能行为。机器学习就是使机器（计算机）具有学习新知识和新技术，并在实践中不断改进和完善的能力。机器学习能够使机器自动获取知识，向书本等文献资料与人交谈或观察环境进行学习。

知识获取与运用方面的重要成果是爱德华·费根鲍姆（Edward Albert Feigenbaum，见图 8.5）等人在 1965 年总结通用问题求解系统的成功与失败经验的基础上，结合化学领域的专门知识，研制成功的世界上第一个名为 Dendral 的专家系统（Expert System，ES）。Dendral 中保存着化学家的知识和质谱仪的知识，可以根据给定的有机化合物的分子式和质谱图，从几千种可能的分子结构中挑选出一个正确的分子结构。它可以推断化学分子结构。

图 8.4　弗朗西斯·培根　　　　　　　　　　图 8.5　爱德华·费根鲍姆

机器学习可以分为以下六大类。

（1）监督学习：从给定的训练数据集中学习出一个函数，当新的数据到来时，可以根据这个函数预测结果。监督学习的训练集要求是输入和输出，也可以说是特征和目标。训练集中的目标是由人标注的。常见的监督学习算法包括回归与分类。

（2）无监督学习：无监督学习与监督学习相比，训练集没有人为标注的结果。常见的无监督学习算法有聚类等。

（3）半监督学习：这是一种介于监督学习与无监督学习之间的方法。

（4）迁移学习：将已经训练好的模型参数迁移到新的模型来帮助新模型训练数据集。

（5）深度学习：学名又称深层神经网络（Deep Neural Network），是从人工神经网络模型演变而来的，其对应的是浅层（单层或双层）神经网络。

（6）强化学习：通过观察周围环境来学习。每个动作都会对环境有所影响，学习对象根据观察到的周围环境的反馈来做出判断。

8）机器行为

机器行为指智能系统（计算机、机器人）具有的表达能力和行动能力，如对话、描写、刻画，以及移动、行走、操作和抓取物体等。研究机器的拟人行为是人工智能的高难度任务。机器行为与机器思维密切相关，机器思维是机器行为的基础。

机器人是指可模拟人类行为的机器。它可分为三代：程序控制机器人（第一代）、自适应机器人（第二代）、智能机器人（第三代）。

9）自我进化

基于生物进化的智能系统。人类的智能是通过极其漫长的生物进化产生的，进化是智能的源泉。如果把机器智能的提高也当成是一种进化过程，其进化速度将比形成人的智能快得多。生物进化的关键是在动态环境中的适应能力。基于这一观点，布鲁克斯（Brooks）教授提出研制智能机器的另一种途径：建立在现实世界中具有真正感知和行动能力的智能系统，由简单到复杂逐步提高其智能水平。这一方法强调自适应控制，主张无须表示、无须推理的智能系统。

10）智能系统构建与层次化的智力社会模型

上述直接实现的智能研究，离不开智能计算机系统或智能系统，离不开对新理论、新技术和新方法以及系统的硬件和软件支持。需要开展对模型、系统构造与分析技术、系统开发环境和构造工具以及人工智能程序设计语言的研究。一些能够简化演绎、机器人操作和认知模型的专用程序设计以及计算机的分布式系统、并行处理系统、多机协作系统和各种计算机网络等的发展，将直接有益于人工智能的开发。

层次化的智力社会模型。错综复杂的人类社会由许多个人和不同层次的团体组成。与此类似，智能行为也可看成是许多在不同层次上的相互影响的并行操作的进程。层次越低，其智力越差，最底层的处理应是非智能的行为。按这种思路，关键是要弄明白非智能活动的联合如何才能浮现智能行为，其奥秘应在其相互联系之中。这就是马文·明斯基教授主张的所谓"智力社会"模型。这一学派强调理解智能的层次和系统中各部分的联系，主要从人类社会的行为来看待思维与智能，其实现上较侧重分布式的人工智能和复杂的巨系统。

8.1.3 智能计算机

1. 智能计算机的提出

珠算和算筹借助于程序是人们在极为简单的装置上进行较为复杂的计算，提高了人脑力劳动的效率和质量；提花机、巴贝奇分析机、冯·诺依曼模型又实现了计算过程的自动执行。计算工具所承担的智力活动不断增多与提高，让计算机承担更多智力活动的愿望自然而然地就摆在的人们面前，作为计算机智力活动的研究也就应运而生，人们开始从不同的角度尝试撬动这块极为庞大而又沉重的顽石。这就是人工智能研究的各种学派及其各种课题。通过这些艰巨的研究和实践，"像人一样会思考的计算机"虽然还是一个遥远的目标，但许多课题有了结果，人工智能却在许多领域获得成功。直到 20 世纪 80 年代，才有美国和日本的科学家们以"第五代计算机"为题提出了智能计算机的研究课题。

2. 智能计算机的研制目标

一个人具有解决某个问题的能力，首先是因为他具有与这个问题相关的知识。同样，如果一个系统能够回答某个领域的问题，并且能解决问题，则这个系统就具有这个领域的智能。目前，对智能计算机有各种不同的理解和解释，但较为普遍的看法是智能计算机应具备如下功能。

（1）冯·诺依曼计算机的解题能力主要取决于程序的能力，而智能计算机的解题能力主要取决于知识。所以，它应当是以知识库为中心的系统，它的基本部件是知识库。它与传统计算机最大的不同之处在于，要变"程序存储"为"知识存储"，为此还要解决知识的表示问题。

（2）知识是一个不断积累的过程，这个过程称为知识获取。所以，智能计算机应当有知识获取，即学习功能。

（3）问题的求解过程是知识的应用过程，是根据已有知识对问题进行理解和推理的过程，因此，理解与推理是智能计算机的核心部件。

3. 智能计算机模型

智能计算机的开发，必须解决知识获取、知识表示、知识库的建立、推理机制等问题及其实现方式。它可看成是一个功能分布式的、技术上以 VLSI 技术为基础并包含诸如数据流计算的新结构。根据其应用场合的不同而有不同的构成方式。如果以它为一个基本单元，则还可以构成局部网或广域计算机网络，形成一个大规模的分布式处理系统。一般地说，智能计算机应当包括以下 3 个基本部分。

（1）问题求解推理计算机（相当于中央处理器）。

（2）知识库管理计算机（相当于带虚拟存储机构的主存和文件系统）。

（3）智能接口计算机（相当于过去的输入输出通道和输入输出设备）。

如图 8.6 所示，日本第五代计算机构建了智能计算机的基本模型。

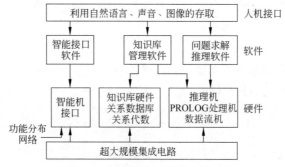

图 8.6　智能计算机的基本模型

4. 智能计算机软件系统的组成

1）基本知识库

基本知识库包括 3 种知识库。

（1）一般知识库：包含日常使用的基本词汇、基本类型、基本子结构规则、各种词典和有关自然语言的其他知识，以及自然语言的理解。

（2）系统知识库：包含计算机本身的各种规则以及有关说明（如处理机、操作系统、语言手册等）。

（3）应用知识库：包含各种应用领域的特殊知识。

2）基础软件系统

基础软件系统由 3 部分组成。

（1）智能接口系统：提供智能接口所需知识，完成各项功能。

（2）问题求解推理系统：提供知识库推理机，便于推理机求解问题。

（3）知识库管理系统：提供知识给知识库，并支持知识库管理。

3）智能系统化支撑系统

智能系统化支撑系统用于向用户提供知识，支持用户进行各种系统的设计，从而减轻人的脑力劳动。它有 3 个支撑系统。

（1）用于处理程序的智能程序设计系统。

（2）用于处理知识库的设计系统。

（3）用于处理计算机结构的智能设计系统。

4）智能使用系统

智能使用系统为用户提供各种规程，帮助用户构造应用系统。它包含 4 种软件。

（1）传递系统：将程序式数据库从现有机器中传输到目标机中。

（2）教学系统：说明智能计算机的功能及使用方法。

（3）咨询系统：为用户提供使用规程。

（4）故障诊断：系统维护，自动检查和恢复功能，指导维修。

5）基本应用系统

基本应用系统提供基本应用功能，如翻译、问题回答、声音应用、图像/图形应用、问题求解等，是各应用系统的共享核心。

6）应用系统

应用系统按用户需要建立的具体应用对象的系统，由基本应用系统提供共享资源。

7）智能接口技术

智能接口是智能计算机的一个重要组成部分。智能接口技术包括视觉系统、听觉系统、自然语言理解等研究领域。

（1）视觉系统。用于模拟人的视觉功能。

（2）听觉系统。自然听觉是人类通信的常用工具。其核心是语声信号处理，包括词的端点识别、词的识别、语义分析等部分。它们分别用到系统建立的"语义字典"及"语言规则和背景知识库"。

（3）自然语言理解。自然语言理解可以使用户能够用普通的语言与计算机相互通信，使计算机的应用、操作更为方便。如果能达到下面的 4 条标准，该计算机系统就具备了自然语言理解的能力。

① 能成功地回答语音提问的有关问题。

② 能对大量数据做出摘要。

③ 能用自然语言复述这些问题。

④ 能从一种语言转译到另一种语言。

5. 智能计算机解题过程

图 8.7（a）是过去的传统计算机解决问题的流程。图 8.7（b）是日本新一代计算机技术研究所在 1981—1990 年开发的"第五代计算机"解题流程，即智能计算机对问题的解决流程。比较这两幅图，可以看出新一代计算机（智能计算机）与过去的传统计算机在问题解决流程方面的不同。

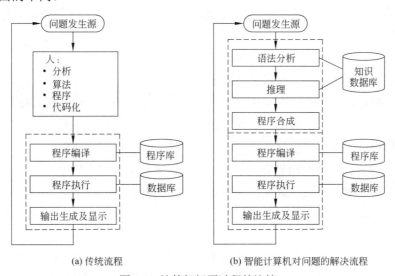

(a) 传统流程　　　　　　(b) 智能计算机对问题的解决流程

图 8.7　计算机解题过程的比较

8.2　非巴贝奇–诺依曼体系的其他探索

智能计算机是对巴贝奇-诺依曼体系的突破。除此之外，人们还从另外两方面进行了非巴贝奇-诺依曼体系计算机的探索，这就是数据流计算机和归约机。

8.2.1　数据流计算机

要用一句话总结冯·诺依曼体系的特点，那就是冯·诺依曼计算机是一种指令流计算机。它的一个关键部件是指令计数器，它的工作过程就是按照指令计数器的指示执行一个指令流。

数据流计算机中不存在指令计数器。指令得以启动执行的时机取决于操作数具备与否。程序中各条指令的执行顺序仅由指令间的数据依赖关系决定。因此，数据流计算机中指令的执行是异步并发地进行的。在数据流程序中，由于"数据驱动"要求每条指令标明其运算结果的流向，即指向将本指令的运算结果作为操作数的那条目标指令。因此，数据流程序中只有一条链路，即各条指令中指向目标指令的指针。

链 8.3　数据流计算机

在数据流计算机中，没有变量的概念，也不设置状态，在指令间直接传送数据，操作数直接以"令牌"（Token）或"数值"的记号传递而不是作为"地址"变量加以访问。因此操作结果不产生副作用，也不改变机器状态，从而具有纯函数的特点。所有数据流计算机通常与函数语言有密切的关系。

8.2.2　归约机

链 8.4　归约机

归约机（Reduction Machine）是一种面向函数式语言的非冯·诺依曼结构的计算机。函数式语言是面向人和问题的语言。为了解决函数式语言因结构不适应而引起的性能差、运行效率低等弊端，提出了归约机的概念。

归约机主要有以下 4 个特点。

（1）根据表达式携带的运算信息进行表达式的处理。

（2）摆脱根据指令流的被动操作，按照固定算法并发地对表达式进行处理。

（3）使用通过函数式语言编写的程序。

（4）使用语言的数据结构具有边界性、单一性、动态性和构造性。

常见的归约机分为串归约机和图归约机两类，串归约机中信息以字符串存储，可以不经翻译直接执行；图归约机是以图为处理对象的归约机。

8.2.3　拟态计算机

机器的结构对于计算机的运行效率具有极大影响。或者说，不同的体系结构在不同的工作情况下具有不同的效率，甚至不同的体系结构在执行不同的指令时具有不同的效率。如果一台计算机能根据所执行的任务以及指令变换自己的体系结构，使得在执行每项任务以及在执行每条指令时都处于最高效率状态，则计算机的运行速度将会大大提高。

目前，所用的计算机一般结构固定不变、靠软件编程计算。2013 年 9 月 21 日，中国工程院邬江兴院士主持的"新概念高效能计算机体系结构及系统研究开发"项目在上海通过专家组验收，意味着由中国科学家首先提出的拟态计算机技术成为现实，可能为高性能计算机的发展开辟新方向。拟态就是结构动态可变，酷似生活在东南亚海域的拟态章鱼，该章鱼为了适应环境可以至少模拟 15 种动物。拟态计算机可通过改变自身结构提高效能，测试表明拟态计算机典型应用的能效比一般计算机可提升十几倍到上百倍。

8.3　未来计算机元器件展望

计算机元器件的性能决定了计算机的工作机制。由于电气时代的到来，二元逻辑运算就成为了计算机工作的基础。微电子技术在应用，只是提高了这种二元逻辑部件的性能，但没有改变其基本的工作机制。但是，这种基于二元逻辑运算的微电子技术能够持续地发展吗？有没有新的元件取代它呢？

8.3.1 摩尔定律及其影响

1. 摩尔定律

戈登·摩尔（Gordon Moore，见图 8.8）是 Intel 公司的董事长和创始人。1965 年，他发现了如图 8.9 所示的一个有趣的现象：每一代新的芯片都是在上一代芯片推出 3 年后出现的，而且都是上一代容量的 4 倍。

图 8.8　戈登·摩尔

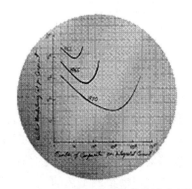

图 8.9　戈登·摩尔发现的芯片进步规律

他的朋友把他的这些发现整理描述为如下两点，并称之为摩尔定律。

（1）每个芯片中含晶体管的数量，每 18 个月翻一倍，即每年增长 60%。

（2）芯片的价格每 18 个月降低一半。

初看起来，摩尔定律是一个固体物理学家和集成电路工艺工程师所观察到的芯片发展的经验公式，但实质上它较好地解释了美国在 20 世纪最后 20 年产生的经济良性循环现象：技术的进步（芯片集成度的提高）带来更好的产品和低廉的价格；低廉的价格带来新的应用；新的应用带来了新的市场划分和竞争，进而刺激了新技术的发展。

2. 关于摩尔定律寿命的讨论

元器件的进步一直是计算机技术不断发展、计算机性能不断提高的积极因素之一。在电子计算机的发展过程中，现代科学技术，尤其是电子技术总是不断地为人类最重要的工具——计算机，提供最先进的技术装备，使得电子计算机得到了惊人的发展。从第一台电子计算机诞生到现在仅有 70 多年的时间，但电子计算机也已经历了真空管、晶体管分立元件、集成电路、大规模集成电路、超大规模集成电路五代。微元件技术的进步，又反过来使得电子计算机系统的设计和应用环境发生了深刻的变化。元件的微小化，使得电子计算机的记忆能力显著增强、运算速度急剧提高。表 8.1 为摩尔定律提出后近半个世纪微处理器芯片集成度的发展以及对应的影响运算速度的关键指标的主频提高的状况。其中，所显示的 CPU 的集成度不断提高事实，有力地证明摩尔定律的正确。

但是，就在人们为摩尔定律的成果欣欣鼓舞的时候，另外一些人却对摩尔定律到底还有多长的寿命提出了挑战。

表 8.1　摩尔定律提出后近半个世纪计算机 CPU 集成度的发展状况

年份	代表性处理器型号	数据总线/位	核数	时钟频率	集成度/（晶体管数/片）	线　宽
1971	Intel 4004	4	1		2200	
1873	Intel 8008	8	1		4800	
1974—1977	Intel 8080/8085 Z80，M6800	8	1		9000	
1978—1984	Intel 8086/8088/80286 Z8000，M68000	16	1	5～20MHz	130 000～29 000	2～4μm
1985—1992	Intel 80386/80486	16/32	1	12.5～50MHz	275 000～1 200 000	1～1.5μm
1993—2005	Pentium，K6/K7	64	1/2	60MHz～2.4GHz	3 100 000～77 000 000	0.09～1μm
2006—2010	Core 2	64	2/4	1.8～3.8GHz	820 000 000	65/45/32nm
2011	SNB（Sandy Bridge）		4			32nm
2012	IVB（Ivy Bridge）		4			22nm
2015	Core i7-6700K/i5-6600K		4	4.0/3.5GHz		14nm

线宽是芯片集成度的主要制造工艺指标。有人研究表明，当集成电路线宽小于 0.1μm 时，热噪声电压引起的雪崩击穿和强电场、隧穿现象随距离缩短而呈指数增加，以及随着集成度提高而产生的耗散热量的急剧增高，将非常突出。同时光刻技术难度和成本问题也会成为传统大规模集成工艺的极大障碍，所以迫切需要另辟蹊径。

也有人认为，微电子技术理论上的极限来自光传输速度、量子力学的测不准原理和热力学第二定律，进入接近 0.1μm 开发时期后，到元器件工作原理方面的极限还有很长的路可走，当前还可以在工艺方面找到突破。例如，2015 年 Intel 公司正在开发 10nm 技术，并在 2016 年投产。IBM 公司于 2015 年 7 月 9 日宣布，该公司已经可以使用 7nm 技术生产芯片。这样的集成度可以使高端芯片的晶体管数量从几十亿个增加到两百亿个以上。

3. 突破传统微电子工艺的努力

从 1947 年 12 月 16 日美国贝尔实验室里的第一个晶体管诞生，迄今已 70 多年了。在这 70 多年的时间里，人们在基于晶体管的微电子技术方面积累了丰富的经验，尤其是在摩尔定律几次危急时刻，人们都找到了突破口。近 20 年的突破主要表现在如下 4 方面。

（1）介质材料方面的突破——高 K 电介质材料的应用。

链 8.5　突破传统微电子工艺的努力

（2）晶体管栅极结构的突破——3D 晶体管。

（3）封装工艺的突破——3D 堆叠芯片。

（4）晶体管工作模式的突破——"睡眠"晶体管。

8.3.2　量子计算机

量子计算机（Quantum Computer）的概念最早是由美国加州理工学院的物理学家理查德·费曼（Richard Feynman）于 1981 年提出的。从可计算的问题来看，量子计算机只能解决传统计算机所能解决的问题，但是从计算的效率上，由于量子力学叠加性的存在，目前某些已知的量子算法在处理问题时速度要快于传统的通用计算机。

1. 量子计算机的基本原理与应用特点

1）量子叠加原理

在传统计算机中，位（bit，b）是对高电位还是低电位、0或1、开或关的抽象。1b同时只能存储0和1中的一个，2b只能存储00、01、10和11中的一个……

与传统计算机不同，量子计算机遵循的是原子级世界中的运动规律。在量子计算机中，使用的是量子状态量，每个量子状态不仅可以有存在和不存在两种稳定状态，还有一种既存在又不存在的状态。好比一枚硬币，当它旋转时，就具有既是数字面又是图像面的状态；而当读取它时，就有一个确定的值。为了区别传统计算机中的信息单元 bit，人们把量子计算机中的基本信息单元称为量子位或者昆比特（qubit）。显然，量子位能作为单个的0或1存在，也能相应于这些传统位的混合或重叠状态——称为超态存在（同时既作为0也作为1），而位只能作为0或者作为1存在。这说明量子位比位可以表示的状态多。

用传统位，在某一时刻，1b只能存储0或1中的一个，2b只能存储00或01、10、11中的一个，3b只能存储000或001、010、011、100、101、110、111中的一个，但用量子位就不同了。表 8.2 表明不同数量的量子所具有的存储能力，一个量子重叠态运行 1 qubit可以同时储存0和1；2 qubit 能同时储存所有的4个二进制数；3 qubit 能同时储存8个二进制数 000、001、010、011、100、101、110 和 111……300 qubit 能同时储存 $2^{300} \approx 10^{90}$ 个数字。这比可见宇宙中的原子数还多，即只需用 300 个光子（或者 300 个离子等）就能储存比可见宇宙中的原子数还多的数字，而且对这些数字的计算可以同时进行。

表 8.2　qubit 的存储

位数/qubit	所具有的状态	存储的数据量
1	(0 and 1)	2^1
2	(0 and 1) and (0 and 1)	$2^2=4$
3	(0 and 1) and (0 and 1) and (0 and 1)	$2^3=8$
⋮	⋮	⋮
300	(0 and 1) and (0 and 1) and (0 and 1) and (0 and 1)…	$2^{300} \approx 10^{90}$

量子位的叠加性使计算机具有内在的并行性。物理学家戴维·多伊奇（David Deutsch）指出，基于图灵机模型的处理器一次只能执行一条计算，而量子计算机的并行性能够同时执行一百万条计算；一台 30qubit 的量子计算机的计算能力与一台每秒十万次浮点运算 10FLORS 的传统计算机的水平相当。

2）量子纠缠原理

量子纠缠（Quantum Entanglement）或称量子缠结，是指对于两个自旋的原子，当不受干扰时，原子的自旋方向是不定的；一旦受到扰动（如测量），可导致它们互相纠缠，原子会选择一个确定的方向或值，同时另一个处于纠缠的原子会选择相反的方向或值。这个原理由爱因斯坦（Einstein）、波多尔斯基（Podolský）和罗森（Rosenn）于 1935 年提出。这样，就使科学家们能够不进行实际观测而得到量子位的值，从而避免将它们塌缩回 1 或 0 的状态。

在微观世界中，各种微粒的运动每时每刻都是不确定的，它们的运动状态只能用概率描述。例如，一个电子的行为处于一种朦胧的电子云中，它的行踪是无法精确描述的。但是，用量子力学就能计算出它的位置的概率，但是在受到某种作用之前，电子不会待在一个地方不动，而是"到处都可能出现"。这种量子粒子的"到处都可能出现"的性质可以解决利用现有计算机认为不可解或难解的问题。例如，在一个城市甚至一个国家、全球查找具有某一基因特征的人，用现在的计算机只能一个一个地比较查询，即使用最快的计算机也要几个世纪。而用量子方法，可以不一个一个地个别查找，而是用指定概率的方法为其定位：对量子计算机的以亿计的名字标识的输入给定相同的概率，通过计算机程序的推进形成概率云，然后查询到所要寻找的对象。量子计算机的编程人员的任务是从迅速得到正确答案的成功率上，控制胜率。

量子的基本逻辑运算有 NOT、COPY、AND 3 种。

2. 量子计算机研发进展

迄今为止，世界上还没有真正意义上的量子计算机。但是，世界各地的许多实验室正在以巨大的热情追寻着这个梦想。已经提出的方案主要利用了原子和光腔相互作用、冷阱束缚离子、电子或核自旋共振、量子点操纵、超导量子干涉等。很难说哪种方案更有前景，将来也许现有的方案都派不上用场。但是，这些研发都在挖掘人们的思维和智慧。

1）量子计算机的提出

1920 年，薛定谔（Schrödinger）、爱因斯坦（Einstein）、海森伯格（Heisenberg）和狄拉克（Dirac），共同创建了一个前所未有的新学科——量子力学。量子力学的诞生为人类第四次工业革命打下了基础。在它的基础上人们发现了一个新的技术，就是量子计算机。

1969 年，斯蒂芬·威斯纳（Stephen Wisner）提出"基于量子力学的计算设备"的设想。1982 年，理查德·费曼（Richard Feynman）在一个著名的演讲中提出利用量子体系实现通用计算的想法。1985 年，大卫·杜斯（David Duss）提出量子图灵机模型。

1994 年，贝尔实验室的彼得·舒尔（Peter Shor）证明量子计算机能做出对数运算，而且速度远超电子计算机。

2）DiVincenzo 量子计算机标准

1996 年，迪文森佐（DiVincenzo）提出了在物理学上要实现量子计算机必需的 5 条判据，这如今已经成为了量子计算机的 DiVincenzo 标准，并已经影响到了很多构建在量子计算机上的实验程序。DiVincenzo 标准包括如下内容。

（1）定义良好的可扩展量子位阵列。

（2）初始化量子位到简单的基准态，如|000…>。

（3）通用的量子门。

（4）长的退相干时间，必须比门操作的时间长很多。

（5）单量子位测量。

3）发现二维和三维量子液晶

1999 年，美国加州理工学院物理和应用物理学的两位教授——吉姆·艾森斯坦（Jim Eisenstein）和弗兰克·罗歇（Frank Rochet）发现了二维量子液晶。用其制作高温超导体，能够在温度为−150℃的情况下实现无电阻，比传统超导体运行的温度更高。

4）量子电路

2004 年，罗伯特·薛尔考普夫（Robert Schoelkopf）和他的合作者在耶鲁大学发明了量子电路 QED，其中的超导量子位是一种位于微波腔中的强相干光子。这是一个突破性的进展，展示了如何在一个芯片上让原子发生干涉。耶鲁大学领导的这项工作开启了很多新的可能的方向，而其中的量子电路耦合方案也成为了耦合标准，宣读量子位的系统也开始形成规模。

5）超导量子位

2007 年，罗伯特·薛尔考普夫和他的合作者在耶鲁大学发明了超导量子位传输，这是一种被设计成具有高灵敏降噪（噪声是一种长时间相干的主要障碍）的超导量子位，现在它已经被很多超导量子系统所采用，包括 IBM 公司。

6）D-Wave 量子计算机——首台商用量子计算机

2007 年，加拿大计算机公司 D-Wave 展示了全球首台量子计算机 Orion（猎户座），它利用量子退火效应来实现量子计算。该公司此后在 2011 年推出具有 128 qubit 的 D-Wave One 型量子计算机，并在 2013 年宣称 NASA 与谷歌公司共同预定了一台具有 512 qubit 的 D-Wave Two 型量子计算机。

7）观测到"量子反常霍尔效应"

2013 年 3 月 15 日，《科学》（Science）杂志在线发文，宣布中国科学院院士薛其坤领衔的清华大学团队，找到一种称为"磁性拓扑绝缘体薄膜"的特殊材料，并在对它的实验中观测到"量子反常霍尔效应"。霍尔效应是美国物理学家霍尔（Hall）于 1879 年发现的一个物理效应。普通状态下的电子运动轨迹是无序的，时有碰撞。量子霍尔效应里的电子在外加强磁场的情况下，可以让电子有规律地运动，不损耗能量。但物理学家认为，还应该存在量子反常霍尔效应，即不需要强磁场也能使电子运动没有能量损耗。所以反常霍尔效应也称零磁场中的霍尔效应。

8）单原子量子信息存储首次实现

2013 年 5 月，德国马克斯普朗克量子光学研究所的科学家格哈德·瑞普领导的科研小组，首次成功地实现了用单原子存储量子信息——将单个光子的量子状态写入一个铷原子中，经过 180μm 后将其读出。

9）首次实现线性方程组量子算法

2013 年 6 月 8 日，由中国科学技术大学潘建伟院士领衔的量子光学和量子信息团队的陆朝阳、刘乃乐研究小组，在国际上首次成功实现了用量子计算机求解线性方程组的实验。

10）量子计算机研制的赛跑正在激烈竞争中

2001 年，科学家在具有 15 量子位的核磁共振量子计算机上成功利用舒尔算法对 15 进行因式分解。

2007 年 2 月，加拿大 D-Wave 公司宣布研制成功 16 量子位的超导量子计算机，但其作用仅限于解决一些最优化问题，与科学界公认的能运行各种量子算法的量子计算机仍有较大区别。

2009 年 11 月 15 日，世界首台可编程的通用量子计算机正式在美国诞生。同年，英国布里斯托尔大学的科学家研制出基于量子光学的量子计算机芯片，可运行舒尔算法。

2010 年 3 月 31 日，德国于利希研究中心发表公报：德国超级计算机成功模拟 42 位量子计算机，该中心的超级计算机 JUGENE 成功模拟了 42 位的量子计算机，在此基础上研究人员首次能够仔细地研究高位数量子计算机系统的特性。

2013 年 5 月 D-Wave System Inc 宣称 NASA 和 Google 公司共同预定了一台采用 512 量子位的 D-Wave Two 量子计算机。

2016 年，IBM 将 5 量子位的 Quantum Experience 计算机样机放在云端供全世界使用、探索和学习。

2017 年 12 月，德国康斯坦茨大学与美国普林斯顿大学及马里兰大学的物理学家合作，开发出了一种基于硅双量子位系统的稳定的量子门。量子门作为量子计算机的基本元素，能够执行量子计算机所有必要的基本操作。

2017 年 5 月 3 日，中国科学院在上海召开新闻发布会，宣布中国科学技术大学潘建伟院士及其同事陆朝阳、朱晓波等，联合浙江大学教授王浩华研究组，在基于光子和超导体系的量子计算机研究方面取得了系列突破性进展。在光学体系方面，研究团队在 2016 年首次实现十光子纠缠操纵的基础上，利用高品质量子点单光子源构建了世界首台超越早期经典计算机的单光子量子计算机，打破了之前由谷歌、美国国家航空航天局（NASA）和加州大学圣塔芭芭拉分校（UCSB）公开报道的 9 个超导量子位的操纵。图 8.10 为基于单光子的量子计算原型机结构。

图 8.10　基于单光子的量子计算原型机结构

2017 年 10 月，Intel 公司携手荷兰合作伙伴 Qutech 成功测试了 17 量子位的处理器。2017 年 12 月，德国康斯坦茨大学与美国普林斯顿大学及马里兰大学的物理学家合作，开发出了一种基于硅双量子位系统的稳定的量子门。

2017 年 11 月 10 日，IBM 公司宣布了 20 量子位的量子计算机问世，并构建了 59 量子位的量子计算机原理样机。

2018 年 12 月 6 日，首款量子计算机控制系统 OriginQ Quantum AIO 在中国合肥诞生，该系统由本源量子开发。

2019 年 1 月 10 日，IBM 公司宣布推出世界上第一台商用的集成量子计算系统 IBM Q System One。

2019 年 9 月，谷歌公司宣布研制出 53 量子位的计算机"悬铃木"，对一个数学问题的计算只需 200 秒，而当时世界最快的超级计算机"顶峰"需要两天，因此他们在全球首次实现了"量子优越性"。

2020 年 12 月 4 日，《科学》杂志公布了中国科学技术大学潘建伟与中国科学院上海微系统与信息技术研究所、国家并行计算机工程技术研究中心合作，成功构建 76 个光子的量子计算原型机"九章"，求解数学算法高斯玻色取样只需 200 秒。这一突破使我国成为全球第二个实现"量子优越性"的国家。高斯玻色取样是一个计算概率分布的算法，可用于编码和求解多种问题。当求解 5000 万个样本的高斯玻色取样问题时，"九章"需 200 秒，而目前世界上最快的超级计算机"富岳"需 6 亿年；当求解 100 亿个样本时，"九章"需 10 小时，"富岳"需 1200 亿年。

8.3.3 未来计算元器件的其他探索

链 8.6 纳米电子器件

链 8.7 超导技术

链 8.8 光学计算机

链 8.9 生物计算机

习 题

8.1 查找资料，写一份当前非冯·诺依曼计算机发展状况的报告。

8.2 查阅资料，分析计算机元器件技术的发展趋势。

附录 A 二维码知识链接资料目录

参 考 文 献

[1] 张基温. 计算机组成原理教程[M]. 8 版. 北京：清华大学出版社，2018.

[2] 裴雪红，李伯成，车向泉，等. 计算机组成与体系结构[M]. 北京：高等教育出版社，2009.

[3] 白中英，戴志涛，杨旭东，等. 计算机组成原理[M]. 4 版. 北京：科学出版社，2008.

图书资源支持

感谢您一直以来对清华版图书的支持和爱护。为了配合本书的使用，本书提供配套的资源，有需求的读者请扫描下方的"书圈"微信公众号二维码，在图书专区下载，也可以拨打电话或发送电子邮件咨询。

如果您在使用本书的过程中遇到了什么问题，或者有相关图书出版计划，也请您发邮件告诉我们，以便我们更好地为您服务。

我们的联系方式：

地　　址：北京市海淀区双清路学研大厦 A 座 714

邮　　编：100084

电　　话：010-83470236　010-83470237

客服邮箱：2301891038@qq.com

QQ：2301891038（请写明您的单位和姓名）

资源下载：关注公众号"书圈"下载配套资源。

资源下载、样书申请

书圈

获取最新书目

观看课程直播